Algebra for Flipped Learning

플립러닝을 위한 대수학

환, 체 그리고 갈루아 이론편

원준영 · 박유진 · 박진형 · 송은정
정기룡 · 최성락 · 홍규식 지음

경문사

머리말

대수학은 연산 구조가 있는 집합에 대한 체계적인 이해를 목표로 하는 순수 수학의 한 분야이다. 본 교재는 대수학을 처음 배우는 수학 및 수학교육과 학생들을 위해 쓰여진 두 권의 시리즈물 중 두번째 편이다. 첫번째 권은 군론에 대한 논의로 작은 위수의 군을 모두 분류하는 것을 목적으로 하였다. 이번 권은 대부분의 학부 대수학 교육과정에서 다루는 다항식의 비가해성(갈루아 이론)에 대한 논의를 목표점으로 설정하였다. 이러한 목표에 도달하는 데 사전식 나열로 출발하는 기존의 교재 구성 방식을 지양하고 필요가 정의를 만들고 성질을 유도해가는 구성주의적 접근법으로 내용을 채우려고 노력하였다. 되도록 새로운 용어나 정의의 도입은 최소화했다.

갈루아 이론을 배우고 나면 알게 되는 것이 많다. 우선 군론 및 환-체론의 많은 정의와 성질들을 안다. 다만 이 부분이 학습자에게 자연스러운 동기를 유발하지는 못한다. 동기가 없다면 배움의 즐거움이 반감될 수 있지만 그렇다고 해서 나무랄 일은 아니다. 되려 저자들은 학습자들이 배웠던 것들을 살피어 시발점으로 삼고자 하였다. 중등 이하의 교육과정 전반에서 정수와 다항식에 대한 충분히 많은 셈법을 탐구한다. 초등학교 고학년 과정에서 다양한 형태의 분수를 살피는 것, 중학교 1학년 과정에서 정수의 인수분해와 관련된 계산은 매우 익숙하다. 심지어 고교 1학년 과정에서는 정수에서 성립하는 성질과 계산법을 그대로 다항식에 일반화(다항식의 나머지 정리)시키는 과정도 거쳤다. 이러한 생각에 기초하여 본 교재는 학습자들이 이미 알고 있는 다항식(정수)의 나눗셈 개념을 부정하고 새로운 이론을 건설하려 하지 않는다. 순서가 자연스럽지 않을지라도 독자들이 가지고 있는 배경 지식을 존중하고 논의를 진행한다. 한편 독자들은 이미 중·고교 과정에서 근과 계수의 관계라는 이름으로 수없이 많은 기계적 계산을 해본 바 있다. 교재의 내용들은 이러한 배경지식이 있다고 가정하고 구성되어 있다. 다만 셈의 노고를 덜기 위해 컴퓨터 대수 시스템(computer algebra system) 중 하나인 `Macaulay2`([9])를 부분적으로 활용한다. 결국 이것은 갈루아 이론에 대해 명확하고 직관적으로 이해하기 위한 준비과정으로 파악해도 좋다.

본 교재의 이름에 드러나 있듯이 이 교재는 강의자와 학습자 사이의 토론 및 토의할 수 있는 기회를 줄 수 있도록 다양한 형태로 내용을 구성하였다. 연습 문제, 탐구 문제, 도전 문제를 통해 강의식으로 제시하기보다는 학습자 스스로 탐구할 수 있도록 유도하였다. 특히 증명을 이해하는 것만으로 토론이 되도록 독립적 증명법으로 채우기도 했다. 그리고 학습자 스스로 일반적인 상황을 유추를 할 수 있도록 하기 위해 증명은 특정 상황에 한정하여 쓰기도 했다.

본 교재는 갈루아 대응 정리 내용을 조금 더 세밀화해 제시하고 있다. 포함관계와 정규성에 대한 논의를 세밀화해 각 범주에서의 확장과 축소에 관한 것도 탐구하였다. 이러한 일반적인 논의가 현대 수학의 범주론(category theory)에 대한 맛보기가 되길 기대한다.

책의 내용이 더 높은 단계의 대수학을 학습하는 데 필요한 배경지식을 담기에는 부족한 면이 없지 않다. 특히 선택 공리를 이용하는 주요 명제들이 빠져 있어 못내 부끄러울 따름이다. 하지만 '다항식 기술자'인 저자들은 대수학을 처음 접하는 독자들이 명료하고 명쾌하게 대수학을 이해하기 바라는 마음에서 집필하였다. 그 어떤 추상적인 것도 실체가 없다면 공허하다.

책 내용은 다음과 같이 구성되어 있다.

제1장에서는 다항식 연산의 일반적 성질이 성립하는 대상을 환이라 이름 붙이고 그와 관련된 구조 정리들로 꾸렸다.

제2장에서는 다항식의 나머지 정리를 일반화할 수 있는 환의 성질을 다룬다. 사실상 다항식의 기약성을 따지는 부분만 이후 내용에서 살아 남는다.

제3장에서는 본격적으로 다항식의 해가 있는 공간을 수학적으로 구성하는 일을 할 것이다. 건설 후에는 새로이 만든 대상이 얼마나 다양한지, 어떤 성질을 갖는지를 분석할 것이다. 4장 이후의 내용에서 가장 근본적인 사고가 되는 해의 대칭성과 관련된 명제는 중·고교과정 근과 계수의 관계와 관련된 여러 형태의 셈을 해보았을 경우, 겉보기 등급과 달리 매우 쉽다.

제4장에서는 2-3장에 걸쳐 나온 기술적인 문제를 먼저 해결하고 넘어간다. 그리고 유한체를 통해 만들어 놓은 개념들을 구체적으로 적용해본다. 끝으로 5-6장에서 반복해서 사용할 정리(원시 원소 정리)를 증명한다. 증명방법까지 익혀야 하며 그 한계점 및 대안(종결식, resultant)도 파악해두길 바란다.

제5장에서는 갈루아 이론들을 소개한다. 예제 단원과 연습 문제에서 구체적인 예를 제시하였으며, 유한체의 경우 한 단원을 통해 내용을 소개한다.

제6장에서는 근 공식의 존재성과 관련된 이 교재의 핵심 정리(갈루아 판별법)를 제시한다. 이를 위해 원분 확대체와 순환 확대체의 개념을 정립하고 여러 성질들을 살펴본다.

제7장에서는 연습 문제의 풀이를 실었다. 풀이를 위해 필요한 프로그램 코드도 넣어 두었다.

2021년 가을, 저자.

차 례

제 1 장
환, 아이디얼 그리고 환의 구조 정리

본 단원은 앞으로의 논의에 대한 동기를 부여하고 몇 가지의 기본적 도구(드무아브르의 정리와 비에타 공식)를 예를 통해 살펴보면서 시작한다. 이후 환의 정의 및 예제 그리고 아이디얼과 상환의 개념을 소개한다. 이를 토대로 군의 구조 정리에 대응되는 환의 구조 정리를 학습한다. 대부분의 내용은 다항식 환을 다루기 위한 준비 과정으로 간주해도 좋다.

1.1 다항식 이론의 서막

이 단원은 앞으로의 논의를 위한 동기 부여 단원이다. 배경지식(드무아브르의 정리와 비에타 공식)을 예를 통해 살펴 보는 것을 또 다른 목적으로 한다.

무리식과 다항식 연산

방정식의 근의 존재성은 **수 체계의 완전함**을 위한 필수적 조건이다. 예를 들어 정수 집합 $\mathbb{Z}$에서 방정식 $2x = 4$의 근은 존재하지만

$$2x = 7$$

의 근은 존재하지 않는다. 하지만 이러한 방정식의 근을 모두 포함하는 집합을 생각하면 그것이 곧 유리수이다. 유리수 집합 $\mathbb{Q}$는 사칙연산이 자유로운 가장 간단한 경우 중에 하나이다. 유리수의 집합에서 방정식 $x^2 = 9$의 근은 존재하지만

$$x^2 = 2$$

의 근은 존재하지 않는다. 이제 앞에서와 마찬가지로 이런 유의 방정식의 모든 근을 포함하고 사칙연산에 자유로운 집합의 예를 들자면 그것이 곧 실수의 집합 $\mathbb{R}$이다. 앞의 상황과의 차이점은 더 이상 실수의 집합은 우리가 염두에 두고 있는 방정식의 근만을 포함하는 집합이 아니라는 것이다. 예를 들어 원주율 π나 자연상수 e는 포함시키고 싶지 않았던 원소이다. 이런 관점에서 볼 때, 아래의 분수식에 있는 무리수들을 포함하고 사칙연산에 자유로운 최소의 집합은 무엇일까?

문제 1.1

분수식

$$x = \frac{1+\sqrt{2}+\sqrt{3}}{1-\sqrt{2}+\sqrt{3}}$$

의 분모를 유리화하라.

위 문제와 같은 형태의 계산을 하다보면 $\sqrt{2}$나 $\sqrt{3}$은 기호 이상의 의미를 갖고 있지 않다는 것을 알게 된다.

문제 1.2

(1) 임의의 실수 x에 대하여 $ax^2+bx+c=0$이 될 필요충분조건은 $a=b=c=0$ 이다.

(2) $a\sqrt[3]{9}+b\sqrt[3]{3}+c=0 \Leftrightarrow a=b=c=0$.

논의를 이어가보자. 해석학에서 실수집합 $\mathbb{R}$을 논리적으로 완벽하게 구성하였고 그 성질을 알고 있다. 즉 단순 순서가 있고 코시 수열이 항상 수렴하면서, 동시에 사칙연산에 자유로운 유일한 집합이 $\mathbb{R}$이다. 실수를 계수로 갖는 방정식 $x^2-e=0$의 근은 존재(사잇값 정리)하지만

$$x^2+e=0$$

의 근은 존재하지 않는다. 앞의 유리수에서 실수로 확장해가는 것처럼 이 방정식의 해가 모두 포함되어 있고 사칙연산에 자유로운 집합을 생각해보자. 그것의 답은 복소수 집합 $\mathbb{C}$임을 배웠다. 더욱 놀라운 사실은 이제부터다.

방정식의 해의 존재성과 해법

정리 1.1 대수학의 기본정리

복소수 계수 다항 방정식은 복소수만을 근으로 갖는다.

증명 (복소해석학) **리우빌 정리(Liouville's theorem)**의 따름정리이다. □

이 명제를 통해 알 수 있는 바는 방정식을 통해 사칙연산에 자유로운 대상을 더 이상 만들 수 없다는 점이다. 존재성과 관련된 논의 후 주된 관심은 셈법이다.

정리 1.2 카르다노(Cardano)와 페라리(Ferrari) 공식

4차 이하의 임의의 다항 방정식은 해공식이 존재한다.

5차 이상에 대해서는 이와 같은 공식이 없다.

정리 1.3 아벨-루피니 정리(Abel–Ruffini theorem)

일반적인 5차 이상의 다항 방정식은 해공식이 존재하지 않는다.

갈루아 이론을 공부하는 주된 목표 중 하나가 정리 1.3의 증명을 채우기 위해서이다. 한편 정리 1.3에서 일반적이라는 용어는 약간 모호하다. 이것에 대해서도 앞으로 탐구하게 된다. 특별한 경우가 더 익숙하다. 예를 들어 고차 방정식

$$x^{2021} - 1 = 0$$

의 모든 복소수 근을 구할 수 있는 공식이 있다(**드무아브르의 정리(de Moivre's theorem)**, $e^{in\theta} = (e^{i\theta})^n$). 즉 $\omega = e^{\frac{2\pi}{2021}i} = \cos(\frac{2\pi}{2021}) + i\sin(\frac{2\pi}{2021})$라 하면 복소수

$$\omega^0 = 1,\ \omega^1,\ \omega^2\ , \cdots,\ \omega^{2020}$$

은 복소 평면의 단위원을 2021등분하는 점이므로 서로 다른 복소수이고 대수학의 기본정리에 의해 이 값이 위 방정식의 모든 근이다.

다항 방정식 해의 관계성

방정식의 해는 구할 수 없지만 해들 사이의 대수적 관계가 방정식의 계수와 밀접한 관련이 있음을 중학교 과정에서부터 익히 알고 있다.

문제 1.3

이차 방정식 $x^2 + 3x + 4 = 0$의 두 근을 x_1, x_2라 할때, 다음 식의 값을 구하라.

$$\frac{x_1}{x_2} + \frac{x_2}{x_1},\ x_1^3 + x_2^3,\ x_1^5 + x_2^5 \tag{1.1}$$

근 집합 $X = \{x_1, x_2\}$의 모든 일대일대응 함수들의 군을 S_2라 하자. 작용

$$S_2 \times X \to X, (\sigma, x_i) \mapsto x_{\sigma(i)}$$

에 대하여 식 (1.1)의 값은 변하지 않음에 주의하라.

명제 1.1 **비에타 공식(Viéta's formulas)**

다항 방정식

$$x^n + a_{n-1}x^{n-1} + a_{n-2}x^{n-2} + \cdots + a_1x + a_0 = 0$$

의 근을 $x_1, x_2, \cdots, x_n$이라 할 때,

$$\sum_{i=1}^{n} x_i = -a_{n-1}, \ \sum_{i<j} x_ix_j = a_{n-2}, \ \sum_{i<j<k} x_ix_jx_k = -a_{n-3}, \ \cdots, \ \prod_{i=1}^{n} x_i = (-1)^n a_0$$

이 성립한다.

앞으로의 논의(체의 확장)에서도 위와 같은 해 사이의 관계성은 매우 결정적인 역할을 하게 될 것이다.

연습 문제

1.1.1. 삼차 방정식 $x^3 - 6x - 1 = 0$의 서로 다른 세 근을 x_1, x_2, x_3이라 하자. $x_1 + x_2$를 근으로 갖는 유리수 계수 삼차 방정식을 작성하시오.

1.1.2. (탐구문제) 삼차 방정식

$$8x^3 - 6x - 1 = 0 \tag{1.2}$$

의 서로 다른 세 근을 x_1, x_2, x_3이라 하자. 다음 물음에 답하시오.

(i) 방정식 (1.2)의 세 근은 모두 무리수임을 보이라.

(ii)

$$x_1 + x_2 + x_3, \ \frac{1}{x_1} + \frac{1}{x_2} + \frac{1}{x_3}, \ x_1^4 + x_2^4 + x_3^4$$

의 값을 각각 구하라.

(iii) 식

$$x_1^2x_2 + x_2^2x_3 + x_3^2x_1 \tag{1.3}$$

의 값을 비에타 공식을 이용하여 구하라.

(iv) (1.3)의 값을 컴퓨터 프로그램을 활용하여 구할 수 있겠는가?

(v) 방정식 (1.2)의 모든 근을 삼각함수로 표시하라.

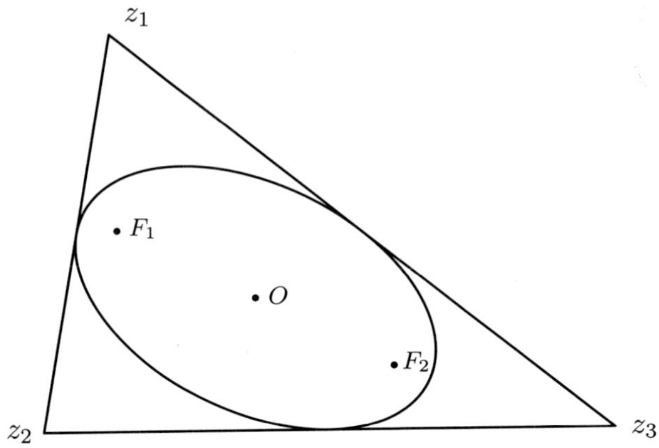

그림 1.1. 슈타이너의 내접타원

1.1.3. (탐구문제, Marden의 정리) 삼각형의 세 변의 중점에 동시에 접하는 **유일한 타원**을 슈타이너의 내접타원(Steiner inellipse, 그림 1.1)이라 한다. 삼차 방정식 $p(z) = 0$의 세 복소수 근 z_1, z_2, z_3을 꼭짓점으로 하는 복소평면 위의 삼각형에 대하여 다음 물음에 답하라.

(i) 내접타원의 두 초점 F_1, F_2는 방정식 $p'(z) = 0$의 근임을 증명하라.

(ii) 내접타원의 중심 O는 방정식 $p''(z) = 0$의 근임을 증명하라.

(iii) 이로부터 삼차 함수의 극점과 변곡점의 관계를 재해석하라.

1.1.4. (탐구문제) 방정식 $x^8 - 1 = 0$의 모든 근을 $\omega^0 = 1$, $\omega^1, \cdots$, ω^7이라 하자. 각각의 원소 ω^k을 거듭제곱하여 나오는 값을 모두 나열하고 규칙성을 찾아보자. 단, $\omega = e^{\frac{2\pi}{8}i} = \cos(\frac{2\pi}{8}) + i\sin(\frac{2\pi}{8})$이다.

1.2 환의 정의 및 예들

본 단원에서는 두 가지의 이항연산이 정의된 집합과 이들 중 특별한 성질을 가지는 집합에 이름을 붙여 일반적인 논의를 진행한다. 예제로 제시되는 것들의 특징에 주목하라.

정의와 예시

정의 1.1

집합 R에 두 가지의 이항 연산 $+, \cdot$ 이 있고

(1) $(R, +)$는 가환군이다.

(2) (결합법칙) 모든 원소 $a, b, c \in R$에 대하여 $a \cdot (b \cdot c) = (a \cdot b) \cdot c$이다.

(3) (분배법칙) 모든 원소 $a, b, c \in R$에 대하여 $a \cdot (b + c) = a \cdot b + a \cdot c$, $(a + b) \cdot c = a \cdot c + b \cdot c$이다.

이 성립하면 $(R, +, \cdot)$을 **환(ring)**이라 한다. $+$는 **덧셈**, $\cdot$를 **곱셈**이라 한다.

R은 덧셈군이므로 군론에서처럼 덧셈에 대한 **항등원**을 $\mathbf{0}$이라 표기하고 **역원**을 $-a$로 표기하자. 그리고 곱셈에 대해 교환법칙이 성립($a \cdot b = b \cdot a$)하면 R을 **가환환**이라 하자. 곱셈에 대한 항등원이 존재하면 $1_R = 1$으로 표기하고 **단위원**이라 부른다. 이때 R을 **단위원이 있는 환**이라 한다. 이 교재의 거의 대부분은 단위원이 있는 가환환에 대해 논의한다.

예제 1.1

다음 집합은 모두 환이다.

(1) $(\mathbb{Z}, +, \cdot)$, $(\mathbb{Q}, +, \cdot)$, $(\mathbb{R}, +, \cdot)$

(2) $(\mathbb{Z}_n, +, \cdot)$

(3) $(3\mathbb{Z}, +, \cdot)$

(4) $R = M_{2\times 2}(\mathbb{R})$: 2×2 실행렬의 집합

그리고 (1)-(3)은 가환환이고 (4)는 비가환이다. (3)은 단위원이 존재하지 않는다.

문제 1.4

2 × 2 행렬들의 부분집합

$$\{\begin{bmatrix} a & b \\ -b & a \end{bmatrix} \mid a, b \in \mathbb{R}\}$$

은 환임을 보이라. 단, +, ·은 각각 행렬의 덧셈과 곱셈으로 정의한다.

풀이 연산에 대해 닫혀 있음은 직접 연산하여 확인할 수 있고 행렬 덧셈에 대해 가환이다. 그리고 실행렬의 집합이 분배/결합 법칙이 성립하므로 이 집합에서도 성립한다. 끝으로

$$\begin{bmatrix} a_1 & b_1 \\ -b_1 & a_1 \end{bmatrix} - \begin{bmatrix} a_2 & b_2 \\ -b_2 & a_2 \end{bmatrix} = \begin{bmatrix} a_1 - a_2 & b_1 - b_2 \\ -(b_1 - b_2) & a_1 - a_2 \end{bmatrix}$$

이므로 덧셈에 대해 가환군을 이룬다. □

문제 1.5 탐구문제

유리수 집합 $\mathbb{Q}$의 부분집합

$$\mathbb{Z}[\frac{1}{3}] = \{\frac{a}{3^n} \mid a \in \mathbb{Z}, n : \text{음이 아닌 정수}\}$$

가 환을 이루는가? 단, +, ·은 각각 유리수의 덧셈과 곱셈으로 정의한다.

풀이 두 연산에 대해 닫혀 있음을 바로 확인 가능하고 덧셈에 대해 가환이다. 그리고 유리수 집합이 결합/분배 법칙이 성립하므로 $\mathbb{Z}[\frac{1}{3}]$에서도 그러하다.

$$\frac{a}{3^n}, \frac{b}{3^m} \Rightarrow \frac{a}{3^n} - \frac{b}{3^m} = \frac{3^m \cdot a - 3^n \cdot b}{3^{m+n}}$$

이므로 $\mathbb{Z}[\frac{1}{3}]$은 덧셈에 대한 가환군이다. □

다항식들의 모임에서도 생각할 수 있는 자연스러운 환이 있다. (단위원이 있는) 가환환 R에 대하여

$$R[x] := \{f(x) \mid f(x) = a_n x^n + a_{n-1}x^{n-1} + \cdots + a_0,\ a_i \in R\}$$

을 **R의 원소를 계수로 갖는 다항식들의 집합**이라 하자. 문자 x를 **부정원**이라 한다. 그리고 각각의 a_i를 **x^i의 계수**라 하자.

정의 1.2 다항식 환

가환환 R의 원소를 계수로 갖는 다항식 집합 $R[x]$ 안의 임의의 두 원소 $f(x) = \sum_i a_i x^i$, $g(x) = \sum_i b_i x^i$에 대하여, 덧셈을

$$f(x) + g(x) := \sum_i (a_i + b_i) x^i$$

으로 정의하고 곱셈을 **계수의 코시 곱**:

$$f(x) \cdot g(x) := \sum_i (\sum_{k=0}^{i} a_k b_{i-k}) x^i$$

으로 정의하면 $(R[x], +, \cdot)$은 가환환을 이룬다.

0이 아닌 다항식 $f(x) \in R[x]$의 **차수(degree)**는 $\deg f(x) = \max\{i \mid a_i \neq 0\}$으로 정의한다. 그리고 $a_{\deg f(x)}$를 **다항식** $f(x)$**의 최고차항의 계수**라 한다. 만약 $f(x) = 0$(영 다항식)이면 $\deg f(x) = -\infty$로 정의한다.

문제 1.6

다항식 $f(x) = (2x^7 + x^2 + 4)^{100} \cdot (3x^{20} + 1)^5 \in \mathbb{Q}[x]$의 차수 $\deg f(x)$를 구하라.

풀이 $\deg f(x) = 7 \times 100 + 20 \times 5 = 800.$ □

문제 1.7 탐구문제

다음의 환에 대하여 물음에 답하라.

(a) $R = \mathbb{Z}$, (b) $R = 3\mathbb{Z}$, (c) $R = \mathbb{Q}$, (d) $R = \mathbb{Z}_{11}$

(1) 다항식 환 $R[x]$의 곱셈에 대한 항등원이 존재하는 것을 모두 고르시오.

(2) 등식 $\deg(f(x)g(x)) = \deg f(x) + \deg g(x)$가 성립함을 확인하라.

풀이 (1) (a), (c), (d)

(2) 네 가지 경우 모두 최고차항의 계수가 0이 아니면 그 곱도 0이 아니므로 성립한다. □

환 $\mathbb{Z}_6[x]$ 안의 두 다항식 $f(x) = 2x+1$, $g(x) = 3x+1$에 대하여 $\deg(f(x)g(x)) \neq \deg f(x) + \deg g(x)$이다. 한편 차수의 정의에 의해 정수의 나눗셈의 개념을 다항식으로 확장할 수 있다. 예를 들어 유리수, 실수를 계수로 갖는 다항식 환에서 나눗셈 개념이 존재한다. 그러므로 유클리드 호제법과 베주 항등식도 있다.

예제 1.2

실수 집합 $\mathbb{R}$에서 정의된 연속함수들의 전체의 집합 $\mathcal{C}(\mathbb{R}) = \{f | f : \mathbb{R} \to \mathbb{R}, f : \text{연속}\}$에 이항연산

$$(f+g)(x) = f(x) + g(x),\ f \cdot g(x) = f(x)g(x)$$

를 정의하자. $\mathcal{C}(\mathbb{R})$은 다항식환 $\mathbb{R}[x]$을 포함하는 단위원이 있는 가환환이다. 다항식 환 $\mathbb{R}[x]$과 달리 $p(x)q(x) = 0$이지만 $p(x) \neq 0$이고 $q(x) \neq 0$이 가능하다.

부정원이 여러 개인 경우 귀납적으로 부정원을 추가하여 생각하면 된다. 예를 들어 가환환 R에 대하여

$$R[x,y] := \{f(x,y) \mid f(x,y) = \sum_{i,j \geq 0} a_{ij}x^i y^j,\ a_{ij} \in R\}$$

을 덧셈과 곱셈을 부정원의 개수가 한 개일 때와 유사한 방법으로 정의하면 가환환이다. 이것은 $R[x,y]$의 원소를 변수 y에 대해 내림(또는 오름)차순 정리하면 $R[x,y] = R[x][y]$으로 이해할 수 있고 실제로 그렇다.

예제 1.3

허수단위(imaginary unit) $i = \sqrt{-1}$에 대하여 복소수들의 부분집합

$$\mathbb{Z}[i] := \{a + bi \mid a, b \in \mathbb{Z}\}$$

는 단위원이 있는 가환환이다.

일반적으로 정수 $n \in \mathbb{Z}$에 대하여 $\mathbb{Z}[\sqrt{n}] := \{a + b\sqrt{n} \mid a, b \in \mathbb{Z}\}$도 가환환이다.

문제 1.8

$\mathbb{Z}[\sqrt{-3}]$의 두 원소의 곱이

$$(a+b\sqrt{-3})(c+d\sqrt{-3})=0$$

이면 $a=b=0$ 또는 $c=d=0$임을 보이라.

풀이 조건식의 양변에 $(a-b\sqrt{-3})(c-d\sqrt{-3})$을 곱하면 $(a^2+3b^2)(c^2+3d^2)=0$이므로 $a^2+3b^2=0$ 또는 $c^2+3d^2=0$이다. a, b, c, d가 실수이므로 원하는 결론을 얻었다. □

다항식(무한급수)의 환은 (무한)곱집합에서의 이항연산으로 이해할 수도 있다. 가환환 R 들의 무한 곱집합 $\prod_{i\in\mathbb{N}} R$안의 원소를 무한개의 순서쌍 $(a_0, a_1, \cdots, a_n, \cdots)$으로 표시하자. 이때 두 이항 연산을

$$(a_0, a_1, \cdots, a_n, \cdots)+(b_0, b_1, \cdots, b_n, \cdots)=(a_0+b_0, a_1+b_1, \cdots, a_n+b_n, \cdots),$$

$$(a_0, a_1, a_2, \cdots, a_n, \cdots)\cdot(b_0, b_1, b_2, \cdots, b_n, \cdots)=(a_0b_0, a_0b_1+a_1b_0, \cdots, \sum_{i=0}^{n} a_ib_{n-i}, \cdots)$$

으로 정의하면 $(\prod_{i\in\mathbb{N}} R, +, \cdot)$은 가환환을 이룬다. 특히 무한 곱집합 $\prod_{i\in\mathbb{N}} R$ 안의 원소들 중 유한개의 성분을 제외한 나머지는 모두 0인 것들의 모임에 대하여 위의 이항연산을 생각하면, 이 모임은 다항식 환 $R[x]$과 같은 것으로 볼 수 있다.

이제 환의 정의로부터 유도할 수 있는 기본적인 연산 성질을 살펴본다. 정수의 집합에서 성립하는 주요 성질((음수)×(음수)=양수)을 일반화한 것에 불과하다.

명제 1.2 환 연산의 성질

단위원 1_R이 있는 가환환 R에 대하여

(1) 임의의 $a\in R$에 대하여 $a\cdot 0=0$이다.

(2) $a\cdot(-b)=-ab$이고 $(-a)\cdot b=-ab$이다.

(3) $(-a)\cdot(-b)=ab$.

(4) $(-1_R)\cdot a=-a$.

증명 (1) $a\cdot 0=a\cdot(0+0)=a\cdot 0+a\cdot 0$이므로 소약법칙에 의해 성립한다.

(2) $0 = a \cdot 0 = a \cdot ((-b)+b) = a \cdot (-b) + a \cdot b$ 이므로 덧셈에 대한 역원의 정의에 의해 $a \cdot (-b) = -ab$ 이다.

(3) (2)에 의해 $(-a) \cdot (-b) = -(-a)b = ab$ 이다.

(4) (2)에 의해 $(-1_R) \cdot a = -1_R \cdot a = -a$ 이다. □

환의 원소 $a \in R$을 n번 반복해서 더한 값을

$$\underbrace{a + \cdots + a}_{n\text{ 번}} = na$$

로 표기하자. 그러면 명제 1.2의 (3)에 의해 임의의 정수 $k, l \in \mathbb{Z}$에 대하여 $(ka)(lb) = (kl)(ab)$ 이다. 곱셈에 대해서도

$$a^n = \underbrace{a \cdot \cdots \cdot a}_{n\text{ 번}}$$

이라 하면, $a^m a^n = a^{m+n}$ 이고 $(a^m)^n = a^{mn}$ 이다.

단원, 체 그리고 정역

단위원이 있는 환 R의 원소들 중에서 곱셈에 대한 역원이 존재할 때도 있다. 이들에 대한 이름을 다시 부여하자.

정의 1.3 단원

환의 원소 $a \in R$에 대하여,

$$ab = ba = 1$$

을 만족시키는 b를 a의 곱셈에 대한 **역원**이라 하고 $b = a^{-1}$로 표시한다. 이때 a를 R의 **단원(unit)**이라 한다. 그리고 단원을 모두 모아 놓은 집합을 $U(R)$로 표기하자.

정의 1.3에서 b도 단원이다.

문제 1.9

단위원이 있는 환 $(R, +, \cdot)$에 대하여 $U(R)$은 곱셈 $\cdot$에 대하여 군을 이룸을 증명하라. 이때 $U(R)$을 **단원군(unit group)**이라 한다.

풀이 1은 곱셈에 대한 항등원이다. 그러므로 $1 \cdot 1 = 1 \Rightarrow 1 \in U(R)$이다. $a \in U(R)$이면 $ab = ba = 1 \Rightarrow ba = ab = 1 \Rightarrow b \in U(R)$이다. 곱셈연산에 대해 닫혀있음을 보이자. $x \in U(R) \Rightarrow xz = zx = 1, y \in U(R) \Rightarrow yw = wy = 1$이다. $xyw = x \Rightarrow xywz = xz \Rightarrow (xy)(wz) = 1$이다. 한편 $(wz)(xy) = w(zx)y = wy = 1$이므로 $xy \in U(R)$이다. 결합 법칙은 환 R에서 성립하는 것이므로 $U(R)$은 군이다. □

예제 1.4

- $U(\mathbb{Z}) = \{+1, -1\}$.
- $U(\mathbb{Z}_6) = \mathbb{Z}_6^* = \{\bar{1}, \bar{5}\}$.
- $U(\mathbb{Q}[x]) = \mathbb{Q} \setminus \{0\}$.

예제 1.5 행렬환

2×2 실행렬들의 환 $R = M_{2\times 2}(\mathbb{R})$에 대하여

$$U(R) = \{A \mid A \in M_{2\times 2}(\mathbb{R}),\ \det(A) \neq 0\}$$

임을 선형대수학에서 배웠다. 실제로 $A \in U(R) \Rightarrow AB = I \Rightarrow \det(AB) = \det(A)\det(B) = \det(I) = 1 \Rightarrow \det(A) \neq 0$이다. 역으로 $\det(A) \neq 0$이면 **크레이머 공식(Cramer's rule)**에 의해 역행렬을 구할 수 있으므로 $A \in U(R)$이다.

혼동이 없다면 a의 역원은 $a^{-1} = \frac{1}{a}$로 표기하기도 한다. 일상적으로 말하는 사칙연산에 자유로운 집합은 환 중에서도 단원군의 크기가 가장 클 때를 말한다.

정의 1.4 체의 정의

단위원이 있는 가환환 R에 대하여

$$U(R) = R \setminus \{0\}$$

이면 R을 **체(field)**라 한다.

소수 p에 대하여 $U(\mathbb{Z}_p) = \mathbb{Z}_p \setminus \{0\}$ 이므로 $\mathbb{Z}_p$는 체이지만 $p \notin U(\mathbb{Z}_{p^2})$ 이므로 $\mathbb{Z}_{p^2}$는 체가 아니다. 0 아닌 두 원소를 곱하면 0이 되는 경우가 가환인 경우에도 있다(행렬환과 비교). 예를 들어 가환환 $\mathbb{Z}_6$에서 $4 \cdot 3 = 12 = 0$이다. 이와 같은 환에서 방정식의 해를 찾으려 할 때 으레 사용하던 'or 논리'를 쓸 수가 없어 구분 짓고자 한다.

정의 1.5 정역의 정의

단위원이 있는 가환환 R의 두 원소 a, b에 대하여

$$a \neq 0\text{이고 } b \neq 0 \Rightarrow a \cdot b \neq 0$$

이 성립하면 R을 **정역(integral domain)**이라고 한다.

대우조건으로 $a \cdot b = 0$이면 $a = 0$ 또는 $b = 0$이 성립하면 정역이다.

예제 1.6

(1) $\mathbb{Z}_7$은 정역이다.

(2) R이 체이면 정역이다.

(3) R이 정역이면 $R[x]$도 정역이다. 그러므로 $R[x, y]$도 정역이다.

(4) 체가 아닌 정역의 예는 정수환 $\mathbb{Z}$ 또는 다항식환 $F[x]$이다. 단, F는 체이다.

한편 정역의 원소의 개수가 유한개이면 군론에서 자주 사용하던 논증법을 흉내내서 체임을 확인할 수 있다.

명제 1.3

정역 R이 유한 집합이면 체이다.

증명 임의의 $a \in R \setminus \{0\}$에 대하여 역원이 존재함을 보인다. 함수 $f : R \to R$, $f(x) = ax$이라 두면 $f(x) = f(y) \Rightarrow ax = ay \Rightarrow a(x - y) = 0 \overset{a \neq 0}{\Rightarrow} x - y = 0 \Rightarrow x = y$이다. 즉 f는 일대일 함수이다. 그런데 $|R| < \infty$이므로 f는 위로의 함수이기도 하다. 즉 $\exists\, b \in R$, $f(b) = 1 \Leftrightarrow ab = 1$이므로 곱셈에 대한 역원이 존재한다. □

연습 문제

1.2.1. 가환환 R의 곱셈에 대한 항등원은 유일함을 보이라.

1.2.2. $\mathbb{Z}$의 단원군 $U(\mathbb{Z})$를 구하라.

1.2.3. 다항식 환 $\mathbb{Z}_{15}[x]$에서 $\deg(f(x)g(x)) \neq \deg f(x) + \deg g(x)$인 1차 이상의 다항식 $f(x)$와 $g(x)$의 예를 찾으시오.

1.2.4. 단원군 $U(\mathbb{Z}_{24})$의 위수(원소의 개수)를 구하라.

1.2.5. 가환환 $\mathbb{Z}_{27} = \{0, 1, 2, 3, \cdots, 26\}$에서 역원 4^{-1}과 11^{-1}을 각각 구하라.

1.2.6. 정역 R의 부분집합 $R \setminus (U(R) \cup \{0\})$은 곱셈에 대하여 닫혀 있음을 보이라. 그리고 곱셈에 대한 군을 이루지 못함을 보이라.

1.2.7. 다음 물음에 각각 답하시오.

(1) 가환환 R_1과 R_2에 대하여, 성분별 덧셈과 곱셈으로 각각 이항연산이 정의된 곱집합 $R_1 \times R_2$는 가환환임을 증명하라.

(2) 가환환 R에 대하여 곱집합 $R \times R$에 성분별 덧셈 그리고 곱셈 연산을

$$(a, b) \cdot (c, d) = (ac - bd, ad + bc)$$

으로 정의하면 가환환임을 증명하라.

1.2.8. 성분별 덧셈과 곱셈으로 정의된 환 $R = \mathbb{Z} \times 3\mathbb{Z}$에는 단위원이 없음을 보이라.

1.2.9. 단위원 1_R를 갖는 가환환 R에 대하여, $1_R = 0$이면 $R = \{0\}$임을 보이라.

1.2.10. (탐구문제, Boolean ring) 환 R 안의 임의의 원소 $x \in R$에 대하여 $x^2 = x$이 성립한다. 다음 물음에 답하시오.

(1) R은 가환임을 보이라.

(2) 문제의 조건을 만족시키는 $\{0\}$이 아닌 환 R의 예를 드시오.

(3) 임의의 $x \in R$에 대하여 $x = -x$임을 보이라.

1.2.11. (탐구문제) 실수 집합 $\mathbb{R}$에 이항연산을

$$a \oplus b = a + b - 1,\ a \cdot b = a + b - ab$$

로 정의하면 $(\mathbb{R}, \oplus, \cdot)$에 대하여 체이다. 다음 물음에 답하시오.

(1) 분배 법칙이 성립함을 확인하라.

(2) 곱셈연산 $\cdot$에 대한 역원을 구하라.

1.2.12. (탐구문제) 자연수 $n \geq 2$에 대하여 덧셈군 $(\mathbb{Z}_n, +)$를 생각하자. 고정된 $k \in \mathbb{Z}_n \setminus \{0\}$에 대하여 $\mathbb{Z}_n$의 이항연산을

$$x \circ y = (x - k)(y - k) + k,\ \forall x, y \in \mathbb{Z}_n$$

으로 정의하자. 다음 물음에 답하라. 단, $\mathbb{Z}_n^*$는 곱셈에 대한 단원군이다.

(1) 연산 $\circ$에 대한 항등원 $e_\circ$을 k에 대한 식으로 구하라.

(2) $(\mathbb{Z}_n, +, \circ)$은 환을 이루는가?

(3) 연산 $\circ$에 대한 단원군 $U_k(\mathbb{Z}_n)$에 대하여 $U_k(\mathbb{Z}_n) = k + \mathbb{Z}_n^*$가 성립함을 보이라.

(4) $n = 12$일 때 $U_k(\mathbb{Z}_{12}) = \mathbb{Z}_{12}^*$를 만족시키는 $k \in \mathbb{Z}_{12} \setminus \{0\}$를 찾으라.

(5) (정수론) 제곱인 소인수가 없는 양의 합성수 n에 대하여 $U_k(\mathbb{Z}_n) \neq \mathbb{Z}_n^*$임을 보이라. 단, $k \in \mathbb{Z}_n \setminus \{0\}$이다.

1.2.13. 다항식 환 $\mathbb{Z}_6[x]$는 정역이 아님을 보이라.

1.2.14. 연속함수의 환 $\mathcal{C}(\mathbb{R}) = \{f | f : \mathbb{R} \to \mathbb{R},\ f : \text{연속}\}$에서 $p(x) \neq 0$이고 $q(x) \neq 0$이지만 $p(x) \cdot q(x) = 0$이 되는 예를 찾으시오.

1.2.15. 환 R의 임의의 원소 x, y, z에 대하여 $xy = zx$이면 $y = z$가 성립한다. 환 R은 가환임을 보이라.

1.2.16. 단위원이 있는 가환환 R이 정역일 필요충분조건은 임의의 원소 $x \neq 0$, y, z가 조건 $xy = xz \Rightarrow y = z$를 만족할 때임을 증명하라.

1.2.17. (탐구문제, Tropical "환") 실수 집합 $\mathbb{R}$에 무한대 ∞를 첨가한 집합 $R = \mathbb{R} \cup \{\infty\}$에 새로운 이항 연산을

$$x \oplus y = \min\{x, y\}, \ x \otimes y = x + y$$

로 정의하자. 다음 물음에 답하시오. 단, ∞는 실수집합의 어떠한 원소보다 큰 것으로 정의한다.

(1) $\forall x \in R$에 대하여 $x \oplus x = x$임을 보이라.

(2) 두 이항연산 $\oplus$와 $\otimes$의 항등원을 각각 구하라.

(3) $a \neq \infty$이면 $\oplus$에 대한 역원이 존재하지 않음을 설명하라.

(4) 분배법칙 $x \otimes (y \oplus z) = (x \otimes y) \oplus (x \otimes z)$이 성립함을 보이라. 힌트: 세 문자의 대소관계를 설정한 후 양변을 비교해본다.

1.3 부분환과 아이디얼

부분환

환의 부분집합 중 연산을 보존하는 것과 상집합을 생각할 수 있게 하는 것에 새로운 이름을 붙여보자. 계속해서 용어를 배우는 과정으로 이해하면 된다.

정의 1.6 부분환

환 R의 부분집합 S에 대하여,

- S가 R의 덧셈군에 대한 부분군이고
- S가 R의 곱셈 연산에 대해 닫혀 있으면

S를 R의 **부분환(subring)**이라 한다.

덧셈군을 이루는 부분을 기호로 써보면 다음과 같다.

도움정리 1.1

공집합이 아닌 R의 부분집합 S가 부분군일 필요충분조건은 임의의 $a,\ b \in S$에 대하여

$$a - b,\ ab \in S$$

가 성립할 때이다.

증명 S가 부분군이면 $-b \in S$이므로 $a - b = a + (-b) \in S$이다. 역으로 $S \neq \emptyset$이므로 $a \in S$이다. 그러면 $a - a = 0 \in S$이므로 $0 - a = -a \in S$이다. 따라서 $b \in S$이면 $-b \in S$이다. 한편 $a + b = a - (-b) \in S$이므로 덧셈에 대해 닫혀 있다. 덧셈에 대한 결합 법칙은 R에서 성립하는 등식이므로 S에서도 성립한다. □

예제 1.7 부분환의 예

- 정수환 $\mathbb{Z}$의 부분집합 $n\mathbb{Z}$는 부분환이다.
- 정수환 $\mathbb{Z}$는 유리수환 $\mathbb{Q}$의 부분환이다.
- 다항식 환 $3\mathbb{Z}[x]$는 정수계수의 다항식 환 $\mathbb{Z}[x]$의 부분환이다.
- 다항식 환 $\mathbb{R}[x]$는 연속함수의 환 $\mathcal{C}(\mathbb{R})$의 부분환이다. 왜냐하면 두 다항식의 차와 곱도 연속이기 때문이다.

환 R의 부분환 $S \subset R$은 덧셈에 대하여 부분군이므로 덧셈에 대한 항등원은 같다 $(0_S + 0_S = 0_S = 0_S + 0_R \Rightarrow 0_S = 0_R)$. 하지만 곱셈에 대한 항등원은 다를 수 있다. $D = \{(n,n)|n \in \mathbb{Z}\}$과 $S = \{(n,0) \mid n \in \mathbb{Z}\}$는 각각 $\mathbb{Z} \times \mathbb{Z}$의 부분환이다. 그러나 D의 단위원은 $(1,1)$이지만 S의 단위원은 $(1,0)$이다.

두 군 사이의 이항 연산이 보존되는 함수를 분석하면 정규부분군 개념을 자연스럽게 유도할 수 있었던 것처럼, 두 환 사이의 함수에 의한 동치관계를 생각하면 그에 상응하는 개념이 있을 것이라 예상할 수 있다. 군 이론의 논의를 모방하여 개념을 유도할 수 있기 때문에 자세한 방법은 생략하고 정의로 바로 도입한다.

정의 1.7 아이디얼

가환환 R의 부분환 I가 조건

$$\forall r \in R,\ \forall a \in I \Rightarrow ra \in I$$

를 만족시키면 I를 R의 **아이디얼(ideal)**이라 한다.

아이디얼의 기호를 $I \lhd R$로 표기하자. 책에 따라 아이디얼을 강조하여 $\mathfrak{I}$로 "Fraktur" 글씨체를 쓰기도 한다. 아이디얼의 정의를 살펴보면 곱셈에 대해 닫혀 있다는 말보다 더 강력한 조건임에 유의하라. 한편 아이디얼의 부분환 조건까지 수식으로 표현해 보면 다음과 같다.

명제 1.4 아이디얼 판별법

가환환 R의 **공집합이 아닌** 부분집합 I가 다음 두 조건

$$\forall a,\ b \in I \Rightarrow a - b \in I,$$
$$\forall r \in R,\ \forall a \in I \Rightarrow ra \in I$$

를 동시에 만족시키면 I는 아이디얼이다. 그리고 역도 성립한다.

증명 부분환 조건에 유의하면 참인 명제이다. □

임의의 가환환 R에 대하여 $\{0\} \lhd R,\ R \lhd R$이고 $n\mathbb{Z} \lhd \mathbb{Z}$이다.

문제 1.10

다음을 증명하라.

(1) $I = \{4m + 6n \mid m,\ n \in \mathbb{Z}\}$는 $\mathbb{Z}$의 아이디얼이다.

(2) $J = \{a_0 + a_1x + \cdots + a_nx^n \mid a_0 \in 2\mathbb{Z}, a_1, \cdots, a_n \in \mathbb{Z}\}$는 다항식 환 $\mathbb{Z}[x]$의 아이디얼이다.

풀이 (1) $(4m_1 + 6n_1) - (4m_2 + 6n_2) = 4(m_1 - m_2) + 6(n_1 - n_2) \in I$ 이고 $r \in \mathbb{Z}, r(4m + 6n) = 4rm + 6rn \in I$ 이다.

(2) $a_0, b_0 \in 2\mathbb{Z}$ 에 대하여 $a_0 - b_0 \in 2\mathbb{Z}$ 이므로 $(a_0 + a_1x + \cdots + a_nx^n) - (b_0 + b_1x + \cdots + b_mx^m) = a_0 - b_0 + (a_1 - b_1)x + \cdots \in J$ 이다. $r(x) \in \mathbb{Z}[x]$ 이면 $r(x)(a_0 + a_1x + \cdots + a_nx^n) = r(0)a_0 + q(x)x,\ q(x) \in \mathbb{Z}[x]$ 이므로 아이디얼이다. □

문제 1.11

$\mathbb{Z}$는 환 $\mathbb{Q}$의 부분환이지만 아이디얼은 아님을 보이라.

풀이 $m, n \in \mathbb{Z}$ 이면 $m - n, m \cdot n \in \mathbb{Z}$ 이므로 부분환이다. 하지만 $r = \frac{1}{2} \in \mathbb{Q}$에 대하여 $r \cdot 3 = \frac{3}{2} \notin \mathbb{Z}$ 이므로 아이디얼은 아니다. □

문제 1.12

$I \lhd R$에 대하여 $U(R) \cap I \neq \emptyset$이면 $I = R$임을 보이라.

풀이 $u \in U(R) \cap I$이면 $\frac{1}{u} \in R$에 대하여 $1 = \frac{1}{u} \cdot u \in I$이다. 따라서 임의의 $r \in R$, $r = r \cdot 1 \in I$이므로 $R = I$이다. □

문제 1.13

유리수 계수 다항식 환 $\mathbb{Q}[x]$의 다항식 $f(x) \in \mathbb{Q}[x]$에 대하여

$$I = \{f(x)g(x) \mid g(x) \in \mathbb{Q}[x]\}$$

는 $\mathbb{Q}[x]$의 아이디얼임을 증명하라.

풀이 $f(x)g(x) - f(x)h(x) = f(x)(g(x) - h(x)) \in I$이고 임의의 $r(x) \in \mathbb{Q}[x]$에 대하여 $r(x)(f(x)g(x)) = f(x)(r(x)g(x)) \in I$이므로 $I \lhd \mathbb{Q}[x]$이다. □

위 문제의 역도 성립한다. 이것은 고교시절에 배웠던 다항식의 나머지 정리를 간결하게 표현한 것에 불과하다. 뒤에서 더 일반적인 경우를 논의할 것이므로 결과만 받아들여도 좋다.

명제 1.5 다항식의 나머지 정리

$I \lhd \mathbb{Q}[x]$이면 $I = \{f(x)g(x) \mid g(x) \in \mathbb{Q}[x]\}$와 같은 꼴임을 보이라.

증명 Step 1. $I = \{0\}$이면 영 다항식 $f(x) = 0$을 선택한다.

Step 2. $c(\neq 0) \in I$이면 $\forall g(x) \in \mathbb{Q}[x] \Rightarrow (\frac{1}{c}g(x))c = g(x) \in I$이므로 $I = \mathbb{Q}[x]$이다. 따라서 상수 다항식 $f(x) = 1$을 선택한다.

Step 3. 아이디얼 I의 원소 중 차수(≥ 1)가 최소인 다항식을 $f(x)$라 하면 임의의 $h(x) \in I$에 대하여 $\deg h(x) \geq \deg f(x)$이다. 유리수 계수 다항식의 나머지 정리에 의해

$$h(x) = f(x)Q(x) + R(x),\ \deg f(x) > \deg R(x)$$

가 되는 $Q(x), R(x) \in \mathbb{Q}[x]$가 존재한다. $I \lhd \mathbb{Q}[x]$이므로

$$h(x) \in I, f(x) \in I \Rightarrow h(x) - f(x)Q(x) = R(x) \in I.$$

$R(x) \neq 0$이면 $f(x)$의 차수의 최소성에 모순이므로 $R(x) = 0$이다. 즉 $h(x) = f(x)Q(x)$이다. □

유리수 계수 다항식의 나머지 정리에 의해 유클리드 호제법 및 베주 항등식이 존재한다. 더 일반적인 논의와 엄밀한 증명은 다음 장으로 넘기고 앞으로 이를 활용하는 간단한 예를 살펴볼 것이다(계산은 정수의 경우처럼 연분수 이용).

벡터공간 (군)의 부분공간 (군)을 표시할때, 기저(생성원)를 강조하는 것과 같이 아이디얼에 대해서도 비슷한 표기법이 있다.

명제 1.6

가환환 R의 유한개의 원소 $c_1, c_2, \cdots, c_m$에 대하여

$$I = \{\sum_{i=1}^{m} r_i c_i \mid \forall r_i \in R\}$$

은 아이디얼이다. 집합 I를 기호로는 $(c_1, c_2, \cdots, c_m)$(또는 $\langle c_1, c_2, \cdots, c_m\rangle$)로 표시하고, I를 $c_1, c_2, \cdots, c_m$으로 **생성되는 아이디얼**이라 한다.

증명 $\sum_{i=1}^{m} r_i c_i - \sum_{i=1}^{m} r_i' c_i = \sum_{i=1}^{m}(r_i - r_i')c_i \in I$이다. 그리고

$$\forall r \in R,\ r \cdot (\sum_{i=1}^{m} r_i c_i) = \sum_{i=1}^{m} r \cdot r_i c_i = \sum_{i=1}^{m} (r \cdot r_i) c_i$$

이므로 아이디얼의 조건을 모두 만족시킨다. □

예제 1.8

(1) $\langle 2\rangle \subset \mathbb{Z}$는 아이디얼이고 $\langle 2\rangle = 2\mathbb{Z}$이다.

(2) $(x-1) \subset \mathbb{Q}[x]$는 아이디얼이다.

(3) 아이디얼 $(2, x) \subset \mathbb{Z}[x]$의 원소를 조건제시법으로 나타내면

$$(2, x) = \{a_0 + a_1 x + \cdots + a_n x^n \mid a_0 \in 2\mathbb{Z}, a_1, \cdots, a_n \in \mathbb{Z}\}$$

이다.

환 R의 아이디얼 I가 $I = (c_1, c_2, \cdots, c_m)$일 때, c_i를 **생성자(generator)**라 한다. 같은 아이디얼을 다른 생성자로 표시할 수 있기 때문에 생성자의 개수 m은 다를 수 있다. 군에서 생성원이 한 개 있으면 순환 부분군이라는 이름이 있듯이, 예제 1.8에서와 같이 $m = 1$일 때는 다른 이름을 붙여보자.

정의 1.8 주 아이디얼

가환환 R의 **임의의** 아이디얼 I에 대하여

$$I = (c), \ \exists c \in R$$

이면 R를 **주 아이디얼환(principal ideal ring)**이라 한다.

환이 주 아이디얼환인지 여부를 확인하는 것은 사전적인 일이 아니다. 하지만 '나눗셈 개념'이 있는 환이라면 언제나 주 아이디얼환이라는 것을 나중에 배운다. 정수환 $\mathbb{Z}$는 주 아이디얼환임을 정수의 나머지 정리에 의해 어렵지 않게 증명할 수 있다. 계수가 체의 원소인 다항식환에서도 그러하다. 다항식의 나머지 정리에 의해 다항식 환 $\mathbb{Q}[x]$, $\mathbb{R}[x]$, $\mathbb{C}[x]$는 모두 주 아이디얼환이다. 하지만 아이디얼 $(2, x)$의 생성원의 개수는 더 이상 줄일 수 없으므로 $\mathbb{Z}[x]$는 주 아이디얼환이 **아니다**(연습문제 1.3.14.). 다음은 아이디얼을 확장할 수 있는 전형적인 예이다.

도움정리 1.2

아이디얼 $I,\ J \subset R$에 대하여

$$I + J := \{i + j \mid i \in I, j \in J\},$$
$$IJ := \{i_1 j_1 + i_2 j_2 + \cdots + i_m j_m \mid \forall i_k \in I, j_k \in J, 1 \le k \le m\}$$

은 가환환 R의 아이디얼이다.

증명 $i, i' \in I,\ j, j' \in J$이면 $(i+j) - (i'+j') = (i-i') + (j-j') \in I + J$이다. 그리고 임의의 $r \in R$에 대하여 $I, J \lhd R$이므로 $r(i+j) = ri + ij \in I + J$이다.

$$\begin{aligned}&(i_1 j_1 + i_2 j_2 + \cdots + i_m j_m) - (i'_1 j'_1 + i'_2 j'_2 + \cdots + i'_k j'_k)\\ =&i_1 j_1 + i_2 j_2 + \cdots + i_m j_m + (-i'_1) j'_1 + (-i'_2) j'_2 + \cdots + (-i'_k) j'_k \in IJ\end{aligned}$$

이고 $r(i_1 j_1 + i_2 j_2 + \cdots + i_m j_m) = (ri_1) j_1 + (ri_2) j_2 + \cdots + (ri_m) j_m \in IJ$ 이다. □

예제 1.9

정수환 $\mathbb{Z}$에서 두 아이디얼 $I = (6)$과 $J = (14)$에 대하여 $IJ = (6 \times 14) = (84)$이다. 실제로 $6 \times 14 \in IJ$이므로 $(6 \times 14) \subset IJ$이다. 그리고 IJ의 임의의 원소는 임의의 $i_1, \cdots, i_m, j_1, \cdots, j_m \in \mathbb{Z}$에 대하여

$$(6i_1) \times (14j_1) + \cdots + (6i_m) \times (14j_m) = 6 \times 14(i_1 j_1) + \cdots + 6 \times 14(i_m j_m)$$

이므로 $IJ \subset (6 \times 14)$이다.

문제 1.14

정수환 $\mathbb{Z}$에서 두 아이디얼 $I = (6)$과 $J = (14)$에 대하여 $I + J = (2)$임을 보이라.

풀이 $I + J = \{6m + 14n \mid m, n \in \mathbb{Z}\}$이다. 그런데 $6m + 14n = 2(3m + 7n)$이므로 $I + J \subset 2\mathbb{Z}$이다. 한편 $3 \cdot (-2) + 7 \cdot 1 = 1$이므로 $2 \in I + J$이다. 즉 $2\mathbb{Z} \subset I + J$이다. □

실수 계수 다항식 환 $\mathbb{R}[x]$에서 두 아이디얼 $I = (x^2 - x - 2)$, $J = (x^2 - 4)$에 대하여 $I + J = (x - 2)$이다. 방정식의 근의 관점에서 보자면 두 아이디얼의 생성자의 공통근을 생각하는 것이다. 한편 $IJ = ((x+1)(x+2)(x-2)^2)$이므로 두 아이디얼의 생성자의 근의 합집합을 생각하고 있는 것으로 짐작된다. 수학적으로 이러한 사고 방식은 의미가 있고 이를 전문적으로 다루는 수학의 세부 분야 중 하나가 바로 대수 기하학(algebraic geometry)이다. 한편 $I, J \lhd R$이면 $I \cap J \lhd R$은 정의로부터 바로 알 수 있는 사실이다.

문제 1.15

단위원을 가지는 가환환 R에 대하여, $I + J = R$이면 $I \cap J \subset IJ$임을 보이라.

풀이 $1 \in R$이므로 $1 \in I + J$이다. 즉 $1 = i + j, \exists i \in I, j \in J$이다. 그러므로 임의의 $k \in I \cap J$에 대하여

$$k = k \cdot 1 = k \cdot (i + j) = ki + kj = ik + kj \in IJ$$

이다. □

상환

아이디얼로부터 환의 상집합에 이항 연산을 유도할 수 있다. 군과 마찬가지로 상집합에서의 두 이항 연산이 정의될 수 있도록 아이디얼 개념이 만들어진 것임에 유의하라.

정리 1.4 상환(quotient ring)

환 R에 관계를 $a \sim b \Leftrightarrow a - b \in I$로 정의하면 **동치 관계(equivalence relation)**이다. 이 동치 관계에 의한 상집합

$$R/I = \{[r] \mid r \in R\}$$

에 두 연산을

$$[r]\bar{+}[s] := [r+s],\ [r]\bar{\cdot}[s] := [r \cdot s]$$

로 정의하면 $(R/I, \bar{+}, \bar{\cdot})$는 환의 구조를 갖는다. 이때 R/I를 (아이디얼 I에 의한 환 R의) **상환(quotient ring)**이라 부른다.

증명 덧셈군 $(R, +)$가 가환이므로 임의의 부분군이 정규 부분군이다. 그러므로 상집합 R/I는 덧셈 $\bar{+}$에 대해 상군을 이룬다. 그리고 항등원은 $[0] = I$이다. 곱셈은 I가 R의 아이디얼이라는 사실로부터 이항연산이 된다는 것을 알 수 있다. 즉

$$[r] = [r'],\ [s] = [s'] \Leftrightarrow r - r', s - s' \in I \Leftrightarrow r = r' + i, s = s' + j,\ \exists i,\ j \in I$$

이므로

$$rs = (r' + i)(s' + j) = r's' + r'j + is' + ij$$

에서 $I \lhd R$이므로 $r'j + is' + ij \in I$이다. 따라서 $rs - r's' \in I \Leftrightarrow [rs] = [r's']$이 되어 대표원의 선택에 관계없이 같은 곱셈값을 준다. 결합 및 분배 법칙은 대표원에 대해 성립하므로 상집합 R/I에서도 성립한다. □

$\{0\}$, $R \lhd R$이므로 상환 $R/\{0\}$과 R/R이 존재한다. 동치류 $[r]$는 덧셈에 대한 **좌잉여류(left coset)**이므로 다음의 기호 표기가 허용된다.

도움정리 1.3

$$[r] = r + I = \{r + a \mid a \in I\}.$$

증명 $s \in [r] \Leftrightarrow s \sim r \Leftrightarrow s - r = a, \exists\, a \in I \Leftrightarrow s = r + a \in r + I.$ □

명제 1.7

단위원 1을 가지는 가환환 R의 **상환** R/I는 단위원이 $1 + I$인 가환환이다.

증명 $(a+I)(b+I) = ab + I = ba + I = (b+I)(a+I)$ 이다. 임의의 $r \in R$에 대하여 $(1+I)(r+I) = 1 \cdot r + I = r + I$ 이므로 $1 + I$는 상환 R/I의 단위원이다. □

$(n) \lhd \mathbb{Z}$이므로 상환 $\mathbb{Z}/(n)$이 존재한다. $\mathbb{Z}/n\mathbb{Z} = \mathbb{Z}_n$으로 기호를 줄여 쓰기도 한다.

문제 1.16

$\mathbb{Q}[x]$의 아이디얼 $\langle x \rangle$에 의한 상환 $\mathbb{Q}[x]/\langle x \rangle$의 원소를 조건 제시법으로 제시하라.

풀이 $f(x) + \langle x \rangle \in \mathbb{Q}[x]/\langle x \rangle$라 하자. $f(x) = c + xq(x), q(x) \in \mathbb{Q}[x]$ 이므로 $f(x) + \langle x \rangle = c + \langle x \rangle$ 이다. 그러므로 $\mathbb{Q}[x]/\langle x \rangle = \{c + \langle x \rangle \mid c \in \mathbb{Q}\}$로 표시할 수 있다. □

주 아이디얼 이외에도 환 이론에서 중요한 아이디얼에는 다음과 같은 것들이 있다.

정의 1.9 극대 아이디얼과 소 아이디얼

가환환 R안의 두 아이디얼 M과 P에 대하여,

- $M \subset I \lhd R$이면 $I = M$ 또는 $I = R$일 때, M을 R의 **극대 아이디얼(maximal ideal)**이라 한다.
- $ab \in P \Rightarrow a \in P$ 또는 $b \in P$이 성립할 때, P를 R의 **소 아이디얼(prime ideal)**이라 한다.

예제 1.10

(1) $\langle 2x - 1 \rangle$은 $\mathbb{Q}[x]$의 극대 아이디얼이다. 만약 $\langle 2x - 1 \rangle \subset I \subset \mathbb{Q}[x]$라 하면 나머지 정리(명제 1.5)에 의해 I는 주 아이디얼이므로 $I = \langle f(x) \rangle$이다. $2x - 1 \in \langle f(x) \rangle \Rightarrow 2x - 1 = f(x)g(x)$. $f(x) = c(\neq 0)$가 상수이면 $I = \mathbb{Q}[x]$

이다. 그렇지 않다면 $f(x) = d(2x-1)$이다. 즉 $f(x) \in \langle 2x-1 \rangle \Rightarrow I = \langle f(x) \rangle \subset \langle 2x-1 \rangle \Rightarrow I = \langle 2x-1 \rangle$이다.

(2) $7\mathbb{Z}$는 $\mathbb{Z}$의 소 아이디얼이다. $ab \in 7\mathbb{Z} \Rightarrow ab = 7k, \exists k \in \mathbb{Z}$이므로 a 또는 b는 7을 약수로 갖는다. 따라서 $a \in 7\mathbb{Z}$ 또는 $b \in 7\mathbb{Z}$이다.

문제 1.17

$I = 49\mathbb{Z}$는 정수환 $\mathbb{Z}$의 극대 및 소 아이디얼이 아님을 보이라.

풀이 $J = 7\mathbb{Z}$로 두면 $I \subset J$이고 $I \neq J$이므로 극대 아이디얼이 아니다. $a = b = 7 \Rightarrow ab = 49 \in I$이지만 a와 b 모두 I의 원소가 아니다. □

극대 아이디얼은 유일하지 않다. 예를 들어 정수환 $\mathbb{Z}$의 두 아이디얼 $2\mathbb{Z}$와 $3\mathbb{Z}$ 모두 극대 아이디얼이지만 $2\mathbb{Z} \neq 3\mathbb{Z}$이다. 유일한 극대 아이디얼을 갖는 환을 **극환(local ring)**이라 한다.

주/극대/소 아이디얼은 다항식 환에서 주로 논의되고 다양한 성질들이 있다. 여기서는 상환과의 기본적 관계성을 살펴보고 환의 구조 정리를 학습한 이후 더 논의하도록 하자.

명제 1.8

단위원이 있는 가환환 R에 대하여 I가 소(극대) 아이디얼일 필요충분조건은 R/I가 정역(체)인 것이다.

증명 Step 1. P: 소 아이디얼 $\Leftrightarrow R/P$는 정역:

$$(a+P)(b+P) = 0+P \Leftrightarrow ab \in P$$
$$\Rightarrow a \text{ 또는 } b \in P \Leftrightarrow a+P = 0+P \text{ 또는 } b+P = 0+P$$

이므로 R/P는 정역이다. 역으로

$$ab \in P \Leftrightarrow (a+P)(b+P) = 0+P$$
$$\Rightarrow a+P = 0+P \text{ 또는 } b+P = 0+P \Leftrightarrow a \text{ 또는 } b \in P.$$

Step 2. M: 극대 아이디얼 $\Leftrightarrow R/M$는 체:

$$\forall (a)+M \neq 0+M \Rightarrow a \notin M \Rightarrow (a)+M \neq M \Rightarrow (a)+M = R$$
$$\Rightarrow as+m = 1, \exists s \in R, m \in M \Rightarrow as+M = 1+M$$
$$\Rightarrow (a+M)(s+M) = 1+M \Rightarrow (a+M)^{-1} = s+M.$$

역으로 $M \subset I \subset R$일 때 $I \setminus M = \emptyset$이면 $I = M$이다. 만약 $a \in I \setminus M$이면 $a + M (\neq 0 + M)$의 역원을 $s + M$이라 하면 $(a + M)(s + M) = 1 + M \Rightarrow as + M = 1 + M \Rightarrow as + m = 1, \exists m \in M$이다. 그런데 $a, m \in I \Rightarrow 1 = as + m \in I \Rightarrow I = R$이다. □

예제 1.11

(1) $(101) = 101\mathbb{Z}$는 정수환 $\mathbb{Z}$의 소 아이디얼이므로 $\mathbb{Z}/101\mathbb{Z} = \mathbb{Z}_{101}$은 정역이다.

(2) $f(x) = 2x - 1 \in \mathbb{Q}[x]$, $I = (f(x))$는 극대 아이디얼이므로 $\mathbb{Q}[x]/(f(x))$는 체이다.

$I = (x, y) \lhd \mathbb{Q}[x, y]$에 대하여 $\mathbb{Q}[x, y]/I$가 체임은 다음 단원의 논의에 의해 어렵지 않게 확인할 수 있다. 그러므로 I는 극대 아이디얼이다.

연습 문제

1.3.1. $\mathbb{Q}$는 $\mathbb{R}$의 아이디얼이 아님을 보이라.

1.3.2. 체 F의 아이디얼은 F 또는 $\{0\}$임을 증명하라.

1.3.3. I, $J \lhd R$이면 $I \cap J \lhd R$임을 증명하라.

1.3.4. 상환 $\mathbb{Q}[x]/(x)$의 원소 $x^2 + 3 + (x)$의 역원을 구하라.

1.3.5. (탐구문제) 가환환 R의 아이디얼 $I \lhd R$에 대하여

$$\sqrt{I} = \{a \in R \mid a^n \in I,\ n : \text{어떤 양의 정수}\}$$

라 하자. 다음 물음에 답하시오.

(1) $I \subset \sqrt{I}$임을 보이라.

(2) $\sqrt{I} \lhd R$임을 보이라.

(3) $R = \mathbb{Z}$이고 $I = 4\mathbb{Z}$이라 하자. $\sqrt{I}$를 구하라.

1.3.6. 가환환 R 안의 부분집합

$$N(R) = \{a \in R \mid a^n = 0, \exists n \in \mathbb{N}\}$$

은 아이디얼임을 증명하라. $N(R)$을 nilradical 아이디얼이라 한다.

1.3.7. (탐구문제) 소수 p에 대하여 $S = \mathbb{Z} \setminus p\mathbb{Z}$라 할 때 유리수의 부분집합

$$\mathbb{Q}_p = \{\frac{a}{s} \mid a \in \mathbb{Z},\ s \in S\}$$

는 단위원이 있는 가환환임이 알려져 있다. 이때 $M = \{\frac{b}{s} \mid b \in p\mathbb{Z},\ s \in S\}$는 아이디얼 $M \lhd \mathbb{Q}_p$임을 보이라.

1.3.8. 정역 R의 부분환 S에 대하여 $1 = 1_R \in S$이면 S도 정역임을 보이라.

1.3.9. (탐구문제) 정수환 $\mathbb{Z}$는 주 아이디얼환임을 보이라.

1.3.10. 가환환 R의 아이디얼 I, J에 대하여 $I \cap J = \{0\}$이라 하자. 임의의 $a \in I$와 $b \in J$에 대하여 $ab = 0$임을 보이라.

1.3.11. 정수환 $\mathbb{Z}$에서 두 아이디얼 $I = (6)$과 $J = (14)$에 대하여 $I \cap J = (c)$를 만족시키는 양의 정수 c를 모두 찾으시오.

1.3.12. (탐구문제) 단위원을 가지는 가환환 R의 아이디얼 $I \neq R$에 대하여 $I \cap U(R) = \emptyset$임을 보이라. 특히 R이 체이면 $I = \{0\}$이다.

1.3.13. 다음 물음에 답하라.

(1) 다항식 환 $\mathbb{Q}[x]$에서 $f(x) = x^2 + x + 1$과 $g(x) = x^4 + x^2 + 1$에 대해

$$I = (f(x),\ g(x)) = (f(x))$$

임을 보이라.

(2) $\mathbb{Q}[x]$ 안의 아이디얼 $I = (2, x)$의 최소 생성자의 개수가 $m = 1$임을 보이라.

1.3.14. (탐구문제) 정수환 $\mathbb{Z}[x]$에서 아이디얼 $J = (2, x)$의 생성자의 개수를 더 줄일 수 없음을 보이라.

1.3.15. 임의의 **가환환** R에 대하여 $IJ \subset I \cap J$임을 보이라.

1.3.16. (탐구문제) 이변수 다항식환 $\mathbb{R}[x, y]$에서 등식 $(x, y) = (c(x, y))$를 성립시키는 이변수 다항식 $c(x, y)$가 존재하지 않음을 보이라.

1.3.17. (탐구문제) 다항식 환 $\mathbb{Q}[x]$의 원소 $f(x) = x^3 - 2x - 2$에 의해 생성되는 아이디얼을 $M = (f(x))$라 하자. 다음 물음에 답하시오.

(1) $f(x) = v(x)w(x)$를 만족시키는 $v(x)$, $w(x) \in \mathbb{Q}[x]$, $\deg v(x)$, $\deg w(x) \geq 1$이 존재하지 않음을 확인하여 M이 극대 아이디얼임을 증명하시오.

(2) $x + M \in \mathbb{Q}[x]/(f(x))$의 역원 $(x + M)^{-1}$을 구하라.

1.3.18. 상환 $\mathbb{Q}[x]/(x^2 - 2x - 3)$은 정역이 아님을 보이라.

1.3.19. 상환 $\mathbb{Z}_2[x]/(x^2 + 1)$ 안의 다음 원소들 중 단원인 것을 고르시오.

(a) $(x^2 + 1)$ (b) $1 + (x^2 + 1)$ (c) $x + (x^2 + 1)$

1.3.20. $f(x) = 2x - 1 \in \mathbb{Q}[x]$에 대하여 상환 $\mathbb{Q}[x]/(f(x))$는 체임을 보이라.

1.3.21. (탐구문제) 단위 구간 $[0, 1]$에서 정의된 연속 함수의 집합 $\mathcal{C}([0, 1]) = \{f(x) \mid f(x) :$ 연속 함수$\}$에 대하여 다음 물음에 답하시오.

(1) $\mathbb{R}[x]$은 $\mathcal{C}([0, 1])$의 부분환이지만 아이디얼은 아님을 보이라.

(2) $\mathcal{C}([0, 1])$의 부분집합

$$M_0 = \{f(x) \in \mathcal{C}([0, 1]) \mid f(x_0) = 0, \exists x_0 \in [0, 1]\}$$

은 극대 아이디얼임을 보이라.

(3) (위상 수학) 역으로 $\mathcal{C}([0,1])$의 극대 아이디얼은 항상 M_0와 같은 형태임을 증명하라.

1.3.22. (탐구문제) 단위원을 가지는 **유한** 가환환 R의 소 아이디얼 P에 대하여 다음 물음에 답하라.

(1) 함수 $f : R/P \to R/P,\ f(x+P) = ax+P,\ a \in R \setminus P$는 일대일 함수임을 보이라.

(2) f는 일대일대응임을 확인하라.

(3) 각각의 원소 $b+P \in R/P,\ b \notin P$에 대하여 역원 $(b+P)^{-1}$이 존재함을 증명하여 P가 극대 아이디얼임을 유도하라.

1.3.23. 단위원을 갖는 가환환 R의 아이디얼이 $\{0\}$과 R뿐이면 R은 체임을 보이라.

1.3.24. 성분별 합과 곱으로 정의된 환 $\mathbb{Z} \times \mathbb{Z}$의 다음 세 아이디얼 중 소 아이디얼을 모두 고르시오.

(a) $I = \{0\} \times \mathbb{Z}$ (b) $J = \{(0,0)\}$ (c) $K = 4\mathbb{Z} \times \{0\}$

1.3.25. 환 $\mathbb{Z}_{18}$의 모든 아이디얼을 찾으시오.

1.4 환의 구조 정리와 확장(직적)

환의 동형정리

앞 단원의 아이디얼과 상환의 개념에 대하여 군론과 유사한 이론 전개가 가능하였다. 같은 맥락에서 군의 구조정리 또한 환에서도 잘 서술된다고 말하려 한다. 세부적으로 주목할 것은 함수를 정하는 것이고 다른 부분은 기술적인 것이다. 먼저 두 환 사이의 연산 구조를 보존하는 함수에 이름을 부여하자.

정의 1.10 환 준동형사상

환 R와 S 사이의 함수 $f: R \to S$가 있다. 임의의 $a, b \in R$에 대하여

$$f(a+b) = f(a) + f(b),\ f(ab) = f(a)f(b)$$

를 동시에 만족시키면 f를 **환 준동형사상(ring homomorphism)**이라 한다.

도움정리 1.4

환 준동형사상 $f: R \to S$에 대하여

(1) $f(0) = 0$이다.

(2) 임의의 $a \in R$에 대하여 $f(-a) = -f(a)$이다.

R이 단위원이 있는 가환환이고 f가 **위로의(onto) 함수**이면,

(3) $f(1_R) = 1_S$이고

(4) $a \in U(R)$이면 $f(a)^{-1} = f(a^{-1})$이다.

증명 (1)과 (2): R과 S를 덧셈군으로 이해하면 얻을 수 있는 결론이다. $f(0) = f(0 + 0) = f(0) + f(0) \Rightarrow f(0) = 0$이고 $0 = f(0) = f(a + (-a)) = f(a) + f(-a) \Rightarrow -f(a) = f(-a)$이다.

(3) $\forall s \in S \Rightarrow s = f(t), \exists t \in R \Rightarrow sf(1_R) = f(t)f(1_R) = f(t \cdot 1_R) = f(t) = s$이므로 $f(1_R)$이 S의 단위원이다.

(4) $a \in U(R) \Rightarrow ab = 1, \exists b = a^{-1} \in R \Rightarrow f(a)f(b) = f(ab) = f(1_R) = 1_S \Rightarrow f(a)^{-1} = f(b) = f(a^{-1})$ 이다. □

문제 1.18

환 준동형사상 $f : \mathbb{Z}_6 \to \mathbb{Z}_6$을 모두 찾으시오.

풀이 정의역 $\mathbb{Z}_6$은 위수가 6인 순환군임에 유의하라. $f(n) = f(1 + \cdots + 1) = n \cdot f(1)$이므로 $f(1)$의 값에 따라 함수는 정해진다. $f(1) = a \in \mathbb{Z}_6$이라 하자. $f(1)f(1) = f(1) \Rightarrow a^2 = a$이다. 가능한 $a = 0, 1, 3, 4$이다. 그리고 $f(n) = n \cdot a \Rightarrow f(n + m) = f(n) + f(m), f(nm) = nma = nma^2 = (na)(ma) = f(n)f(m)$이다. 그러므로 $f(n) = na, a \in \{0, 1, 3, 4\}$이다. □

일반적으로 $f : \mathbb{Z}_n \to \mathbb{Z}_m$의 환 준동형사상의 개수는 $N(m, n) = 2^{|\{i|a_i \le b_i\}|}$이다. 단, 자연수 n과 m은 $n = p_1^{a_1} p_2^{a_2} \cdots p_k^{a_k}$과 $m = p_1^{b_1} p_2^{b_2} \cdots p_k^{b_k} q$, $(n, q) = 1$로 소인수 분해된다.

연산 구조를 보존하는 상황에서 원소의 개수(농도) 또한 같다면 두 환은 본질적으로 같은 것으로 보아야 한다. 즉 환 R과 S 사이의 **일대일 대응(one to one correspondence)**인 환 준동형사상 f: $R \to S$가 존재하면, 두 환 R과 S는 **동형(isomorphic)**이라 하고 기호는

$$R \overset{f}{\cong} S$$

로 표기한다. 이때 함수 f를 **환 동형사상(ring isomorphism)**이라 부른다. 함수 f를 생략하고 $R \cong S$로 쓰기도 한다.

명제 1.9

환 R와 S 사이의 환 준동형사상 f: $R \to S$에 대하여 **핵(kernel)**

$$\ker(f) = \{i \mid f(i) = 0\}$$

과 치역

$$\operatorname{im}(f) = \{f(r) \mid r \in R\}$$

은 모두 부분환이다.

증명 $i, j \in \ker(f) \Rightarrow f(i) = f(j) = 0 \Rightarrow f(i - j) = f(ij) = 0 \Rightarrow i - j, ij \in \ker(f)$이다.

$f(r),\ f(s) \in \text{im}(f) \Rightarrow f(r)-f(s) = f(r)+f(-s) = f(r-s) \in \text{im}(f),\ f(r)f(s) = f(rs) \in \text{im}(f).$ □

핵의 정의를 보면 두 환이 덧셈군이므로 군 사이의 군 준동형사상의 핵이다. 놀라운 점은 이 핵이 상집합의 곱셈 연산과 관련성이 있다는 것이다. 즉 군의 경우처럼 정의역 R에 함숫값에 의한 동치 관계 $\sim_f$를 정의하면, 상집합 $R/\sim_f$에 환구조를 줄 수 있다. 앞 단원에서 이미 상환을 정의했으므로 논리 전개는 두 동치관계가 일치하는지만 확인한다.

도움정리 1.5

명제 1.9의 상황에서 핵 $\ker(f) = \{r \mid f(r) = 0\}$은 R의 아이디얼이고

$$R/\ker(f) = R/\sim_f$$

이다.

증명 $i, j \in \ker(f) \Rightarrow f(i) = f(j) = 0 \Rightarrow f(i-j) = 0 \Rightarrow i - j \in \ker(f).$

$\forall r \in R,\ i \in \ker(f) \Rightarrow f(ri) = f(r)f(i) = f(r) \cdot 0 = 0 \Rightarrow ri \in \ker(f).$

아이디얼 $I = \ker(f)$에 의한 동치관계를 $\sim_I$로 표기한다.

$$\begin{aligned} r \sim_I s &\Leftrightarrow r - s \in \ker(f) \Leftrightarrow f(r-s) = 0 \\ &\Leftrightarrow f(r) = f(s) \Leftrightarrow r \sim_f s. \end{aligned}$$

□

정리 1.5 제 I 동형정리

환 준동형사상 $f : R \to S$에 대하여

$$R/\ker(f) \cong \text{im}(f),\ r + \ker(f) \mapsto f(r)$$

이다.

증명 $I = \ker(f)$라 할 때 상환 $R/\ker(f) = R/I$에 대하여 대응을

$$\Psi : R/I \to S, \Psi(r+I) = f(r)$$

이라 하자. $r+I=s+I \Leftrightarrow r-s \in I \Leftrightarrow f(r-s)=0 \Leftrightarrow f(r)=f(s) \Leftrightarrow \Psi(r+I)=\Psi(s+I)$ 이다. 이것은 대응 Ψ가 일대일 함수임을 뜻한다. 그리고

$$\Psi((r+I)+(s+I))=\Psi((r+s)+I)=f(r+s)=f(r)+f(s)=\Psi(r+I)+\Psi(s+I),$$
$$\Psi((r+I)\cdot(s+I))=\Psi(rs+I)=f(rs)=f(r)f(s)=\Psi(r+I)\cdot\Psi(s+I).$$

끝으로 $\mathrm{im}(\Psi)=\{f(r)\mid r\in R\}=\mathrm{im}(f)$ 이다. □

따름정리 1.1

환 준동형사상 $f:R\to S$의 핵이 $\ker(f)=\{0\}$이면 f는 일대일 환 준동형사상이다. 즉 $R\cong \mathrm{im}(f)\subset S$이다. 따라서 R을 S의 부분환으로 간주할 수 있다.

증명 $f(a)=f(b)\Rightarrow f(a-b)=0\Rightarrow a-b\in I=\ker(f)=\{0\}\Rightarrow a=b$이므로 일대일 함수이다. 그리고 제 I 동형 정리에 의해 $R\cong R/(0)\cong \mathrm{im}(f)\subset S$이다. □

환 준동형사상 f가 일대일일 때 **매장 사상(embedding map)**이라 한다.

문제 1.19

매장사상 $f:\mathbb{Z}\to\mathbb{Q}$를 모두 찾으시오.

풀이 $f(1)=a$ 이라 하자. 자연수 n에 대하여 $f(n)=f(1+\cdots+1)=f(1)+\cdots+f(1)=n\cdot f(1)=na$ 이다. 음의 정수 $-n$에 대하여 $f(-n)=-f(n)=-na$ 이다. 그러므로 임의의 $m\in\mathbb{Z}$에 대하여 $f(m)=ma$ 꼴이다. 한편 $f(1)=f(1\cdot 1)=f(1)f(1)\Rightarrow a=a^2\Rightarrow a=0$ 또는 $a=1$ 이다. $a=0$ 이면 $f(m)=0,\ \forall m\in\mathbb{Z}$ 이 되어 매장 사상이 아니다. 따라서 f는 항등함수이고 이것은 환 준동형사상이다. □

앞 단원에서 상환과 극대/소 아이디얼의 관계성을 논의하던 것을 제 I동형정리를 이용하여 다시 살펴볼 수도 있다. 구체적 상황에서 예를 통해 확인해보자.

예제 1.12

$f(x) = 2x - 1 \in \mathbb{Q}[x]$, $I = (f(x))$는 극대 아이디얼이므로 $\mathbb{Q}[x]/(f(x))$는 체임을 알고 있다. 이 결론을 제 I 동형정리를 이용하여 확인할 수도 있다. 함수

$$\Phi : \mathbb{Q}[x] \to \mathbb{Q}, \ \Phi(g(x)) = g(\frac{1}{2})$$

이라 하자. 그러면

Step 1. $\Phi(g(x) + h(x)) = g(\frac{1}{2}) + h(\frac{1}{2}) = \Phi(g(x)) + \Phi(h(x))$이다.

Step 2. $\Phi(g(x) \cdot h(x)) = g(x) \cdot h(x)|_{x=\frac{1}{2}} = g(\frac{1}{2}) \cdot h(\frac{1}{2}) = \Phi(g(x)) \cdot \Phi(h(x))$이다.

Step 3. 임의의 유리수 $c \in \mathbb{Q}$에 대하여 상수식 $g(x) = c \in \mathbb{Q}$에 대하여 $\Phi(g(x)) = g(\frac{1}{2}) = c$이므로 Φ는 위로의 사상이다.

Step 4.

$$\begin{aligned} \ker(\Phi) &= \{g(x) \in \mathbb{Q}[x] \mid g(\frac{1}{2}) = 0\} \\ &= \{g(x) \in \mathbb{Q}[x] \mid g(x) = (x - \frac{1}{2})h(x), \ \forall h(x) \in \mathbb{Q}[x]\} \\ &= (x - \frac{1}{2}) \overset{2 \in U(\mathbb{Q}[x])}{=} I. \end{aligned}$$

따라서 제 I 동형정리에 의해 상환 $\mathbb{Q}[x]/(f(x))$는 체이다.

정리 1.6 제 II 동형정리

환 R의 아이디얼 $I \lhd R$과 부분환 $S \subset R$에 대하여

$$\Psi : S \to (S + I)/I, \ \Psi(s) = s + I$$

는 핵이 $\ker(\Psi) = S \cap I$인 위로의 환 준동형사상이다. 따라서 $S \cap I \lhd S$이고

$$S/(S \cap I) \cong (S + I)/I, \ s + (S \cap I) \mapsto s + I$$

이다.

증명 Step 1. $\Psi(s+t) = s+t+I = s+I+t+I = \Psi(s)+\Psi(t)$ 이고 $\Psi(st) = st+I = (s+I)(t+I) = \Psi(s)\Psi(t)$ 이다.

Step 2. $\ker(\Psi) = \{s \in S \mid s + I = I\} = \{s \in S \mid s \in I\} = S \cap I$. 그러므로 $S \cap I \lhd S$ 이다.

Step 3. $\forall s+i \in S+I,\ s+i+I = s+I = \Psi(s)$ 이므로 Ψ는 위로의 사상이다. $\square$

정리 1.7 제 III 동형정리

환 R의 두 아이디얼 I, J에 대하여 $I \subseteq J$일 때, 대응

$$\Phi : R/I \to R/J,\ \Phi(r+I) = r+J$$

는 핵이 $\ker(\Phi) = J/I$인 위로의 환 준동형사상이다. 따라서 $J/I \lhd R/I$이고

$$(R/I)/(J/I) \cong R/J,\ (r+I)+J/I \mapsto r+J.$$

증명 Step 0. $r+I = r'+I \Rightarrow r-r' \in I \subset J \Rightarrow r+J = r'+J$ 이다. 즉 Φ는 함수이다.

Step 1. $\Phi(r+s+I) = r+s+J = (r+J)+(s+J) = \Phi(r)+\Phi(s)$ 과 $\Phi(r \cdot s+I) = r \cdot s+J = (r+J)\cdot(s+J) = \Phi(r)\Phi(s)$ 이므로 환 준동형사상이다.

Step 2. $\ker(\Phi) = \{r+I \in R/I \mid r+J = J\} = \{r+I \in R/I \mid r \in J\} = \{r+I \mid r \in J\} = J/I$ 이다.

Step 3. $\forall r \in R \Rightarrow \Phi(r+I) = r+J$ 이므로 위로의 사상이다. $\square$

명제 1.10 대응 정리

위로의 환 준동형사상 $f : R \to R'$에 대하여

$$\mathcal{C}(R) = \{S \subset R \mid S : \text{부분환(아이디얼)},\ \ker(f) \subset S\},$$
$$\mathcal{C}(R') = \{S' \subset R' \mid S' : \text{부분환(아이디얼)}\}$$

이라 할 때,

$$\Phi : \mathcal{C}(R) \to \mathcal{C}(R'),\ \Phi(S) = f(S)$$

는 역함수가 $\Phi^{-1}(S') = f^{-1}(S')$인 일대일 대응이다.

증명 부분환 (아이디얼) S, S' 에 대하여 그것의 상 $f(S)$와 역상 $f^{-1}(S')$가 각각 부분환 (아이디얼) 임을 증명한다. 뺄셈에 대해 닫혀 있음은 f를 군 준동형사상으로 이해하면 바로 얻을 수 있는 결론이다. 곱셈에 대해 닫혀 있음은 아이디얼에 대해 증명하는 다음의 과정을 변형하면 된다.

$I \lhd R$ 이면 $\forall f(i) \in f(I)$, $\forall s \in R' \overset{f(t)=s}{\Rightarrow} sf(i) = f(t)f(i) = f(ti) \in f(I) \Rightarrow f(I) \lhd R'$ 이다. 한편 $J \lhd R'$ 이면 $\forall t \in f^{-1}(J)$, $\forall r \in R \overset{f(t)\in J}{\Rightarrow} f(rt) = f(r)f(t) \in J \Rightarrow rt \in f^{-1}(J) \lhd R$ 이다.

포함관계 $\ker(f) \subset S$ 와 위로의 함수의 일반적 성질을 이용하여 $f^{-1}(f(S)) = S$, $f(f^{-1}(S')) = S'$ 을 증명하는 것은 연습 문제로 남긴다. □

따름정리 1.2

표준사영 함수(canonical projection map) $\pi : R \to R/I$, $\pi(r) = r + I$ 에 대하여 R 의 부분환(아이디얼) S 가 $I \subset S$ 이면, S/I 는 R/I 의 부분환(아이디얼)이다. 그리고 상환 R/I 의 부분환(아이디얼)은 이런 형태뿐이다.

증명 $\pi(r+s) = r+s+I = (r+I)+(s+I) = \pi(r)+\pi(s)$, $\pi(rs) = rs+I = (r+I)\cdot(s+I) = \pi(r)\cdot\pi(s)$ 이므로 π 는 환 준동형사상이다. 그리고 $\forall r \in R \Rightarrow \pi(r) = r + I$ 이므로 위로의 사상이다. 마지막으로 $\ker(\pi) = \{r \in R | \pi(r) = r + I = 0 + I\} = \{r \in R | r \in I\} = I$ 이다. □

문제 1.20

단위원을 가지는 가환환 R 의 아이디얼 $M \lhd R$ 에 대하여 상환 R/M 이 체이면, M 은 극대임을 동형정리를 이용하여 증명하라.

풀이 $M \subset I \lhd R$ 이라 하자. 제 III 동형정리에 의해 $I/M \lhd R/M$ 이다. 그런데 임의의 체 안의 아이디얼은 자명한 것뿐이다. 즉 $I/M = \{0 + M = M\}$ 이거나 $I/M = \{r + M \mid \forall r \in R\} = R/M$ 이다.

Case 1. $\forall i \in I, i + M = 0 + M = M \Rightarrow i \in M \Rightarrow I \subset M \Rightarrow I = M$ 이다.

Case 2. $1 + M \in I/M \Rightarrow 1 + M = i + M, \exists i \in I \Rightarrow 1 - i \in M \Rightarrow 1 - i = m$, $\exists m \in M \overset{M \subsetneq I}{\Rightarrow} 1 = i + m \in I \Rightarrow R = I$ 이다. □

환의 직적(합)

군론에서 내직적을 구성하기 위해 부분군의 정규성은 필수적 요소이다. 이 단원에서는 원칙적으로 가환환만 다룰 것이므로 논의가 상대적으로 평이하다. 얻게 되는 결론 중 하나는 덩치가 큰 환을 더 작은 것으로 분리해서 생각할 수 있다는 것이다. 대표적 응용으로 다항식환과 정수환의 중국인의 나머지 정리가 있다.

정의 1.11 환의 외직합

환 R_1과 R_2에 대하여 곱집합 $R_1 \times R_2$에 이항연산

$$(r_1, r_2) + (s_1, s_2) = (r_1 + s_1, r_2 + s_2),\ (r_1, r_2) \cdot (s_1, s_2) = (r_1 \cdot s_1, r_2 \cdot s_2)$$

로 정의하면 곱집합은 항등원이 $(0, 0)$인 환이다. 이 환을 R_1와 R_2의 **외(적) 직합 (external direct sum)**이라 하고 기호로는 $R_1 \oplus R_2$로 표기한다.

특히 $R_1 = R_2 = R$이면 $R \oplus R = R^2$로 줄여쓴다.

예제 1.13

환 R_1과 R_2가 가환이면 직합 $R_1 \oplus R_2$도 가환이다. 그리고 역도 성립한다.

문제 1.21

환 $R = \mathbb{Z} \oplus \mathbb{Z}$의 아이디얼 $I = \mathbb{Z} \oplus \{0\}$에 대하여 R/I는 정역임을 보이라.

풀이 사영함수 $\pi_2 : R \to \mathbb{Z}$, $\pi_2(m, n) = n$은 위로의 환 준동형사상이고 $\ker(\pi_2) = I$이다. 제 I 동형정리에 의해 $R/I \cong \mathrm{im}(\pi_2) = \mathbb{Z}$이므로 정역이다. □

정수의 단원군에 대한 성질을 일반화할 수 있다.

도움정리 1.6

단위원을 가지는 가환환 R_1과 R_2에 대하여

$$U(R_1 \oplus R_2) = U(R_1) \times U(R_2)$$

이다.

증명 $(a,b)\cdot(c,d)=(1,1)\Leftrightarrow ac=1,\ bd=1.$ □

위 명제에 의해 $R_1(\neq\{0\})$과 $R_2(\neq\{0\})$가 체일지라도 $R_1\oplus R_2$는 체가 아니라는 것을 알 수 있다. 사실은 정역조차 되지 않는다. 실제로 $(1,0),(0,1)\in R_1\oplus R_2\Rightarrow(1,0)\cdot(0,1)=(0,0)$이다. 한편 유한 가환군의 기본정리에 의해 환 $\mathbb{Z}_{7^2}$과 $\mathbb{Z}_7\oplus\mathbb{Z}_7$은 동형이 아니다. 도움정리 1.6을 이용하여 같은 결론을 얻을 수 있다. 환의 아이디얼을 이용하여 환을 표현하는 방법을 제시한다. 무엇보다 환 준동형사상 구성법을 기억하는 것이 핵심이다.

명제 1.11

환 R의 두 아이디얼 I과 J에 대하여 $I+J=R$이고 $I\cap J=\{0\}$이면,

$$f:I\oplus J\to R,\ f(r,s)=r+s$$

는 동형사상이다.

증명 덧셈에 대해서는 가환군이므로 준동형사상의 조건을 만족시킨다. 실제로

$$f(r_1+r_2,s_1+s_2)=(r_1+r_2)+(s_1+s_2)=f(r_1,s_1)+f(r_2,s_2).$$

그리고 임의의 $r_i\in I,s_i\in J$에 대하여 $r_1s_2=s_1r_2\in I\cap J=\{0\}$이다. 따라서

$$f(r_1r_2,s_1s_2)=(r_1r_2)+(s_1s_2)=(r_1+s_1)(r_2+s_2)=f(r_1,s_1)f(r_2,s_2).$$

끝으로 임의의 $r\in R$에 대하여 $r=r_1+s_1,\exists r_1\in I,s_1\in J$이므로 $f(r_1,s_1)=r_1+s_1=r$이 되어 위로의 사상이다. □

명제 1.11의 조건을 만족시킬 때 R을 **아이디얼 I와 J의 내직합(internal direct sum)**이라 하고 $R=I\dot{+}J$ 또는 $R=I\oplus J$로 표시한다.

문제 1.22

환 $\mathbb{Z}_{12}$에 대하여 $I=(3),\ J=(4)$일 때 $\mathbb{Z}_{12}=I\oplus J$임을 보이라.

풀이 $I=\{0,3,6,9\}$이고 $J=\{0,4,8\}$이다. 따라서 $I\cap J=\{0\}$이다. 그리고 $3\cdot(11)+4\cdot(1)=1$이므로 $1\in I+J\Rightarrow\mathbb{Z}_{12}\subset I+J$이다. □

아이디얼의 내직합으로 표현할 수 있는 환의 원소 표시법을 제시한다.

명제 1.12

다음 두 명제는 동치이다.

(1) $R = I + J$이다.

(2) 임의의 $r \in R$에 대하여 $r = r + s$, $r \in I$, $s \in J$인 r_1과 r_2가 유일하게 존재한다.

증명 (1)⇒ (2): $R = I + J$이므로 $r = r_1 + s_1$로 표시할 수 있다. $r_1 + s_1 = r_2 + s_2 \Rightarrow r_1 - r_2 = s_1 - s_2 \in I \cap J = \{0\} \Rightarrow r_1 = r_2, s_1 = s_2$이다.

(2)⇒ (1): 임의의 $r \in R$에 대하여 $r = r_1 + s_1$로 표시할 수 있으므로 $R = I + J$이다. $i \in I \cap J \Rightarrow i = i + 0 = 0 + i \Rightarrow i = 0 \Rightarrow I \cap J = \{0\}$. □

유리수 계수 다항식환 $\mathbb{Q}[x]$의 아이디얼 $I = (x-2)$와 $J = (x^3-2)$에 대하여 $\mathbb{Q}[x] = I+J$이지만 $I \cap J \neq \{0\}$이다. 실제로

$$\begin{aligned} x^3 - 2 &= (x-2)(x^2+2x+4) + 6 \\ &\Rightarrow (x-2)(-\frac{1}{6}(x^2+2x+4)) + (x^3-2)\cdot\frac{1}{6} = 1 \end{aligned} \tag{1.4}$$

이므로 $1 \in I+J \Rightarrow \mathbb{Q}[x] \subset I+J \Rightarrow \mathbb{Q}[x] = I+J$이다. 그러나 $0 \neq (x-2)\cdot(x^3-2) \in I \cap J$이다. 참고로 위의 등식 (1.4)는 상환 $\mathbb{Q}[x]/I$에서 $(x^3-2+I)^{-1} = \frac{1}{6} + I$이고 상환 $\mathbb{Q}[x]/J$에서 $(x-2+J)^{-1} = -\frac{1}{6}(x^2+2x+4) + J$임을 말해준다.

한편 상환 R/I, R/J 그리고 $R/I \cap J$의 관계를 살펴본다.

정리 1.8 중국인의 나머지 정리(Chinese remainder theorem)

단위원을 가지는 환 R의 두 아이디얼 I과 J에 대하여, $R = I + J$라 하자. 그리고

$$\Psi : R \to R/I \oplus R/J,\ \Psi(r) = (r+I, r+J)$$

로 정의하면,

(1) Ψ는 **위로의** 환 준동형사상이다.

(2) $\ker(\Psi) = I \cap J$이다. 그러므로 $R/I \cap J \cong R/I \oplus R/J$이다.

증명

$$\begin{aligned}\Psi(rs) &= (rs+I, rs+J) = ((r+I)(s+I), (r+J)(s+J)) \\ &= (r+I, r+J)\cdot(s+I, s+J) = \Psi(r)\cdot\Psi(s). \\ \Psi(r+s) &= ((r+s)+I, (r+s)+J) = ((r+I)+(s+I), (r+J)+(s+J)) \\ &= (r+I, r+J)+(s+I, s+J) = \Psi(r)+\Psi(s).\end{aligned}$$

그리고 조건 $R = I+J$로부터 $1 = i+j$를 만족시키는 $\exists i \in I, \exists j \in J$가 존재한다.

각각의 $(x+I, y+I) \in R/I \oplus R/J$에 대하여 $r := xj + yi$라 하면

$$\begin{aligned} r+I &= (xj+yi)+I = x(1-i)+yi+I = x+I, \\ r+J &= (xj+yi)+I = xj+y(1-j)+I = y+I \\ \Rightarrow \Psi(r) &= (r+I, r+J) = (x+I, y+J).\end{aligned}$$

끝으로 $r \in \ker(\Psi) \Leftrightarrow \Psi(r) = (r+I, r+J) = (I, J) \Leftrightarrow r \in I, r \in J \Leftrightarrow r \in I\cap J$

이므로 제 I 동형 정리에 의해 $R/I\cap J \cong R/I \oplus R/J$이다. □

증명 과정 속에 정수의 합동 방정식을 푸는 방법이 숨어 있다.

예제 1.14 정수의 합동 방정식

방정식

$$\begin{cases} x \equiv 9 & \pmod{18}, \\ x \equiv 10 & \pmod{25} \end{cases}$$

의 정수해 x를 찾아보자. 이것은 $R = \mathbb{Z}$, $I = (18)$, $J = (25)$, $I \cap J = (18 \times 25)$에 대하여 위로의 환 준동형사상

$$\Psi : \mathbb{Z} \to \mathbb{Z}/(18) \oplus \mathbb{Z}/(25), x \mapsto (x+(18), x+(25))$$

에서 $(9+(18), 10+(25))$의 역상을 찾는 문제이다. 정리 1.8의 증명 상황을 적용시켜 보자. 정수 18과 25는 서로소이다($\mathbb{Z} = 18\mathbb{Z}+25\mathbb{Z}$). 그러므로 $1 = 18s+25t$를 만족시키는 정수의 순서쌍 (s,t)가 존재한다(베주 항등식). 계산에 의해 $1 = 18\cdot 7+25\cdot(-5)$이므로

$$x = (18\cdot 7)\cdot 10 + (25\cdot(-5))\cdot 9 = 135$$

이다. 물론 모든 해는 $18 \times 25k + 135$, $k \in \mathbb{Z}$이다.

끝으로 다항식의 상환을 중국인의 나머지 정리를 이용하여 직합으로 표현해보자. 일반적인 논의가 가능한 상황이므로 풀이 과정의 핵심을 파악해보자.

예제 1.15

$f(x)=(x-3)(x^2+1)\in\mathbb{R}[x]$에 대하여

$$\mathbb{R}[x]/(f(x))\cong\mathbb{R}[x]/(x-3)\oplus\mathbb{R}[x]/(x^2+1)$$

이다. 왜냐하면 $I=(x-3)$, $J=(x^2+1)$이라 하면 $(x-3)p(x)+(x^2+1)q(x)=1$인 실수 계수 다항식 $p(x)$, $q(x)$가 존재하여 $I+J=\mathbb{R}[x]$이기 때문이다. 이때 두 아이디얼 $(x-3)$과 (x^2+1)은 극대이므로 상환 $\mathbb{R}[x]/(x-3)$과 $\mathbb{R}[x]/(x^2+1)$은 모두 체이다.

연습 문제

1.4.1. $i:\mathbb{Z}\to\mathbb{Q}$, $i(n)=n$은 환 준동형사상이지만, 치역 $\mathrm{im}(i)\subset\mathbb{Q}$는 아이디얼이 아님을 보이라.

1.4.2. 정수환 $\mathbb{Z}$에서의 환 준동형사상 $f:\mathbb{Z}\to\mathbb{Z}$는 $f(x)=x$ 또는 0임을 보이라.

1.4.3. $R\cong R/(0)$임을 보이라.

1.4.4. $f:\mathbb{Z}_{50}\to\mathbb{Z}_5$가 환 준동형사상일 때, $f(1)\in\{0,1\}$임을 보이라.

1.4.5. 위로의 환 준동형사상 $f:\mathbb{Q}\to\mathbb{Q}$를 모두 제시하시오.

1.4.6. (해석학) **위로의** 환 준동형사상 $f:\mathbb{R}\to\mathbb{R}$을 모두 찾으시오.

1.4.7. 체 F와 단위원을 가지는 환 R에 대하여 $f:F\to R$이 위로의 환 준동형사상이면 f는 동형사상임을 보이라.

1.4.8. 위로의 환 준동형사상 $f:R\to S$에 대하여 R이 가환이면 S도 가환임을 증명하라.

1.4.9. $f:R\to S$, $g:S\to T$가 각각 환 준동형사상이면 $g\circ f:R\to T$도 환 준동형사상임을 보이라.

1.4.10. (탐구문제) 2×2 실수 행렬환의 부분환

$$R = \{\begin{bmatrix} a & b \\ -b & a \end{bmatrix} \mid a, b \in \mathbb{R}\}$$

에 대하여 $f : R \to \mathbb{C}$, $f(\begin{bmatrix} a & b \\ -b & a \end{bmatrix}) = a + bi$는 환 동형사상임을 보이라.

1.4.11. 자연수 n에 대하여 $\mathbb{Z}[x]/n\mathbb{Z}[x] \cong \mathbb{Z}_n[x]$ 임을 보이라.

1.4.12. 다음을 증명하라. 단, $R \not\cong S$는 두 환 R과 S가 동형이 아님을 표시한 것이다.

(1) $\mathbb{Q} \not\cong \mathbb{R}$.

(2) $\mathbb{C} \not\cong \mathbb{R}$.

1.4.13. (탐구문제) 집합 $X = \{1, 2, 3, 4, 5\}$의 멱집합 $P(X)$에서 임의의 A, $B \in P(X)$에 대하여

$$A \Delta B = (A \cup B) - (A \cap B), \; A \star B = A \cap B$$

로 이항 연산을 정의하면, $(P(X),\ \Delta,\ \star)$은 단위원이 있는 가환환임이 알려져 있다. 다음 물음에 답하라.

(1) 분배법칙이 성립함을 확인하시오.

(2) 연산 $\star$에 대한 단위원을 찾으시오.

(3) $A = \{1, 2\}$ 일 때, A의 역원은 존재하는가?

(4) 환 $P(X)$와 직적 $R = \bigoplus_{i=1}^{5} \mathbb{Z}_2$는 동형임을 증명하라.

1.4.14. 환 준동형사상 $f : \mathbb{Z}_7 \to \mathbb{Z}_7$을 모두 찾으시오.

1.4.15. 함수 $f : \mathbb{C} \to \mathbb{C}$, $f(z) = \bar{z}$는 환 동형사상임을 보이라.

1.4.16. (탐구문제) 단위원이 있는 가환환 $R(\neq 0)$의 임의의 원소 a에 대하여 $a^n = a$가 되는 어떤 정수 $n(\geq 2)$이 존재한다. 만약 R/I가 정역이면, $a + I(\neq 0 + I)$의 역원이 존재함을 보이라.

1.4.17. 정수환 $\mathbb{Z}$의 아이디얼 $I = (3)$와 $J = (4)$에 대하여 $\mathbb{Z} = I + J$이지만 $I \cap J \neq \{0\}$임을 보이라.

1.4.18. 서로 다른 환 준동형사상 $f : \mathbb{Z}_6 \to \mathbb{Z}_{30}$의 개수를 구하라.

1.4.19. (탐구문제) 다음 물음에 답하시오.

(1) 환 준동형사상 $f : R \to S$의 정의역 R이 체이면 f는 상수 함수이거나 매장사상임을 보이라.

(2) 환 준동형사상 $f : \mathbb{R} \to \mathbb{R}[x]$의 치역 $\operatorname{im}(f)$는 상수 다항식들의 부분환에 포함됨을 보이라.

(3) 소수 p에 대하여 환 준동형사상 $f : \mathbb{Z}_p \to \mathbb{Z}$는 상수 함수임을 보이라.

1.4.20. 환 $R = \mathbb{Z}_2 \oplus \mathbb{Z}_{12} \oplus \mathbb{Z}_{14}$의 단원군 $U(R)$의 원소의 개수를 구하라.

1.4.21. $I = (x, y) \lhd \mathbb{Q}[x, y]$에 대하여 상환 $\mathbb{Q}[x, y]/I$는 체임을 보이라. 따라서 I는 $\mathbb{Q}[x, y]$의 극대 아이디얼이다.

1.4.22. (탐구문제) 체 F에 대하여 함수 $f : \mathbb{Z} \to F$, $f(n) = n \cdot 1_F$로 정의하자. 다음 물음에 답하시오.

(1) f는 환 준동형사상임을 보이라.

(2) $3 \leq |\operatorname{im}(f)| < \infty$이면 치역의 원소의 개수는 홀수임을 증명하시오.

1.4.23. 환 $\mathbb{Z}_{7^2}$과 $\mathbb{Z}_7 \oplus \mathbb{Z}_7$의 단원군의 위수를 각각 셈하여 동형이 아님을 밝히시오.

1.4.24. (탐구문제) 정수환 $\mathbb{Z}[x]$에서 아이디얼 $J = (2, x)$는 극대임을 보이라.

1.4.25. 서로 다른 두 소수 p, q에 대하여 환 $\mathbb{Z}_{pq}$를 두 아이디얼의 내직적으로 표시하라.

1.4.26. (탐구문제) 단위원을 갖는 가환환 R의 **어떤** 원소 $s \in R$에 대하여 $s^2 = s$일 때, $R = \langle s \rangle \dot{+} \langle 1 - s \rangle$임을 보이라.

1.4.27. 합동 방정식

$$\begin{cases} x \equiv 2 \pmod{12}, \\ x \equiv 4 \pmod{16} \end{cases}$$

의 정수해 x가 존재한다면 구하라.

1.4.28. (탐구문제) 다음을 증명하라.

(1) $\mathbb{R}[x]/(x-3) \cong \mathbb{R}$,

(2) $\mathbb{R}[x]/(x^2+1) \cong \mathbb{C}$.

제 2 장
유클리드 정역, 인수분해 그리고 다항식의 기약성

정의에 의해 $\mathbb{Q}$ 또는 $\mathbb{R}$은 정역이므로 다항식환 $\mathbb{Q}[x]$와 $\mathbb{R}[x]$도 정역이다(최고차항 비교). 일반적으로 체 F는 정역이므로 F를 계수로 갖는 다항식환 $F[x]$도 정역이다. 이 장은 체의 원소를 계수로 가지는 다항식환의 일반적인 성질을 살피고자 하는 것이 목적이다. 사실 고교과정에서 이미 유리수 및 실수 계수 다항식환에는 나머지 정리가 있다는 것을 다루었다. 이를 통해 약수, 배수, 공약수, 공배수, 최대공약수, 최소공배수의 개념을 서술하는 것도 정수와 비슷한 방법으로 가능하다. 이 장에서는 이러한 개념들을 일반화하는 일을 해본다. 이러한 논의는 다항식 방정식의 근을 포함하는 체에 대한 개념을 정립하는 데 큰 도움이 될 것이다.

2.1 유클리드 정역과 그 성질

유클리드 정역의 뜻을 제시하기 전에 중학교 교과 과정에서 혼동을 주는 상황을 한 가지 살펴보자. 이차식 $2x^2+8x+8$의 인수(약수, 소인수)를 모두 고르라고 하면, 그 후보는

$$2,\ (x+2)^2,\ (x+2),\ (x+3)$$

이다. 답을 선택할 때 가장 걱정되는 것이 2이다. 만약 $2x^2+8x+8 \in \mathbb{Z}[x]$로 이해하면, $\mathbb{Z} \subset \mathbb{Z}[x]$이므로 정수의 약수와 배수 관계가 그대로 적용되므로 옳은 선택지이다. 그런데 $2x^2+8x+8 \in \mathbb{Q}[x]$의 원소로 간주하면 $2 \in U(\mathbb{Q}[x]) = \mathbb{Q} \setminus \{0\}$이므로 더 이상 약수 · 배수에 대한 논의를 할 수 없다. 달리 말해 문제의 다항식은 그것을 원소로 갖는 환에 따라 답이 달라진다. 본 단원을 통해 이 예제에 해당하는 쟁점을 해결해 나간다.

약수와 배수

가환환에 대한 약수와 배수의 개념을 나열해보자. 정의를 쓰는 것은 아무 문제가 없다. 다만! 정수환에서 했던 것들을 모방하기 위해 추가적인 조건이 있어야만 한다.

정의 2.1

정역(가환환) $R(\neq \{0\})$에서

- 두 원소 $a, b \in R$에 대하여 $b = ac,\ \exists\, c \in R$이면 a는 b의 **인수(factor)** (**약수(divisor)**) 또는 b는 a의 **배수(multiple)**라고 한다. 그리고 $a \mid b$로 표기한다.
- 두 원소 $a, b \in R$에 대하여 $b = au,\ \exists\, u \in U(R)$이면 a**를** b**의 동반원(associate element)**이라고 하자.
- $p \in R \setminus (U(R) \cup \{0\})$이라 하자. p의 약수가 단원과 p의 동반원뿐일 때, p를 **기약(irreducible)**이라 하자. 이런 성질이 성립하지 않는 R의 원소를 **가약(reducible)**이라 한다.

도움정리 2.1

정역 R에 대하여

(1) $a,\ b \in R$일 때 a가 b의 동반원이면 b도 a의 동반원이다.

(2) $p = rs,\ r,\ s \in R$이라 하자. p가 기약일 필요충분조건은 r 또는 s 둘 중 꼭 하나만 단원일 때이다.

증명 (1) $b = au \Leftrightarrow a = bu^{-1}$.

(2) ($\Rightarrow$) $r,\ s$는 p의 약수이다. $r, s \notin U(R) \Rightarrow r = up, s = vp, \exists u, v \in U(R) \Rightarrow p = (up)(vp) = uvp^2 \Rightarrow 1 = uvp$ 이므로 $p \in U(R)$ 으로 모순이다. $r, s \in U(R)$ 이면 $p \in U(R)$ 이므로 가정에 모순이다.

($\Leftarrow$) $r \in U(R), s \notin U(R)$ 이면 s는 p의 동반원이므로 p는 기약이다. $r \notin U(R)$, $s \in U(R)$ 일 때도 마찬가지다. □

한편 약수와 배수 관계를 아이디얼로 표시하는 것이 논의를 간결하게 해주기도 한다.

도움정리 2.2

정역 R의 두 원소 $a, b \in R$에 대하여

(1) $(a) \subset (b) \iff b \mid a$.

(2) $(a) = (b) \iff a \mid b,\ b \mid a \iff a$와 b는 동반원 (관계)이다.

(3) $(a) = R \iff a \in U(R)$.

증명 주의) 일반적으로 $a \in I \lhd R$이면 a에 의해 생성되는 아이디얼 (a)는 $(a) \subset I$ 이다.

(1) $(a) \subset (b) \Rightarrow a \in (b) \Rightarrow a = bq \Rightarrow b \mid a$.

(2) $(a) = (b) \Rightarrow (a) \subset (b), (b) \subset (a) \Rightarrow a \mid b,\ b \mid a$ 이다. 그런데 $b = aq$, $a = bp \Rightarrow b = aq = bpq \overset{R:\text{정역}}{\Rightarrow} pq = 1 \Rightarrow p, q \in U(R)$ 이므로 a와 b는 동반원이다. 역으로 $a = bq,\ q \in U(R) \Rightarrow q^{-1}a = b \Rightarrow b \mid a, a \mid b$ 이다.

(3) $R=(1)$ 이므로 (2)에 의해 a와 1은 동반원이다. 즉 $a=1\cdot q=q, q\in U(R)$이다. 역으로 $a\in U(R)\Rightarrow ap=1,\ p\in U(R)\Rightarrow 1=ap\in(a)\Rightarrow R\subset(a)$이다. □

예제 2.1

(1) 다항식환 $\mathbb{Z}[x]$에서 $2x^2+4x+2$의 약수는 2, $x+1$, $(x+1)^2$가 있다. 그리고 2, $x+1$은 기약이다. 그러나 $(x+1)^2=(x+1)(x+1)$이므로 기약이 아니다.

(2) 다항식환 $\mathbb{Q}[x]$에서 x^2+2x+1은 $2x^2+4x+2$의 동반원이다. 그리고 $2\in\mathbb{Q}[x]$는 단원이므로 기약성을 따질 수 없다.

유클리드 정역

나머지 정리가 성립하는 환에 일반적인 이름을 지어주자.

정의 2.2 유클리드 함수

정역 R에 대하여 함수 $\delta: R\setminus\{0\}\to\mathbb{Z}$가 다음 세 조건을 만족시키면 **유클리드 함수 (Euclidean function)**라 한다.

(0) 임의의 $a\in R\setminus\{0\}$에 대하여 $\delta(a)\geq 0$이다.

(1) 임의의 $a,b\in R\setminus\{0\}$에 대하여 $\delta(a)\leq\delta(ab)$이다.

(2) 임의의 $a\in R,\ b\in R\setminus\{0\}$에 대하여

$$a=bq+r,\ \delta(b)>\delta(r)$$

을 만족시키는 $q,\ r\in R$이 존재하거나 $r=0$이다(즉 $b\mid a$).

그리고 유클리드 함수가 존재하는 정역을 **유클리드 정역(Euclidean Domain)**이라 한다.

편의를 위해 정수에서 쓰던 용어(a:피제수, b:제수, q:몫, r:나머지)를 그대로 사용하기도 한다. 실제로 정수환 $\mathbb{Z}$에 함수를 $\delta:\mathbb{Z}\setminus\{0\}\to\mathbb{Z},\ \delta(n)=|\,n\,|$로 정의하면 δ는 유클리드

함수이고 정의 2.2는 나머지 정리를 다르게 서술한 것에 불과하다. 정역 R의 유클리드 함수의 존재성을 가정하고 논의를 진행하는 것은 그런 예가 가지는 공통된 특징을 일의적으로 설명하기 위해서이다. 물론 증명의 핵심에는 항상 **정수의 정렬성(well-ordering principle)**이 있다.

한편 하나의 정역에 서로 다른 유클리드 함수가 있을 수 있다. 예를 들어 체 F에서 $\delta : F \setminus \{0\} \to \mathbb{Z},\ \delta(k) = 0,\ \forall k \in F \setminus \{0\}$으로 정의된 함수는 유클리드 함수이다. 이보다 의미 있는 경우는 다음과 같다.

명제 2.1 다항식환 $F[x]$의 나머지 정리

체 F에 대하여

$$\delta : F[x] \setminus \{0\} \to \mathbb{Z},\ \delta(f(x)) = \deg f(x)$$

는 유클리드 함수이다. 따라서 $F[x]$는 유클리드 정역이다.

증명 0이 아닌 두 다항식 $f(x)$와 $g(x) \in F[x] \setminus \{0\}$의 차수를 각각 $\deg f(x) = n$, $\deg g(x) = m$이라 하자. $f(x)g(x) = (a_n x^n + \cdots + a_0)(b_m x^m + \cdots + b_0) = a_n b_m x^{n+m} + \cdots + a_0 b_0 \Rightarrow \deg(f(x)g(x)) = n + m \geq n = \deg f(x)$. 조건 (2)가 성립함을 증명해보자. $f(x) = 0$이면 $q(x) = r(x) = 0$으로 선택하면 된다. $n < m \Rightarrow f(x) = g(x) \cdot 0 + f(x) \Rightarrow q(x) = 0,\ r(x) = f(x) \Rightarrow \delta(g(x)) > \delta(r(x)) = \deg f(x)$이다. $n \geq m$이면 n에 대해 귀납적으로 증명한다. $n = 0$이면 $m = 0$이다. 즉 $f(x) = a_0,\ g(x) = b_0 (\neq 0)$는 상수 다항식이다. $a_0 = b_0 \cdot \frac{a_0}{b_0} + 0$이므로 $q(x) = \frac{a_0}{b_0},\ r(x) = 0$으로 선택하면 된다.

$n \geq 1$일 때 $h(x) := f(x) - g(x)(\frac{a_n}{b_m})x^{n-m}$, $\deg h(x) < \deg f(x)$라 하면 귀납법 가정에 의해 $h(x) = g(x)q(x) + r(x)$, $\deg g(x) > \deg r(x)$이거나 $r(x) = 0$이다. 원래 식에 대입하면

$$f(x) = g(x)[(\frac{a_n}{b_m})x^{n-m} + q(x)] + r(x)$$

이므로 정의 2.2의 조건식 (2)를 만족시키는 몫과 나머지는 각각 $(\frac{a_n}{b_m})x^{n-m} + q(x)$와 $r(x)$이다. □

예를 들어 유리수 계수 다항식환 $\mathbb{Q}[x]$, 실수 계수 다항식환 $\mathbb{R}[x]$, 복소수 계수 다항식환 $\mathbb{C}[x]$는 모두 유클리드 정역이다.

예제 2.2

$U(\mathbb{Z}_7) = \mathbb{Z}_7 \setminus \{0\}$이므로 $\mathbb{Z}_7$은 체이다. 다항식 환 $\mathbb{Z}_7[x]$에서 $f(x) = x^3 + 1$을 $g(x) = x^2 + 6x + 1$로 나눈 나머지는 $r(x) = 0$이다. 왜냐하면 $g(x) = x^2 - x + 1$이므로 $x^3 + 1 = (x^2 - x + 1)(x + 1)$이기 때문이다.

나머지 정리가 성립하기 때문에 얻을 수 있는 여러 성질들(최대공약수, 최소공배수, 유클리드 호제법, 베주 항등식, ED⇒ PID ⇒ UFD)을 논의한다. 이것은 다항식환의 성질들을 보다 깊이 있게 이해하는 데 도움이 된다.

명제 2.2 ED⇒ PID

유클리드 정역의 임의의 아이디얼은 주 아이디얼이다.

증명 정역 R의 아이디얼 I의 원소 $a \in I \lhd R$을 $\delta(a) \le \delta(b),\ \forall b \in I \setminus \{0\}$이 되도록 선택(정수의 정렬성에 의해 선택 가능)하자. 그러면

$$\forall b \in I \Rightarrow b = aq + r,\ \delta(a) > \delta(r)$$

인 $q,\ r \in R$이 존재한다. 만약 $r \neq 0$이면 $r = b - aq \in I$이므로 $\delta(a)$의 최소성에 모순된다. 따라서 $r = 0 \Rightarrow b = aq \Rightarrow I \subset (a) \subset I \Rightarrow I = (a)$이다. □

명제 2.2의 증명과정에서 언급된 생성자 $a \in R$의 유클리드 함숫값이 최소라는 점에 유의하자.

명제 2.3 PID의 특징

R이 주 아이디얼 정역일 때 원소 $p \in R \setminus (U(R) \cup \{0\})$에 대하여 다음은 모두 서로 필요충분 관계에 있다.

(1) p가 R의 기약원이다.

(2) (p)가 R의 극대 아이디얼이다.

(3) 상환 $R/(p)$는 체이다.

(4) 상환 $R/(p)$는 정역이다.

(5) (p)가 R의 소 아이디얼이다.

증명 (2) $\Rightarrow$ (3) $\Rightarrow$ (4) $\Rightarrow$ (5)가 성립하는 것은 이미 확인하였다.

(1) $\Rightarrow$ (2): $(p) \subset I \lhd R$이라 하자. R이 PID이므로 $I = (a)$꼴이다. 그러면 $(p) \subset (a) \Rightarrow a \mid p$이다. 그런데 p는 기약원이므로 a는 p의 동반원이거나 단원이다. 전자의 경우 $(a) = (p)$이고 후자의 경우 $(a) = R$이 되어 (p)는 극대이다.

(5) $\Rightarrow$ (1): $p = ab \in (p) \Rightarrow a \in (p)$ 또는 $b \in (p) \Rightarrow p \mid a$이거나 $p \mid b$이다. 만약 두 경우가 동시에 성립한다면 $ps = a, pt = b \Rightarrow p = ab = pspt \Rightarrow 1 = stp \Rightarrow p \in U(R)$이므로 모순이다. 따라서 $p \mid a$이고 $p \nmid b$이라 가정한다. $p \mid a \Rightarrow ps = a \Rightarrow p = (ps)b \Rightarrow 1 = sb$이므로 a와 p는 동반원이고 $b \in U(R)$이다. □

문제 2.1 탐구문제

다음의 각 경우에 얻을 수 있는 결론을 제시하시오.

(1) $R = \mathbb{Z}$, $p = 101$.

(2) $R = \mathbb{Q}[x]$, $p(x) = x^3 + 1$.

이 단원의 핵심 주제 중 하나인 최대공약수와 최소공배수의 개념을 정역에서 정의하고 그 존재성을 주 아이디얼 정역일 때 보장받자.

정의 2.3 **최대공약원(수)(greatest common divisor)**

정역 R의 두 원소 $a, b \in R$에 대하여 조건

(1) $d \mid a$, $d \mid b$이고

(2) $e \mid a$, $e \mid b$인 임의의 $e \in R$에 대하여 $e \mid d$

를 동시에 만족시키는 $d \in R$가 존재하면 d를 a와 b의 **최대공약원(수)**라 한다. 기호는 $d = \gcd(a, b)$ 또는 $d = (a, b)$로 표기한다.

d와 d'이 a와 b의 최대공약원이면 정의로부터 $d \mid d', d' \mid d$이므로 $(d) = (d')$이다. 즉 d와 d'은 동반원 관계에 있다.

예제 2.3

유리수 계수 다항식환 $\mathbb{Q}[x]$에서 x^3-1과 x^2-1의 최대공약원은

$$cx - c$$

(c는 영이 아닌 임의의 유리수)으로서 단원을 무시했을 때 유일하게 다항식 $x-1$이다.

정의 2.4 **최소공배원(수)(least common multiple)**

정역 R의 두 원소 $a, b \in R$에 대하여 조건

(1) $a \mid l,\ b \mid l$이고

(2) $a \mid e,\ b \mid e$인 임의의 $e \in R$에 대하여 $l \mid e$

를 동시에 만족시키는 $l \in R$이 존재하면 l을 a와 b의 **최소공배원(수)**라 한다. 기호는 $l = \mathrm{lcm}(a,b)$ 또는 $l = [a,b]$로 표기한다.

최대공약수와 마찬가지로 최소공배수도 동반원 관계일 때 같은 것으로 간주하면 유일하다.

명제 2.4

주 아이디얼 정역 R 안의 두 원소 a와 b의 최대공약원 d와 최소공배원 l은 각각 아이디얼

$$(a,b) = (d),\ \ (a) \cap (b) = (l)$$

의 생성자(의 동반원)이다.

증명 최대공약원: d는 a와 b의 최대공약원이라 하자. 아이디얼 $(a,b) \lhd R$은 주 아이디얼 정역이므로 $(a,b) = (d_0)$ 인 어떤 원소 $d_0 \in R$이 존재한다. 즉 $d_0 = as + bt$ 인 $s, t \in R$이 존재한다. 그런데 $d \mid a, d \mid b$이므로 $d \mid d_0$ 이다. 역으로 $a, b \in (d_0) \Rightarrow d_0 \mid a, d_0 \mid b \Rightarrow d_0 \mid d$ 이다. 따라서 $(a,b) = (d_0) = (d)$ 이다.

최소공배원: l을 a와 b의 최소공배원라 하자. 아이디얼 $(a) \cap (b) \lhd R$은 주 아이디

얼 정역이므로 $(a)\cap(b) = (l_0)$ 인 어떤 원소 $l_0 \in R$ 이 존재한다. $(l_0) = (a)\cap(b) \subset (a) \Rightarrow a \mid l_0$ 이다. 같은 요령으로 $b \mid l_0$ 이다. 그러므로 $l \mid l_0 \Rightarrow (l_0) \subset (l)$ 이다. 역으로 $a \mid l, b \mid l \Rightarrow (l) \subset (a), (b) \Rightarrow (l) \subset (a)\cap(b) = (l_0) \Rightarrow (l) \subset (l_0)$ 이다. □

명제 2.4로부터 정수의 최대공약수 기호를 $(15, 18) = 3$과 같이 쓰는 것이 의미가 있다는 것을 알 수 있다. 일반적으로 주 아이디얼 정역에서 두 원소의 최대공약원이나 최소공배원을 손으로 계산하여 구할 수 있는 것이 아니다. 그러나 유클리드 정역(주 아이디얼 정역의 예)에서는 구체적으로 최대공약수(최소공배수)를 셈하는 방법이 있다. 이때도 나눗셈 연산은 꼭 거쳐야 한다.

명제 2.5 최대공약수의 셈법

유클리드 정역에는 **유클리드 호제법(Euclidean algorithm)**이 있다. 그러므로 **베주 항등식(Bézout's identity)**이 존재한다.

증명 Step 1. 약수·배수 관계에 있지 않은 두 원소 a와 b에 대하여 $a = bq + r,\ \delta(b) > \delta(r)$ 일 때 $(a, b) = (b, r)$ 이 성립함을 증명한다. $(a, b) = (d), (b, r) = (d'), \exists d, d' \in R$ 이라 하자. 그러면 $d \mid a - qb = r \Rightarrow d \mid b, d \mid r \Rightarrow d \mid d'$. 한편 $d' \mid qb + r = a \Rightarrow d' \mid a, d' \mid b \Rightarrow d' \mid d$ 이다. 따라서 $(d) = (d')$ 이다.

Step 2. Step 1의 과정은 b와 r 이 서로 약수·배수관계에 있지 않다면 나눗셈을 하자. 즉 $b = rq_1 + r_1,\ \delta(r) > \delta(r_1)$ 이다. 따라서 $(b, r) = (r, r_1)$ 이다. 이 과정을 반복해가면 제수의 유클리드 함숫값이 작아지는데 $(\delta(b) > \delta(r) > \delta(r_1) > \cdots)$ 음이 아닌 정수 집합의 원소이므로 유한번의 작업 후에는 나누어떨어져야만 하고 그때의 제수가 a와 b의 최대공약수이다.

Step 3 (베주 항등식). $(a, b) = (d) \Rightarrow d \in (a, b) \Rightarrow as + bt = d$ 인 $s, t \in R$ 이 존재한다. 구체적으로 s, t의 값을 구하는 방법을 제시한다. 위의 유클리드 호제법이 네번째 단계에서 끝난다고 하자. 즉

$$a = bq + r,\ b = rq_1 + r_1,\ r = r_1q_2 + r_2,\ r_1 = r_2q_3 \tag{2.1}$$

이라 하자. 그러면 $(d) = (a, b) = (b, r) = (r, r_1) = (r_1, r_2) = (r_2)$ 이므로 d와 r_2 는 동반원이다. 그러므로 처음 세 식에서 a, b, r_2 에 대한 관계식을 얻는 것으로

충분하다. 등식 (2.1)의 두 번째 식의 양변에 q_2를 곱하여 정리하면

$$bq_2 = rq_1q_2 + r_1q_2 \Rightarrow bq_2 = rq_1q_2 + (r - r_2) = r(q_1q_2 + 1) - r_2$$

이다. 같은 요령으로 등식 (2.1)의 양변에 $q_1q_2 + 1$을 곱하여 정리하면

$$a(q_1q_2 + 1) = bq(q_1q_2 + 1) + r(q_1q_2 + 1) \Rightarrow a(q_1q_2 + 1) = bq(q_1q_2 + 1) + bq_2 + r_2$$

이다. 따라서 $s = q_1q_2 + 1$이고 $t = -(qq_1q_2 + q + q_2)$로 선택하면 된다. □

참고 (**연분수(continued fraction)와 베주 항등식**) 명제 2.5의 s와 t를 구하고자 할 때 (분수체 안의) 연분수 $\frac{a}{b} = q + \frac{1}{q_1 + \frac{1}{q_2 + \frac{1}{q_3}}}$ 를 이용하여 계산할 수 있다. 즉

$$q + \frac{1}{q_1 + \frac{1}{q_2}} = \frac{qq_1q_2 + q + q_2}{q_1q_2 + 1} = \frac{-t}{s}$$

이다. □

이 단원의 마지막 주제는 인수분해와 관련된 것이다. 정수환에서 성립하는 인수분해의 **가능성 및 유일성**이 주 아이디얼 정역이면 항상 가능하다는 것을 보이려 한다. 끝으로 중학교 과정에서 정의하던 최대공약수와 최소공배수의 개념을 유일인수분해 정역에서 정의해보려 한다.

정의 2.5

0이 아니면서 단원이 아닌 임의의 원소를 (순서와 단원을 무시하고) 기약 원소로 유일하게 표시 가능한 정역을 **유일인수분해 정역(unique factorization domain)**이라 한다.

정리 2.1 PID ⇒ UFD

임의의 주 아이디얼 정역 R은 유일인수분해 정역이다.

증명 Step 1. $a \in R \setminus (U(R) \cup \{0\})$이고 a를 유한개의 기약 원소의 곱으로 표시할 수 없다고 하자. 특별히 $a = a_0$가 기약원소가 아니므로 (a)는 극대 아이디얼이 아니다. 따라서 진부분집합인 $(a) \subsetneq I \subsetneq R$가 존재하고 R는 PID이므로 $I = (a_1)$ 꼴이다. 즉

$$a = a_1c, \ a_1, c \notin U(R) \cup \{0\}$$

이다. 그런데 a_1, c 둘 중 적어도 하나는 유한개의 기약원소들의 곱으로 표시할 수 없다. 일반성을 잃지 않고 a_1 이라 하자. 그러면 $(a) \subsetneq (a_1)$[1] 이고 a_1 은 기약원소가 아니다. 같은 요령으로 $(a_1) \subsetneq (a_2)$ 가 되는 유한개의 기약원소들의 곱으로 나타낼 수 없는 원소 $a_2 \in R$을 선택하자. 이와 같은 과정 반복하면 포함관계가 있는 아이디얼들의 열을 나열할 수 있다.

$$(a) = (a_0) \subsetneq (a_1) \subsetneq (a_2) \subsetneq (a_3) \subsetneq \cdots . \tag{2.2}$$

Step 2. $I = \bigcup_{i=0}^{\infty}(a_i)$ 라 하면 $I \lhd R$이다. 왜냐하면 $r,\ s \in I \Rightarrow r \in (a_m), s \in (a_n) \Rightarrow r,\ s \in (a_{\max\{m,n\}})) \Rightarrow r - s \in (a_{\max\{m,n\}}))$ 이고 $\forall r \in R,\ i \in I \Rightarrow i \in (a_m) \Rightarrow ri \in (a_m) \subset I$ 이기 때문이다.

Step 3. 한편 R이 주 아이디얼 정역이므로 $I = (d), \exists d \in R$이다. 특히 $d \in I \Rightarrow d \in (a_m) \Rightarrow (d) \subset (a_m) \Rightarrow (a_{m+1}) \subset I = (d) \subset (a_m)$ 이 되어 Step 1의 (2.2)에 모순이다.

Step 4. 일반적으로 p가 기약이면 (p)는 소 아이디얼이므로 $p \mid ab \Rightarrow p \mid a$ 또는 $p \mid b$ 임에 유의하자.

$$a = up_1p_2\cdots p_m = vq_1q_2\cdots q_n,\ u, v \in U(R) \tag{2.3}$$

인 두 가지의 기약 원소 표현이 있다고 하자. m, n에 대한 귀납법으로 증명한다. 만약 $m = n = 1$이면 자명하게 성립한다. 등식으로부터 $p_1 \mid q_1q_2\cdots q_n \Rightarrow p_1 \mid q_k \Rightarrow (q_k) \subset (p_1)$ 이다. 그런데 (q_k)는 R의 극대 아이디얼이므로 $(p_1) = (p_k)$ 이거나 $(p_1) = R$이다. 후자의 경우 $1 \in R \Rightarrow 1 = p_1s \Rightarrow p_1 \in U(R)$ 이므로 모순이다. 전자의 경우 p_1과 q_k는 동반원 관계에 있으므로 $p_1 = uq_k, u \in U(R)$ 이다. 등식 (2.3)에 대입하여 q_k를 소거하면 개수 m, n이 줄어들어 귀납법 가정에 의해 유일하게 인수분해 가능하다. □

문제 2.2

다항식환 $\mathbb{Z}_3[x]$에서 다항식 $x^3 + 2$를 인수분해하라.

[1] c가 유한개의 기약원소의 곱으로 표시할 수 없다고 하더라도 $(a) \subsetneq (c)$ 이다. 그렇지 않다면 a와 c가 동반원이므로 $a_1 \in U(R)$ 이 되어 모순이다.

풀이 $x^3+2 = x^3-3x+2 = (x-1)(x^2+x-2) = (x-1)(x-1)(x+2)$ 이다. 각각의 일차식 $x-1$과 $x-2$는 기약이므로 인수분해된 것이다. 물론

$$x^3+2 = (2x-2)(x-1)(2x+1)$$

과 같이 단원을 고려하여 다른 형태로 보이는 인수분해도 가능하나 각각의 인수들 $2x-2, 2x+1$은 $x-1$과 $x+2$와 동반원이 되어 본질적으로 한 가지이다. □

정역 R이 UFD이기만 해도 최대 공약원과 최소 공배원을 정의할 수 있다. 두 원소 a, $b \notin U(R) \cup \{0\}$에 대하여

$$a = up_1^{m_1}p_2^{m_2}\cdots p_k^{m_k},$$
$$b = vp_1^{n_1}p_2^{n_2}\cdots p_k^{n_k},\ \exists u, v \in U(R)$$

으로 인수분해된다고 하자. 그러면 a와 b의 최대공약원과 최소공배원은 각각

$$d = p_1^{\min\{m_1,n_1\}}p_2^{\min\{m_2,n_2\}}\cdots p_k^{\min\{m_k,n_k\}},\ l = p_1^{\max\{m_1,n_1\}}p_2^{\max\{m_2,n_2\}}\cdots p_k^{\max\{m_k,n_k\}}$$

와 동반원 관계이다.

정수환 $\mathbb{Z}$에서 두 수 2022와 201의 최대공약수를 구하고자 하면 두 수가 그리 큰 수가 아니기 때문에 중학교 교육 과정에서는 각각을 인수분해하여 소수의 지수 중 작은 것을 선택하여 그 값을 구할 수 있다. 정수가 매우 큰 경우 인수분해는 사실상 손으로 불가능한 일이다. 이것을 보완하여 유클리드 호제법($a = bq + r \Rightarrow (a,b) = (b,r)$)으로 셈을 할 수 있다. **베주 항등식**은 이러한 계산법과 연계되어 나오는 부가적 결과물로써 **정수의 합동 방정식**과 **다항식의 상환에서 역원 찾는 문제**에서 매우 결정적인 역할을 한다는 점을 명심하자.

이로써 ED를 포함하는 PID와 UFD에서 약수 및 배수와 관련된 여러 논의를 해보았다. 다음 단원에서는 체의 원소를 계수로 갖는 다항식환에 대하여 지금까지의 논의를 적용해 보고 기약성 판정법을 다룬다.

연습 문제

2.1.1. $7x+14 \in \mathbb{Z}[x]$는 기약이 아니지만 $7x+14 \in \mathbb{Q}[x]$는 기약임을 보이라.

2.1.2. 유클리드 함수가 $\delta : R \setminus \{0\} \to \mathbb{Z}$인 유클리드 정역 R 안의 단원 $u \in U(R)$에 대하여 $\delta(u) = \delta(1)$임을 보이라.

2.1.3. 정수환 $\mathbb{Z}[x]$는 유클리드 정역이 아님을 증명하라.

2.1.4. 정수환 $\mathbb{Z}$에서 11의 동반원을 모두 찾으시오.

2.1.5. 유리수 계수 다항식 환 $\mathbb{Q}[x]$의 원소 $\frac{x}{12}+\frac{7}{5}$과 $5x+84$는 동반원 관계임을 설명하라.

2.1.6. 환 $\mathbb{Z}_9$의 원소 3의 동반원를 모두 찾으시오.

2.1.7. 명제 2.1의 몫과 나머지가 유일함을 보이라. 그러므로 체의 다항식환의 최대공약원(최소공배원)은 확장불변이다.

2.1.8. (탐구문제) 환 $\mathbb{Z}[\sqrt{2}] = \{a+b\sqrt{2} \mid a, b \in \mathbb{Z}\}$에 대하여 다음 물음에 답하시오. 단, $N(a+b\sqrt{2}) = a^2-2b^2$이다.

(1) 임의의 v, $w \in \mathbb{Z}[\sqrt{2}]$에 대하여 $N(v)N(w) = N(vw)$가 성립함을 보이라.

(2) $11-7\sqrt{2}$는 기약원소임을 보이라.

(3) (도전문제) $(11-7\sqrt{2})s+5t=1$을 만족시키는 s, $t \in \mathbb{Z}[\sqrt{2}]$를 한 쌍 찾으시오.

2.1.9. (탐구문제) 다음은 $\mathbb{Z}[i]$가 유클리드 정역임을 증명하는 과정이다. 빈칸에 알맞은 용어와 기호를 채우시오.

Step 0. 임의의 $z=a+bi \in \mathbb{Z}[i]$에 대하여 $\delta(z) = a^2+b^2 = |z|^2 (= z\bar{z})$으로 정의하면 $\delta(z) \ge 0$이다.

Step 1. $w = c+di \in \mathbb{Z}[i] \setminus \{0\}$이면 $\delta(w) = c^2+d^2 \ge$ (a) 이므로 $\delta(z) \le \delta(z)\delta(w) = |z|^2|w|^2 = |zw|^2 = \delta(zw)$이다.

Step 2. z, $w \in \mathbb{Z}[i]$, $w \ne 0$에 대하여 $z = wq+r$이면 $r=0$ 또는 $\delta(w) > \delta(r)$인 q, $r \in \mathbb{Z}[i]$를 찾아보자.

Step 2-1. $z=a+bi$, $w=n($ (b) $)$일 때

$$a = xn+x_1,\ b = yn+y_1,\ |x_1| \le \frac{n}{2},\ |y_1| \le \frac{n}{2}$$

을 만족시키는 x, x_1, y, $y_1 \in \mathbb{Z}$가 존재한다($\because$ $\boxed{\text{(c)}}$ 정리). $q = x + yi$, $r = x_1 + y_1 i$라 하면 $z = a + bi = n(x + yi) + (x_1 + y_1 i) = nq + r$, $\delta(r) = x_1^2 + y_1^2 \le \frac{n^2}{2} < n^2 = \delta(n)$이므로 정의 2.2의 조건 (2)를 만족시킨다.
Step 2-2. 일반적인 $w \in \mathbb{Z}[i] \setminus \{0\}$에 대하여 $w\bar{w} = n$은 $\boxed{\text{(b)}}$ 이다. Step 2-1에 의해 $z\bar{w} = nq + r$에서 $r = 0$ 또는 $\delta(n) > \delta(r)$이다. 전자의 경우 $z\bar{w} = w\bar{w}q \overset{\bar{w} \neq 0}{\Rightarrow} z = wq$이다. 후자의 경우

$$\delta(n) > \delta(r) = \delta(z\bar{w} - qw\bar{w}) = \delta(z - qw)\delta(\bar{w})$$

$$\overset{\boxed{\text{(d)}}}{\Rightarrow} \delta(w) > \delta(z - qw)$$

이다. 따라서 $z = qw + (z - qw)$에서 $z - qw = 0$ 또는 $\delta(w) > \delta(z - qw)$ 이다.

2.1.10. (탐구문제) 환 $\mathbb{Z}[i] = \{a+bi \mid a, b \in \mathbb{Z}\}$에 대하여 다음 물음에 답하시오. 단, $i = \sqrt{-1}$ 이다.

(1) 정역 $\mathbb{Z}[i]$에서 2는 가약이고 3은 기약 원소임을 보이라.

(2) 유클리드 함수 $\delta(a+bi) = a^2 + b^2$에 대하여 $7+i$를 $3i$로 나눈 나머지를 구하라.
힌트: 문제 2.1.9.의 증명과정

2.1.11. 정수환 $\mathbb{Z}$에서 $\gcd(524, 148)$을 모두 구하라.

2.1.12. 정역 R의 두 원소 a, b에 대한 최소 공배원을 l과 l'이라 하자. l과 l'은 동반원 관계임을 증명하라.

2.1.13. (탐구문제) 유리수 계수 다항식 환 $\mathbb{Q}[x]$의 두 원소 $f(x) = 5x^3 + 2x^2 + 3x - 10$과 $g(x) = x^3 + 2x^2 - 5x + 2$에 대하여 다음 물음에 답하시오.

(1) $f(x)$와 $g(x)$의 최대공약원 $d(x)$와 최소공배원 $l(x)$를 각각 구하라.

(2) $f(x)s(x) + g(x)t(x) = d(x)$를 만족시키는 다항식 $s(x)$와 $t(x)$를 구하라.

2.1.14. 정역 R의 원소 q에 대하여 아이디얼 (q)가 R의 소 아이디얼일 때, q를 **소원**이라 한다. 정수환 $\mathbb{Z}$의 소원의 집합은 $\{\pm q \mid q:$ 소수$\}$임을 보이라.

2.1.15. (탐구문제) 환 $\mathbb{Z}[\sqrt{-5}] = \{a + b\sqrt{-5} \mid a, b \in \mathbb{Z}\}$에 대하여 다음 물음에 답하시오.

(1) $\mathbb{Z}[\sqrt{-5}]$가 정역임을 보이라.

(2) 6을 서로 다른 두 가지 방법으로 인수분해하여 UFD가 아님을 보이라.

2.2 다항식의 기약성

체 F의 원소를 계수로 갖는 다항식환 $F[x]$는 정역이다. 그리고 차수를 유클리드 함수로 두면 ED이다. 그러므로 $F[x]$는 PID가 되어 UFD이기도 하다. 이와 같이 지금까지 해오던 모든 용어와 논의들은 지울 것 없이 적용된다. 교재의 남은 부분에서는 다항식의 근 문제에 대해 논의할 것이므로 이 단원에서 용어들을 다시 한 번 정리하자. 단원의 후반부에서는 정수 계수 다항식의 기약성을 판별하는 방법에 대해 살펴본다. 사실상 기약성을 판별하는 것의 어려움을 예를 통해 살펴보는 것이 주된 내용이라고 보아도 된다.

다항식 환의 특징 요약

정의 2.6

체 F의 원소를 계수로 갖는 다항식 $p(x) \in F[x]$, $\deg p(x) \geq 1$의 약수가

$$a \text{ 또는 } a \cdot p(x),\ a \in U(F)$$

뿐이면 $p(x)$를 **체 F 위에서 기약 다항식(irreducible polynomial)**이라 한다. 일차 이상의 다항식 $f(x) \in F[x]$가

$$f(x) = g(x)h(x),\ g(x), h(x) \in F[x],\ \deg g(x), \deg h(x) \geq 1$$

이면 $f(x)$를 $F[x]$의 **가약 다항식(reducible polynomial)**이라 한다.

예제 2.4

(1) 체 F의 다항식환 $F[x]$에서 임의의 일차 다항식은 기약이다.

(2) 실계수 다항식환 $\mathbb{R}[x]$에서 홀수 차수 다항식은 항상 가약이다.

(3) 복소수환 $\mathbb{C}[x]$에서 임의의 2차 이상의 다항식은 가약이다.

논의를 더 진행하기 전에 다항식과 다항 함수의 용어 차이를 살펴본다. 다항식 $f(x) \in F[x]$를

$$f : F \to F, a \mapsto f(a)$$

인 F 위의 함수로 생각할 때 $f(x)$를 다항함수라 한다. 특히 근 $\alpha \in F$를 갖는다는 것은 $f(\alpha)=0$일 때를 말한다. 예를 들어 $f(x)=x^4+x+1$, $g(x)=x^3+x^2+1 \in \mathbb{Z}_3[x]$이라 하자.

$$f(0)=g(0)=1,\ f(1)=g(1)=0,\ f(2)=g(2)=1.$$

그러므로 $f(x)$와 $g(x)$는 $\mathbb{Z}_3$ 위에서 같은 함수이다. 한편 다항식을 어떤 다항식환의 원소로 보느냐에 따라 기약성 여부가 달라질 수 있다. $f(x)=x^2-2 \in \mathbb{Q}[x]$는 기약이다. 왜냐하면 $x^2-2=(ax+b)(cx+d)$를 만족시키는 유리수 a, b, c, d는 존재하지 않기 때문이다. 그러나 $f(x)=x^2-2 \in \mathbb{R}[x]$이면 $f(x)=(x+\sqrt{2})(x-\sqrt{2})$이므로 가약이다.

예제 2.5

$F=\mathbb{Z}_2$를 계수로 갖는 다항식 $f(x)=x^3+x+1 \in \mathbb{Z}_2[x]$는 기약이다. 만약 가약이라 하면 1차식이 인수로 있는 다항식으로 인수분해되어 $f(0)$ 또는 $f(1)$이 0이다. 그러나 대입하면 $f(0)=f(1)\neq 0$이므로 모순이다. 4차식 이상에서는 이러한 논리는 적용할 수 없음에 유의하라. $g(x)=x^4+x^2+1$에 대하여 $g(0)=1, g(1)=1$이지만 $g(x)=(x^2+x+1)(x^2-x+1)$이다.

문제 2.3

$p(x)$가 체 F 위에서 기약이라 하자. $p(x) \mid f(x)g(x)$이면, $p(x) \mid f(x)$ 또는 $p(x) \mid g(x)$이다.

풀이 방법 1. 조건식으로부터 $p(x)m(x)=f(x)g(x)$이다. 그런데 $F[x]$는 UFD이다. 우변을 기약 다항식들로 인수분해하면 그중 하나의 인수는 $p(x)$와 동반원 관계에 있다.

방법 2. $f(x)g(x) \in (p(x))$이고 $(p(x))$는 소 아이디얼이므로 $f(x) \in (p(x))$ 또는 $g(x) \in (p(x))$이다. 즉, $p(x) \mid f(x)$ 또는 $p(x) \mid g(x)$이다. □

한편 다항식 $p(x)$의 기약성을 따지는 것은 상환 $F[x]/(p(x))$의 성질을 살피는 데 필수적이었다.

도움정리 2.3 명제 2.3의 다항식 버전

체 F의 다항식환 $F[x]$ 안의 원소 $p(x)$에 대하여 다음은 동치이다.

(1) $p(x)$가 기약이다.

(2) $(p(x))$가 극대 아이디얼이다.

(3) $F[x]/(p(x))$가 체이다.

(4) $(p(x))$가 소 아이디얼이다.

도움정리 2.3이 성립하는 이유는 차수를 유클리드 함수로 이해할 수 있기 때문이다. 한편 다항식이 가약일 때 상환의 특징을 다음 예를 통해 살펴본다.

예제 2.6

$f(x) = (x-1)(x^2+x+1)$에 대하여 상환 $\mathbb{Q}[x]/\langle f(x)\rangle$는 정역이 아니다.
이유 1. $I = \langle x-1\rangle$, $J = \langle x^2+x+1\rangle$이라 하면, $x-1$과 x^2+x+1는 공통인수가 없으므로 베주 항등식에 의해 $I+J = \mathbb{Q}[x]$이다. 그러므로 중국인의 나머지 정리에 의해

$$\mathbb{Q}[x]/\langle f(x)\rangle \cong \mathbb{Q}[x]/I \oplus \mathbb{Q}[x]/J.$$

도움정리 2.3에 의해 우변의 각 성분은 모두 체이다. 그러나 $(1,0)\cdot(0,1) = (0,0)$이므로 정역도 아니다.
이유 2. 상환 $\mathbb{Q}[x]/\langle f(x)\rangle$의 항등원이 아닌 임의의 원소는 다항식의 나머지 정리에 의해

$$r(x) + \langle f(x)\rangle,\ \deg r(x) < \deg f(x)$$

로 **유일**하게 쓸 수 있다. 그런데 $x-1+\langle f(x)\rangle$, $x^2+x+1+\langle f(x)\rangle \neq 0+\langle f(x)\rangle$이다. 하지만

$$(x-1+\langle f(x)\rangle)\cdot(x^2+x+1+\langle f(x)\rangle) = (x-1)(x^2+x+1)+\langle f(x)\rangle = \langle f(x)\rangle$$

이므로 정역이 아니다.

기약성 판별법

이제 몇 가지 다항식의 기약성 판별법을 제시하려 한다. 우리가 논의하는 기약성은 주로 다항식환 $\mathbb{Z}[x]$, $\mathbb{Q}[x]$, $\mathbb{Z}_{p^n}[x]$에서의 이야기이다.

도움정리 2.4

정수 계수 다항식

$$f(x) = a_n x^n + a_{n-1}x^{n-1} + \cdots + a_1 x + a_0 \in \mathbb{Z}[x]$$

가 유리수 근 $\alpha = \frac{q}{p}, (p, q) = 1$을 가지면 $p|a_n$이고 $q|a_0$이다. 특히 $a_n = \pm 1$일 때 $f(x) = 0$가 유리수 근을 가지면 그것은 항상 정수근이다.

증명 $0 = f(\alpha) = f(\frac{q}{p}) = a_n(\frac{q}{p})^n + a_{n-1}(\frac{q}{p})^{n-1} + \cdots + a_1(\frac{q}{p}) + a_0$에서

$q(a_n q^{n-1} + \cdots + a_1) = -a_0 p^n, \ -a_n q^n = p(a_{n-1}q^{n-1} + \cdots + a_0 p^{n-1})$

이므로 $q|a_0$이고 $p|a_n$이다. □

다음은 정수 계수 다항식의 기약성과 관련된 주요한 특징을 말해준다.

도움정리 2.5 **가우스의 도움정리(Gauss' lemma)**

$f(x) \in \mathbb{Z}[x]$라 하자. $f(x)$가 차수가 m과 n인 **유리수 계수** 다항식으로 곱으로 표시될 필요충분조건은 $f(x)$가 차수가 m과 n인 **정수 계수** 다항식으로 표시되는 것이다.

증명 (충분조건) $f(x) = g(x)h(x), g(x), h(x) \in \mathbb{Q}[x], \deg g(x) = m, \deg h(x) = n$이라 하자. 다항식 $g(x)$와 $h(x)$의 각각의 계수를 기약분수로 나타낸 후 c (또는 d)를 $g(x)$ (또는 $h(x)$)의 각 계수의 분모의 최소공배수라 하자. 그러면

$$cdf(x) = [cg(x)][dh(x)], \ cg(x), \ dh(x) \in \mathbb{Z}[x]. \tag{2.4}$$

$\mathbb{Z}[x]$는 정역이므로 $\deg(cg(x)) = m, \deg(dh(x)) = n$이다. 정수 cd의 각 인수가 우변의 두 다항식 중 적어도 하나의 약수임을 보여야 한다. 이를 위해 정수 cd의 소인수의 개수(중복허용)에 대한 귀납법으로 증명한다.

Step 1. cd의 소인수의 개수가 0이면 $cd = \pm 1$이므로 참이다.

Step 2. p가 cd의 한 소인수라 하자. $cd = pt, t \in \mathbb{Z}$이므로 $cdf(x)$의 각각의 계수는 p의 배수이다. 아래의 도움정리 2.6에 의해 일반성을 잃지 않고 $cg(x)$의 각각의 계수는 p의 배수이다. 즉 $cg(x) = pk(x), k(x) \in \mathbb{Z}[x]$이다. 등식 (2.4)에 대입하면

$$ptf(x) = pk(x)[dh(x)] \overset{p\neq 0}{\Rightarrow} tf(x) = k(x)[dh(x)],\ k(x), dh(x) \in \mathbb{Z}[x]$$

이다. 물론 $\deg k(x) = m, \deg(dh(x)) = n$이다. $cd = pt$이므로 t의 소인수의 개수는 cd의 그것보다 작으므로 증명은 끝났다.

(필요조건) $\mathbb{Z}[x] \subset \mathbb{Q}[x]$이므로 명백히 성립한다. □

예제 2.7

$f(x) = 2x^4 + x^3 - 21x^2 - 14x + 12 = \left(x - \frac{1}{2}\right)(x+3)(2x^2 - 4x - 8)$은 $f(x) = (2x-1)(x+3)(x^2-2x-4)$로 다항식 환 $\mathbb{Z}[x]$에서 표현 가능하고 차수는 바뀌지 않는다.

도움정리 2.6 Not PID But UFD

정수 계수 다항식 $f(x), g(x), h(x) \in \mathbb{Z}[x]$에 대하여 $f(x) = g(x)h(x)$이고 소수 p가 $f(x)$의 계수들의 공약수이면 p는 $g(x)$의 모든 계수의 약수이거나 $h(x)$의 모든 계수의 약수이다.

증명 (귀류법). 두 인수 $g(x)$와 $h(x)$의 계수 중 p의 배수가 아닌 최소의 차수에 대하여 계수 비교하여 모순을 유도한다. 여기서는 특별한 경우를 증명한다. 일반적인 경우는 증명과정을 통해 스스로 유추해 보자.

$$\begin{aligned} f(x) =& a_7x^7 + a_6x^6 + \cdots + a_2x^2 + a_1x + a_0, \\ g(x) =& b_4x^4 + \cdots + b_1x + b_0, \\ h(x) =& c_3x^3 + \cdots + c_0. \end{aligned}$$

가정에 의해 $p \mid a_0, \cdots, a_7$이다. $p \mid b_0, b_1, b_2, p \nmid b_3$ 그리고 $p \mid c_0, c_1, p \nmid c_2$라 하자. 그러면 $g(x)h(x)$를 전개(코시 곱)하여 x^5의 계수를 $f(x)$와 비교하면

$$a_{2+3} = a_5 = b_2c_3 + b_3c_2 + b_4c_1 \Rightarrow b_3c_2 = a_5 - (b_2c_3 + b_4c_1)$$

이다. 두 번째 식의 좌변은 $p \nmid b_3c_2$이지만 우변은 p의 배수이므로 모순이다. □

가우스의 도움정리에 의해, **정수** 계수 다항식 $f(x)$의 환 $\mathbb{Q}[x]$에서 기약성을 조사하는 것은 $\mathbb{Z}[x]$에서 생각하는 것으로 충분하다. 기호를 줄여쓰기 위해 $f(x)$가 $R[x]$에서 기약 (가약) 다항식이라는 것을 $f(x)$ **가** R **위에서 기약 (가약) 다항식**이라고 하자.

예제 2.8

$f(x) = x^4 - 5x^2 + 1 \in \mathbb{Q}[x]$는 기약이다. 그렇지 않다면 두 다항식 $f(x) = g(x)h(x)$로 표시가능하다. 그런데 $f(x)$는 유리수 근이 존재하지 않으므로 $\deg g(x)$, $\deg h(x) \geq 2$라 할 수 있다. 그러면 가우스의 도움정리에 의해

$$f(x) = x^4 - 5x^2 + 1 = (kx^2 + ax + b)(lx^2 + cx + d)$$

인 정수의 순서쌍 (k, l, a, c, b, d)가 존재한다. 일반성을 잃지 않고 $k = l = 1$이라 하자. 양변의 계수를 비교하면 정수 방정식

$$a + c = 0,\ ac + b + d = -5,\ bc + ad = 0,\ bd = 1$$

을 얻는다. c에 관해 방정식을 풀면 $c^2 = 3,\ 7$이므로 모순이다. 따라서 $f(x)$는 $\mathbb{Q}$ 위에서 기약이다.

명제 2.6 아이젠슈타인 판정법(Eisenstein's criterion)

정수 계수 다항식 $f(x) = a_n x^n + a_{n-1}x^{n-1} + \cdots + a_1 x + a_0 \in \mathbb{Z}[x]$가 조건

- $p \mid a_0,\ p \mid a_1,\ \cdots, p \mid a_{n-1},\ p \nmid a_n$이고
- $p^2 \nmid a_0$

을 만족시키면 $f(x)$는 유리수 계수 다항식환 $\mathbb{Q}[x]$에서 기약이다.

증명 계수 비교에 의해 성립하는 간단한 명제이다. $f(x)$가 $\mathbb{Q}$에서 가약이라면 가우스의 도움정리에 의해 $\mathbb{Z}$ 위에서 $f(x) = g(x)h(x)$로 가약이다. 일반적인 경우는 탐구문제로 남기고 예를 통해 증명의 핵심을 익혀보자. $f(x) = a_7x^7 + a_6x^6 + \cdots + a_2x^2 + a_1x + a_0$, $g(x) = b_4x^4 + \cdots + b_1x + b_0$, $h(x) = c_3x^3 + \cdots + c_0$이라 하자. $p \mid a_0, p^2 \nmid a_0$이므로 $a_0 = b_0c_0 \Rightarrow p \mid b_0, p \nmid c_0$라 하자. 그리고 $p \nmid a_7 = b_4c_3 \Rightarrow p \nmid b_4, c_3$이므로 수열 b_0, b_1, b_2, b_3, b_4에서 최초로 p의 배수가

아닌 것이 꼭 존재한다. 그것을 $p \mid b_0, b_1, b_2, p \nmid b_3$ 이라 하자. $g(x)h(x)$를 전개 (코시 곱)하여 x^3의 계수를 $f(x)$와 비교하면

$$a_3 = b_0c_3 + b_1c_2 + b_2c_1 + b_3c_0 \Rightarrow b_3c_0 = a_3 - (b_0c_3 + b_1c_2 + b_2c_1)$$

이다. 두 번째 식의 좌변은 $p \nmid b_3c_0$ 이지만 우변은 p의 배수이므로 같을 수 없다. 즉 $f(x)$는 기약이다. □

정수 계수 다항식 $f(x) = a_nx^n + a_{n-1}x^{n-1} + \cdots + a_1x + a_0 \in \mathbb{Z}[x]$에 대하여 $g(x) := a_0x^n + a_1x^{n-1} + \cdots + a_{n-1}x + a_n = x^nf\left(\frac{1}{x}\right)$ 도 정수 계수 다항식이다. $f(x) = u(x)v(x)$이면

$$g(x) = x^nf\left(\frac{1}{x}\right) = \left(x^mu\left(\frac{1}{x}\right)\right)\left(x^kv\left(\frac{1}{x}\right)\right)$$

이므로 $f(x)$의 기약성은 $g(x)$의 기약성과 일치한다. 특별히 $g(x)$에 대한 아이젠슈타인 판정법을 적용하면 $f(x)$의 최고차항과 최저차항의 계수의 역할을 바꿀 수 있음에 유의하자.

예제 2.9

(1) 다항식 $x^7 + 9x^4 + 3x^2 - 15x + 12$는 $\mathbb{Q}$ 위에서 기약이다.

(2) 다항식 $x^{17} + 6x^{13} - 15x^4 + 3x^2 - 9x + 12$는 $\mathbb{Q}$ 위에서 기약이다.

(3) 임의의 소수 p와 자연수 n에 대하여 다항식 $x^n \pm p$는 $\mathbb{Z}[x]$에서 기약이다.

예제 2.10

소수 p에 대하여 다항식 $f(x) = \frac{x^p-1}{x-1}$는 $\mathbb{Q}$ 위에서 기약이다. 평행이동시킨 다항식 $f(x+1)$을 전개하면

$$f(x+1) = \frac{(x+1)^p - 1}{x} = x^{p-1} + \binom{p}{1}x^{p-2} + \binom{p}{2}x^{p-3} + \cdots + \binom{p}{p-2}x + \binom{p}{p-1}$$

이다. 단, 순열수 $p \mid \binom{p}{k}$, $1 \le k \le p-1$임에 유의하라. 아이젠슈타인 판정법을 적용하면 기약이다.

문제 2.4 탐구문제

다항식 x^4+1은 $\mathbb{Q}$ 위에서 기약임을 보이라.

풀이 풀이 1) $(x+1)^4+1 = x^4+4x^3+6x^2+4x^2+2, p=2$로 두고 아이젠슈타인 판정법을 적용하면 기약임을 알 수 있다.

풀이 2) $x^4+1 \in \mathbb{Z}[x]$를 가약이라 하자. 유리수 근이 존재하지 않으므로

$$x^4+1 = p(x)q(x), \deg p(x) = \deg q(x) = 2$$

$p(x), q(x) \in \mathbb{Z}[x]$는 기약 다항식이다. 그런데 이 다항식은 $\mathbb{R}[x]$에서

$$x^4+1 = (x^2+\sqrt{2}x+1)(x^2-\sqrt{2}x+1)$$

로 인수분해된다(단, 이차 다항식은 기약). 그뿐 아니라 $p(x)$와 $q(x)$도 $\mathbb{R}[x]$에서 기약이다. 그렇지 않다면 1차의 인수가 있어야 하는데 $x^4+1=0$의 모든 근은 실수가 아닌 복소수이므로(드무아브르의 정리) 모순이다. 그런데 $\mathbb{R}[x]$는 ED이므로 UFD이다. 그러므로

$$p(x) = c(x^2+\sqrt{2}x+1),\ q(x) = 1/c(x^2-\sqrt{2}x+1),\ c \in U(\mathbb{R})$$

이다. 그런데 $p(x)$는 정수 계수이므로 $\sqrt{2}$가 무리수라는 사실에 위배된다. □

우리에게 친숙한 지수함수 e^x의 n차 테일러 다항식 $1+x+\frac{x^2}{2}+\cdots+\frac{x^n}{n!}$도 $\mathbb{Q}$ 위에서 기약이다.

Macaulay2 기초

`Macaulay2`([9])는 대수 기하학(algebraic geometry)과 가환 대수(commutative algebra)에서 필요로 하는 셈을 위한 컴퓨터 대수 시스템(Computer Algebra System)의 한 종류이다. 특히 다항식 셈에 특화되어 있다. 이 단원에서는 교재에서 사용되는 다항식 연산과 관련된 기초적인 `Macaulay2` 코드를 살펴본다. 오프라인 이용을 위해서는 웹페이지(http://www2.macaulay2.com/Macaulay2/)에서 프로그램을 다운받아 설치한다. 온라인은 'Macaulay2Web, online' 등으로 검색하면 사용 가능하다. 정상적으로 실행되면 보통 다음과 같은 문구가 나열되고 입력을 대기한다.

```
...
Macaulay2, version 1.17
```

```
...
with packages:ConwayPolynomials, Elimination, IntegralClosure,
InverseSystems, LLLBases, MinimalPrimes,PrimaryDecomposition, ReesAlgebra,
Saturation, TangentCone
i1:|
```

이 교재에서 주로 사용하는 명령어는 인수분해(factor), 나머지 정리 ($f//g$), 변수소거(eliminate)이다.

예제 2.11

유리수 계수 다항식 $x^4 + x^2 + 1$의 인수분해 코드는 다음과 같다.

```
i1:R=QQ[x]
o1=R
o1:PolynomialRing
i2:f=x^4+x^2+1
        4    2
o2=x+x+1
o3:R
i4:factor(f)
 2           2
o4=(x-x+1)(x+x+1)
i5:factor(f);
```

첫 번째 줄(i1)에서 환을 ZZ[x](정수 계수의 다항식환), ZZ/n[x]($\mathbb{Z}_n$ 계수의 다항식환) 등으로 바꿀 수 있다. 그리고 마지막 줄(i5)의 쌍반점(semicolon, ;)은 입력된 명령을 출력하지 않는다.

변수가 여러 개인 경우도 인수분해 가능하다.

예제 2.12

식 $x^3 + y^3 + z^3 - 3xyz$의 인수분해 코드는 다음과 같다.

```
i1:clearAll
i2:R=QQ[x,y,z]
o2=R
o2:PolynomialRing
i3:f=x^3+y^3+z^3-3*x*y*z;
i4:factor(f);
i5: print toString oo
(x+y+z)*(x^2-x*y+y^2-x*z-y*z+z^2)
```

여기서 'clearAll'은 새로운 시작을 뜻하고, 'print toString oo'은 바로 직전 문장의 결과를 텍스트 파일로 출력하게 한다.

예제 2.13

유리수 계수 다항식 $f(x) = x^4 + x^2 + 2$를 $g(x) = x^2 + x + 1$로 나누었을 때 몫(q)과 나머지(r)를 구하는 코드는 다음과 같다.

```
i1:R=QQ[x]
o1=R
o2:PolynomialRing
i2:f=x^4+x^2+2;
o2:R
i3:g=x^2+x+1;
o3:R
i4:q=f//g;
i5:r=f % g;
i6:f==g*q+r
o6=true
```

i6줄의 ==는 좌변과 우변이 같은 것인지 확인시키는 명령어이다.

예제 2.14 변수소거

좌표평면 위의 두 정점 $(-3,0)$과 $(3,0)$에서 거리의 합이 10인 점 (x,y)의 자취 방정식을 구하는 코드는 다음과 같다.

```
o1=R
o1:PolynomialRing
i2:I=ideal((x-3)^2+y^2-a^2,(x+3)^2+y^2-b^2,a+b-10);
o2:Ideal of R
i3:eliminate(I,(a, b));
o3:Ideal of R
i4:print toString oo
ideal(16*x^2+25*y^2-400)
```

연습 문제

2.2.1. $\mathbb{Z}_3[x]$ 안의 이차 다항식의 개수를 구하라.

2.2.2. $\mathbb{Z}_6[x]$의 다항식 $f(x) = x^2 - 3x + 2$에 대하여 방정식 $f(x) = 0$의 근을 모두 찾으시오.

2.2.3. $\mathbb{Z}_{24}[x]/(x^2 + 12)$는 체가 아님을 설명하라.

2.2.4. 다항식환 $\mathbb{Q}[x]$에서 다항식 $x^4 + x^2 + 1$을 인수분해하라.

2.2.5. 다항식환 $\mathbb{Q}[x]$에서 다항식 $\frac{x^8-1}{x-1} = x^7 + x^6 + \cdots + x^2 + x + 1$을 인수분해하라.

2.2.6. 다항식 $f(x) = x^3 + 3x^2 + 2 \in \mathbb{Z}_5[x]$의 기약성을 판별하라.

2.2.7. 체 F의 다항식환 $F[x]$의 일차 다항식 $ax + b$ $(a \neq 0)$는 기약임을 보이라.

2.2.8. $a \in F$에 대하여 $f(x) \in F[x]$가 기약일 필요충분조건은 $f(x-a) \in F[x]$가 기약인 것임을 증명하라.

2.2.9. (탐구문제) $f(x),\ g(x) \in \mathbb{Z}[x]$를 최고차항의 계수가 **모두** 1**인 다항식**이라 하자. 만약 $f(x) = g(x)h(x),\ h(x) \in \mathbb{Q}[x]$이면 $h(x) \in \mathbb{Z}[x]$임을 보이라.

2.2.10. (탐구문제) 실수 계수 다항식환 $\mathbb{R}[x]$의 다항식 $f(x)$에 대하여 $f(i) = 0$이다. 다음 물음에 답하시오. 단, $i = \sqrt{-1}$이다.

(1) $f(-i) = 0$임을 증명하라.

(2) $f(x) \in \mathbb{C}[x]$로 간주하였을 때 $f(x) = (x-i)(x+i)q(x) = (x^2+1)q(x)$인 어떤 다항식 $q(x) \in \mathbb{C}[x]$가 존재함을 보이라.

(3) (2)의 $q(x)$의 모든 계수는 실수임을 유도하라.

2.2.11. 다음 물음에 답하시오.

(1) 상환 $\mathbb{Z}_2[x]/(x^2+x+1)$의 단원군의 원소를 모두 찾으시오.

(2) 상환 $\mathbb{Z}_2[x]/(x^3+1)$안의 아이디얼을 모두 찾으시오.

2.2.12. (탐구문제) 다음 두 조건을 만족시키는 환 $\mathbb{Z}_5[x]$의 아이디얼 I의 개수를 구하라.

(i) $\lvert \mathbb{Z}_5[x]/I \rvert = 25$.
(ii) $\mathbb{Z}_5[x]/I$의 극대 아이디얼의 개수는 2이다.

2.2.13. $f(x) = (x-1)(x-2)\cdots(x-2022) - 1$은 $\mathbb{Q}$ 위에서 기약임을 보이라.

2.2.14. (탐구문제) 자연수 n에 대하여 $f_n(x) = x^{2^n} + 1$이라 할 때, 다음 물음에 답하시오.

(1) (조합 문제) 조합수 $\binom{2^n}{k}$는 짝수임을 확인하시오. 단, $1 \le k \le 2^n - 1$이다.

(2) 다항식 $f_n(x+1)$에 아이젠슈타인 판정법을 적용하여 $f_n(x)$는 $\mathbb{Q}$ 위에서 기약임을 확인하라.

(3) 다항식 $\frac{x^{32}-1}{x-1}$을 $f_n(x)$의 곱으로 나타내시오.

2.2.15. (탐구문제) 8차 다항식 $f(x) = (x^2+x)^4+1$이 $\mathbb{Q}$ 위에서 기약임을 증명하는 과정이다. 물음에 답하시오.

(1) $\mathbb{Z}_2[x]$ 안의 차수가 2인 기약 다항식을 모두 찾으시오.

(2) $f(x) \in \mathbb{Z}[x]$에서 가약이면 $\bar{f}(x) \in \mathbb{Z}_2[x]$에서 가약임을 보이라. 단, $\bar{f}(x)$는 $f(x)$의 각각의 계수를 2로 나눈 나머지로 정의되는 다항식이다.

(3) 다항식 $f(x)$가 가약(즉, $f(x) = g(x)h(x)$로 분해)이 아님을 보이는 과정이다.

> $(a+b)^{\boxed{(a)}}$의 전개식으로부터 $\bar{f}(x) = (x^2+x)^4+1 = (x^2+x+1)^4 \in \mathbb{Z}_2[x]$이다. 한편 x^2+x+1은 $\mathbb{Z}_2$ 위에서 $\boxed{(b)}$이고 $\mathbb{Z}_2[x]$는 ED이므로 $\boxed{(c)}$이다. 따라서
>
> $$\bar{g}(x) = \pm(x^2+x+1)^k,\ \bar{h}(x) = \pm(x^2+x+1)^{\boxed{(d)}},\ 1 \le \exists k \le 3.$$
>
> $\mathbb{Z}$ 위에서
>
> $$g(x) = (x^2+x+1)^k+2s(x),\ h(x) = (x^2+x+1)^{\boxed{(d)}}+2t(x), \exists s(x),\ t(x) \in \mathbb{Z}[x]$$
>
> 이다. $f(x) \in \mathbb{C}[x]$로 이해하자. $x = \omega$, $(\omega^2+\omega+1=0)$를 $f(x) = g(x)h(x)$의 양변에 대입하면 $\boxed{(e)} = f(\omega) = g(\omega)h(\omega) = 4s(\omega)t(\omega)$이다. 그런데 $\frac{1}{\boxed{(e)}} = s(\omega)t(\omega) = a+b\omega \in \mathbb{Z}[\omega] \Rightarrow a = \frac{1}{\boxed{(e)}}$, $b=0$이므로 모순이다.

빈칸에 알맞은 용어나 기호를 채우시오.

2.2.16. (탐구문제) 다음 물음에 답하시오.

(1) 자연수 n이 합성수일 때 다항식 $\frac{x^n-1}{x-1}$은 $\mathbb{Q}$ 위에서 항상 가약임을 증명하라.

(2) 다항식 $f_6(x) = \frac{x^6-1}{x-1}$을 $\mathbb{Q}$ 위에서 인수분해하라.

(3) $\omega = \cos(\frac{2\pi}{6})+i\sin(\frac{2\pi}{6})$라 하자. 자연수 $k \in \{1,2,3,4,5\}$에 대하여 $f_6(\omega^k) = 0$임을 확인하라.

(4) (3)의 다섯 개의 근은 (2)의 인수들 중 어느 기약 다항식의 근이 되는지 분류하라. 특히 ω가 근이 되는 기약 다항식을 말하시오.

2.2.17. (탐구문제) $\omega = \cos(\frac{2\pi}{30}) + i\sin(\frac{2\pi}{30})$이라 할 때, 다음은 ω를 근으로 가지는 유리수 계수 기약 다항식을 찾는 과정의 일부분이다. 각각의 물음에 답하시오.

(1) $\omega = \cos(\frac{2\pi}{30}) + i\sin(\frac{2\pi}{30})$는 다항식 $f_{30}(x) = \frac{x^{30}-1}{x-1}$의 근임을 확인하라.

(2) $\{\omega^i \mid 0 \le i \le 29\}$는 정수의 덧셈군 $\mathbb{Z}_{30}$과 (군)동형임을 증명하라.

(3) $\mathbb{Z}_{30}$의 단원군 $U(\mathbb{Z}_{30})$을 원소 나열법으로 제시하시오.

(4) (`Macaulay2`) $p(x) = x^8 + x^7 - x^5 - x^4 - x^3 + x + 1 = \prod_{k \in U(\mathbb{Z}_{30})}(x - \omega^k) \in \mathbb{Z}[x]$임을 확인하시오.

(5) 임의의 소수 $p \nmid 30$에 대하여 $p(\omega^p) = 0$임을 확인하라.

2.2.18. 다항식환 $\mathbb{Z}_{24}[x]$는 무수히 많은 단원을 가짐을 보이라.

제 3 장
체의 확장과 분해체

앞으로 다항 방정식의 해와 관련된 것을 논의한다. 핵심적 주제는

(i) 해의 존재성과

(ii) 해를 찾는 법

이다. (ii)를 위해 필수적으로 (i)을 거쳐야 하기 때문에 이 장은 (i)과 관련된 문제에 초점을 맞춘다. 정역에서 체로 확장하는 문제를 시작점으로 하여, 기약 다항식의 근을 추가한 확대체가 존재함을 확인한다. 이 과정을 반복하여 모든 근을 포함하는 체가 존재함을 보인다. 이후 이러한 성질을 가지는 체에 이름을 부여하여 그 특징을 살핀다. 문제 상황에서의 적용과 갈루아 이론 단원에서의 동기 부여를 위해, 대칭 다항식의 기본 정리를 이용한 논의도 포함한다. 한편 연습문제 등에서 낮은 차수의 다항 방정식의 경우 (ii)에 대한 대답을 할 것이다. 아쉽게도 일반적인 방법은 없다(아벨-루피니 정리). 더 세밀화해 어떤 경우에 해 공식이 존재하는지를 논의할 것이다(갈루아 정리). 이때도 구체적으로 해 공식을 만드는 것은 아님에 명심하자. 즉 2차 방정식의 해법과 같이 매우 간결한 형태는 기대할 수 없다.

3.1 체의 확장

정역의 분수체

본격적으로 체를 확장시켜 나가기 전에 정수에서 유리수를 만드는 방법을 추상화해 본다. 정역의 대표적인 예인 정수환 $\mathbb{Z}$를 형식불역의 원리(Principle of the permanence of equivalent forms)에 따라 유리수환을 건설하는 과정을 살펴보면 정수 계수의 일차방정식 $mx = n$, $m \neq 0$의 해가 항상 존재하도록 하는 가장 작은 체가 유리수환임을 알 수 있다. 일반적으로 정역의 분수체란 이러한 과정을 추상화하여 얻은 체라고 말하면 충분하다. 만드는 과정 속에 정역 조건이 필수적임을 알게 된다.

정역 R의 곱집합 $R \times (R \setminus \{0\})$ 위의 관계

$$(a_1, b_1) \sim (a_2, b_2) \iff a_1 b_2 = b_1 a_2 \tag{3.1}$$

는 **동치 관계**이다.

문제 3.1

(3.1)의 관계는 추이적임을 확인하라.

풀이 $(a_1, b_1) \sim (a_2, b_2)$ 이고 $(a_2, b_2) \sim (a_3, b_3)$ 이면 $a_1b_2 = b_1a_2$ 이고 $a_2b_3 = b_2a_3$ 이다. 첫 번째 식의 양변에 b_3 을 곱하고, 두 번째 식의 양변에 b_1 을 곱하면 등식 $a_1b_2b_3 = b_1a_2b_3 = b_1b_2a_3$ 이 성립한다. 그런데 R 이 정역이므로 $b_2(a_1b_3 - b_1a_3) = 0 \Rightarrow a_1b_3 = b_1a_3$ 이다. 즉 $(a_1, b_1) \sim (a_3, b_3)$ 이 성립한다. □

정리 3.1

동치관계 (3.1)에 의한 상집합

$$F_R = R \times (R \setminus \{0\})/\sim$$

은 이항연산

$$[(a,b)] + [(c,d)] := [(ad+bc, bd)], \ [(a,b)] \cdot [(c,d)] := [(ac, bd)]$$

에 의해 체가 된다. 그리고

$$i : R \to F_R,\ i(r) = [(r, 1)]$$

은 매장사상이다. 이때 F_R을 **정역 R의 분수체(field of quotients)**라 한다.

증명 대표원 선택에 관한 것은 탐구문제로 남긴다. 덧셈에 대한 항등원은 $[(0,1)]$이고 곱셈에 대한 항등원은 $[(1,1)]$이다. 곱셈에 대한 역원(수)은 $[(a,b)][(b,a)] = [(1,1)]$이다. □

정수환을 유리수환으로 일반화하는 것과 같은 맥락이므로 기호를

$$[(a,b)] := \frac{a}{b}$$

로 쓰기도 한다.

예제 3.1

(1) $\mathbb{Z}$의 분수체 $F_{\mathbb{Z}}$는 $\mathbb{Q}$와 동형이다.

(2) 체 F의 분수체 F_F는 F와 동형이다($[(a,b)] = [(ab^{-1},1)]$이므로 매장함수 $i : F \to F_F$는 전사).

(2)에 의해 체에 대한 분수체로는 새로운 대상을 만들어낼 수 없다. 하지만 다항식 환이라면 더 큰 대상을 생각할 수 있게 해준다.

예제 3.2

체 F 위의 다항식환 $F[x]$는 정역이다. 정역 $F[x]$의 분수체는

$$F_{F[x]} = F(x) := \left\{ \frac{f(x)}{g(x)} \mid f(x),\ g(x) \in F[x],\ g(x) \neq 0 \right\}$$

이므로 우리가 알던 유리 '함수'들의 집합(과 같은 것)으로 간주할 수 있다.

고교 과정에서 유리 함수를 x에 대한 일차식 $\frac{ax+b}{cx+d}$로 한정 짓는 것과 혼동하지 않도록 한다.

예제 3.3

다항식환 $\mathbb{Z}_2[x]$의 분수체 $\mathbb{Z}_2(x)$에서

$$\frac{x^2+1}{x+1} = \frac{x^2-1}{x+1} = \frac{(x+1)(x-1)}{x+1} = x-1,$$

$$\frac{x^2+1}{x} + \frac{x}{x^3+1} = \frac{x^5+x^3+1}{x^4+x}.$$

분수체 $\mathbb{R}(x)$에서 두 유리식

$$f(x) = \frac{x-1}{x^4-1},\ g(x) = \frac{1}{(x+1)(x^2+1)}$$

은 같은 원소이다. 하지만 함수로서 $f(x)$와 $g(x)$는 다르다고 할 수 있다. 왜냐하면 $f(x)$의 최대의 정의역은 $\{x \in \mathbb{R} \mid x \neq \pm 1\}$이고 $g(x)$의 최대의 정의역은 집합 $\{x \in \mathbb{R} \mid x \neq -1\}$이기 때문이다. 한편 변수의 개수를 늘려 분수체를 정의할 수도 있다.

정의 3.1

체 F 위의 다항식환 $F[x_1, x_2, x_3]$은 정역이고 이것의 분수체를

$$F(x_1, x_2, x_3) = \left\{ \frac{f(x_1, x_2, x_3)}{g(x_1, x_2, x_3)} \mid g(x_1, x_2, x_3) \neq 0 \right\}$$

으로 기호 표기하자.

정역의 분수체를 통해 알게 되는 점은 정역의 원소를 계수로 갖는 일차 방정식의 해의 존재성을 보장하기 위해 그것이 매장된 더 큰 대상을 생각해야 한다는 것이다. 방정식의 차수가 클 때도 해의 존재를 보장하기 위해서는 이러한 과정이 더 복잡해질 것이 짐작된다.

(유한 차원)확대체

본격적 논의의 시작에 앞서 선형 대수에서 말하는 차원 개념을 되뇌어 보자. 사칙연산에 자유로운 집합 즉, **체 F 위의 벡터공간(vector space) V**를 개략적으로 서술하면

- V가 덧셈에 대한 가환군이고
- 체 F가 집합 V에 상수배 연산이 있어서 분배 법칙이 성립

함을 뜻한다. 특히 벡터공간의 임의의 원소는 적당한 부분집합 S의 선형 결합으로 유일하게 표시할 수 있다(**초른의 보조정리(Zorn's lemma)**). 이러한 S를 **기저(basis) 집합**이라 한다.

정의 3.2 **차원(dimension)**

벡터공간 V의 차원은 기저 집합 S의 원소의 개수(또는 농도(cardinality))로 정의하고 $\dim_F V$로 기호 표기한다.

모호함이 없을 때는 $\dim_F V = \dim V$로 F를 생략하기도 한다. 우리가 중점적으로 논의할 것은 기저집합 S가 유한일 때다. 놀라운 성질 중 하나는 차원의 개념이 집합 S의 선택에 의존하지 않는다는 것이다(replacement 정리). 한편 선형 대수학에서는 차원에 대한 성질은 주로 다음 정리로 귀결된다.

정리 3.2 벡터공간의 차원 정리

선형사상 $T : V \to W$에 대하여 $\dim V = \dim \operatorname{im}(T) + \dim \ker(T)$이다. 특히 $\dim(V \oplus W) = \dim V + \dim W$이다.

차원 정리는 단순히 차원만 비교하므로 부분공간 $\ker(T)$와 $\operatorname{im}(T)$의 기저를 찾기 위해서는 또 다른 노력이 필요하다.

한편 벡터 공간은 정의에 의해 덧셈에 대한 가환군이다. 간혹 이 벡터 공간에 곱셈 연산도 존재하여 그 자체로 체를 이룰 때도 있다. 예를 들어 집합 $\mathbb{Q}(\sqrt{2}) = \{a + b\sqrt{2} | a, b \in \mathbb{Q}\}$는 $\mathbb{Q}$ 위에서 벡터공간이면서 $\mathbb{Q}(\sqrt{2})$는 사칙연산에 자유롭다. 바로 이와 같은 대상을 이제부터 논의할 것이다. 먼저 확대체는 집합의 포함관계에 의해 정의된다.

정의 3.3

체 K가 체 F의 **확대체(extension field)**라는 것은 포함 함수 $i : F \subset K$가 **매장** 사상 즉 포함 함수 i가 일대일이면서 환 준동형사상

$$i(s + r) = i(s) + i(r),\ i(s \cdot r) = i(s) \cdot i(r)$$

일 때를 말한다. 이때 F를 K의 **부분체(subfield)**라 하고 $F < K$로 표시한다.

문제 3.2

확대체 $i : F \subset K$에 대하여 $i(1) = 1$임을 보이라.

풀이 i는 환 준동형사상이므로 $i(1 \cdot 1) = i(1) \cdot i(1) \Rightarrow i(1)(i(1) - 1) = 0$이다. $i(1) = 0$이면 i는 일대일 함수가 아니다 $(i(0) = 0)$. □

도움정리 3.1

체 K의 두 부분체 K_1과 K_2에 대하여

$$F < K_1, F < K_2 \Rightarrow F < K_1 \cap K_2.$$

더 일반적으로 $F < \bigcap_{F \subset K_\alpha} K_\alpha$이다.

증명 $K_1 \cap K_2$는 집합의 포함관계에 의해 F를 포함하고 있다. 그리고 $K_1 \cap K_2$는 부분환이고 곱셈에 대한 역원이 $K_1 \cap K_2$ 안에 존재한다. □

예제 3.4

$\mathbb{Q}(\sqrt{2})$와 $\mathbb{Q}(\sqrt{3})$은 $\mathbb{Q}$의 확대체이다. 그리고 $\mathbb{Q}(\sqrt{2}) \cap \mathbb{Q}(\sqrt{3})$은 $\mathbb{Q}$의 확대체이다. 교집합의 원소는 $a + b\sqrt{2} = c + d\sqrt{3} \Rightarrow a = c, b = d = 0 \Rightarrow \mathbb{Q}(\sqrt{2}) \cap \mathbb{Q}(\sqrt{3}) = \mathbb{Q}$이다.

물론 체 $\mathbb{R}$의 두 부분체 $K_1 = \mathbb{Q}(\sqrt{2})$와 $K_2 = \mathbb{Q}(\sqrt{3})$에 대하여 합집합 $K_1 \cup K_2$는 체가 아니므로($\sqrt{2} \in K_1$, $\sqrt{3} \in K_2$이지만 $\sqrt{2} \cdot \sqrt{3} = \sqrt{6} \notin K_1 \cup K_2$) 주의해야 한다.

확대체 $F < K$의 가장 큰 특징 중 하나는 F 위의 **벡터공간**으로 간주할 수 있다는 점이다. 즉

$$K \times K \to K, (a, b) \mapsto a + b, \; F \times K \to K, (r, a) \mapsto r \cdot a$$

로 두면 벡터공간의 성질(덧셈에 대한 가환군과 스칼라 곱셈과의 분배 및 결합 법칙)이 모두 성립한다. 예를 들어 $\mathbb{C}$는 $\mathbb{R}$의 확대체이다. 그리고 $\mathbb{C}$에 스칼라 곱셈연산과 벡터의 덧셈구조가 있으므로 $\mathbb{R}$ 위의 벡터공간으로도 볼 수 있다. 한편 벡터공간의 **절대적 불변량**인 차원(=기저의 개수 = 일차독립인(linearly independent) 집합 중 원소의 개수가 최대인 것)을 기호 표기하자.

정의 3.4 유한 차원 확대체(FE)

확대체 $F \subset K$의 F 위의 벡터공간으로써의 차원은

$$\dim_F K = [K : F]$$

로 표기한다. 만약 $[K : F] < \infty$이면 K를 F의 **유한(차원) 확대체(finite (dimensional) extension)**라 한다.

유한 차원 벡터공간에 대한 일반적 논의 중 앞으로 필요한 몇 가지 사실을 제시한다.

도움정리 3.2

두 벡터공간 V와 W가 체 F 위의 벡터공간이라 하자.

(1) 체 F는 F 위의 벡터공간이고 $[F : F] = 1$이다.

(2) $V < W \Rightarrow \dim V \leq \dim W$이다.

(3) $V < W$이고 $\dim V = \dim W$이면 $V = W$이다.

증명 (1) $\{1\}$은 F의 기저이다.

(2) 차원은 기저 집합의 원소의 개수를 뜻한다. 일차독립성은 포함관계에 의해 보존된다.

(3) 포함 함수는 $i : V \to W, v \mapsto i(v) = v$는 일대일 선형사상이다. 그러므로 벡터공간의 차원 정리(정리 3.2)에 의해 성립한다. □

예제 3.5

$F < K$, $[K : F] = 1$이면 $K = F$이다. $\forall a \in K \setminus \{1\}$ $\overset{[K:F]=1}{\Rightarrow}$ $\{1, a\}$는 일차종속이다. 즉 $k_1(1) + k_2(a) = 0$은 자명하지 않은 해 (k_1, k_2)가 존재한다. 만약 $k_2 = 0$이면 $k_1 = 0$이므로 모순이다. 따라서 $a = -\frac{k_1}{k_2} \in F$이다. 즉 $K \subset F$이다.

예제 3.6

임의의 복소수 $z = a+bi \in \mathbb{C}$는 기저 집합 $\{1, i\}$의 실수 계수 선형 결합($z = a\cdot 1+b\cdot i$)으로 유일하게 쓸 수 있으므로 $[\mathbb{C} : \mathbb{R}] = 2$이다.

예제 3.7

체 $\mathbb{Q}(\sqrt{2}) = \{a + b\sqrt{2} \mid a, b \in \mathbb{Q}\}$의 모든 원소는 $a + b\sqrt{2}, a, b \in \mathbb{Q}$로 유일하게 표시할 수 있으므로 $[\mathbb{Q}(\sqrt{2}) : \mathbb{Q}] = 2$이다.

예제 3.7과 비슷하게 $\mathbb{Q}(\sqrt[3]{2}) = \{a + b\sqrt[3]{2} + c\sqrt[3]{4} \mid a, b, c \in \mathbb{Q}\}$의 $\mathbb{Q}$ 위에서의 차원은 $[\mathbb{Q}(\sqrt[3]{2}) : \mathbb{Q}] = 3$이 예상되지만 확신하는 것은 어렵다. 왜냐하면

- $\mathbb{Q}(\sqrt[3]{2})$는 체인가?
- 집합 $\{1, \sqrt[3]{2}, \sqrt[3]{4}\}$는 $\mathbb{Q}$ 위에서 일차독립인가?

에 대한 대답이 쉽지 않기 때문이다. 앞으로 학습할 내용 중 하나는 이에 대한 체계적인 답을 얻는 과정이라 생각해도 좋다.

정리 3.3 유한 확대체의 표시법 I

$[K : F] < \infty$이면

$$K = \left\{\frac{s(\alpha_1, \alpha_2, \cdots, \alpha_m)}{t(\alpha_1, \alpha_2, \cdots, \alpha_m)} \mid s(x_1, x_2, \cdots, x_m), t(x_1, x_2, \cdots, x_m) \in F[x_i]\right\}$$
$$= F(\alpha_1, \alpha_2, \cdots, \alpha_m)$$

인 $\alpha_1, \cdots, \alpha_m \in K$가 존재한다.

증명 차원은 $m = [K : F] < \infty$이므로 F 위의 기저를 선택하여 $T := \{\alpha_1, \cdots, \alpha_m\}$, $K = \text{span}_F T$라 하자. K는 체이므로 T의 원소들의 임의의 선형 결합들과 곱들로 만들어지는 식과 그것의 역수인 유리식들을 모두 포함하고 있다. 즉 $F(\alpha_1, \alpha_2, \cdots, \alpha_m) \subset K$이다. 그런데 $\forall \alpha_i \in \text{span}_F T \Rightarrow K = \text{span}_F T \subset F(\alpha_1, \alpha_2, \cdots, \alpha_m)$이다. □

정리 3.3은 단순히 벡터공간에 중점을 두어 얻은 결론임에 유의하라.

문제 3.3 포함 관계와 차원

$F < E < K$, $[K:F] < \infty$이면 $[E:F] \le [K:F] < \infty$임을 보이라.

풀이 부분공간 $E < K$ 이므로 차원의 성질에 의해 $\dim_F E \le \dim_F K$ 이다. □

다음 명제는 벡터공간이 체가 되는 특수한 상황이므로 얻을 수 있는 결론이다. 명제의 예제는 확대체에 대한 일반적 성질을 논의한 후에 제시한다.

정리 3.4 (체의) 차원 정리

$F < K < E$, $[E:F] < \infty$이면

(1) $[E:K] \le [E:F]$이고

(2) $[E:F] = [E:K][K:F]$이다.

증명 (1) $[E:K] > [E:F]$ 이라 하자. $E = \text{span}_K(S), |S| \ge [E:F]+1$. 그러면 $S = \{x_1, x_2, \cdots, x_{|S|}\}$는 K 위에서 일차독립이다. 만약

$$t_1x_1 + t_2x_2 + \cdots + t_{|S|}x_{|S|} = 0, t_i \in F$$

라 하면 $F \subset K$ 이므로 $t_i \in K$ 이다. 그러면 K 위에서 S가 일차독립이므로 $\forall i, t_i = 0$ 이다. 즉 S는 F 위에서도 일차독립이다. 차원의 정의에 의해 $|S| \le [E:F]$ 이므로 모순이다.

(2) $[E:K] = 2, [K:F] = 3$ 일 때의 증명과정을 관찰하여 일반적인 경우를 유추한다. 조건으로부터 $E = \text{span}_K(\{x_1, x_2\}), K = \text{span}_F(\{y_1, y_2, y_3\})$ 이다. 모임 $S = \{x_1y_1,\ x_1y_2,\ x_1y_3,\ x_2y_1,\ x_2y_2,\ x_2y_3\}$ 의 원소 개수는 6 개이고 E의 F 위의 벡터공간의 한 기저임을 보인다.

Step 1. $x_iy_j = x_ky_l \Rightarrow y_jx_i + (-y_l)x_k = 0 \overset{y_j, -y_l \in K}{\Rightarrow} y_i = -y_l = 0$ 이므로 기저의 정의에 모순이다. 따라서 $x_i = x_k \Rightarrow y_j = y_l$ 이다.

Step 2. $E = \text{span}_K(\{x_1, x_2\}) \Rightarrow \forall e \in E \Rightarrow e = k_1x_1 + k_2x_2,\ k_i \in K$. 그런데 $K = \text{span}_F(\{y_1, y_2, y_3\})$ 이므로 $k_i = t_1^iy_1 + t_2^iy_2 + t_3^iy_3,\ t_j^i \in F$ 이다. 앞 식에 대입하면 $e \in \text{span}_F(S) \Rightarrow E \subset \text{span}_F(S)$ 이다. $x_iy_j \in E$ 이므로 $\text{span}_F(S) \subset E$ 이므로 S에 의해 $E = \text{span}_F(S)$ 이다.

Step 3. $t_{11}x_1y_1 + \cdots + t_{23}x_2y_3 = 0,\ t_{ij} \in F \Rightarrow (t_{11}y_1 + t_{12}y_2 + t_{13}y_3)x_1 + (\bigstar)x_2 = 0$에서 x_1, x_2가 일차독립이므로 $t_{11}y_1 + t_{12}y_2 + t_{13}y_3 = \bigstar = 0$이다. 따라서 y_1, y_2, y_3이 일차독립이므로 모든 $t_{ij} = 0$이다. 즉 S는 F 위에서 일차독립이다. □

문제 3.4

$F < K < E$, $[E : F] = p$가 소수이면 $K = F$ 또는 $K = E$임을 증명하라.

풀이 $p = [E : F] = [E : K][K : F]$이고 p는 소수이므로 $[E : K] = 1$또는 $[K : F] = 1$이다. □

끝으로 무한차원 확대체의 예를 살펴보자. $\mathbb{R}$은 $\mathbb{Q}$ 위의 무한차원 확대체이다. 만약 $[\mathbb{R} : \mathbb{Q}] < \infty$라 하면 집합 $\mathbb{R}$의 농도는 곱집합 $\mathbb{Q}^{[\mathbb{R}:\mathbb{Q}]}$과 같아 셀 수 있는 무한집합이므로 모순이다. 다음 단원에서는 유한 확대체와 방정식의 근과의 관계성을 조금 더 자세히 논의한다.

대수적 확대체

정리 3.3에서 유한 확대체 $F < K$는

$$\begin{aligned} K &= F(\alpha_1, \alpha_2, \cdots, \alpha_m) \\ &= \{\frac{s(\alpha_1, \alpha_2, \cdots, \alpha_m)}{g(\alpha_1, \alpha_2, \cdots, \alpha_m)} \mid t(x_1, x_2, \cdots, x_m),\ g(x_1, x_2, \cdots, x_m) \in F[x_i]\} \end{aligned}$$

로 표시할 수 있음을 기저의 뜻을 활용하여 증명하였다. 이 단원에서는 α_i의 선택에 대한 문제를 논의한다. $\alpha_1, \cdots, \alpha_m$ 사이의 '대수적 관계'가 있다면 보다 더 간단하게 표시할 수 있다. 다항식 $f(x) \in F[x]$를 체 F 위의 다항 방정식($f(x) = 0$)이라 말하기도 한다. 그리고 **다항 방정식 $f(x) = 0$, $f(x) \in F[x]$의 근**을 **체 F 위의 다항식 $f(x)$의 근**으로 줄여서 말하기도 한다. 확대체 $F < E$에 대하여 $f(x)$가 F 위의 다항식이면 $f(x)$는 E 위의 다항식이기도 하다.

정의 3.5 대수적 확대체 (AE)

확대체 $F \subset E$의 임의의 원소 $\alpha \in E$가 F 위의 다항 방정식 $f(x)(\neq 0) \in F[x]$의 근일 때, α를 F 위에서 **대수적 원소(수)(algebraic element (number))**라 한다. 만약 임의의 원소 $\alpha \in E$가 F 위의 다항식의 근이면 E를 F의 **대수적 확대체(algebraic extension)**라 한다.

확대체 $F < E$, $\alpha \in F$는 일차 다항식 $x - \alpha \in F[x]$의 근이므로 대수적이다. 일반적으로 확대체가 대수적인지 확인하는 것은 쉽지 않다. 예를 들어 $e = \lim_{n\to\infty}(1+\frac{1}{n})^n$과 π가 $\mathbb{Q}$ 위에서 대수적이지 않음을 증명하기 위해서는 해석학에서 공부하는 내용이 필요하다.

명제 3.1 FE⇒ AE

유한 확대체 $F < E$는 항상 대수적 확대체이다.

증명 기저의 성질에 의해 성립하는 명제이다. 임의의 $\alpha \in E$에 대하여 $\dim_F E = [E : F]$이므로 모임 $S = \{1, \alpha, \alpha^2, \cdots, \alpha^{[E:F]}\}$의 원소의 개수는 $[E : F] + 1$이라 할 수 있다. 만약 $\alpha^i = \alpha^j \Rightarrow f(x) = x^i - x^j \in F[x]$, $f(\alpha) = 0$이므로 α는 F 위에서 대수적이다. 따라서 집합 S는 일차종속이므로

$$a_0 + a_1\alpha + \cdots + a_{[E:F]}\alpha^{[E:F]} = 0$$

이 성립하는 모두 0은 아닌 $a_0, \cdots, a_{[E:F]} \in F$가 존재한다. $f(x) = \sum_{i=0}^{[E:F]} a_i x^i$로 두면 $f(x) \neq 0$이므로 α는 F 위에서 대수적 원소이다. □

예제 3.8

$\mathbb{Q}$의 확대체 $\mathbb{Q}(\sqrt{2})$는 대수적이다. 왜냐하면 $[\mathbb{Q}(\sqrt{2}) : \mathbb{Q}] = 2 < \infty$이기 때문이다. 그리고 $\sqrt{2} \in \mathbb{Q}(\sqrt{2})$이므로

$$a_0 + a_1\sqrt{2} + a_2(\sqrt{2})^2 = (a_0 + 2a_2) + a_1\sqrt{2} = 0, a_i \in \mathbb{Q}$$

에서 $a_0 = -2, a_1 = 0, a_2 = 1$이므로 $f(x) = -2 + x^2$이다.

이 문제는 확대체의 차원이 $[\mathbb{Q}(\sqrt{2}) : \mathbb{Q}] = 2$이므로 비교적 간단히 계산할 수 있다. 일반적으로 가장 작은 차수의 다항식을 찾는 것이 핵심이다.

문제 3.5

임의의 복소수 $a+bi \in \mathbb{C}$, $a, b \in \mathbb{R}$은 $\mathbb{R}$ 위에서 대수적임을 보이라.

풀이 실계수 이차방정식 $x^2-(2a)x+(a^2+b^2)=0$은 $a+bi$를 근으로 갖는다. □

이제 대수적 원소를 근으로 가지는 최소 차수의 다항식을 **이론적**으로 찾고 그것의 특징을 말하려 한다. 논의에 앞서 용어를 한 가지 도입하여 간결하게 표현하고자 한다. 단위원을 가지는 가환환 R 위의 다항식 $f(x)$의 최고차항의 계수가 1이면 $f(x)$를 **모닉 다항식(monic polynomial)**이라 한다.

명제 3.2

F의 확대체 E의 원소 $\alpha \in E$가 대수적일때, $p(\alpha)=0$가 되는 (최소 차수의) **기약**이고 모닉인 다항식 $p(x) \in F[x]$가 **유일하게 존재**한다. 이때 $p(x) := \mathrm{irr}(\alpha, F)$로 표기한다.

$F[x]$가 ED임을 활용하여 증명하는 명제이다.

증명 $\alpha \in E$가 대수적이므로 α는 어떤 다항식 $f(x)(\neq 0) \in F[x]$의 근이다. 그러면 집합 $S := \{g(x) \mid g(\alpha)=0,\ g(x) \in F[x]\}$는 공집합이 아닌 $F[x]$의 아이디얼이다. 그런데 $F[x]$는 ED이므로 PID이다. 즉

$$S=(p(x))=\{p(x)s(x)|s(x) \in F[x]\}$$

꼴이다. $S=(q(x)) \Rightarrow (p(x))=(q(x))$이라면 $p(x)$와 $q(x)$는 동반원 관계이다. 즉 $p(x)=cq(x), c \in F \setminus \{0\}$이다. 만약 $p(x)$와 $q(x)$를 모두 모닉인 것으로 선택하면 유일하게 존재한다. 집합 S의 원소를 나열해 보면 $p(x)$의 차수는 최소이다. $p(x)$가 가약이라 하면

$$p(x)=r(x)s(x),\ \deg r(x), \deg s(x) \geq 1$$

인 다항식 $r(x), s(x) \in F[x]$가 존재한다. 양변에 $x=\alpha$를 대입하면 $0=p(\alpha)=r(\alpha)s(\alpha) \overset{K:\text{체}}{\Rightarrow} r(\alpha)=0$ 또는 $s(\alpha)=0$이다. 즉 $r(x)$ 또는 $s(x) \in S$이다. 이것은 $p(x)$의 차수의 최소성에 모순이다. □

따름정리 3.1

α를 근으로 갖는 임의의 $g(x) \in F[x]$에 대하여 $p(x) \mid g(x)$이다.

증명 $g(x) \in S = (p(x)) \Rightarrow p(x) \mid g(x).$ □

도움정리 3.3

확대체 $F < E < K$ 안의 대수적 원소 $v \in K$에 대하여 다음이 성립한다.

(1) $\mathrm{irr}(v, E) | \mathrm{irr}(v, F)$. 특히 $\mathrm{deg irr}(v, E) \leq \mathrm{deg irr}(v, F)$이다.

(2) $\mathrm{irr}(v, E) \in F[x]$이면 $\mathrm{irr}(v, E) = \mathrm{irr}(v, F)$이다.

증명 (1) 다항식 $\mathrm{irr}(v, F) \in F[x] \subset E[x]$ 이므로 체 E 위에서 다항식이고 명백히 v를 근으로 갖는다. 즉 v는 E 위에서 대수적 원소이다. 따름정리 3.1에 의해 $\mathrm{irr}(v, E) \mid \mathrm{irr}(v, F)$ 이다.

(2) $\mathrm{irr}(v, E) \in F[x]$ 인데 $\mathrm{irr}(v, E)$가 F 위에서 가약이라 하자. 즉

$$\mathrm{irr}(v, E) = s(x)t(x), s(x), t(x) \in F[x], \mathrm{deg} s(x), \mathrm{deg} t(x) \geq 1$$

이면 $s(x), t(x) \in E[x]$ 이므로 $\mathrm{irr}(v, E)$가 E 위에서 가약이 되어 가정에 모순이다. 따라서 $F[x]$ 에서 v를 근으로 갖는 모닉 기약 다항식의 유일성에 의해 $\mathrm{irr}(v, E) = \mathrm{irr}(v, F)$ 이다. □

명제 3.3

$F < E$이고 $\alpha \in E$가 F 위에서 대수적이고

$$F(\alpha) := \{\frac{s(\alpha)}{t(\alpha)} \mid s(x), t(x) \in F[x]\}$$

이라 하자. 그러면

(1) $F(\alpha) < E$이다.

(2) $\Psi : F[x] \to F(\alpha)$, $\Psi(g(x)) = g(\alpha)$는 환 준동형사상이다. 그리고

(i) $\ker(\Psi) = (p(x))$이다.

(ii) Ψ는 위로의 사상이다. 따라서 $F[x]/(p(x)) \cong F(\alpha)$이다.

증명 (1) $F(\alpha)$ 안의 원소 즉, 유리식의 사칙 연산의 결과는 모두 유리식이므로 $F(\alpha)$는 체이다. 그뿐 아니라 E가 체이므로 $F(\alpha) < E$이다.

(2) $f(x) \overset{+}{\cdot} g(x)|_{x=\alpha} = f(\alpha) \overset{+}{\cdot} g(\alpha) = f(x)|_{x=\alpha} \overset{+}{\cdot} g(x)|_{x=\alpha}$ 이므로 Ψ가 환 준동형사상이다.

(i) $S = \ker(\Psi)$ 이므로 $\ker(\Psi) = (p(x))$ 이다.

(ii) $p(x)$는 기약 다항식이므로 상환 $F[x]/(p(x))$는 체이다. 그러므로 제 I 동형정리에 의해 $\bar{\Psi} : F[x]/(p(x)) \cong \text{im}(\Psi) = \{f(\alpha) \mid f(x) \in F[x]\} := F[\alpha]$ 이다. 즉 $F[\alpha]$는 체이다.

$$\forall t(\alpha)(\neq 0) \in F[\alpha] \Rightarrow t(\alpha) \in \text{im}(\Psi)$$
$$\Rightarrow t(\alpha)^{-1} = \frac{1}{t(\alpha)} \in \text{im}(\Psi) \Rightarrow \frac{s(\alpha)}{t(\alpha)} \in \text{im}(\Psi).$$

그러므로 $F[\alpha] \subset F(\alpha) \subset \text{im}(\Psi) = F[\alpha] \Rightarrow F(\alpha) = \text{im}(\Psi)$ 이다. □

명제 3.3에 의해 유도된 동형사상 $\bar{\Psi} : F[x]/(p(x)) \cong F(\alpha)$에 의해 $x + (p(x))$는 $\bar{\Psi}(x + (p(x))) = \alpha$에 대응되고 $c \in F$이면 $\bar{\Psi}(c + (p(x)) = c$이다. 따라서 $\bar{\Psi}^{-1}(p(\alpha)) = \bar{\Psi}^{-1}(0) \Rightarrow p(x + (p(x))) = 0 + (p(x))$이다. 이런 측면에서 상체 $F[x]/(p(x))$는 방정식 $p(t) = 0$의 한 근 $x + (p(x))$를 포함하는 확대체로 간주할 수 있다. 한편 체 $F(\alpha)$의 원소들을 살펴보면 F의 원소와 α로부터 얻을 수 있는 모든 사칙연산의 결과를 포함한 것이다. 이런 면에서 $F(\alpha)$를 F의 확대체 중 α를 포함하는 **최소의 체**(전체 집합이 있다면 **모든 체의 교집합**)라고도 한다.

따름정리 3.2

F의 확대체 E의 원소 $\alpha \in E$가 대수적이면

$$F(\alpha) = F[\alpha] = \{a_0 + a_1\alpha + \cdots + a_{n-1}\alpha^{n-1} \mid a_i \in F\}$$

이다. 단, $n = \deg p(x) = \deg \text{irr}(\alpha, F) = [F(\alpha) : F]$이다.

증명 명제 3.3에 의해 $F(\alpha) = F[\alpha]$이다. 그러므로

$$F(\alpha) = \text{span}_F\{1, \alpha, \cdots, \alpha^{n-1}, \alpha^n, \cdots\} \tag{3.2}$$

인 F 위의 벡터공간이다. $f(x) \in F[x]$를 $p(x)$로 나누면 $f(x) = p(x)q(x) + r(x)$, $\deg p(x) > \deg r(x)$이다. 양변에 $x = \alpha$를 대입하면 $f(\alpha) = p(\alpha)q(\alpha) +$

$r(\alpha) = r(\alpha)$ 이므로 등식 (3.2)는

$$F(\alpha) = \text{span}_F\{1, \alpha, \cdots, \alpha^{n-1}\}$$

으로 생성자를 n 개로 줄일 수 있다. 만약 $\{1, \alpha, \cdots, \alpha^{n-1}\}$ 가 체 $F(\alpha)$ 에서 일차 종속이면 $a_0 + a_1\alpha + \cdots + a_{n-1}\alpha^{n-1} = 0$ 을 만족시키는 모두 0은 아닌 $a_i \in F$ 가 존재한다. 그러면

$$a_0 + a_1x + \cdots + a_{n-1}x^{n-1} \in S$$

인데, 이는 $p(x)$ 의 차수의 최소성에 모순이다(명제 3.2). 따라서 $\dim_F F(\alpha) = n$ 이다. □

예제 3.9

$\alpha = \sqrt[3]{2}$는 $\mathbb{Q}$ 위에서 대수적이고 $\text{irr}(\alpha, \mathbb{Q}) = x^3 - 2$임을 아이젠슈타인 판정법에 의해 알 수 있다. 그리고 $\mathbb{Q}(\sqrt[3]{2}) = \mathbb{Q}[\sqrt[3]{2}]$이다. 예를 들어

$$\frac{1+\alpha}{1+\alpha+\alpha^2} = a_0 + a_1\alpha + a_2\alpha^2 \in \mathbb{Q}[\sqrt[3]{2}]$$

인 $a_0, a_1, a_2 \in \mathbb{Q}$는 다음 두 가지 방법으로 구할 수 있다.

(1) 나머지 정리(베주 항등식): $x^3 - 2 = (x^2 + x + 1)(x - 1) - 1 \Rightarrow \frac{1}{1+\alpha+\alpha^2} = \alpha - 1 \Rightarrow \frac{1+\alpha}{1+\alpha+\alpha^2} = (1+\alpha)(\alpha-1) = \alpha^2 - 1 \Rightarrow a_0 = -1, a_1 = 0, a_2 = 1$이다.

(2) 기저의 성질: $(1 + \alpha) = (1 + \alpha + \alpha^2)(a_0 + a_1\alpha + a_2\alpha^2)$을 전개하여 양변 계수를 비교하여 연립 방정식을 푼다. 단, $\alpha^3 = 2$이다.

임의의 유한 확대체는 대수적 확대체임을 알고 있다. 그뿐 아니라 그 원소들의 생성 방법에 대해서도 알고 있다. 이 단원에서 논의한 것과 결합하여 원소의 생성 및 그 개수에 대한 특징을 살펴본다.

문제 3.6

$u, v \in K$가 F 위에서 대수적 원소라 하면

$$u + v,\ u - v,\ uv,\ uv^{-1} := u/v$$

모두 F 위에서 대수적 원소임을 증명하라.

풀이 $[F(u):F] < \infty$ 이므로 $F(u)$는 F 위에서 대수적 확대체이다.

Step 1. $v \in F(u)$ 이면 $v = f(u)$, $f(u) \in F[x]$ 으로 표시되어 문제의 네 가지 값은 모두 $F(u)$의 원소가 되므로 각각은 대수적이다.

Step 2. $v \notin F(u)$ 라 하자. v는 F 위에서 대수적이므로 $F(u)$에서도 대수적이다. 그러면 $\text{irr}(v, F(u))$가 존재하고 $[F(u)(v) : F(u)] = \text{degirr}(v, F(u))$ 이다. K의 부분체 $F(u)(v)$의 원소를 나열해 보면

$$F(u)(v) = \{\frac{s(v)}{t(v)} \mid s(x),\ t(x) \in F(u)[x]\}$$

이므로 문제에서 말하고 있는 모든 원소를 포함하고 있다. 그런데 $F(u)(v)$는 유한 확대($[F(u)(v) : F] = [F(u)(v) : F(u)][F(u) : F] < \infty$) 이므로 대수적 확대체이다. □

구체적으로 $\text{irr}(u+v, F)$, $\text{irr}(uv, F)$ 등을 구하는 것은 쉬운 일이 아니다. 문제 3.6의 풀이에서

$$F(u)(v) := F(u,v) = \{\frac{s(u,v)}{t(u,v)} \mid s(x,y),\ t(x,y) \in F[x,y]\}$$

로 표기해도 된다. 이런 의미에서 $F(u,v)$를 F에 u, v를 추가한 **최소의 체**라고 한다.

예제 3.10

F의 확대체 K에 대하여 $\alpha \in K$가 F 위에서 대수적일 때 $F(\alpha, \alpha^2) = F(\alpha)(\alpha^2) = F(\alpha^2)(\alpha)$이다.

정리 3.3에서 유한 확대체 $F < K$는 항상 $K = (\alpha_1, \cdots, \alpha_m)$, $\exists \alpha_i \in K$ 와 같은 형태임을 보였다. 물론 α_i는 F 위에서 대수적이다. 역으로 다음이 성립한다.

따름정리 3.3

$u_1, \cdots, u_m \in K$가 F 위에서 대수적일 때, $F(u_1, u_2, \cdots, u_m)$은 F의 유한 확대체이다.

증명 m에 대한 귀납법으로 증명한다. $m = 1$ 이면 따름정리 3.2에 의해 참이다.
$F(u_1, u_2, \cdots, u_m) = F(u_1, u_2, \cdots, u_{m-1})(u_m)$ 이고 u_m 은 F 위에서 대수적이

므로 도움정리 3.3에 의해

$$\mathrm{irr}(u_m, F(u_1, u_2, \cdots, u_{m-1})) \mid \mathrm{irr}(u_m, F)$$

이다. 따라서 $[F(u_1, u_2, \cdots, u_m) : F] = [F(u_1, u_2, \cdots, u_{m-1})(u_m) : F] = [F(u_1, u_2, \cdots, u_{m-1})(u_m) : F(u_1, u_2, \cdots, u_{m-1})][F(u_1, u_2, \cdots, u_{m-1}) : F]$ 이고, 귀납법의 가정에 의해 $[F(u_1, u_2, \cdots, u_{m-1}) : F] < \infty$ 이므로 $[F(u_1, u_2, \cdots, u_m) : F] < \infty$ 이다. □

예제 3.11

$\sqrt{2}$는 $\mathbb{Q}(\sqrt{3})$ 위에서도 대수적이므로 ($x^2 - 2 \in \mathbb{Q}(\sqrt{3})[x]$), $\mathrm{irr}(\sqrt{2}, \mathbb{Q}(\sqrt{3})) | x^2 - 2$ 이다. $\mathrm{irr}(\sqrt{2}, \mathbb{Q}(\sqrt{3})) = x - (a + b\sqrt{3})$, $a, b \in \mathbb{Q}$ 인 a, b가 존재하지 않는다. 따라서 $\mathrm{irr}(\sqrt{2}, \mathbb{Q}(\sqrt{3})) = x^2 - 2$ 이다. 그러므로

$$[\mathbb{Q}(\sqrt{3})(\sqrt{2}) : \mathbb{Q}] = [\mathbb{Q}(\sqrt{3})(\sqrt{2}) : \mathbb{Q}(\sqrt{3})][\mathbb{Q}(\sqrt{3}) : \mathbb{Q}] = 2 \times 2 = 4.$$

유한 확대체에서 추가하는 원소의 개수를 줄이는 것과 관련하여 다음과 같은 명제를 생각해볼 수 있다.

정리 3.5 유한 확대체의 표시법 II

$[K : F] < \infty$ 일 때,

$$\begin{aligned} K &= F(\alpha_1, \alpha_2, \cdots, \alpha_k) \\ &:= \left\{ \tfrac{s(\alpha_1, \alpha_2, \cdots, \alpha_k)}{t(\alpha_1, \alpha_2, \cdots, \alpha_k)} \mid s(x_1, x_2, \cdots, x_k), t(x_1, x_2, \cdots, x_k) \in F[x_i] \right\} \end{aligned}$$

가 성립하는 $\alpha_1, \cdots, \alpha_k \in K$, $k \leq \frac{1}{2}[K : F]$가 존재한다.

증명 Step 1. $[K : F] = 1$ 이면 $K = F$ 이다.

Step 2. $2 \leq [K : F] < \infty$ 이면 $\alpha \in K \setminus F$ 가 존재하고 $\mathrm{degirr}(\alpha, F) \geq 2$ 이다. 따라서 $[K : F(\alpha)] = \frac{[K:F]}{[F(\alpha):F]} \leq \frac{1}{2}[K : F]$ 이다. $[K : F(\alpha)] = 1$ 이면 $K = F(\alpha)$ 이므로 증명은 끝났다.

Step 3. $2 \leq [K : F(\alpha)]$ 라 하자. 그러면 귀납법 가정에 의해 $K = F(\alpha)(\beta_1, \cdots, \beta_l)$, $l \leq \frac{1}{2}[K : F(\alpha)]$ 인 $\beta_j \in K$ 가 존재한다.

$$|\{\alpha, \beta_1, \cdots, \beta_l\}| = 1 + l \leq 1 + \frac{1}{2}[K : F(\alpha)] \leq 1 + \frac{1}{4}[K : F] \leq \frac{1}{2}[K : F]$$

이다. 마지막 부등호는 $[K:F] = [K:F(\alpha)][F(\alpha):F] \geq 2 \times \text{degirr}(\alpha, F) \geq 4$ 로부터 성립한다. □

정리 3.3에서는 K를 F 위의 벡터공간으로 생각하여 선형결합으로 쓸 수 있다는 사실을 주로 이용하였지만, 정리 3.5에서는 K의 원소가 대수적이라는 사실을 이용하여 생성자의 개수를 줄일 수 있었다. 그렇다면 얼마나 작은 개수의 α_i를 선택할 수 있을까? 결론을 유리수체 $\mathbb{Q}$의 확대체에서 제시한다. 증명은 결론이 참이 되는 일반적 상황에 대해 논의한 후 하게 될 것이다.

정리 3.6

유리수 체 $\mathbb{Q}$의 유한 확대체 K에 대하여

$$K = \mathbb{Q}(\alpha)$$

를 만족시키는 $\alpha \in K$가 존재한다. 이때 α를 K의 **원시 원소(primitive element)**라 한다.

$K = \mathbb{Q}(\sqrt{2}, \sqrt{3})$은 $\mathbb{Q}$ 위의 유한 확대체이고 $[K:\mathbb{Q}] = 4$이다. 정리 3.6에 의해 어떤 유리수 a, b, c, $d \in \mathbb{Q}$에 대하여

$$\alpha = a + b\sqrt{2} + c\sqrt{3} + d\sqrt{6} \in K$$

의 기약 다항식의 차수는 $\deg(\alpha, \mathbb{Q}) = 4$이다. 실제로 $\sqrt{2} + \sqrt{3}$에 대하여 기약 다항식을 구해보면 차수가 4이다.

정의 3.6 단순 확대체(simple extension)

F의 대수적 확대체 K에 대하여 $K = F(\alpha), \alpha \in K$이면 K를 F의 **단순 확대체**라 한다.

예를 들어 $\mathbb{Q}$ 위의 임의의 유한 확대체 K는 단순 확대체임을 다음 장에서 증명할 것이다.

연습 문제

3.1.1. 등식

$$b_0 + b_1(2+\sqrt{2}) + b_2(2+\sqrt{2})^2 = 0$$

이 성립하는 모두 0은 아닌 유리수 순서쌍 (b_0, b_1, b_2)를 구하라.

3.1.2. 체 F의 유한 확대체 $F < K$에 대하여 $F < D < K$인 정역 D는 체임을 보이라.

3.1.3. $f(x) = x^2 - x - 1 \in \mathbb{Q}[x]$의 한 복소수 근을 α라 하자. 역원 $(1+3\alpha)^{-1}$을 1과 α의 유리수 계수의 일차 결합으로 표시하시오.

3.1.4. $\mathbb{Q}(\sqrt{2}, i) \neq \mathbb{Q}(\sqrt{-2})$임을 보이라.

3.1.5. $\mathrm{irr}(\sqrt{3}, \mathbb{R})$을 구하라.

3.1.6. (탐구문제) $\omega = \cos(\frac{2\pi}{30}) + i\sin(\frac{2\pi}{30}) \in \mathbb{C}$에 대하여, $\mathbb{Q}$ 위에서 ω를 근으로 갖는 기약 다항식은

$$p(x) = x^8 + x^7 - x^5 - x^4 - x^3 + x + 1 \mid x^{10} - x^5 + 1$$

이다(문제 2.2.17.). 다음 물음에 답하시오.

(1) $[\mathbb{Q}(\omega) : \mathbb{Q}]$의 값을 구하라.

(2) $(30, k) = 1$인 자연수 k에 대하여 $\mathrm{irr}(\omega^k, \mathbb{Q}) = p(x)$임을 설명하라.

(3) $\mathrm{degirr}(\omega^5, \mathbb{Q}) = 2$임을 증명하라.

3.1.7. 유리수 체 $\mathbb{Q}$의 확대체 $\mathbb{Q}(\sqrt{2})$와 $\mathbb{Q}(\sqrt{3})$은 동형이 아님을 보이라. 즉 방정식 $x^2 - 2 = 0$의 해가 $\mathbb{Q}(\sqrt{3})$에서 존재하지 않음을 보이라.

3.1.8. 다음 물음에 답하시오.

(1) $[\mathbb{Q}(\sqrt[6]{2}) : \mathbb{Q}]$의 값을 구하라.

(2) $\mathrm{irr}(\sqrt[6]{2}, \mathbb{Q})$의 실근의 개수를 구하라.

3.1.9. F의 확대체 K안의 대수적 원소 $u \in K$에 대하여 $u \notin F$이면 $\operatorname{degirr}(u, F) \geq 2$임을 보이라.

3.1.10. $F < E$이고 $\alpha \in E$가 F 위에서 대수적일 때 $F(\alpha)$의 임의의 원소는

$$\frac{s(\alpha)}{t(\alpha)}$$

로 표시할 수 있음을 증명하라. 단, $s(x)$, $t(x) \in F[x]$이고 $\operatorname{irr}(\alpha, F) \nmid t(x)$이다.

3.1.11. F의 대수적 확대체 K의 원소 $u \in K$에 대하여 임의의 $v \in F(u)$(즉 $v = f(u)$, $f(x) \in F[x]$)는 F 위에서 대수적임을 증명하라. 특히 $\operatorname{degirr}(v, F) \mid \operatorname{degirr}(u, F)$ 임을 증명하라.

3.1.12. F 위에서 대수적 원소 $\alpha \in K \setminus F$에 대하여 α의 기약 다항식을 $p(x) = \operatorname{irr}(\alpha, F) = \sum\limits_{i=0}^{n} a_i x^i$라 하자. 다음 물음에 답하시오.

(1) $a_0 \neq 0$임을 보이라.

(2) $\operatorname{irr}(-\alpha, F) = \sum_{i=0}^{n} (-1)^i a_i x^i$ 임을 증명하라.

(3) $p(x) = x^4 - x^3 + x^2 - x + 1$은 $\mathbb{Q}$ 위에서 기약임을 보이라.

3.1.13. 상환 $K = \mathbb{Z}_3[x]/(x^2 + 1)$의 원소의 개수를 구하라.

3.1.14. 다음 실수에 대하여 $\mathbb{Q}$ 위에서의 기약 다항식을 각각 구하라.

(1) $u = \sqrt{1 + \sqrt{5}}$

(2) $v = \sqrt{3}i + \sqrt{2}$

(3) $w = 1 + \sqrt{2} + \sqrt{3} + \frac{1}{\sqrt{6}}$

3.1.15. $[\mathbb{Q}(\sqrt{3 + 2\sqrt{2}}) : \mathbb{Q}]$의 값을 구하라.

3.1.16. $u \in K$가 F 위에서 대수적일 때,

$$\text{degirr}(u, F) = \text{degirr}(\frac{1}{u}, F) = \text{degirr}(\frac{1}{u+1}, F)$$

임을 보이라.

3.1.17. $\mathbb{Q}(\sqrt{7+4\sqrt{3}}) = \mathbb{Q}(\sqrt{7-4\sqrt{3}})$ 임을 보이라.

3.1.18. 다음 물음에 답하시오.

(1) 삼차방정식 $f(x) = x^3 - x + 1$은 $\mathbb{Q}$ 위에서 기약임을 보이라.

(2) α를 방정식 $f(x) = 0$의 한 실근이라 할 때,

$$\sqrt{3} = a + b\alpha + c\alpha^2$$

을 만족시키는 유리수 순서쌍 (a, b, c)가 존재하지 않음을 보이라.

(3) $s = \alpha^2 + \frac{2}{\alpha} \in \mathbb{Q}(\alpha)$ 일 때 $\text{irr}(s, \mathbb{Q})$를 구하라.

3.1.19. 실수 $u = 2\sqrt[3]{7} + \sqrt[3]{49}$ 의 $\mathbb{Q}$ 위에서의 기약 다항식 $\text{irr}(u, \mathbb{Q})$를 구하라.

3.1.20. F의 확대체 K안의 두 대수적 원소 $u, v \in K$에 대하여

$$\text{irr}(v, F(u)) \mid \text{irr}(v, F)$$

임을 증명하라.

3.1.21. 확대체 $F < K$에 대하여 F 위의 두 다항식 $f(x)$와 $g(x)$의 최대공약원을 $d_F(x)$라 하고 K 위에서의 최대공약원을 $d_K(x)$라 하자. $(d_F(x)) = (d_K(x)) \lhd K[x]$ 임을 보이라. 그러므로 $u \neq v \in K$이고 $\text{irr}(u, F) \neq \text{irr}(v, F)$이면, 방정식 $\text{irr}(u, F)$와 $\text{irr}(v, F) = 0$은 분해체 안에서 공통근을 갖지 않는다.

3.1.22. $p(x) = x^3 - \sqrt{2}$는 $\mathbb{Q}(\sqrt{2})$ 위에서 기약임을 보이라.

3.1.23. $x^4 + 8$은 $\mathbb{Q}$ 위에서 기약임을 보이라.

3.1.24. F 위의 대수적 확대체 K 안의 두 원소 $u, v \in K$ 에 대하여

$$\text{lcm}(\text{degirr}(u, F), \text{degirr}(v, F)) \mid [F(u, v) : F] \leq \text{degirr}(u, F) \times \text{degirr}(v, F)$$

가 성립함을 보이라.

3.1.25. (탐구문제) 다음은 차원 $[\mathbb{Q}(\sqrt[7]{2}, \omega) : \mathbb{Q}]$ 의 값을 구하는 과정이다. 다음 물음에 답하시오. 단, $\omega = \cos(\frac{2\pi}{7}) + i\sin(\frac{2\pi}{7})$ 이다.

(1) $[\mathbb{Q}(\sqrt[7]{2}) : \mathbb{Q}] = 7$ 임을 증명하라.

(2) $[\mathbb{Q}(\omega) : \mathbb{Q}]$ 의 값을 구하라.

(3) $[\mathbb{Q}(\sqrt[7]{2}, \omega) : \mathbb{Q}]$ 의 값을 유도하여 $\text{irr}(\sqrt[7]{2}, \mathbb{Q}(\omega)) = x^7 - 2$ 임을 보이라.

(4) $\mathbb{Q}(\sqrt[7]{2},\ \omega)$ 의 $\mathbb{Q}$ 위에서의 기저를 하나 제시하라.

3.1.26. $[F(u) : F]$ 가 홀수이면 $F(u) = F(u^2)$ 임을 보이라.

3.1.27. $\dim_{\mathbb{Q}} \mathbb{Q}(\sqrt{2}, \sqrt[5]{3}) = 10$ 임을 보이라.

3.1.28. 소수 p 와 두 자연수 m, n 에 대하여

$$[\mathbb{Q}(\sqrt[m]{p},\ \sqrt[n]{p}) : \mathbb{Q}] = \text{lcm}(m, n)$$

이 성립함을 보이라.

3.1.29. $\mathbb{Q}(\sqrt[101]{6}) = \mathbb{Q}(\sqrt[101]{36})$ 임을 보이라.

3.1.30. β 를 $f(x) = x^3 + 9x + 6$ 의 근이라 할 때 $1 + \beta \in \mathbb{Q}[\beta]$ 의 역원을 β 에 대한 다항식꼴로 표시하시오.

3.1.31. $f(x)$ 를 $\mathbb{Q}$ 위의 기약 다항식이라 하자. $g(x) \in \mathbb{Q}[x]$ 에 대한 합성 다항식이

$$f(g(x)) = p_1(x)p_2(x)\cdots p_m(x)$$

로 분해될 때, $\deg f(x) \mid \deg p_i(x)$ 이 성립함을 보이라. 단, 각각의 $p_i(x)$ 는 $\mathbb{Q}$ 위의 기약 다항식이다.

3.1.32. $\mathbb{Q}(\sqrt{2})$ 위에서 다항식 $x^2 - 2\sqrt{2}x - 1$은 기약임을 보이라.

3.1.33. $\mathbb{Q}(\sqrt[3]{2} - \sqrt[3]{3}) = \mathbb{Q}(\sqrt[3]{2}, \sqrt[3]{3})$ 임을 보이라.

3.1.34. $\mathrm{irr}(\sqrt{2} + i, \mathbb{Q}(\sqrt{2})) = x^2 - 2\sqrt{2}x + 3$ 임을 증명하라.

3.1.35. 유리수 체 $\mathbb{Q}$ 위의 대수적 수 α에 대하여 부분체 $F \subset \mathbb{Q}(\alpha)$ 위에서 기약 다항식이

$$\mathrm{irr}(\alpha, F) = x^n + a_1 x^{n-1} + a_0,\ a_1, a_0 \in F$$

일 때, $F = \mathbb{Q}(a_0, a_1)$ 임을 증명하라.

3.1.36. $u,\ v \in \mathbb{R}$가 $\mathbb{Q}$ 위에서 대수적이고 $u^2 + v^2 \in \mathbb{Q},\ v \neq 0$일 때 기약 다항식 $\mathrm{irr}(u + vi, \mathbb{Q}(u))$를 구하라.

3.1.37. 기약 다항식 $\mathrm{irr}(e^{\frac{\pi}{12}i}, \mathbb{Q})$를 구하라. 힌트: $\mathrm{degirr}(e^{\frac{\pi}{12}i}, \mathbb{Q}) = 8$.

3.1.38. 모닉 기약 다항식 $f(x),\ g(x) \in F[x]$에 대하여 $f(u) = g(v) = 0$이라 하자. 그러면 $f(x)$가 $F(v)$ 위에서 기약일 필요충분조건은 $g(x)$가 $F(u)$ 위에서 기약임을 보이라.

3.1.39. (탐구문제) 서로 다른 세 실수 a_1, a_2, a_3을 근으로 갖는 유리수 계수 3차 다항식 $f(x)$에 대하여

$$S_f := \sum_{i=1}^{3} [\mathbb{Q}(a_i) : \mathbb{Q}],\ P_f := [\mathbb{Q}(a_1, a_2, a_3) : \mathbb{Q}]$$

라 할 때, 다음 물음에 답하시오.

(1) $S_f = 3$이 되는 다항식 $f(x)$의 예를 드시오.

(2) $P_f = 2$가 되는 다항식 $f(x)$의 예를 드시오.

(3) $f(x) = x^3 - 3x + 1$일 때 S_f의 값을 구하라.

(4) $f(x) = x^3 - 4x + 1$일 때 P_f의 값을 구하라.

3.1.40. (탐구문제, 다항식의 유수) 분수체 $\mathbb{Q}(x)$에서 함수

$$v : \mathbb{Q}(x) \setminus \{0\} \to \mathbb{Z}$$

를 다음과 같이 정의하자.

- $f(x) \in \mathbb{Q}[x]$, $f(x) = x^n f_0(x)$, $n \in \mathbb{N}$, $f_0(0) \neq 0$이면 $v(f(x)) = n$.
- $v(\frac{f(x)}{g(x)}) = v(f(x)) - v(g(x))$.

다음 물음에 답하시오.

(1) v는 함수임을 확인하라.

(2) $f(x) = c(\neq 0)$가 상수 다항식일 때 $v(c)$의 값을 구하라.

(3) $v(h(x) \cdot k(x)) = v(h(x)) + v(k(x))$임을 증명하라. 단, $h(x)$, $k(x) \in \mathbb{Q}(x) \setminus \{0\}$이다.

3.2 방정식의 모든 근이 존재하는 확대체

다항 방정식의 모든 근이 존재하는 가장 작은 체를 구성해 보고 관련된 성질들을 살펴보는 것이 이 단원의 목적이다. 높은 차수의 다항 방정식의 근 공식의 존재성 논의를 위한 첫 과정이기도 하다. 근의 공식이 없다는 부정적 결론으로 흘러가고 있어 마냥 행복한 것은 아니다.

분해체

주어진 방정식의 모든 근을 포함하는 체를 만들어보자. 일반적인 상황도 같은 논리로 설명할 수 있다.

예제 3.12

$f(x) = x^3 - 2$는 $\mathbb{Q}$ 위에서 기약이므로 유리수 근이 없다. 방정식 $f(x)$의 모든 근을 포함하는 최소의 체는 다음의 두 가지 방법으로 생각할 수 있다.

내재적 방법: 상환(체) $\mathbb{Q}[x]/(x^3-2)$에서 $I = (x^3-2)$, $\alpha = x + I$라 하면 다항식환 $(\mathbb{Q}[x]/I)[t]$에서

$$f(t) = (1+I)t^3 - (2+I) \Rightarrow f(\alpha) = 0 + I$$

이므로 $f(t) = (t-\alpha)(t^2 + \alpha t - \frac{2}{\alpha})$로 인수분해된다(단, $c \in \mathbb{Q}$에 대하여 $c + I = c$로 표기). 그런데 $t^2 + \alpha t - \frac{2}{\alpha}$는 $\mathbb{Q}[x]/I$ 위에서 기약 다항식이다(연습문제 3.1.39. 참고). 따라서 상환 $(\mathbb{Q}[x]/I)[t]/(t^2 + \alpha t - \frac{2}{\alpha})$에서 근을 가지므로 $f(x)$의 모든 근을 포함하는 체이다.

외재적 방법: $\mathbb{Q} \subset \mathbb{C}$이므로 모든 방정식의 근은 복소수 집합 안에서 찾을 수 있다(리우빌 정리). $f(x) \in \mathbb{C}[x]$로 이해하면(단, $\omega^2 + \omega + 1 = 0$)

$$f(x) = (x - \sqrt[3]{2})(x^2 + \sqrt[3]{2}x + \sqrt[3]{4}) = (x - \sqrt[3]{2})(x - \sqrt[3]{2}\omega)(x - \sqrt[3]{2}\omega^2)$$

이므로 모든 근을 포함하는 최소의 체는 $\mathbb{Q}(\sqrt[3]{2})(\sqrt[3]{2}\omega) = \mathbb{Q}(\sqrt[3]{2}, \omega)$이다.

이와 같이 주어진 방정식에 대해 그 방정식의 근을 모두 포함하는 체를 구성하는 것이 이 단원의 목적이다. 근이 추가된 확대체를 만드는 것은 앞 단원의 내용이므로

- 유한번 반복하면 끝난다는 점과
- 서로 다른 방법으로 만들어진 확대체일지라도 서로 동형임을 보이는 것

이 핵심적인 부분이다.

정리 3.7 해의 존재성

체 F 위에서 정의된 모닉 다항식 $f(x)$, $\deg f(x) \geq 1$을 일차식들의 곱으로 분해할 수 있는 F의 최소의 확대체 K가 존재한다. 즉 $K[x]$에서 $f(x) = (x - u_1)(x - u_2)\cdots(x - u_n), u_i \in K$이고 $K = F(u_1, \cdots, u_n)$이다.

증명 차수 $\deg f(x)$에 관한 귀납법을 쓴다. $\deg f(x) = 1$이면 $K = F$로 선택하면 된다. $f(x)$가 체 F 위에서

$$f(x) = p_1(x)^{m_1} p_2(x)^{m_2} \cdots p_k(x)^{m_k},\ p_i(x) \neq p_j(x),\ \forall i \neq j$$

로 유일하게 인수분해된다고 하자($F[x]$: ED $\Rightarrow$ PID $\Rightarrow$ UFD). 기약 다항식 $p_1(x)$의 한 근을 포함하는 확대체를 구성한다. 즉 상체 $F[x]/(p_1(x))$를 구성하여 근 u_1이 포함되도록 한다. 그러면 상체에서 $f(u_1) = p_1(u_1)^{m_1} = \cdots = 0$이므로 u_1을 근으로 갖는다. 체 $F(u_1)$에서 $f(x)$를 $x - u_1$로(반복해서) 나누어 보면

$$f(x) = (x - u_1)^{m_1} q(x),\ q(x) \in F(u_1)[x],\ \deg f(x) > \deg q(x),\ q(u_1) \neq 0$$

이므로 귀납법 가정에 의해 $q(x)$를 일차식들의 곱으로 인수분해할 수 있는 $F(u_1)$의 최소의 확대체 $K_0 = F(u_1)(u_2, \cdots, u_n)$가 존재한다. 그러면 $f(x)$도 $K_0 := K$에서 일차식들의 곱으로 인수분해 되고 $K_0 = F(u_1)(u_2, \cdots, u_n) = F(u_1, u_2, \cdots, u_n)$이므로 증명은 끝난다. □

정리 3.7의 '최소의 확대체'는 $F \lneq E \lneq K$인 어떠한 체 E에서도 다항식 $f(x)$는 일차식의 곱으로 인수분해되지 않는다는 것을 뜻한다. 정리 3.7의 확대체에 이름을 지어주자.

정의 3.7 다항식의 분해체 (SF)

다항식 $f(x) \in F[x]$에 대해서 조건

(1) $f(x) = c(x - u_1)(x - u_2)\cdots(x - u_n),\ u_i,\ c \in K$이고

(2) $K = F(u_1, \cdots, u_n)$

을 만족시키는 확대체 K를 $f(x)$**의** F **위의 분해체(splitting field)**라 한다.

문제 3.7

$F \subset E \subset K$이고 $f(x) \in F[x]$일 때, K가 F 위에서 $f(x)$의 분해체이면 E 위에서의 $f(x)$의 분해체도 K임을 증명하라.

풀이 $f(x) = c(x-u_1)(x-u_2)\cdots(x-u_n), u_i,\ c \in K$이고 $K = F(u_1, \cdots, u_n)$이라 하자. $f(x) \in F[x] \subset E[x]$이므로 $f(x)$는 E 위의 다항식이다. $K' = E(u_1, u_2, \cdots, u_n)$을 $f(x)$의 E 위에서의 분해체라 하자. 그러면 $E \subset K, u_i \in K \Rightarrow E(u_1, u_2, \cdots, u_n) = K' \subset K$이다. 역으로 $F \subset E \Rightarrow F(u_1, \cdots, u_n) \subset E(u_1, \cdots, u_n) \Rightarrow K \subset K'$이다. □

예제 3.13

$f(x) = x^4 + 1$은 $\mathbb{Q}$ 위에서 기약이다. 복소수 체 $\mathbb{C}$에서 모든 근(드무아부르 정리)은

$$e^{\frac{1}{4}\pi i},\ e^{\frac{3}{4}\pi i},\ e^{\frac{5}{4}\pi i},\ e^{\frac{7}{4}\pi i}$$

이므로 $f(x)$의 분해체는 $K = \mathbb{Q}(e^{\frac{1}{4}\pi i})$이다. 한편 $f(x)$를 복이차식으로 이해하여 $\mathbb{Q}(\sqrt{2})$ 위에서 분해하면 $f(x) = x^4 + 1 = (x^2 + \sqrt{2}x + 1)(x^2 - \sqrt{2}x + 1)$이므로

$$\frac{-\sqrt{2} \pm \sqrt{2}i}{2},\ \frac{\sqrt{2} \pm \sqrt{2}i}{2}$$

가 근이다. 따라서 $K = \mathbb{Q}(\sqrt{2})(\frac{-\sqrt{2}\pm\sqrt{2}i}{2}, \frac{\sqrt{2}\pm\sqrt{2}i}{2}) = \mathbb{Q}(\sqrt{2})(i) = \mathbb{Q}(\sqrt{2}, i)$이다. $\sqrt{2}$와 i는 모두 방정식 $f(x)$의 근이 **아니다**.

분해체의 존재성 증명과정에서 기약 다항식의 선택 순서에 의존하여 근이 추가된다. 예를 들어 $\mathbb{Q}$ 위의 다항식 $f(x) = (x^2-2)(x^2-3)$에 대하여 $p(x) = x^2 - 2$를 먼저 선택하여 만든 상환 $\mathbb{Q}[x]/(p(x))$와 $q(x) = x^2 - 3$을 먼저 선택하여 만든 상환 $\mathbb{Q}[x]/(q(x))$는 서로 동형이 아니다. 그래서 기약 인수의 선택 순서와 무관하게 동형인 분해체가 나오는지 확인할 필요가

있다. 물론 모든 근을 포함하고 있는 외재적 대상 즉, 복소수 체 $\mathbb{Q} < \mathbb{C}$와 같은 것을 알고 있고 $\mathbb{C}$의 부분체 중에서 찾고자 한다면, 분해체는 $K = \mathbb{Q}(\pm\sqrt{2}, \pm\sqrt{3})$으로 유일하다.

문제 3.8

다음 두 다항식 $f(x), g(x) \in \mathbb{Q}[x]$는 복소수 체 $\mathbb{C}$ 안에서 분해체가 일치함을 보이라.

$$f(x) = x^6 - 1,\ g(x) = x^4 + x^2 + 1$$

풀이 $f(x) = (x^2-1)(x^4+x^2+1)$로 인수분해되므로 두 분해체는 일치한다. □

이제 다항식의 분해체는 서로 동형임을 보이고 관련된 성질을 살펴본다.

도움정리 3.4

체의 동형사상 $\phi : F \to F'$에 대하여 다항식 환 사이의 함수를

$$\overline{\phi} : F[x] \to F'[x],\ \overline{\phi}(\sum_{i=0}^{n} a_i x^i) = \sum_{i=0}^{n} \phi(a_i)x^i$$

으로 정의하면 $\overline{\phi}$는 환 동형사상이다. 그래서 두 다항식환에서의 기약성은 대등하다.

증명 $\overline{\phi}(f(x) \overset{+}{\cdot} g(x)) = \overline{\phi}(f(x)) \overset{+}{\cdot} \overline{\phi}(g(x))$가 성립하는 것은 양변을 전개한 후 차수별로 확인하면 된다. $\ker(\phi) = \{0\} \Rightarrow \ker(\overline{\phi}) = \{0\}$이고 $\mathrm{im}(\phi) = F' \Rightarrow \mathrm{im}(\overline{\phi}) = F'[x]$이다. 따라서 제 I 환 동형정리에 의해 성립한다. 한편 $f(x) \in F[x]$에 대하여 $\overline{\phi}$와 역사상 $\overline{\phi}^{-1}$가 모두 환 동형사상이므로

$$\begin{aligned} & f(x) = p(x)q(x),\ \mathrm{deg}p(x),\ \mathrm{deg}q(x) \geq 1 \\ \Leftrightarrow\ & \overline{\phi}(f(x)) = \overline{\phi}(p(x))\overline{\phi}(q(x)),\ \mathrm{deg}(\overline{\phi}(p(x))) \geq 1,\ \mathrm{deg}(\overline{\phi}(q(x))) \geq 1. \end{aligned}$$

□

문제 3.9

$\mathbb{Q}(\sqrt[5]{2})$와 $\mathbb{Q}(\sqrt{2})$ 사이의 환 준동형사상을 모두 찾으라.

풀이 환 준동형사상을 $f : \mathbb{Q}(\sqrt[5]{2}) \to \mathbb{Q}(\sqrt{2})$라 하면 $\ker(f) \lhd \mathbb{Q}(\sqrt[5]{2})$이다. 그런데 $\mathbb{Q}(\sqrt[5]{2})$는 체이므로 $\ker(f) = \{0\}$이거나 $\mathbb{Q}(\sqrt[5]{2})$이다. 전자의 경우 $\mathbb{Q}(\sqrt[5]{2}) \cong$

$\mathrm{im}(f) \subset \mathbb{Q}(\sqrt{2})$ 이므로 모순이다. 후자의 경우 f는 항등적으로 0인 함수이다. 따라서 환 준동형사상은 1개이다. □

함수 $f: X \to Y$와 집합 $X \subset X'$, $Y \subset Y'$에 대하여, f의 **확장 함수** $f': X' \to Y'$이란 함수 f'을 X에 제한했을 때 $f'|_X = f$가 될 때를 뜻한다. 아래의 명제는 근 하나를 추가했을 때 동형사상은 확장 가능함을 설명하고 있다(귀납법의 시작점).

명제 3.4 동형확장정리

체 $F(F')$의 확대체 $K(K')$ 안의 대수적 원소 $\alpha(\beta)$와 동형사상 $\phi: F \to F'$에 대하여 확장 동형사상

$$\widetilde{\phi}: F(\alpha) \cong F'(\beta), \quad \widetilde{\phi}(\alpha) = \beta$$

가 존재할 필요충분조건은

$$\overline{\phi}(\mathrm{irr}(\alpha, F)) = \mathrm{irr}(\beta, F')$$

이다.

증명

$$\begin{aligned} 0' = \widetilde{\phi}(0) = \widetilde{\phi}(\mathrm{irr}(\alpha, F)(\alpha)) &= \overline{\phi}(\mathrm{irr}(\alpha, F))(\beta) \\ \Rightarrow \mathrm{irr}(\beta, F') &\mid \overline{\phi}(\mathrm{irr}(\alpha, F)). \end{aligned}$$

그런데 동형함수 $\overline{\phi}$에 의해 기약성은 변하지 않으므로 $\overline{\phi}(\mathrm{irr}(\alpha, F))$도 기약이고 $F'[x]$는 UFD이므로 두 모닉 다항식은 일치한다.

역으로 $\mathrm{irr}(\alpha, F) := m_\alpha(x)$, $\mathrm{irr}(\beta, F') := m_\beta(x)$라 하자. 가정에 의해 $\overline{\phi}(m_\alpha(x)) = m_\beta(x)$이다.

Step 1. 제 I동형정리에 의해

$$F(\alpha) \cong F[x]/\langle m_\alpha(x)\rangle, \; F'(\beta) \cong F'[x]/\langle m_\beta(x)\rangle$$

이므로 상환 사이의 환동형사상을 구성하면 충분하다. 동형사상과 표준 사영사상의 합성사상

$$\Psi = \pi \circ \overline{\phi}: F[x] \xrightarrow{\overline{\phi}} F'[x] \xrightarrow{\pi} F'[x]/\langle m_\beta(x)\rangle$$

는 위로의 환 준동형사상이다.

Step 2. $\Psi(m_\alpha(x)) = \pi(m_\beta(x)) = 0 + \langle m_\beta(x)\rangle \Rightarrow \langle m_\alpha(x)\rangle \subset \ker(\Psi)$ 이다. 그러므로 Ψ는 환준동형사상

$$\overline{\Psi} : F[x]/\langle m_\alpha(x)\rangle \to F'[x]/\langle m_\beta(x)\rangle,$$
$$f(x) + \langle m_\alpha(x)\rangle \mapsto \bar{\phi}(f(x)) + \langle m_\beta(x)\rangle$$

를 **유도**한다(연습문제 3.2.13.). 그런데 $\overline{\Psi}$는 체 사이의 위로의 사상이므로 동형사상이다. 따라서 체 $F(\alpha)$와 $F'(\beta)$ 사이의 동형사상

$$\widetilde{\phi} : F(\alpha) \cong F[x]/\langle m_\alpha(x)\rangle \overset{\overline{\Psi}}{\cong} F'[x]/\langle m_\beta(x)\rangle \cong F'(\beta)$$

가 존재한다.

Step 3. $c \in F \Rightarrow \widetilde{\phi}(c) = \phi(c) \in F'$ 이므로 $\widetilde{\phi}$는 ϕ의 확장이다. 그리고 $\widetilde{\phi}$에 의해

$$\alpha \mapsto 1\cdot x + \langle m_\alpha(x)\rangle \mapsto \phi(1)\cdot x + \langle m_\beta(x)\rangle = 1'\cdot x + (m_\beta(x)) \mapsto \beta$$

이다. □

따름정리 3.2에 의해 $F(\alpha) = F[\alpha]$, $F(\beta) = F[\beta]$이므로 명제 3.4의 확장 사상은

$$\widetilde{\phi} : F[\alpha] \cong F'[\beta],\ \sum_{i=0}^{n} a_i\alpha^i \mapsto \sum_{i=0}^{n}\phi(a_i)\beta^i$$

이다. 즉 $\widetilde{\phi}$에 의해 계수는 ϕ에 의한 상으로 보내고 α를 β로 바꾸는 것이다.

예제 3.14

$\mathbb{Q}$ 위에서 기약 다항식 $f_7(x) = \frac{x^7-1}{x-1}$의 한 근을 ω라 하면 $f(x)$의 분해체는 $\mathbb{Q}(\omega)$임을 드무아브르의 정리에 의해 알 수 있다. $\mathrm{id} : \mathbb{Q} \to \mathbb{Q}$로 선택하면

$$f_7(x) = \mathrm{irr}(\omega, \mathbb{Q}) = \mathrm{irr}(\omega^k, \mathbb{Q}),\ 1 \le k \le 6$$

에 대하여 위 명제는 확장 동형사상 $\mathbb{Q}(\omega) \to \mathbb{Q}(\omega^k)$, $\omega \mapsto \omega^k$이 존재함을 뜻한다. 사실은 $\mathbb{Q}(\omega^k) = \mathbb{Q}(\omega)$이므로 $\mathbb{Q}(\omega)$에서 동형사상을 찾은 것이다.

정리 3.8 분해체의 동형

체 F와 F' 사이의 동형사상을

$$\phi : F \to F'$$

이라 하자. $f(x) \in F[x]$의 $\overline{\phi}$에 의한 상을 $\overline{f}(x) := \overline{\phi}(f(x)) \in F'[x]$라 하자. 그러면

$f(x)$ ($\overline{f}(x)$)의 F (F') 위에서의 분해체 K (K')에 대하여 ϕ를 확장하는 동형사상

$$\tilde{\tilde{\phi}} : K \to K'$$

이 존재한다.

증명 차원 $[K : F]$에 대한 귀납법으로 증명한다.

Step 0. $[K : F] = 1 \Rightarrow K = F$이므로 $f(x)$는 F 위에서 일차식으로 인수분해되므로 $\overline{f}(x)$는 F'에서 일차식으로 인수분해된다. 즉 $K' = F$가 되어 확장사상 $\tilde{\phi} = \phi$로 잡으면 충분하다.

Step 1. $\alpha \in K \setminus F$를 $f(x)$의 근이라 하면 α는 F 위에서 대수적이므로 $\mathrm{irr}(\alpha, F)$가 존재한다. 그러면 $F[x]$에서

$$\begin{aligned} \mathrm{irr}(\alpha, F) \mid f(x) &\Rightarrow f(x) = \mathrm{irr}(\alpha, F)q(x), q(x) \in F[x] \\ &\Rightarrow \overline{f}(x) = \overline{\phi}(\mathrm{irr}(\alpha, F))\overline{\phi}(q(x)). \end{aligned}$$

$\overline{f}(x)$의 분해체 K'에서의 근들 중 $\overline{\phi}(\mathrm{irr}(\alpha, F))$의 근을 선택하여 $\beta \in K'$이라 하자.

Step 2. $\overline{\phi}(\mathrm{irr}(\alpha, F))$는 F' 위에서도 기약이고(기약성 보존) β를 근으로 가지므로 모닉 기약 다항식의 유일성에 의해 $\overline{\phi}(\mathrm{irr}(\alpha, F)) = \mathrm{irr}(\beta, F')$이다. 그러면 명제 3.4에 의해

$$\tilde{\phi} : F(\alpha) \cong F'(\beta), \ \tilde{\phi}(\alpha) = \beta$$

인 $\phi : F \to F'$의 확장사상이 있다.

Step 3. $2 \le [F(\alpha) : F] \Rightarrow [K : F(\alpha)] < [K : F]$이고 $F(\alpha) < K$ $(F(\beta) < K')$는 $f(x)$ ($\overline{f}(x)$)의 $F(\alpha)$ $(F(\beta))$ 위에서의 분해체이므로 귀납법 가정에 의해 $\tilde{\phi} : F(\alpha) \cong F'(\beta)$를 확장한 동형사상 $\tilde{\tilde{\phi}} : K \to K'$가 존재한다. 구성방법에 의해 $\tilde{\tilde{\phi}}|_F = \phi$이다. □

위 정리 3.8의 확장 사상은 $f(x)$와 $\overline{f}(x)$의 근 사이의 대응 관계를 주는 것으로써, 대응되는 기약 다항식의 근으로 보내면 된다는 것을 뜻한다. 한편 정리 3.8에서 확장 사상 $\tilde{\phi}$를 선택할 수 있는 방법은 증명의 Step 1에 의해 결정된다. 갈루아 이론에서 자주 등장하는 상황이므로 기록해 둔다.

따름정리 3.4 분해체의 동형성과 확장 사상의 개수

항등 사상 $\mathrm{id} : F \to F$라 하면 $f(x)$의 두 분해체 K와 K'는 동형이다. 그리고 항등 사상 id의 확장 동형사상의 개수는 $[K : F]$ 이하임을 증명하라.

증명 분해체가 동형인 것은 정리 3.8의 $F' = F, \phi = \mathrm{id}$로 두면 바로 나오는 결론이다. 한편 확장 사상의 개수에 대해서는 귀납법을 적용한다. 정리 3.8의 Step 1과 Step 2에서 $F = F'$이면 $\overline{\mathrm{id}}(\mathrm{irr}(\alpha, F)) = \mathrm{irr}(\alpha, F)$이다. 따라서 β는 이 기약 다항식의 근 중에 하나로 그 개수는 $\mathrm{degirr}(\alpha, F)$ 이하이다. 그리고 각각의 동형사상 $F(\alpha) \to F(\beta)$에 대해 귀납법 가정을 적용하면 $[K : F(\alpha)]$개 이하의 동형사상 $K \to K'$이 있다. 그러므로 가능한 총 개수는

$$\deg(\alpha, F) \times [K : F(\alpha)] = [F(\alpha) : F][K : F(\alpha)] = [K : F]$$

이하이다. □

따름정리 3.4에서 등호가 성립하는 조건을 생각해보자. 기약(모닉)다항식 $f(x) \in F[x]$의 분해체 K에 대하여 $\deg f(x) | [K : F]$이다. 왜냐하면 정의에 의해 $\alpha \in K$이고 $f(\alpha) = 0 \Rightarrow F < F(\alpha) < K \Rightarrow \deg f(x) = [F(\alpha) : F] | [K : F]$이기 때문이다. 특별히 등호는 $[K : F(\alpha)] = 1$일 때 성립한다. 즉 $K = F(\alpha)$인 F의 단순 확대체이다. 이것은 $f(x)$의 모든 근을 α에 대한 다항식으로 표현 가능함을 뜻한다. 더욱 놀라운 사실은 다음과 같다.

정리 3.9

체 F의 확대체 K가 **어떤 하나의** 다항식 $f(x) \in F[x]$의 분해체이면
성질 ★: 각각의 원소 $u \in K$에 대하여, 기약 다항식 $\mathrm{irr}(u, F)$의 분해체 안에서의 모든 근이 K 안에 존재한다.

증명 $p(x) = \mathrm{irr}(u, F) \in F[x] \subset K[x]$로 이해하여 M을 K 위에서 $p(x)$의 분해체라 하자. $p(x)$의 임의의 근 $v \in M$에 대하여 $v \in K$임을 보이면 된다. 그런데, $\mathrm{irr}(v, F) = p(x)$이므로 $F(u) \cong F[x]/(p(x)) \cong F(v)$이다. 그리고 $f(x) \in F[x] \subset F(u)[x], F(v)[x]$이므로 $f(x)$ 위의 $F(u)$의 분해체 $K(u)$와 $F(v)$ 위의 분해체 K'은 동형이다. 여기서 $K' = K(v)$로 둘 수 있다. 왜냐하면 F 위에서 $f(x)$의 분해체를 $K = F(\alpha_1, \cdots, \alpha_m)$이라 하면 $K(v) = F(\alpha_1, \cdots, \alpha_m)(v) =$

$F(v)(\alpha_1, \cdots, \alpha_m)$은 $f(x)$의 $F(v)$ 위에서 분해체이기도 하기 때문이다(모든 논의를 M 안에서 하고 있음). 그러므로

$$[K(u) : F(u)] = [K(v) : F(v)] \Rightarrow \frac{[K(u) : F]}{[F(u) : F]} = \frac{[K(v) : F]}{[F(v) : F]}$$
$$\Rightarrow [K(u) : F] = [K(v) : F] \overset{u \in K \subseteq K(v)}{\Rightarrow} K = K(v).$$

□

위 명제의 증명 과정을 따라가도 기약 다항식 $\mathrm{irr}(v, F)$의 v 이외의 다른 근이 무엇인지 파악하기 쉽지 않다. 명제 3.7에서 이 부분에 대한 해결책을 제시할 것이다. 성질 ★를 다르게 말하자면 $F[x]$ 안의 임의의 기약 다항식이 K에서 적어도 하나의 근을 가지면 나머지 모든 근이 이 체 안에 있다는 것이다.

예제 3.15

$f(x) = x^3 - 3x + 1$의 세 근을 $a_1 = 2\cos(\frac{2\pi}{9}), a_2, a_3$이라 하자. 간단한 계산에 의해 $f(a_1^2 - 2) = f(-a_1^2 - a_1 + 2) = 0$이므로 $a_2 = a_1^2 - 2$, $a_3 = -a_1^2 - a_1 + 2$. 따라서 $f(x)$의 분해체는

$$K = \mathbb{Q}(a_1, a_2, a_3) = \mathbb{Q}(a_1).$$

정리 3.9에 의해 분해체 $\mathbb{Q}(a_1)$ 안의 임의의 원소 $u \in \mathbb{Q}(a_1)$에 대하여 $\mathrm{irr}(u, \mathbb{Q})$의 모든 근이 여전히 $\mathbb{Q}(a_1)$ 안의 원소이다. 즉 a_1에 대한 유리식으로 표현 가능하다. 예를 들어 $u = 2a_1^2 + \frac{1}{a_1}$에 대하여 $u \notin \mathbb{Q}$이므로

$$2 \leq [\mathbb{Q}(u) : \mathbb{Q}] = \mathrm{degirr}(u, \mathbb{Q}) | [\mathbb{Q}(a_1) : \mathbb{Q}] = 3$$
$$\Rightarrow \mathrm{irr}(u, \mathbb{Q}) = x^3 - 15x^2 + 72x - 109$$

$\mathbb{Q}(u)$ 위에서

$$\mathrm{irr}(u, \mathbb{Q}) = (x - u)(x^2 + (-15 + u)x + \frac{109}{u}).$$

이차 방정식 $x^2 + (-15+u)x + \frac{109}{u}$의 모든 근이 분해체 K 안에 있다는 것은 자명하지 않다. 실제로 이 방정식의 근은 $2a_2^2 + \frac{1}{a_2}$와 $2a_3^2 + \frac{1}{a_3}$임을 위의 기약 다항식 계산 과정에서 유추할 수 있다. 나머지 두 근은 근의 순번(하첨자)을 바꾼 것뿐이다.

성질 ★를 정의로 설정하고 논의를 이어가자.

정의 3.8 정규확대체

정리 3.9의 성질 ★을 만족시키는 유한 확대체 K를 F**의 정규확대체(normal extension)**라 한다.

정리 3.9의 역도 참이다.

명제 3.5

K가 F의 정규확대체이면 K는 F 위의 어떤 다항식의 한 분해체이다.

증명 $n = [K : F] < \infty$이므로 $K = F(\alpha_1, \cdots, \alpha_n)$인 $\alpha_i \in K$가 존재한다. 그리고 K가 F의 정규 확대체이므로 $\mathrm{irr}(\alpha_i, F)$의 모든 근은 K 안에 존재한다. 따라서 $f(x) = \prod_{i=1}^{n} \mathrm{irr}(\alpha_i, F)$의 모든 근은 K 안에 있고 $K = F(\alpha_1, \cdots, \alpha_n)$이므로 $f(x)$의 한 분해체이다. □

기약 다항식의 성질에 의해 다음 명제가 성립한다.

명제 3.6

$F < E < K$, K가 F의 정규확대체라 하자. 그러면 K는 E의 정규확대체이기도 하다.

증명 $u \in K$에 대하여 $\mathrm{irr}(u, E)$는 $\mathrm{irr}(u, F)$의 약수이다. 즉 $\mathrm{irr}(u, F) = \mathrm{irr}(u, E)q(x)$, $q(x) \in E[x]$이다. 그런데 $\mathrm{irr}(u, F)$는 $K[x]$에서 일차식의 곱으로 인수분해되고 $K[x]$가 UFD이므로 $\mathrm{irr}(u, E)$도 일차식의 곱으로 표시된다. 즉 $\mathrm{irr}(u, E)$의 모든 근이 K 안에 있다. □

대칭 다항식의 기본 정리

고교 과정에서부터 익숙하게 다뤄 왔던 대칭식과 관련된 명제인 **대칭 다항식의 기본정리(the fundamental theorem of symmetric polynomials)**를 살펴본 후, 분해체의 정규성(성질 ★)을 다시 증명해보려 한다. 앞으로의 논의에서도 핵심적 사고는 반복적으로 이용될 것이다.

정리 3.10

체 F의 다변수 다항식 환 $F[x_1, \cdots, x_n]$에 대칭군 S_n이 다항식 변수의 순번 바꿈으로 작용한다. 즉

$$S_n \times F[x_1, \cdots, x_n] \to F[x_1, \cdots, x_n],$$

$$\sigma \cdot f(x_1, x_2 \cdots, x_n) = f(x_{\sigma(1)}, x_{\sigma(2)}, \cdots, x_{\sigma(n)}).$$

임의의 $\sigma \in S_n$에 대하여 $\sigma \cdot f(x_1, \cdots, x_n) = f(x_1, \cdots, x_n)$이면

$$f(x_1, \cdots, x_n) = g(s_1, \cdots, s_n),\ s_1 = x_1 + \cdots + x_n,\ \cdots,\ s_n = x_1 x_2 \cdots x_n$$

인 다항식 $g(s_1, \cdots, s_n) \in F[s_1, \cdots, s_n]$이 존재한다.

증명 $n = 3$을 증명하여 일반적인 경우를 유추한다. 먼저 $f(x_1, x_2, x_3)$의 단항식들에 사전식 순서 즉,

$$x_1^{r_1} x_2^{r_2} x_3^{r_3} > x_1^{s_1} x_2^{s_2} x_3^{s_3}$$

은 $r_1 > s_1$ 또는 $r_1 = s_1$ 이면 $r_2 > s_2$ 이다. 만약 $r_2 = s_2$ 이면 $s_3 > s_3$ 일 때로 정의한다. 그러면 모든 단항식들은 이 순서 관계에 의해 크기순으로 배열할 수 있다. 만약 $f(x_1, x_2, x_3)$의 가장 큰 단항식을 $x_1^{r_1} x_2^{r_2} x_3^{r_3}$ 이라 하면 $f(x_1, x_2, x_3)$은 대칭군 S_3의 작용에 의해 변하지 않으므로

$$f(x_1, x_2, x_3) = c x_1^{r_1} x_2^{r_2} x_3^{r_3} + \sum (\text{낮은 차수의 항})$$

으로 표시할 수 있다. 그런데 다항식 $s_1^{r_1 - r_2} s_2^{r_2 - r_3} s_3^{r_3}$ 은 대칭군 S_3의 작용에 의해 불변이고 최고차항은 $x_1^{r_1} x_2^{r_2} x_3^{r_3}$ 임을 바로 확인할 수 있다. 그러면 다항식

$$f(x_1, x_2, x_3) - c s_1^{r_1 - r_2} s_2^{r_2 - r_3} s_3^{r_3}$$

의 최고차항은 $f(x_1, x_2, x_3)$보다 작고 대칭군 S_3의 작용에 변하지 않는다. 이 작업을 유한번 반복하면 끝나게 된다. 즉 다항식환 $F[s_1, \cdots, s_n]$의 원소가 된다. □

정리 3.10을 이용하여 분해체의 동형확장정리를 이용하지 않고 성질 ★를 증명한다. 이것은 기약 다항식을 찾는 원칙적 방법을 제시한다. 컴퓨터에게 시키면 아주 잘한다.

명제 3.7 분해체의 정규성

다항식 $f(x) \in F[x]$의 분해체를 K라 할 때, 임의의 $u \in K$에 대한 기약 다항식 $\mathrm{irr}(u, F)$의 모든 근은 K안에 있다. 즉 성질 ★가 성립한다.

증명 $K = F(x_1, \cdots, x_n) = F[x_1, \cdots, x_n]$을 $f(x) = c(x - x_1)(x - x_2) \cdots (x - x_n)$의 분해체라 하면 비에타 공식에 의해 $x_1 + \cdots + x_n, \cdots, x_1 \cdots x_n \in F$이다. 한편 $u \in K \Rightarrow u = h(x_1, \cdots, x_n)$이다. 잠시 동안 각각의 근을 변수 취급하자. u의 기약 다항식을 찾기 위해 근의 순번을 바꾼 것들을 모두 고려한 다항식을

$$g(x) = \prod_{\forall \sigma \in S_n} (x - \sigma(u))$$

라 하자. 그러면 비에타 공식에 의해 $g(x)$의 계수는 S_n의 임의의 원소에 의해 변하지 않는다. 따라서 대칭식의 기본 정리에 의해 $g(x) \in F[x]$이고 정의에 의해 $g(u) = 0$이므로 $\mathrm{irr}(u, F) \mid g(x)$이다. $K[x]$는 UFD이므로 $\mathrm{irr}(u, F)$는 $g(x)$의 일차인수들 중에서 골라 곱하면 된다. □

증명 과정에서 방정식의 근을 변수로 생각하는 것으로 인해 대칭 다항식의 기본 정리를 활용해 볼 수 있게 한다. 다만 대칭군의 위수가 매우 커서 손으로 할 수 있는 계산은 아니다.

예제 3.16

$\mathbb{Q}$ 위의 삼차 방정식 $x^3 + 7x^2 + 7 = 0$의 세 근을 x_1, x_2, x_3이라 하자. 분해체 $K = \mathbb{Q}(x_1, x_2, x_3)$의 원소 $u = x_1 + 2x_2 + 3x_3$을 근으로 갖는 유리수 계수 $3! = 6$차 방정식을 구하라.

$$\begin{aligned} g(x) &= \prod_{\forall \sigma \in S_3} (x - \sigma(u)) \\ &= (x - (x_1 + 2x_2 + 3x_3))(x - (x_2 + 2x_1 + 3x_3))(x - (x_1 + 2x_3 + 3x_2)) \\ &\quad \cdot (x - (x_3 + 2x_2 + 3x_1))(x - (x_2 + 2x_3 + 3x_1))((x - (x_3 + 2x_1 + 3x_2)) \\ &= x^6 - 12(x_1 + x_2 + x_3)x^5 + \cdots \\ &= x^6 + 84x^5 + 2842x^4 + 49392x^3 + 463393x^2 + 2218524x + 4246291 \end{aligned}$$

• `Macaulay2` 코드:

```
i1 : R=QQ[a, b, c, u]
```

```
o1 = R
o1 : PolynomialRing
i2 : I=ideal(a+b+c+7,a*b+b*c+c*a,a*b*c+7,u-a-2*b-3*c);
o2 : Ideal of R
i3 : eliminate(I,(a,b,c));
o3 : Ideal of R
```

연습 문제

3.2.1. (탐구문제) 다음 물음에 답하라.

(1) $x^4+2x^3-8x^2-6x-1 \in \mathbb{Q}[x]$의 분해체는 $K=\mathbb{Q}(\sqrt{2},\sqrt{3})$임을 보이라.

(2) $x^p-1 \in \mathbb{Q}[x]$의 분해체 K에 대하여 $K=\mathbb{Q}(\alpha)$일 때, 복소수 $\alpha \in \mathbb{C}$를 두 개 이상 찾으시오.

(3) $x^5-x^3-4x^2-3x-2 \in \mathbb{Q}[x]$의 분해체 K의 차원 $[K:\mathbb{Q}]$을 구하라.

3.2.2. 다항식 $x^3-x+1 \in \mathbb{Z}_2[x]$의 분해체 K의 원소의 개수를 구하라.

3.2.3. 다항식 $f(x)$의 F 위에서의 분해체의 차원은

$$[K:F] \leq (\mathrm{deg} f(x))!$$

임을 보이라. 그러므로 다항식의 분해체는 유한 확대체($\Rightarrow$ 대수적 확대체)이다.

3.2.4. $\mathbb{Q}$ 위의 두 기약 다항식 x^2+x+1과 x^2+3의 복소수체 $\mathbb{C}$ 안의 분해체는 일치함을 보이라.

3.2.5. $u \in K \setminus F$가 F 위에서 대수적이라 하자. 다항식 $\mathrm{irr}(u,F)$의 분해체 E와 $\mathrm{irr}(\frac{1}{u}-1,F)$의 분해체 E'에 대하여 $E=E'$임을 보이라.

3.2.6. (탐구문제) 다음 물음에 답하라.

(1) $x^9 - 1 \in \mathbb{Q}[x]$의 분해체 K와 $x^6 + x^3 + 1 \in \mathbb{Q}[x]$의 분해체 K'은 일치함을 보이고 차원 $[K : \mathbb{Q}]$를 구하라. (단, K, $K' \subset \mathbb{C}$.)

(2) $x^5 - 2x^3 - 5x^2 + 10$의 모든 복소수 근을 구하고 $f(x)$의 $\mathbb{Q}$ 위에서의 분해체 K의 차원 $[K : \mathbb{Q}]$를 구하라.

3.2.7. $\mathbb{Q}$ 위의 다항식 $x^6 + 3$의 분해체를 K라 할 때 $[K : \mathbb{Q}]$의 값을 구하라.

3.2.8. (탐구문제) $\mathbb{Q}$ 위의 다항식 $x^{24} - 1$의 분해체 K에 대하여 $K = \mathbb{Q}(\alpha)$가 되는 복소수 α를 찾고 $\mathrm{irr}(\alpha, \mathbb{Q})$를 구하라.

3.2.9. K를 $\mathbb{Q}$ 위의 다항식 $x^4 - 3$의 분해체라 하자. 등식 $K = \mathbb{Q}(\omega\sqrt[4]{3})$이 성립함을 보이라. 단, $\omega = e^{\frac{2\pi}{3}i}$이다.

3.2.10. $\omega^2 + \omega + 1 = 0$인 복소수 ω에 대하여 $\mathbb{Q}$의 확대체 $\mathbb{Q}(\sqrt[3]{2}\omega)$에서 방정식

$$x_1^2 + x_2^4 + x_2^6 = -1$$

은 근을 가지지 않음을 증명하라.

3.2.11. (탐구문제) $\mathbb{Q}$ 위의 삼차 방정식의 분해체를 구하는 과정이다. 다음 물음에 답하라.

(1) 삼차 다항식(함수) $g(x) = x^3 + ax^2 + bx + c$의 변곡점의 x좌표 $x = x_0$를 구하라. 그리고 평행이동한 다항식(함수) $g(x + x_0)$의 특징을 말하시오.

(2) 삼차 방정식 $f(x) = x^3 + sx + t$의 한 근이

$$\alpha = \sqrt[3]{-\frac{t}{2} + \sqrt{\frac{t^2}{4} + \frac{s^3}{27}}} + \sqrt[3]{-\frac{t}{2} - \sqrt{\frac{t^2}{4} + \frac{s^3}{27}}}$$

임을 확인하라.

(3) $\mathbb{Q}(\alpha)$ 위에서 $f(x)$를 이차 이하의 다항식들의 곱으로 분해하라.

(4) $f(x) = x^3 + sx + t$가 $\mathbb{Q}$ 위에서 기약이고 $f(\alpha) = 0, \alpha \in \mathbb{C} \setminus \mathbb{Q}$일 때, $f(x)$의 $\mathbb{Q}(\alpha)$ 위에서 분해체 K에 대하여 $[K : \mathbb{Q}]$로 가능한 값을 모두 말하라.

3.2.12. $\mathbb{Q}(\sqrt[3]{2}\omega) \cong \mathbb{Q}(\sqrt[3]{2}\omega^2)$ 이지만 $\mathbb{Q}(\sqrt[3]{2}\omega) \neq \mathbb{Q}(\sqrt[3]{2}\omega^2)$ 임을 보이라. 단, $\omega = e^{\frac{2\pi}{3}i}$ 이다.

3.2.13. 환 준동형사상 $f : R \to R'$ 에 대하여 $I \subset \ker(f)$ 이면

$$\overline{f} : R/I \to R',\ \overline{f}(r+I) = f(r)$$

인 환준동형사상을 **유도**함을 증명하라.

3.2.14. 복이차 다항식 $f(x) = x^4 - 4x^2 + 1$ 의 분해체 K 에 대하여 다음 물음에 답하라.

(1) $u_1 = \sqrt{2+\sqrt{3}},\ u_2 = -\sqrt{2+\sqrt{3}},\ u_3 = \sqrt{2-\sqrt{3}},\ u_4 = -\sqrt{2-\sqrt{3}}$ 이 $f(x)$ 의 근임을 설명하라.

(2) $\mathbb{Q}(u_1) = \mathbb{Q}(u_3)$ 임을 보이라.

(3) $K = \mathbb{Q}(u_1)$ 을 확인하고 차원 $[K : \mathbb{Q}] = 4$ 임을 증명하라. 힌트: 이중근호

3.2.15. (탐구문제) 다음은 $u = \sqrt[3]{3} - \sqrt[3]{2}$ 의 기약 다항식 $\mathrm{irr}(u, \mathbb{Q})$ 의 분해체 E 를 구하는 과정이다. 물음에 답하시오.

(1) $\mathbb{Q}(u) = \mathbb{Q}(\sqrt[3]{2}, \sqrt[3]{3})$ 임을 보이라.

(2) 다항식 $(x^3-2)(x^3-3)$ 의 분해체를 K 라 할 때 $[K : \mathbb{Q}]$ 의 값을 구하라.
힌트: $\sqrt[3]{3} \notin \mathbb{Q}(\sqrt[3]{2})$.

(3) $\mathrm{degirr}(u, \mathbb{Q}) = 9$ 임을 증명하고 $\mathrm{irr}(u, \mathbb{Q})$ 를 구하라.

(4) $\mathrm{irr}(u, \mathbb{Q})$ 의 분해체는 K 임을 보이라.

3.2.16. $\mathbb{Q}(\sqrt{2})$ 위의 $x^3 - 10$ 의 분해체 K 를 구하라. 그리고 $[K : \mathbb{Q}]$ 의 값을 구하라.

3.2.17. 다음 물음에 답하시오.

(1) $[K : F] = 2$ 인 유한확대체 K 는 F 의 정규확대체임을 보이라.

(2) 확대체 $\mathbb{Q} < \mathbb{Q}(\sqrt{2}) < \mathbb{Q}(\sqrt[4]{2})$ 에 대하여 $\mathbb{Q}(\sqrt{2})$ 는 $\mathbb{Q}$ 의 정규확대체이고 $\mathbb{Q}(\sqrt[4]{2})$ 는 $\mathbb{Q}(\sqrt{2})$ 의 정규확대체이지만, $\mathbb{Q}(\sqrt[4]{2})$ 는 $\mathbb{Q}$ 위의 정규확대체가 아님을 보이라.

3.2.18. (탐구문제) 다음 물음에 답하시오.

(1) $\mathbb{Q}(\sqrt[3]{5})$는 $\mathbb{Q}$의 정규확대체가 아님을 보이라.

(2) $u = a + b\sqrt[3]{5} + c\sqrt[3]{25} \in \mathbb{Q}(\sqrt[3]{5}), bc \neq 0$이라 할 때 $\deg \mathrm{irr}(u, \mathbb{Q}) = 3$임을 보이라.

(3) $\mathrm{irr}(u, \mathbb{Q})$의 모든 복소수 근 중에 $\mathbb{Q}(\sqrt[3]{5})$의 원소는 오직 u뿐임을 보이라.

3.2.19. 삼차 방정식 $f(x) = x^3 + 3x^2 + 2x + 1$의 세 근을 u_1, u_2, u_3이라 하자. 다음 물음에 답하라.

(1) $u_1^2u_2^2 + u_2^2u_3^2 + u_3^2u_1^2$의 값을 구하라.

(2) $u_1^3(u_2 + u_3) + u_2^3(u_1 + u_3) + u_3^3(u_1 + u_2)$의 값을 구하라.

3.2.20. $x_1 + x_2 + x_3 = x_1x_2 + x_2x_3 + x_3x_1 = 0$을 만족시키는 실수 x_1, x_2, x_3이 존재하지 않음을 보이라. 단, $x_1x_2x_3 \neq 0$이다.

3.2.21. 유리수 계수 다항식 $f(x)$와 임의의 자연수 n에 대하여 $f(x)|g(x^n)$인 유리수 계수 다항식 $g(x)$가 존재함을 보이라.

3.2.22. (도전문제) F 위의 대수적 원소 u, v에 대하여 확대체 $F(u, v)$ 위에서 w가 대수적이면 w는 F 위에서도 대수적임을 대칭 다항식의 기본 정리를 이용하여 증명하라.

3.2.23. (대수학의 기본정리I) 다음은 상수가 아닌 모닉 다항식 $F(z) \in \mathbb{C}[z]$는 항상 복소수 근을 가짐을 증명하는 과정이다. 빈칸을 알맞은 용어나 기호로 채우시오.

> Step 1. $\cdots$(중략)$\cdots$ 따라서 정리의 가정을 실수 계수 다항식 $f(x) \in \mathbb{R}[x]$로 한정하자.
>
> Step 2. $n = \deg f(x) = 2^k m,\ 2 \nmid m$이라 하자. k에 대한 귀납법으로 증명한다. $k=0$이면 $f(x)$의 차수는 $\boxed{\text{(a)}}$이므로 $\boxed{\text{(b)}}$ 정리에 의해 실근이 존재하므로 주장은 참이다. $n=2$이면 이차 방정식의 근 공식에 의해 복소수 근이 존재한다.
>
> Step 3. $\mathbb{R}$ 위에서 방정식 $f(x)$의 분해체를 $K = \mathbb{R}(u_1, u_2, \cdots, u_n)$이라 하자. 근 $u_1, \cdots, u_n$ 중에 적어도 한 개의 근이 복소수임을 확인하면 모든 근이 복소수라고 주장할 수 있다(인수 정리).
>
> Step 4. 고정된 자연수 t에 대하여 다항식
>
> $$G_t(x) = \prod_{\forall i \neq j} (x - u_i - u_j - t u_i u_j) \in K[x]$$
>
> 를 생각하자. 다항식 $G_t(x)$를 전개하여 차수별로 생각하면 임의의 u_i의 아래 첨자 바꿈에 대하여 변하지 않으므로 $G_t(x)$의 계수는 대칭 다항식의 기본정리에 의해 실수이다. 즉 $G_t(x) \in \mathbb{R}[x]$이다. 그뿐 아니라
>
> $$\deg G_t(x) = \boxed{\text{(c)}} = \frac{2^k m(2^k m - 1)}{2} = 2^{k-1} m(2^k m - 1)$$
>
> 이므로 2의 거듭제곱 개수가 $k-1$이므로 귀납법 가정에 의해 $G_t(x)$는 적어도 하나의 복소수 근을 갖는다.
>
> Step 5. 특히 $\boxed{\text{(c)}} + 1$개의 다항 방정식
>
> $$G_1(x), G_2(x), \cdots, G_{\boxed{\text{(c)}}+1}(x)$$
>
> 는 적어도 하나씩의 복소수 근을 가진다. 그리고 $\boxed{\text{(d)}}$ 원리에 의해 서로 다른 두 자연수 t_a, t_b에 대하여 순서쌍 (u_i, u_j)는 일치한다. 따라서
>
> $$\mathbb{R}(u_i + u_j + t_a u_i u_j, u_i + u_j + t_b u_i u_j) = \mathbb{R}(u_i + u_j, u_i u_j) \subset \mathbb{C}$$
>
> 이다. 끝으로 복소수 계수 이차방정식 $x^2 - (u_i + u_j)x + u_i u_j$의 근은 복소수 u_i, u_j 이다.

제 4 장
거듭제곱근 확대체, 유한체 그리고 원시 원소 정리

이 장은 앞 단원들의 몇몇 내용들을 보충하는 내용으로 채워졌다. 먼저 구체적인 상황에서 거듭제곱근 확대체의 차원을 셈하는 것을 일반적인 방법을 도입하여 설명한다. 이후 유한체의 존재 및 특징들을 살핀다. 끝으로 이후 논의에서 매우 요긴하게 쓰일 원시 원소 정리를 증명하고 단원을 마친다.

4.1 거듭제곱근 확대체

3차 방정식의 분해체를 구하는 과정에서 한 개의 근을 추가하여 얻은 체에서 방정식이 일차식으로 분해되는지 여부는 이차 인수(방정식)의 해집합의 근호 속의 값에 따라 완전히 결정된다(연습문제 3.1.39.). 고차의 경우에도 이러한 일이 자주 벌어진다. 이 단원에서는 이와 관련된 일반적인 정의를 한 가지 소개한 후, 확대체의 차원을 계산할 때 유용한 명제를 한 가지 소개한다. 다음 장의 확대체 차원을 셈하는 문제에서 순환 논증의 오류에 빠지지 않기 위한 장치이다.

정의 4.1

F의 대수적 확대체 $K = F(a_0, a_1, \cdots, a_n)$이 조건

$$a_0^{m_0} \in F,\ a_k^{m_k} \in F(a_0, a_1, \cdots, a_{k-1}),\ \exists\, m_k \in \mathbb{N},\ k = 0, 1, \cdots, n$$

을 만족시키면 K를 F의 **거듭제곱근 확대체(radical extension)**라 한다.

특별히 모든 k에 대하여 $a_k^{m_k} \in F$일 때 K를 F의 **단순 거듭제곱근 확대체**라 하고 이 단원에서 주로 다룰 대상이다. 마지막 장에서 다항식의 분해체 K가 거듭제곱근 확대체에 포함될 필요충분조건을 군의 언어로 기술하게 될 것이다.

도움정리 4.1

F의 유한 차원 확대체 K안의 원소 $u \in K$에 대하여 함수

$$L_u : K \to K,\ x \mapsto u \cdot x$$

는 F 위의 선형 함수이고, 주대각 원소의 합 $\mathrm{tr}(u) := \mathrm{tr}(L_u) : K \to F$도 선형함수이다.

증명 임의의 $a, b \in F$에 대하여,

$$L_u(ax + by) = u \cdot (ax + by) = au \cdot x + bu \cdot y = aL_u(x) + bL_u(y).$$

그리고, K의 기저 B를 선택하자. 선형사상 L_u와 L_v를 기저 B로 행렬표현(단, 행렬의 원소는 모두 F 안의 원소)하면 행렬의 주대각 원소에 대한 성질

$$\mathrm{tr}(a[L_u]_B + b[L_v]_B) = a\mathrm{tr}([L_u]_B) + b\mathrm{tr}([L_v]_B)$$

로부터 두 번째 주장도 참이다. □

만약 $u \in F$이면 $\mathrm{tr}(u) = [K : F] \cdot u$임에 유의하라. 벡터공간을 강조하여 $\mathrm{tr}^K(u)$로 표기하기도 한다. 주대각 원소의 합은 기약 다항식 $\mathrm{irr}(u, F)$와 밀접한 관련이 있다.

도움정리 4.2

$F < F(u) < K$인 임의의 유한 확대체 K에 대하여

(1) $\mathrm{irr}(u, F) = x^n - a_{n-1}x^{n-1} + \cdots + a_0$이면 $\mathrm{tr}^{F(u)}(u) = a_{n-1}$이다.

(2) $\mathrm{tr}(L_u^K) = [K : F(u)] \cdot \mathrm{tr}(L_u^{F(u)})$이다. 단, $L_u^K : K \to K$, $L_u^{F(u)} : F(u) \to F(u)$인 선형사상으로 생각한다.

증명 (1) 순서기저 $B = \{1, u, u^2, \cdots, u^{n-1}\}$에 대하여

$$L_u(1) = u,\ L_u(u) = u^2, \cdots, L_u(u^{n-2}) = u^{n-1},$$
$$L_u(u^{n-1}) = u^n = a_{n-1}u^{n-1} - \cdots - a_0$$

이므로 $\mathrm{tr}(u) = a_{n-1}$ 이다.

(2) $[K : F(u)] < \infty$ 이므로 $F(u)$ 위의 K의 기저를 $\{v_1, v_2, \cdots, v_m\}$이라 하면 F 위의 K의 기저는

$$B' = \{v_1,\ v_1u,\ \cdots,\ v_1u^{n-1} \mid v_2,\ v_2u,\ \cdots,\ v_2u^{n-1} \mid \cdots \mid v_m,\ \cdots,\ v_mu^{n-1}\}$$

이다(정리 3.4). 기저 B에 대한 행렬 $[L_u^K]_{B'}$는 대각선 부분에 소행렬 $[L_u^{F(u)}]_B$가 $[K : F(u)]$개 나타난다. □

예제 4.1

(1) $\sqrt{2} \notin \mathbb{Q}(\sqrt{3})$이다. 양의 유리수 q에 대하여 $\sqrt{q}$가 무리수일 필요충분조건은 $x^2 - q$가 기약임에 유의하자. $\sqrt{2} = a + b\sqrt{3}$이라 하자. 확대체 $K = \mathbb{Q}(\sqrt{2}, \sqrt{3})$에 대하여 $\mathrm{tr}(\sqrt{2}) = \mathrm{tr}(a) + \mathrm{tr}(b\sqrt{3}) \Rightarrow 0 = [K : \mathbb{Q}]a$이다. 즉 $a = 0$이다. 그러면 $\sqrt{2} = b\sqrt{3} \Rightarrow \mathrm{tr}(\sqrt{\frac{2}{3}}) = \mathrm{tr}(b) \Rightarrow 0 = [K : \mathbb{Q}]b$이므로 $b = 0$이 되어 모순이다.

(2) $\mathbb{Q}(\sqrt[3]{2}\omega) \neq \mathbb{Q}(\sqrt[3]{2}\omega^2)$. 단, $\omega = e^{\frac{2\pi}{3}i}$이다.

위의 예제는 다음 도움정리로 일반화된다.

도움정리 4.3

$u \in \mathbb{R} \setminus \mathbb{Q}$에 대하여 $u^n \in \mathbb{Q}$인 **가장 작은 자연수**를 $n(>1)$이라 하자. 그러면

$$\operatorname{irr}(u, \mathbb{Q}) = x^n - u^n$$

이다. 특히 $\operatorname{tr}(u) = 0$이다.

증명 복소수 체 $\mathbb{C}$ 위에서 $\operatorname{irr}(u, \mathbb{Q}) \mid x^n - u^n = \prod_{i=0}^{n-1}(x - u\omega^i)$, $\omega = e^{\frac{2\pi}{n}i}$로 유일하게 인수분해된다. 그런데 $\mathbb{C}[x]$는 UFD이므로 기약 다항식은 일차 인수들 중에 몇 개를 골라서 곱하면 된다. 즉 $\operatorname{irr}(u, \mathbb{Q}) = \prod_{j \in I}(x - u\omega^j)$, $J \subset \{0, 1, \cdots, n-1\}$이다. 양변에 $x = 0$을 대입하면

$$\prod_{j \in I}(-u\omega^i) \in \mathbb{Q} \Rightarrow \prod_{j \in I}|(-u\omega^i)| = \prod_{j \in I}|u| = |u|^{|J|} \in \mathbb{Q}$$

이다. n의 최소성에 의해 $|J| = n$이다. □

예제 4.2

$u = \sqrt[4]{8}$의 기약 다항식은 $\operatorname{irr}(u, \mathbb{Q}) = x^4 - 8$이다. $u^n = 2^{\frac{3n}{4}} = \frac{p}{q} \in \mathbb{Q}, (p, q) = 1$이면 $q^4 \times 2^{3n} = p^4$이다. 정수환 $\mathbb{Z}$는 UFD이므로 $q = 1$이다. 그러면 $2^{3n} = p^4 \Rightarrow 2^{3n} = 2^{4k}$, $k \geq 1$이므로 최소의 자연수 $n = 4$이다(아이젠슈타인 판정법과 비교).

이 단원의 주요내용을 서술한다.

명제 4.1

실수의 부분집합 $S = \{u_1, \cdots, u_m\} \subset \mathbb{R}$가 2 이상인 어떤 자연수 $k_1, k_2 \cdots, k_m$에 대하여 $u_1^{k_1}, \cdots, u_m^{k_m} \in \mathbb{Q}$이고 서로 다른 임의의 i와 j에 대하여 $\frac{u_i}{u_j} \in \mathbb{R} \setminus \mathbb{Q}$이면, 집합 S는 $\mathbb{Q}$ 위에서 일차독립이다.

증명 $K = \mathbb{Q}(S)$이라 하자. $u_i^{k_i}$가 유리수이므로 K는 $\mathbb{Q}$ 위의 유한 차원 확대체이다. $a_1u_1 + \cdots + a_mu_m = 0, a_1, \cdots, a_m \in \mathbb{Q}$이라 하자. tr의 선형성에 의해

$$\mathrm{tr}(a_1)+\mathrm{tr}(a_2\frac{u_2}{u_1})+\cdots+\mathrm{tr}(a_m\frac{u_m}{u_1})=0,$$
$$\Rightarrow [K:\mathbb{Q}]a_1+a_2\mathrm{tr}(\frac{u_2}{u_1})+\cdots+a_m\mathrm{tr}(\frac{u_m}{u_1})=0.$$

각각의 $i\geq 2$에 대하여 $(\frac{u_i}{u_1})^{k_ik_1}=\frac{(u_i^{k_i})^{k_1}}{(u_1^{k_1})^{k_i}}\in\mathbb{Q}$이므로 도움정리 4.3에 의해 기약 다항식은 $\mathrm{irr}(\frac{u_i}{u_1},\mathbb{Q})=x^l-(\frac{u_i}{u_1})^l,\ l\geq 2\Rightarrow \mathrm{tr}(\frac{u_i}{u_1})=0,\ 2\leq i\leq n\Rightarrow a_1=0$이다. 이 과정을 반복하면 $a_2=\cdots=a_m=0$이다. □

연습 문제

4.1.1. $u\in F$이면 $\mathrm{tr}(u)=[K:F]\cdot u$임을 증명하라.

4.1.2. (탐구문제) $\mathbb{Q}(\sqrt[3]{3})\neq\mathbb{Q}(\sqrt[3]{2})$임을 보이라.

4.1.3. 다음을 증명하라.

(1) $[\mathbb{Q}(\sqrt{2},\sqrt{3}):\mathbb{Q}]=4$

(2) $[\mathbb{Q}(\sqrt{2},\sqrt{3},\sqrt{5}):\mathbb{Q}]=8$

(3) $[\mathbb{Q}(\sqrt{2},\sqrt[3]{3}):\mathbb{Q}]=6$

(4) $[\mathbb{Q}(\sqrt[3]{2},\sqrt[3]{3}):\mathbb{Q}]=9$

4.1.4. 자연수 m에 대하여 다항식 $x^{m+1}-p^m$은 $\mathbb{Q}$ 위에서 기약임을 보이라. 단, p는 소수이다.

4.1.5. $[\mathbb{Q}(\sqrt[6]{3},\sqrt{3}):\mathbb{Q}]=6$임을 보이라.

4.1.6. (탐구문제) $[\mathbb{Q}(\sqrt[4]{2},\sqrt[6]{3}):\mathbb{Q}]$의 값을 구하라.

4.1.7. 완전 제곱수가 아닌 정수 d에 대하여 $\mathbb{Q}(\sqrt{d})=\mathbb{Q}(\sqrt{11})$이면 $d=11$임을 보이라.

4.1.8. (탐구문제) x^5+5의 $\mathbb{Q}$ 위에서의 분해체 K와 차원 $[K:\mathbb{Q}]$를 구하라.

4.1.9. (탐구문제) $[\mathbb{Q}(\sqrt[p]{2}+\sqrt[p]{3}):\mathbb{Q}]$의 값을 구하는 과정이다. 물음에 답하시오. 단, $p \geq 5$는 소수이다.

(1) $[\mathbb{Q}(\sqrt[p]{2}, \sqrt[p]{3}):\mathbb{Q}] = p^2$임을 증명하라.

(2) 다항식 $x^p - 3$은 $\mathbb{Q}(\sqrt[p]{2})$ 위에서 기약임을 보이라.

(3) $\mathbb{Q}(\sqrt[p]{2}, \sqrt[p]{3}) = \mathbb{Q}(\sqrt[p]{2}+\sqrt[p]{3})$임을 보이라.

(4) $\mathrm{irr}(\sqrt[p]{2}+\sqrt[p]{3}, \mathbb{Q})$를 계산하는 방법을 기술하라.

(5) `Macaulay2`를 이용하여 $\mathrm{irr}(\sqrt[5]{2}+\sqrt[5]{3}, \mathbb{Q})$를 구하라.

4.2 유한체

이 단원에서는 유한체의 일반적인 성질을 살펴본다. 순환군처럼 원소의 개수가 정해지면 유한체는 유일하게 존재한다. 모든 결과는 유한체 F의 벡터공간으로서의 특징과 단원군 $U(F)$의 성질을 적절히 결합하여 얻는다. 물론 정수론의 기초적인 사실을 이용해야 한다.

도움정리 4.4

임의의 유한체 F의 원소의 개수는 항상 p^m꼴이다. 단, p는 소수이다.

증명 $|F| < \infty$이므로 $1 \in F \Rightarrow n \cdot 1 = 0$이 되는 최소의 자연수 $n \in \mathbb{N}$이 존재한다. n이 합성수라 하면 $n \cdot 1 = (p \cdot 1) \cdot (q \cdot 1) = 0 \Rightarrow p \cdot 1 = 0$ 또는 $q \cdot 1 = 0$이므로 최소성에 모순이다. 따라서 $n = p$(소수)이고

$$\{0, 1, 2, \cdots, p-1\} \subset F$$

이다. $\{0, 1, 2, \cdots, p-1\} \cong \mathbb{Z}_p$이므로 부분체로 $\mathbb{Z}_p \subset F$이라 가정해도 된다. 즉 F는 $\mathbb{Z}_p$의 확대체이다. $F = \text{span}_{\mathbb{Z}_p}(S)$인 기저 S가 존재한다. 물론 $|F| < \infty \Rightarrow |S| < \infty$이다. 따라서 F는 $\mathbb{Z}_p$ 위의 유한차원 벡터공간이다. $|S| = m$이라 하면

$$\forall a \in F \Rightarrow a = a_1 s_1 + \cdots + a_n s_m, \exists a_i \in \mathbb{Z}_p, s_i \in S$$

로 유일하게 표시가능하므로 $|F| = p^m$이다. □

도움정리 4.4의 증명에 나온 개념을 정의로 만들어보자. **체 F의 표수(characteristic)**란 $n \cdot 1 = 0$인 최소의 자연수 n을 뜻한다. 기호로는 $\text{char}(F) = n$이다. 예를 들어 $\text{char}(\mathbb{Z}_p) = p$이다. 한편 $n = 0$이면 $\mathbb{Z} \subset F$이다. 그런데 F가 체를 이루고 있으므로 $\mathbb{Z}$의 분수체 $F_{\mathbb{Z}} \subset F$이다. 즉 $\mathbb{Q} \subset F$로 가정해도 된다. 이 경우 F의 표수를 0으로 정의한다. 도움정리 4.4의 증명과정에서 $[F : \mathbb{Z}_p] = m$이므로 유한체 F는 $\mathbb{Z}_p$ 위의 대수적 확대체이다. 지금부터 F의 단원군 $U(F)$의 특징으로부터 나오는 성질을 기술한다.

명제 4.2

표수가 p인 체 F, $|F| = p^m$의 임의의 원소는 다항식 $f(x) = x^{p^m} - x \in \mathbb{Z}_p[x]$의 근이다. 그러므로 F는 $f(x)$의 $\mathbb{Z}_p$ 위에서의 분해체이기도 하다.

증명 $U(F) = F \setminus \{0\}$는 곱셈에 대하여 가환군이다. 군의 라그랑주 정리에 의해 $a \in U(F) \Rightarrow \text{ord}(a) \mid |U(F)| = p^n - 1$이다. 즉, $a^{p^n-1} = 1 \Rightarrow a^{p^n} = a$이다. $a = 0$이더라도 등식은 여전히 성립한다. □

따름정리 4.1

유한체 F와 E에 대하여 $|F| = |E| = p^m$이면 $F \cong E$이다.

증명 두 체 모두 $\mathbb{Z}_p$를 부분체로 포함하고 있다. 그러므로 $\text{id} : \mathbb{Z}_p \to \mathbb{Z}_p$에 대하여 $f(x) = x^{p^n} - x$에 의한 분해체가 F이면서 동시에 E이어야 한다. 분해체의 유일성에 의해 $F \cong E$이다. □

이 명제에 의해 소수 p와 자연수 m에 대하여 원소의 개수가 p^m인 체는 모두 동형이기 때문에 유한체의 구체적 대상은 다항식 $x^{p^m} - x$의 분해체뿐이라고 주장할 수 있다.

예제 4.3

$F = \mathbb{Z}_3[x]/(x^2 + x + 2)$에 대하여 $x^2 + x + 2$가 $\mathbb{Z}_3$ 위에서 기약이므로 체를 이룬다. 그뿐 아니라, $\mathbb{Z}_3$을 부분체로 포함하고 있으므로 표수는 3이다. 그리고 $[F : \mathbb{Z}_3] = \deg(x^2 + x + 2) = 2$이므로 $|F| = 3^2$이다. 위 명제에 의해 체 F는 다항식 $x^9 - x$의 $\mathbb{Z}_3$ 위에서의 분해체이기도 하다. $x^2 + x + 2$의 한 근을 α라 하면, $\alpha \in F \Rightarrow \alpha^9 - \alpha = 0$이다. 따라서 $x^2 + x + 2 | x^9 - x$이다. 실제로 $x^9 - x$를 직접 또는 `Macaulay2`를 이용하여 인수분해하면

$$x^9 - x = x(x^8 - 1) = x(x^4 - 1)(x^4 + 1) = x(x+1)(x-1)(x^2+1)(x^2+x+2)(x^2-x+2).$$

한편 $F = \{a + b\alpha \mid a, b \in \mathbb{Z}_3\}$이다. 예를 들어 $2 + \alpha \in F$이므로 $(2+\alpha)^9 - (2+\alpha) = ((2+\alpha)^3)^3 - (2+\alpha) = (8+\alpha^3)^3 - (2+\alpha) = (2-\alpha+2)^3 - (2+\alpha) = 1 - \alpha^3 - (2+\alpha) = 0$이다.

한편, 위수가 정해지면 유한 가환군의 형태를 모두 알고 있으므로(유한 가환군의 기본 정리) 이를 이용하여 단원군 $U(F)$가 어떤 형태인지 살펴보자. 이것은 임의의 유한체를 단순 확대체로 이해할 수 있게 해준다.

명제 4.3

체 F, $|F| = p^m$의 단원군 $U(F) = F \setminus \{0\} \cong (\mathbb{Z}_{p^m-1}, +)$는 순환군이다.

증명 $U(F)$는 가환이므로 유한 가환군의 기본정리에 의해

$$U(F) \cong \mathbb{Z}_{m_1} \times \cdots \times \mathbb{Z}_{m_k},\ m_1 | \cdots | m_k$$

이다. 따라서 임의의 $h \in U(F)$에 대하여 $h^{m_k} = 1$이므로 $|U(F)| \le \deg(x^{m_k} - 1) = m_k$이다. 한편, a를 $(0, 0, 0, \cdots, 1)$에 대응되는 $a \in U(F)$의 원소라 하자. 그러면 라그랑주 정리에 의해 $m_k = \mathrm{ord}(\alpha) \mid |U(F)| \Rightarrow m_k = \mathrm{ord}(a) = |U(F)| = m_k$이다. 즉, $U(F) = \langle a \rangle$으로 순환군이다. □

정의 4.2

$a \in U(F)$인 생성원 $U(F) = \langle a \rangle$에 대하여

$$F = \{0,\ 1,\ a,\ \cdots,\ a^{p^m-2},\ a^{p^m-1}\}$$

이다. 이러한 a를 F의 **원시 원소**라 하자.

다음은 단원군 $U(F)$의 성질 중 하나로 순환군의 일반적 특징으로부터 유도된다.

예제 4.4

위수가 $|F| = p^m$인 유한체 F의 단원군의 위수는 $|U(F)| = p^m - 1$인 순환군이다. 그러므로 원시 원소의 개수는 $\varphi(p^m - 1)$이다.

$\mathbb{Z}_p$ 위의 유한 차원 벡터공간(또는 확대체)으로서 F를 이해할 수 있다는 사실로부터 다음을 얻는다.

도움정리 4.5 유한체$\Rightarrow$단순 확대

체 F의 원시 원소 a에 대하여 $F = \mathbb{Z}_p(a)$이다.

증명 $\mathrm{char}(F) = p$라 하면 $\mathbb{Z}_p < F$이다. $a \in F$이므로 $\mathbb{Z}_p(a) < F$이다. 그런데 $U(F) = \langle a \rangle$이므로 $F = U(F) \cup \{0\} < \mathbb{Z}_p(a)$이다. 따라서 $F = \mathbb{Z}_p(a)$이다. □

문제 4.1

$|F| = p^m$ 인 체 F의 원시 원소 $a \in F$에 대하여 $\text{degirr}(a, \mathbb{Z}_p) = m$임을 보이라.

풀이 $F = \mathbb{Z}_p(a) \Rightarrow [\mathbb{Z}_p(a) : \mathbb{Z}_p] = \text{degirr}(a, \mathbb{Z}_p)$ 이다. □

이제 원시 원소에 대한 기약 다항식을 찾는 방법을 논의해보자. 논의의 목적은 유한체의 **자기동형사상(automorphism)**을 모두 찾으려고 하는 데 있다. F의 모든 원소는 $x^{p^n} - x \in \mathbb{Z}_p[x]$의 근이므로 $\text{irr}(a, \mathbb{Z}_p) \mid x^{p^n} - x$이다. 따라서 $\text{irr}(a, \mathbb{Z}_p)$의 가능한 해는 $U(F) = \langle a \rangle$이므로 a^k꼴이어야 한다. 그리고 $x^{p^n} - x$의 모든 근은 서로 다르고 $F[x]$는 UFD이므로 서로 다른 n개의 자연수 k를 선택하면 된다.

문제 4.2

$x^8 - x$를 $\mathbb{Z}_2$ 위에서 인수분해하여 차수가 3인 기약 다항식을 모두 찾으시오.

풀이 $x^8 - x = x(x+1)(x^3+x+1)(x^3+x^2+1)$ 이다. 따라서 x^3+x+1과 x^3+x^2+1이 서로 다른 기약 다항식이다. □

다음은 정수론의 기초적 성질(페르마의 작은 정리)을 재해석한 것이다. 원시근 분석을 유한체에서의 논의로 환원할 수 있는 시작점이 된다.

도움정리 4.6

$g(x) \in \mathbb{Z}_p[x]$이면 $(g(x))^p = g(x^p)$이다.

증명 페르마의 작은 정리에 의해 $a \in \mathbb{Z}_p \Rightarrow a^p = a$이고 $\forall a, b \in F \overset{p \mid \binom{p}{i}}{\Rightarrow} (a+b)^p = a^p + b^p$이다. □

명제 4.4

원시 원소 $a \in F$, $|F| = p^m$에 대하여 $\mathbb{Z}_p$ 위의 차수가 m인 기약 다항식 $\text{irr}(a, \mathbb{Z}_p)$의 모든 근은

$$a,\ a^p,\ a^{p^2},\ \cdots,\ a^{p^{m-1}}$$

이고 F의 원시 원소이다. 즉 $\operatorname{irr}(a,\mathbb{Z}_p)=\prod_{i=0}^{m-1}(x-a^{p^i})\in F[x]$이다.

증명 $\operatorname{irr}(a,\mathbb{Z}_p)=x^m+a_{n-1}x^{m-1}+\cdots+a_0=g(x)$로 두자. $g(a)=0\Rightarrow 0=[g(a)]^p=g(a^p)$이므로 a^p 또한 기약 다항식의 근이다. 이 작업을 반복하여 찾고자 하는 모든 해를 구한다. $a\in F$가 원시 원소이므로 $\operatorname{ord}(a)=p^m-1$이고 $(p^k,p^m-1)=1$, $1\le k\le m-1$이므로 나머지 원소들도 모두 원시 원소이다. □

문제 4.3

다항식 환 $\mathbb{Z}_2[x]$에서 기약인 다항식 x^3+x^2+1의 한 근을 u라 하고 $K=\mathbb{Z}_2(u)$라 하자. 확대체 K에서 x^3+x^2+1의 근을 모두 구하라.

풀이 u가 x^3+x^2+1의 근이므로 $u^3+u^2+1=0\Rightarrow(u^3+u^2+1)^2=(u^2)^3+(u^2)^2+1=0$이므로 u^2도 근이다. 같은 요령으로 u^4도 근이다. □

기약 다항식의 모든 해를 찾았기 때문에 구체적으로 항등사상 $\mathrm{id}:\mathbb{Z}_p\to\mathbb{Z}_p$를 분해체 F로 확장하는 방법도 찾은 것이다. 예를 들어 $a\in F$를 원시 원소라 하자. 기약 다항식 $\operatorname{irr}(a,\mathbb{Z}_p)$의 두 근 a와 a^p에 대하여 id를 확장한 동형사상 $\sigma:F=\mathbb{Z}_p(a)\to F=\mathbb{Z}_p(a^p)=\mathbb{Z}_p(a)$, $\sigma(a)=a^p$이 존재한다. 그리고 동형사상의 합성도 동형사상이므로 $\sigma\circ\sigma$, $\sigma\circ\sigma\circ\sigma,\cdots$ 등도 생각할 수 있다. 이것이 정확히 a를 a^{p^2}, a^{p^3}, $\cdots$ 으로 보내는 동형사상이다. 원시 원소가 아닌 단원들에 대해서는 어떤 논의를 할 수 있을까? 단원군 $U(F)$가 순환군임에 착안하면 $U(F)$의 위수의 약수 $d\mid p^m-1$에 대한 순환 부분군 $\langle b\rangle$, $\operatorname{ord}(b)=d$가 꼭 하나씩 존재한다. 이때 $\mathbb{Z}_p(b)$는 F의 부분체가 된다. 이처럼 F의 부분체를 구하는 것을 단원군 $U(F)$가 순환군임에 착안하여 체계적 논의를 할 수 있다. 하지만 본 교재에서는 간결성을 위해 갈루아 이론의 예제 단원으로 미룬다.

원시 원소의 개수는 $\varphi(p^m-1)$이고 이들에 대한 기약 다항식의 차수는 모두 m이다. 역으로 차수가 m인 기약 다항식의 근이 원시 원소가 아닌 경우가 있다(연습 문제). 그래서 **원시 원소**에 대한 기약 다항식을 **원시 다항식(primitive polynomial)**이라 이름 붙인다.

명제 4.5

$|F| = p^m$ 일 때 $\mathbb{Z}_p$ 위의 원시 다항식의 개수는 $\frac{\varphi(p^m-1)}{m}$ 이다.

증명 $U(F)$ 안의 원시 원소 전체의 집합을 X 라 하면 $U(F)$ 가 순환군이므로 $|X| = \varphi(p^m - 1)$ 이다. 임의의 $a \in X$ 에 대하여 a 가 F 의 원시 원소이므로 $\text{degirr}(a, \mathbb{Z}_p) = m$ 이다. 함수 $\phi : X \to \mathbb{Z}_p[x], a \mapsto \text{irr}(a, \mathbb{Z}_p)$ 로 정의하자. $\phi^{-1}(\text{irr}(a, \mathbb{Z}_p))$ 는 기약 다항식 $\text{irr}(a, \mathbb{Z}_p)$ 의 근들의 집합으로 개수가 $|\phi^{-1}(\text{irr}(a, \mathbb{Z}_p))| = n$ 이다. 그리고 $\text{irr}(a, \mathbb{Z}_p) = \text{irr}(b, \mathbb{Z}_p) \in \text{im}(\phi) \Leftrightarrow \phi^{-1}(\text{irr}(a, \mathbb{Z}_p)) \cap \phi^{-1}(\text{irr}(b, \mathbb{Z}_p)) \neq \emptyset$ 이다. 왜냐하면 $\text{irr}(a, \mathbb{Z}_p), \text{irr}(b, \mathbb{Z}_p)$ 가 공통근 c 를 가지면 $\text{irr}(a, \mathbb{Z}_p) = \text{irr}(c, \mathbb{Z}_p) = \text{irr}(b, \mathbb{Z}_p)$ 이기 때문이다. 따라서 $|X| = m \times |\text{im}(\phi)|$ 이다. □

연습문제

4.2.1. 확대체 $\{0\} \neq F < E$ 에 대하여 $\text{char}(E) = p$ 이면 $\text{char}(F) = p$ 임을 보이라.

4.2.2. 체 F 의 부분집합 $S = \{a^2 \mid a \in F\}$ 는 단원군 $U(F)$ 의 부분군임을 보이라.

4.2.3. 위수(원소의 개수)가 11 인 체 K 의 원시 원소를 모두 찾으시오.

4.2.4. $\mathbb{Z}_3$ 위의 차수가 2 인 모닉 기약 다항식을 모두 찾으시오.

4.2.5. $\mathbb{Z}_p$ 위의 다항식 $x^{p^6} - x$ 를 인수분해하여 나올 수 있는 기약 인수의 차수로 가능한 것을 모두 제시하라. (존재성 확인은 불필요)

4.2.6. (탐구문제) $\mathbb{Z}_{11}$ 위에서 다음 다항식의 기약성을 판정하시오. 단, 컴퓨터는 기약이라 한다.

$$x^2 - 3x - 1,\ x^3 - 4x^2 - 5x - 1,\ x^4 - 3x^2 - 1$$

4.2.7. (탐구문제) $\mathbb{Z}_2$ 위의 기약 다항식 $f(x) = x^2 + x - 1$ 에 대하여 위수 4 인 체 $\mathbb{Z}_2[x]/(f(x))$ 의 덧셈과 곱셈 연산표를 각각 구하라.

4.2.8. (탐구문제) $\mathbb{Z}_3$ 위의 다항식 $f(x) = x^3 + 2x + 1$에 대하여 다음 물음에 답하시오.

(1) $f(x)$는 $\mathbb{Z}_3$ 위에서 기약임을 확인하라.

(2) 체 $K = \mathbb{Z}_3[x]/(f(x))$ 안의 원소 $\alpha = x + (f(x))$에 대하여

$$(\alpha + 1)^{-1} = a + b\alpha + c\alpha^2$$

을 만족시키는 상수 $a, b, c \in \mathbb{Z}_3$의 값을 구하라.

(3) $(\alpha + 1)^{-24}$의 값을 (2)와 같이 표시하라.

(4) $f(x)$의 모든 근을 α로 표시하라.

4.2.9. $\mathbb{Z}_2$ 위의 기약 다항식 $x^4 + x + 1$에 의한 유한체 $K = \mathbb{Z}_2[x]/(x^4 + x + 1)$에 대하여 다음 물음에 답하시오. 단, $\alpha = x + (x^4 + x + 1)$는 K의 원시 원소이다.

(1) K의 부분체를 F라 할 때, $|F|$로 가능한 값과 그 예를 제시하시오.

(2) (1)의 결과를 이용하여 $\alpha^5 + \alpha^{10}$의 값을 구하라.

4.2.10. (탐구문제) 다항식 $f(x) = x^5 + x^4 + x^3 + x^2 + x + 1 \in \mathbb{Z}_2[x]$에 대한 상환 $\mathbb{Z}_2[x]/\langle f(x) \rangle$의 단원군의 위수를 구하라. 힌트: 다항식 $f(x)$는 가약이다.

4.2.11. (이차잉여) 홀수인 소수 p에 대하여 $\mathbb{Z}_p$ 위의 다항식 $x^2 - a$가 가약이 되는 $a \in \mathbb{Z}_p$의 개수를 구하라.

4.2.12. 유한체 F, $|F| = p^m$의 차수가 d인 모닉 기약 다항식의 개수를 $M_m(d)$라 하자. 등식

$$p^m = \sum_{d|m} d \times M_m(d)$$

가 성립함을 보이라.

4.2.13. $|K| = p^5$인 $\mathbb{Z}_p$ 위의 유한 확대체 K에 대하여, 3차 기약 다항식 $f(x) \in \mathbb{Z}_p[x]$는 K 위에서도 기약임을 증명하라.

4.2.14. (탐구문제) $\mathbb{Z}_7$ 위의 두 다항식 $f(x) = x^4+x^3-2x^2+2x-1$와 $g(x) = x^3-2x^2+2x+3$의 최대공약원 $d(x)$를 구하라. 그리고 (베주)항등식 $f(x)s(x) + g(x)t(x) = d(x)$를 만족시키는 한 쌍의 다항식 $s(x)$, $t(x) \in \mathbb{Z}_7[x]$를 구하라.

4.2.15. 체 $F = \mathbb{Z}_2[x]/(x^3 + x + 1)$의 원소 $a := x + (x^3 + x + 1)$에 대하여 다음 물음에 답하라.

(1) $U(F) = \langle a + 1\rangle$ 임을 확인하라.

(2) 기약 다항식 $\text{irr}(a + 1, \mathbb{Z}_2)$를 찾으시오.

(3) $x^3 + x + 1$의 모든 근을 찾으시오.

4.2.16. (탐구문제) 다항식 $f(x) = x^5 + x^2 - x + 1 \in \mathbb{Z}_3[x]$에 대하여 다음 물음에 답하시오.

(1) $f(x) = p(x)q(x)$인 서로 다른 기약 다항식 $p(x)$, $q(x)$를 구하라.

(2) 상환 $\mathbb{Z}_3[x]/\langle f(x)\rangle$의 단원군 $U(\mathbb{Z}_3[x]/\langle f(x)\rangle)$의 위수를 구하라.

(3) 상환 $\mathbb{Z}_3[x]/\langle f(x)\rangle$의 단원 중 곱셈에 대한 위수가 4인 원소의 개수를 구하라.

4.2.17. (`Macaulay2`, 원시 다항식 $\neq$ 기약 다항식) $\mathbb{Z}_2$ 위의 4차 기약 다항식을 모두 찾고 이들 중 원시 다항식이 아닌 것을 고르시오.

4.2.18. 표수가 $\text{char}(F) = p$이고 $|F| = \infty$인 예를 드시오.

4.3 분리 확대체와 원시원소 정리

앞 단원의 유한체에서 살펴본 대로 단순 확대체가 되었을 때의 논의의 간결성은 이루 다 말할 수 없을 정도로 놀랍다. 이 단원에서는 어떤 확대체가 단순 확대체가 될 수 있는지에 대해 논의하려 한다. 새로이 이름 지어지는 확대체는 F 위의 분해체 K에서 $f(x)$를 일차식으로 인수분해했을 때 근의 중복도가 있는 경우를 제외하고 논의하려는 의도에서 나온다. 두 불변량인 차원 $[K : F]$와 차수 $\deg f(x)$의 관계성에 대한 더욱 깊이 있는 논의를 위한 준비과정으로 이해해도 좋다.

예제 4.5

$f(x) = x^2 - 2$의 분해체 $K = \mathbb{Q}(\sqrt{2})$와 $g(x) = x^4 - 4x^2 + 2 = (x^2-2)^2$의 분해체 $K' = \mathbb{Q}(\sqrt{2})$는 일치한다. 따라서

$$\deg f(x) = [K : \mathbb{Q}] = [K' : \mathbb{Q}] \neq \deg g(x).$$

정의 4.3 분리 확대체(SE)

$f(x) \in F[x]$가 그것의 **분해체에서 단근(simple root)**만을 가질때, $f(x)$를 **분리 다항식(separable polynomial)**이라 한다. 유한 확대체 $F < K$ 안의 원소 $u \in K$에 대하여 기약 다항식 $\mathrm{irr}(u, F)$가 분리 다항식일 때 u를 **분리 원소(separable element)**라 한다. **임의의** $u \in K$**가 분리 원소**일 때 $F < K$를 **분리(유한)확대체 (separable (finite) extension)**라 한다.

체의 원소에 대한 분리성을 따지는 것은 그것이 포함되는 체에 의존하는 것이 아니라, 해당 원소의 기약 다항식의 분해체 안에서 논의하는 것임에 각별히 유의하자.

예제 4.6

$\mathbb{Z}_p$ 위의 다항식 $x^{p^m} - x$의 분해체 K는 $\mathbb{Z}_p$ 위의 분리 확대체이다. 왜냐하면 임의의 $a \in K$는 분리 다항식 $x^{p^m} - x$의 근이기 때문이다. 따라서 $\mathrm{irr}(a, \mathbb{Z}_p) \mid x^{p^m} - x$도 분리 다항식이다.

명제 4.6

확대체 $F < E < K$에 대하여 K가 F의 분리 확대체이면, K가 E 위에서 분리 확대이고 E가 F 위에서 분리 확대체이다.

증명 모든 $u \in K$에 대하여 $\mathrm{irr}(u, E) \mid \mathrm{irr}(u, F) \in E[x]$이고 가정에 의해 $\mathrm{irr}(u, F)$는 분리 다항식이므로 $\mathrm{irr}(u, E)$도 분리 다항식이다. 그리고 $E < K$이므로 E도 F 위에서 분리 확대체이다. □

위 명제의 역도 성립한다. 증명의 기본적 아이디어는 어렵지 않으나 기술적인 부분 때문에 갈루아 이론 단원으로 미루겠다. 한편 각 원소의 기약 다항식의 분해체를 구하여 분리 원소인지 판별하는 것은 사실상 불가능한 일이다. 이 부분에 대해서 갈루아 이론의 준비 과정에서 효율적 방법을 제시할 것이다. 여기서는 보다 기초적인 사실 즉, 중근도와 미분의 관련성을 이용한 한 가지 충분조건을 제시하려 한다. 다항식의 미분이 체 F 위의 다항식 환 $F[x]$에서 정의될 수 있고 라이프니츠 규칙(Leibniz rule, $(fg)' = f'g + fg'$)이 성립함을 바로 확인 가능하다. 왜냐하면 $(cx^n)' = cnx^{n-1}$, $c \in F$으로 정의하고 선형성 ($(f+g)' = f' + g'$)을 갖도록 확장하면 되기 때문이다.

명제 4.7

$f(x) \in F[x]$에 대하여 $f'(x) \neq 0$이고 다항식환 $F[x]$에서 $f(x)$와 $f'(x)$가 공통인수가 없을 때, $f(x)$는 분리 다항식이다. 역도 참이다.

증명 $F[x]$에서 베주 항등식을 적용하면 $f(x)s(x) + f'(x)t(x) = 1$인 $s(x), t(x) \in F[x]$가 존재하므로 $f(x)$와 $f'(x)$의 공통인수가 분해체에서도 없다. 만약 $f(x) = (x-u)^m p(x)$, $m \geq 2$이면 $f'(x) = m(x-u)^{m-1}p(x) + (x-u)^m p'(x) = (x-u)^{m-1}(mp(x) + (x-u)p'(x))$에서 $(x-u)^{m-1} \mid f'(x)$이므로 모순이다. 그러므로 u는 단근이다. □

문제 4.4

명제 4.7의 역을 증명하라.

풀이 $f(x)$와 $f'(x)$의 공통인수를 $p(x)$라 하자. 그러면 $f(x)\cdot f'(x)$의 분해체 K에서 $f(a) = f'(a) = 0$인 $a \in K$가 존재한다. $f(x) = (x-a)q(x) \Rightarrow f'(x) = q(x) + (x-a)q'(x) \Rightarrow q(a) = 0 \Rightarrow (x-a)^2 \mid f(x)$가 되어 모순이다. □

명제 4.8

표수가 0인 체 F의 유한 확대체 K는 항상 분리 확대체이다. 특별히 $\mathbb{Q}$ 위의 임의의 유한 확대체는 분리 확대체이다.

증명 $u \in K$의 기약 다항식을 $p(x) = \text{irr}(u, F)$라 하자. 그러면 표수가 0이므로 $p'(x) \neq 0$이다. 그런데 $p(x)$와 $p'(x)$의 공통인수를 $s(x)$, $\text{deg}s(x) \geq 1$이라 하면 $s(x)|p(x)$가 되어 모순이다($\text{deg}p(x) > \text{deg}p'(x) \geq \text{deg}s(x)$). □

표수에 대한 조건은 $f'(x) = 0$이 될 수 있으므로 이를 배제하기 위해 넣은 가정이다. 예를 들어 $f(x) = x^3 - 2 \in \mathbb{Z}_3[x]$일 때 $f'(x) = 3x^2 = 0 \in \mathbb{Z}_3[x]$이다. 앞 단원에서 $\mathbb{Q}$ 위의 유한 확대체는 단순 확대체라는 것을 결과만 받아들였다. 이제 증명한다.

정리 4.1 원시원소 정리(primitive element theorem)

임의의 유한 분리 확대체 $F < E$는 단순 확대체 $E = F(u)$, $u \in E$이다.

유한 확대체이므로 $E = F(w_1, w_2, \cdots, w_n)$인 $w_1, \cdots, w_n \in E$이 존재한다. 만약 F가 유한체이면 $E = F(w)$인 생성자(원시 원소) w가 존재한다. 일반성을 잃지 않고 $|F| = \infty$라 하자. 그리고 귀납법을 적용하여 $E = F(u, v)$인 경우를 증명한다. 증명 과정에서 v가 F 위에서 **분리 원소라는 사실만 이용**한다.

증명 두 기약 다항식 $f(x) := \text{irr}(u, F)$와 $g(x) := \text{irr}(v, F)$에 대하여 $f(x)\cdot g(x)$의 분해체에서의 $f(x)$와 $g(x)$의 모든 근을 각각

$$\{u = u_1, u_2, \ldots, u_n\},\ \{v = v_1, v_2, \ldots, v_m\}$$

이라 하자($g(x)$의 모든 근이 단근). 다항식

$$G(t) := \prod_{1\leq i\leq n,\ 2\leq j\leq m} [(u - u_i) + t(v - v_j)] \in K[t]$$

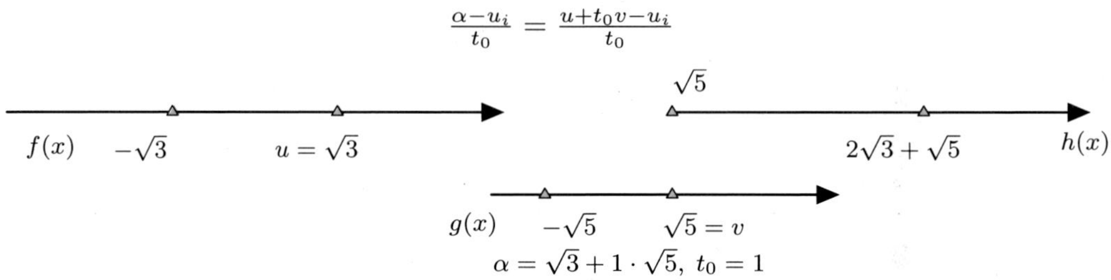

그림 4.1. 원시 원소

는 구성에 의해 0 다항식은 아니다. 체 F가 무한집합이므로 $G(t_0) \neq 0$인 $t_0 \in F$가 존재한다. $\alpha = u + t_0 v$이라 하자. 다항식 $f(x) \in F[x] \subset F(\alpha)[x]$를 좌표 변환한 다항식을 $h(x) := f(\alpha - t_0 x) \in F(\alpha)[x]$이라 하자.

$$\begin{aligned} h(v) = f(u) = g(v) = 0 &\Rightarrow \operatorname{irr}(v, F(\alpha)) \mid h(x),\ g(x) \\ &\Rightarrow \operatorname{irr}(v, F(\alpha)) \mid \gcd(h(x), g(x)) \overset{\forall j \geq 2,\ h(v_j) \neq 0}{=} \langle x - v \rangle \\ &\Rightarrow \operatorname{irr}(v, F(\alpha)) = x - v \Rightarrow v \in F(\alpha). \end{aligned}$$

그리고 $u = \alpha - t_0 v \in F(\alpha)$이다. 따라서 $F(u, v) = F(\alpha)$이다. □

예제 4.7

$\mathbb{Q}(\sqrt{3}, \sqrt{5}) = \mathbb{Q}(\sqrt{3} + \sqrt{5})$이다.

$$f(x) = \operatorname{irr}(\sqrt{3}, \mathbb{Q}) = x^2 - 3,\ g(x) = \operatorname{irr}(\sqrt{5}, \mathbb{Q}) = x^2 - 5$$

의 근은 $\{u = \sqrt{3},\ u_2 = -\sqrt{3}\}$, $\{v = \sqrt{5},\ v_2 = -\sqrt{5}\}$이다. $u - u_i$는 $0, 2\sqrt{3}$이고 $v - v_2 = 2\sqrt{5}$이므로 $t_0 = 1$에 대하여

$$u - u_i + 1 \cdot (v - v_j) \neq 0$$

이므로 $\alpha = u + v = \sqrt{3} + \sqrt{5}$가 원시 원소이다.

두 원소의 기약 다항식이 같을 때도 원시 원소를 찾는 것은 의미 있는 일이다.

예제 4.8

$p \geq 5$인 임의의 소수에 대하여 $\sqrt[p]{3}, \sqrt[p]{3}\omega^k$, $1 \leq k \leq p-1$은 기약 다항식 $f(x) = x^p - 3$의 분해체 K의 원소이다. 원시 원소 정리에 의해 $K = \mathbb{Q}(\sqrt[p]{3}, \sqrt[p]{3}\omega^k) = \mathbb{Q}(\sqrt[p]{3} + \sqrt[p]{3}\omega^k)$이다. 왜냐하면 $\operatorname{degirr}(\omega, \mathbb{Q}) = p-1$이고 단항식의 개수가 p개이므로 최소 다항식의 유일성에 의해

$$\frac{\sqrt[p]{3} - \sqrt[p]{3}\omega^i}{\sqrt[p]{3}\omega^k - \sqrt[p]{3}\omega^j} = \frac{1-\omega^i}{\omega^k - \omega^j} \neq -1,\ 0 \leq i,\ j \leq p-1,\ j \neq k$$

이기 때문이다.

정리 4.1의 증명의 핵심은 특정한 원소만을 공통근이 되도록 방정식을 변환시키는 것이다 (그림 4.1). 이 부분은 대수학의 매우 오래된 도구인 **종결식(resultant)**과 밀접한 관련이 있다(연습문제 4.3.5. 참고). 정리 4.1의 증명과정을 살펴보면 분해체 안에서 두 방정식의 모든 근을 알고 있어야만 t_0의 값을 결정할 수 있다. 사실상 고차의 방정식에서는 불가능한 일이다. 하지만 종결식을 이용하면 이 부분을 피해갈 수 있다. 실제로 정리 4.1의 증명에서 $f(x)$와 $g(x)$는 K 위에서

$$f(x) = (x-u)p(x),\ g(x) = (x-v)q(x)$$

로 분해된다. v는 $g(x)$의 단근이므로 $q(v) \neq 0$이다. 각각의 $t \in F$에 대하여 다항식

$$h_t(x) = f(tx + u - tv) \overset{h_t(v)=f(u)=0}{=} t(x-v)p(tx+u-tv)$$

이다. 그런데 $p(tx+u-tv)$와 $q(x)$가 공통근을 가질 필요충분조건은 이들의 종결식이 0인 것이다. 그런데 종결식은 t에 대한 다항식이므로 종결식이 영이 되지 않는 $t = t_1$을 선택하면 된다. 이때 $F(u - t_1 v)$ 위에서 $h_{t_1}(x)$와 $g(x)$는 $x - v$만을 공통인수로 갖게 된다. 즉 $\operatorname{irr}(v, F(u - t_1 v)) = x - v$이다. 따라서 $v \in F(u - t_1 v) \Rightarrow u = (u - t_1 v) + t_1 v \in F(u - t_1 v) \Rightarrow F(u, v) = F(u - t_1 v)$이다.

한편 원시 원소를 찾아서 좋은 점 중 하나는 차원 계산을 여러 번의 작업을 반복하지 않고 할 수 있다는 점이다. 더 나아가 이 기약 다항식의 나머지 근들도 이 체 안에서 모두! 찾을 수 있다면 어떠할까? 이런 의미에서 다음 정리는 매우 흥미로운 결과들을 도출할 것이 기대된다.

따름정리 4.2 원시원소 정리 + 정규 확대체

K가 F의 **분리 정규확대체**이면 어떤 원소 $\beta \in K$에 대하여

(1) $K = F(\beta)$이고

(2) $\mathrm{irr}(\beta, F)$의 모든 근은 K안에 있다. 즉 K는 $\mathrm{irr}(\beta, F)$의 분해체이다.

증명 같은 말을 반복하지만 그래도 적어보자. K는 F의 유한확대체이므로 F 위의 벡터 공간으로 $K = \mathrm{span}_F\{\alpha_1, \cdots, \alpha_m\}$이다. 그런데 K는 체이므로 $K = F(\alpha_1, \cdots, \alpha_m)$이다. 원시 원소 정리에 의해 $K = F(\beta)$인 어떤 원소 $\beta = f(\alpha_1, \cdots, \alpha_m)$, $f(x_1, \cdots, x_m) \in F[x_1, \cdots, x_m]$가 존재한다. 그런데 K는 F의 대수적 확대체($\because$ 유한확대체)이므로 $\mathrm{irr}(\beta, F)$가 존재한다. 그리고 K가 정규확대체이고 $\beta \in K$이므로 $\mathrm{irr}(\beta, F)$의 나머지 모든 근 $\beta_1, \cdots, \beta_k$도 $K = F(\beta)$ 안에 존재한다. □

연습 문제

4.3.1. (탐구문제, 각의 삼등분 I) $\mathbb{Q}$ 위의 기약 다항식 $f(x) = 8x^3 - 6x - 1$의 분해체 K가 단순 확대체 $K = \mathbb{Q}(\beta)$임을 보이라. 단, $\beta = \cos 20^\circ$이다.

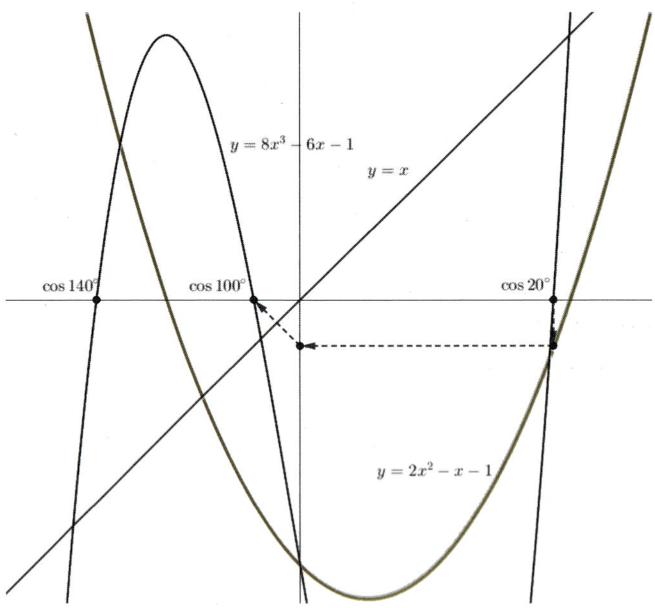

그림 4.2. 각의 삼등분 I

4.3.2. $\omega = e^{\frac{2\pi}{3}i}$ 일 때 다음 물음에 답하시오.

(1) $\mathbb{Q}(\sqrt{5}+\sqrt{-15}) = \mathbb{Q}(\sqrt{5}, \sqrt{-15})$ 임을 보이라.

(2) $\mathbb{Q}(\omega\sqrt{5}) = \mathbb{Q}(\omega, \sqrt{5})$ 임을 증명하라.

4.3.3. (탐구문제) $u = \sqrt[3]{2}$, $v = \sqrt[3]{2}\omega$ 라 할 때 다음 물음에 답하라. 단, $\omega = e^{\frac{2\pi}{3}i}$ 이다.

(1) 임의의 $c \in \mathbb{Q}$ 에 대하여 $u+cv$ 는 어떤 유리수 계수 6차 다항 방정식 $x^6+bx^3+d=0$ 의 근이다. b 와 d 를 각각 c 에 대한 다항식으로 표현하라.

(2) $\mathrm{irr}(u+v, \mathbb{Q})$ 를 구하라.

(3) $\mathrm{irr}(u-v, \mathbb{Q})$ 를 구하라(`Macaulay2` 활용).

(4) 임의의 $c \in \mathbb{Q}\setminus\{0\}$ 에 대하여 $\mathbb{Q}(u+c\omega) = \mathbb{Q}(u, \omega)$ 임을 보이라.

4.3.4. 복소수체 $\mathbb{C}$ 의 부분체 F 위의 두 대수적 수를 a, b 라 하자. 등식 $F(a, b) = F(a+nb)$ 를 만족시키는 정수 n 이 존재함을 보이라.

4.3.5. (탐구문제[1]) 체 F 위의 삼차 다항식 $f(x) = a_3x^3 + a_2x^2 + a_1x + a_0$ 와 사차 다항식 $g(x) = b_4x^4 + b_3x^3 + b_2x^2 + b_1x + b_0$ 이 분해체 K 에서 공통근 u 를 가진다고 하자. 다음은 두 다항식의 계수 a_i 와 b_j 사이의 관계식을 구하는 과정이다. 빈칸에 알맞은 용어나 기호를 채우시오.

> 체 F 위의 다항식 $f(x)$ 와 $g(x)$ 의 최대공약원을 $d(x)$ 라 하자. 항등식
>
> $$f(x)\cdot\left[\frac{g(x)}{d(x)}\right] + g(x)\cdot\left[-\frac{f(x)}{d(x)}\right] = 0 \tag{4.1}$$
>
> 에서 a_i 와 b_j 의 관계식를 찾는다. $d(x) = \gcd_K(f(x), g(x))$ 로부터 $\boxed{\text{(a)}} \mid d(x)$ 이므로 $\deg(\frac{g(x)}{d(x)}) \le 3$ 이고 $\deg(-\frac{f(x)}{d(x)}) \le \boxed{\text{(b)}}$ 이다. $\frac{g(x)}{d(x)} = c_0x^3 + c_1x^2 + c_2x + c_3$, $-\frac{f(x)}{d(x)} = c_4x^2 + c_5x + c_6$ 으로 두자.
>
> $\cdots$(중략)$\cdots$
>
> 연립 방정식을 행렬로 표현하면

[1] $R(f, g)$ 를 두 다항식 $f(x)$ 와 $g(x)$ 에 대한 **실베스터 행렬 (Sylvester matrix)** 이라 하고 행렬식 $\det(R(f, g)) = 0$ 을 종결식이라 한다.

$$\begin{bmatrix} c_0 & c_1 & c_2 & c_3 & c_4 & c_5 & c_6 \end{bmatrix} \begin{bmatrix} a_3 & a_2 & a_1 & a_0 & 0 & 0 & 0 \\ 0 & a_3 & a_2 & a_1 & a_0 & 0 & 0 \\ 0 & 0 & a_3 & a_2 & a_1 & a_0 & 0 \\ 0 & 0 & 0 & a_3 & a_2 & a_1 & a_0 \\ b_4 & b_3 & b_2 & b_1 & b_0 & 0 & 0 \\ 0 & b_4 & b_3 & b_2 & b_1 & b_0 & 0 \\ 0 & 0 & b_4 & b_3 & b_2 & b_1 & b_0 \end{bmatrix} = \begin{bmatrix} 0 \\ 0 \\ 0 \\ 0 \\ 0 \\ 0 \\ 0 \end{bmatrix}^T$$

이다. 그런데 c_i가 모두 0은 아니므로 7×7크기의 행렬 $R(f,g)$의 행렬식은 $\det(R(f,g)) = \boxed{\text{(c)}}$이다.

4.3.6. (`Macaulay2`) 실수 $z = \sqrt[3]{5} + \sqrt[4]{7}$을 근으로 갖는 12차 유리수 계수 다항식을 종결식을 이용하여 구하라.

제 5 장
갈루아 이론

이 장에서는 다항 방정식의 해집합에 작용하는 군의 특징을 탐구하여 군과 분해체의 구조적 관계를 찾을 것이다. 여기서 군은 분해체(또는 부분체)의 자기동형사상의 모임이다. 목표 달성을 위해 다항식의 분해체와 그것의 부분체를 명확히 이해하고 계산할 수 있어야 주요 내용을 놓치지 않는다. 물론 현재까지의 학습 내용에서 분해체를 이해하는 데 필요한 대부분의 기술은 익혔다.

5.1 갈루아 확대체

갈루아 이론의 기본 생각과 불변체

합동 변환에 의해 변하지 않는 도형의 성질을 탐구하는 것이 기하학이다(클라인). 마찬가지로 군의 작용에 의해 변하지 않는 (부분)군의 성질을 탐구하는 것이 군론의 핵심적 사안이다. 여기서는 분해체의 자기동형사상에 의해 변하지 않는 것(고정체)의 성질과 자기동형사상의 관계성을 탐구하고자 한다. 5차 방정식의 해 공식의 존재성에 대한 완벽한 해결책으로 제시되었던 갈루아 이론은 이러한 생각을 근간에 깔고 있다. 이전 단원에서 해의 치환(순번 바꿈)에 의해 변하지 않는 양들(비에타 공식과 대칭 다항식의 기본 정리)에 의해 나오는 결론도 비슷한 사고의 흐름이다.

늘 그러하듯이 시작은 일반적인 상황에서 논의한다. 체 사이의 동형사상은 말뜻대로 사칙연산을 보존하고 있어야 한다. 사칙 연산을 보존하는 사상인 환 준동형사상이 동형사상이 될 필요는 없지만 체의 경우 매우 간단하다. 그뿐 아니라 체 동형사상들의 집합은 집합 이상의 의미를 갖는다. 특히 정의역과 치역이 같은 체 K 사이의 동형사상을 **자기동형사상 (automorphism)**이라 하고, 자기동형사상들의 집합을 기호로는 $\mathrm{Aut}(K)$로 표시한다.

문제 5.1

(1) 유리수 체 $\mathbb{Q}$ 위의 유한 확대체 K의 환 준동형사상 $\sigma : K \to K$는 동형사상이거나 항등적으로 0인 사상뿐임을 보이라.

(2) 체 K의 자기동형사상의 집합 $\mathrm{Aut}(K)$는 함수의 합성 $\circ$에 관하여 군임을 증명하라.

풀이 (1) $\ker(\sigma) = I < K$의 아이디얼이다. 그런데 K는 체이므로 $I = \{0\}$, K뿐이다. 후자의 경우 항등적으로 0인 사상을 뜻한다. 전자의 경우 σ는 단사이다. 그리고 $\sigma(1) = 1$이므로 $\sigma(r) = r, \forall r \in \mathbb{Q}$이다. 따라서 (벡터공간의) 차원정리에 의해 $\dim \mathrm{im}(\sigma) = \dim_{\mathbb{Q}} K$이므로 전사이다.

(2) 임의의 $\sigma, \tau \in \mathrm{Aut}(K)$에 대하여 합성함수 $\sigma \circ \tau$도 여전히 동형사상이다. 더군다나 항등사상 id_K는 항등원이고 역사상 σ^{-1}는 역원이므로 군을 이룬다. □

예제 5.1

실수체 $\mathbb{R} \to \mathbb{R}$ 사이의 환 준동형사상은 id와 항등적으로 0인 사상뿐임을 실수의 완비성 성질을 이용하여 확인할 수 있다. 그러므로 $\text{Aut}(\mathbb{R}) = \{\text{id}\}$이다. 실제로 $\sigma \in \text{Aut}(\mathbb{R})$이면 $\sigma(1) = 1 \Rightarrow \sigma(a) = a, \forall a \in \mathbb{Q}$이다. 그리고 $x - y > 0 \Rightarrow \sigma(x-y) = \{\sigma(\sqrt{x-y})\}^2 > 0 \Rightarrow \sigma(x-y) = \sigma(x) - \sigma(y) > 0$이므로 단조 증가 함수이다. 이제 무리수 r로 수렴하는 단조 증가 및 감소하는 유리수 수열을 각각 선택하면 $\sigma(r) = r$이다. 그러므로 $\sigma = \text{id}_{\mathbb{R}}$이다.

문제 5.2

자기 동형군 $\text{Aut}(\mathbb{Q}(\sqrt{2}))$의 원소를 모두 제시하라.

풀이 Step 0. $\sigma \in \text{Aut}(\mathbb{Q}(\sqrt{2})) \Rightarrow \sigma(1) = 1 \Rightarrow \sigma(r) = r, \forall r \in \mathbb{Q}$. 그런데 $\mathbb{Q}(\sqrt{2}) = \text{span}_{\mathbb{Q}}\{1, \sqrt{2}\} \Rightarrow \sigma(a + b\sqrt{2}) = \sigma(a) + \sigma(b\sqrt{2}) = a + b\sigma(\sqrt{2})$.

기저의 원소 $\sqrt{2}$의 함숫값 $\sigma(\sqrt{2})$의 값을 정하자.

Step 1. $\sigma(2) = \sigma(\sqrt{2} \cdot \sqrt{2}) = \sigma(\sqrt{2})^2 \Rightarrow \sigma(\sqrt{2}) = \pm\sqrt{2}$.

Step 2. $\sigma(a + b\sqrt{2}) = a + b\sqrt{2}$는 항등사상이므로 자기동형사상이다.

Step 3. $\sigma(\sqrt{2}) = -\sqrt{2}$이면 $\sigma((a+b\sqrt{2})+(c+d\sqrt{2})) = \sigma(a+b\sqrt{2})+\sigma(c+d\sqrt{2})$, $\sigma((a + b\sqrt{2}) \cdot (c + d\sqrt{2})) = \sigma(a + b\sqrt{2}) \cdot \sigma(c + d\sqrt{2})$이므로 환 동형사상이다. 이전 장의 명제 3.4로 설명하면 $\text{irr}(\sqrt{2}, \mathbb{Q}) = \text{irr}(-\sqrt{2}, \mathbb{Q})$이므로 $\mathbb{Q}$ 위의 항등 사상 $\text{id} : \mathbb{Q} \to \mathbb{Q}$에 대한 확장된 동형사상 $\sigma : \mathbb{Q}(\sqrt{2}) \to \mathbb{Q}(-\sqrt{2}) = \mathbb{Q}(\sqrt{2})$, $\sigma(\sqrt{2}) = -\sqrt{2}$가 존재한다. □

문제 5.3

$K = \mathbb{Q}(\sqrt{2}, \sqrt{3})$일 때 $\text{Aut}(K)$의 원소를 모두 제시하라.

풀이 방법 1. 힌트만 제시한다. $K = \text{span}_{\mathbb{Q}}\{1, \sqrt{2}, \sqrt{3}, \sqrt{6}\}$이므로 가능한 $\sigma(\sqrt{2})$, $\sigma(\sqrt{3})$, $\sigma(\sqrt{6})$을 제시하여 앞 문제와 같은 방법으로 증명하되 $\sqrt{2} \cdot \sqrt{3} = \sqrt{6}$이므로 동형사상 σ의 구성에도 이 부분이 반영된다.

방법 2. $\mathbb{Q} < \mathbb{Q}(\sqrt{2}) < K$ 에서 항등 사상 id : $\mathbb{Q} \to \mathbb{Q}$ 는 $\mathbb{Q}(\sqrt{2})$ 위에서의 서로 다른 두 동형사상으로 확장된다. 그런데 $[K : \mathbb{Q}] = 4$ 이므로 $\mathrm{irr}(\sqrt{3}, \mathbb{Q}) = \mathrm{irr}(\sqrt{3}, \mathbb{Q}(\sqrt{2}))$ 이다. 각각의 확장된 사상에 대하여 $\sqrt{3}$ 을 $\pm\sqrt{3}$ 인 두 가지 방법으로 확장할 수 있다. □

앞의 두 예제 모두 K 가 분해체가 되어 명제 3.4를 자유롭게 활용할 수 있었다. 즉 기약 다항식의 모든 근이 포함되어 있어 치역이 정의역과 같다.

문제 5.4

확대체 $\mathbb{Q}(\sqrt[3]{2})$ 의 자기동형사상을 모두 찾으라.

풀이 $\sigma \in \mathrm{Aut}(\mathbb{Q}(\sqrt[3]{2})) \Rightarrow \sigma((\sqrt[3]{2})^3) - \sigma(2) = \sigma(0) \Rightarrow \sigma(\sqrt[3]{2})^3 - 2 = 0$ 이므로 $\sigma(\sqrt[3]{2})$ 은 여전히 $x^3 - 2$ 의 근이어야 한다. $\sigma(\sqrt[3]{2}) = \sqrt[3]{2}$ 이면 σ 는 항등사상이다. $\sigma(\sqrt[3]{2}) = \sqrt[3]{2}\omega$ 또는 $\sqrt[3]{2}\omega^2$ 이면 $\mathbb{Q}(\sqrt[3]{2}) = \mathbb{Q}(\sqrt[3]{2}\omega)$ 또는 $\mathbb{Q}(\sqrt[3]{2}) = \mathbb{Q}(\sqrt[3]{2}\omega^2)$ 이 되어 모순이다. 따라서 가능한 자기동형사상은 항등 사상뿐이다. □

모든 예제의 공통점 중 하나는 자기동형사상은 방정식의 근을 바꾸고 있다는 점이다. 하지만 근을 임의로 바꾸는 동형사상이 항상 존재하는 것은 아니다! 갈루아 이전의 수학자들은 근을 변수 취급하여 근의 순서 바꿈과 관련된 부분을 분석하는 것으로 방정식을 탐구 하였다면, 갈루아는 근 사이의 대수적 관계까지 함께 고려해야 할 필요가 있음을 인식하였다. 문제 5.3에서 다룬 다항식 $(x^2-2)(x^2-3)$ 의 분해체 K 의 경우에 그런 현상이 벌어진다. 즉 동형사상은 기약 다항식의 근만을 바꿈한다. 기약 다항식의 분해체인 경우에도 그러하다. 예를 들어 $\mathbb{Q}$ 위의 기약 다항식 $x^4 + x^3 + x^2 + x + 1 = \frac{x^5-1}{x-1}$ 의 분해체는 $K = \mathbb{Q}(\omega)$ 임을 알고 있다. 네 개의 근을 $x_i = \omega^i$ 로 순서매김 하자. 이때 $\sigma(x_1) = x_2$, $\sigma(x_2) = x_1$, $\sigma(x_3) = x_3$, $\sigma(x_4) = x_4$ 를 만족시키는 자기동형사상 $\sigma \in \mathrm{Aut}(K)$ 는 존재하지 않는다. 왜냐하면 $x_2x_4 = x_1$ 이지만 $\sigma(x_2)\sigma(x_4) = \sigma(x_1) \Rightarrow x_1x_4 = 1 \neq x_2$ 이기 때문이다. 이와 같이 주어진 다항식의 근의 순서 바꿈으로 만들어지는 자기동형사상을 체계적으로 연구하는 것이 이 장의 목적이다. 논의는 고정된 다항식의 근에 관한 것이기 때문에 다항식이 '살고 있는 토양'은 건드리지 말아야 한다. 다시 말해 확대체 $F < K$ 에 대하여

$$\mathrm{Aut}(K/F) = \{\sigma \in \mathrm{Aut}(K) \mid \sigma(r) = r,\ \forall r \in F\}$$

는 $\mathrm{Aut}(K)$의 부분군이다. 실제로 $\mathrm{id}_K \in \mathrm{Aut}(K/F)$이고 $\sigma,\ \tau \in \mathrm{Aut}(K/F)$에 대하여 $\sigma(\tau^{-1}(r)) = \sigma(r) = r,\ \forall r \in F$이므로 (불변) 부분군(invariant subgroup)을 이룬다.

문제 5.5

$\mathrm{Aut}(K/K) = \{\mathrm{id}_K\}$임을 보이라.

군 $\mathrm{Aut}(K/F)$와 체 K에 대하여 함수

$$\mathrm{Aut}(K/F) \times K \to K,\ (\sigma, a) \mapsto \sigma(a) =: \sigma \cdot a$$

는 작용이다. 왜냐하면 $\mathrm{id} \cdot a = \mathrm{id}(a) = a$이고 $\sigma,\ \tau \in \mathrm{Aut}(K/F) \Rightarrow \sigma \cdot (\tau \cdot a) = \sigma \cdot \tau(a) = \sigma(\tau(a)) = (\sigma \circ \tau) \cdot a$이기 때문이다. 군의 작용에 의해 궤도와 완정화 부분군을 탐구하는 것은 작용하는 집합과 군의 특징을 분석하는 데 필수적이었다.

도움정리 5.1

$F < M < E < K$이면 $\mathrm{Aut}(K/E) < \mathrm{Aut}(K/M)$이다.

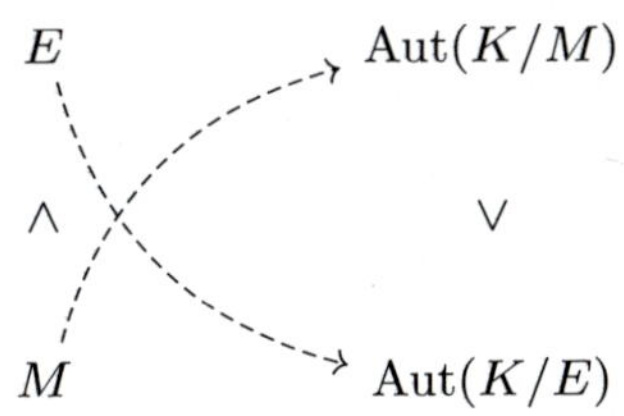

증명 $\forall \sigma \in \mathrm{Aut}(K/E)$와 $\forall y \in M$에 대하여 $y \in E$이므로 $\sigma(y) = y$이다. 즉 $\sigma \in \mathrm{Aut}(K/M)$이다. □

체의 포함관계 $F < M < E$에 대하여 M을 F와 E의 **사이체(중간체)(intermediate field)**라 한다. 역으로 자기 동형군 또는 그것의 부분군의 작용에 의해 변하지 않는 집합을 생각해볼 수 있다.

도움정리 5.2

부분군 $H < \mathrm{Aut}(K/F)$에 대하여

$$K^H = \{a \in K \mid \sigma(a) = a, \ \forall \sigma \in H\}$$

는 $F < K^H < K$의 사이체이다.

증명 포함관계는 집합의 포함관계에 의해 성립한다. 사이체임을 확인하자. 부분군 H 안의 모든 원소 σ는 K의 동형사상이므로 $\sigma(0) = 0, \sigma(1) = 1$이다. 그리고 $a, \ b \in K^H$이면 임의의 $\sigma \in H$에 대하여

$$\sigma(a-b) = \sigma(a) - \sigma(b) = a - b \Rightarrow a - b \in H,$$
$$\sigma(a/b) = \sigma(a)/\sigma(b) = a/b \Rightarrow a/b \in H$$

이다. □

체 K^H를 K의 부분군 H에 의한 **불변체(고정체)(invariant field)**라고 한다.

예제 5.2

확대체 $K = \mathbb{Q}(\sqrt{2}, \sqrt{3})$에 대하여

$$H = \{\sigma^i \mid \sigma(\sqrt{2}) = -\sqrt{2}, \ \sigma(\sqrt{3}) = \sqrt{3}, \ i = 1, 2\} < \mathrm{Aut}(K/\mathbb{Q})$$

임은 $x^2 - 3$이 $\mathbb{Q}$ 위에서 기약이고 $x^2 - 2$가 $\mathbb{Q}(\sqrt{3})$ 위에서 기약이므로 동형확장정리에 의해 존재성을 보장받고 있다. $u = a + b\sqrt{2} + c\sqrt{3} + d\sqrt{6}, \ a, \ b, \ c, \ d \in \mathbb{Q}$에 대하여 $\forall h \in H, h(u) = u \Leftrightarrow b = d = 0 \Leftrightarrow a + c\sqrt{3} \in K^H$이다. 따라서 $K^H = \mathbb{Q}(\sqrt{3})$이다.

도움정리 5.3

$\{\mathrm{id}\} < H < L < \mathrm{Aut}(K/F)$에 대하여 $K^L < K^H$이다.

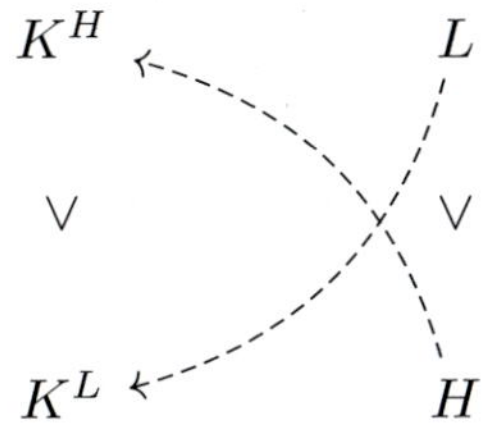

증명 $u \in K^L \Rightarrow \forall \sigma \in L, \sigma(u) = u$. 특히 $\forall \tau \in H < L \Rightarrow \tau(u) = u \Rightarrow u \in K^H$ 이다. □

앞의 상황들을 집합 사이의 함수로 표시해볼 수 있다. 확대체 $F < K$에 대하여 **사이체들의 집합**을

$$\mathcal{X} := \{M \mid F < M < K\}$$

라 하고 $\mathrm{Aut}(K/F)$의 **부분군들의 집합**을

$$\mathcal{Y} := \{H \mid \{\mathrm{id}_K\} < H < \mathrm{Aut}(K/F)\}$$

라 하자.

도움정리 5.4

함수

$$\begin{aligned} \Psi: &\quad \mathcal{X} \to \mathcal{Y},\ X \mapsto \mathrm{Aut}(K/X), \\ \Phi: &\quad \mathcal{Y} \to \mathcal{X},\ Y \mapsto K^Y \end{aligned}$$

으로 정의하면

(1) $\Psi(K) = \{\mathrm{id}_K\}$이고 $\Phi(\{\mathrm{id}_K\}) = K$이다.

(2) $E < M \Rightarrow \Psi(E) > \Psi(M)$ 이고 $H < J \Rightarrow \Phi(H) > \Phi(J)$이다.

(3) $M \subset (\Phi \circ \Psi)(M)$이고 $H < (\Psi \circ \Phi)(H)$이다.

(4) $\Psi(X) = (\Psi \circ \Phi \circ \Psi)(X)$이고 $\Phi(Y) = (\Phi \circ \Psi \circ \Phi)(Y)$이다.

증명 (1) 탐구문제

(2) 도움정리 5.1과 도움정리 5.3에 의해 참이다.

(3) $\forall m \in M, \forall\sigma \in \mathrm{Aut}(K/M) \Rightarrow \sigma(m) = m \Rightarrow m \in K^{\mathrm{Aut}(K/M)} \Rightarrow M \subset K^{\mathrm{Aut}(K/M)} = (\Phi\circ\Psi)(M)$. $h \in H \Rightarrow \forall r \in K^H, h(r) = r \Rightarrow h \in \mathrm{Aut}(K/K^H) = (\Psi\circ\Phi)(H)$ 이다.

(4) (2) 와 (3) 의 포함관계를 이용하여 증명한다.

(3) 에서 $H = \mathrm{Aut}(K/X)$ 으로 두면 $\mathrm{Aut}(K/X) < \mathrm{Aut}(K/K^{\mathrm{Aut}(K/X)})$ 이다. 그리고 $X < K^{\mathrm{Aut}(K/X)}$ 이므로 (2) 에 의해 $\mathrm{Aut}(K/X) > \mathrm{Aut}(K/K^{\mathrm{Aut}(K/X)})$ 이다. 따라서 $\mathrm{Aut}(K/X) = \mathrm{Aut}(K/K^{\mathrm{Aut}(K/X)}) \Leftrightarrow \Psi(X) = (\Psi\circ\Phi\circ\Psi)(X)$ 이다.

(3) 에서 $M = K^Y$ 으로 두면 $K^Y < K^{\mathrm{Aut}(K/K^Y)}$ 이다. 그리고 $Y < \mathrm{Aut}(K/K^Y)$ 이므로 (2) 에 의해 $K^Y > K^{\mathrm{Aut}(K/K^Y)}$ 이다. 따라서 $K^Y = K^{\mathrm{Aut}(K/K^Y)} \Leftrightarrow \Phi(Y) = (\Phi\circ\Psi\circ\Phi)(Y)$ 이다. □

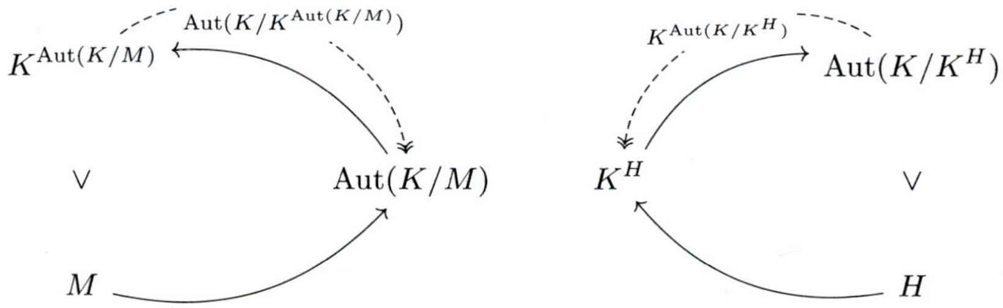

분리 다항식의 분해체 특징

도움정리 5.4의 함수 Ψ를 ``**순서 뒤집기**(order reversing)'' 함수라 한다. 이제 Ψ이 일대일 대응일 필요충분조건을 찾아보자. 다시 말해 도움정리 5.4의 (3)의 두 포함관계가 등식이 되는 경우를 체 K에 대한 조건으로 바꿔 설명하려 한다. 마치 분해체만이 가지는 고유한 특징(임의의 기약 다항식의 모든 근의 존재성)에 새로운 이름(정규확대체)을 주었던 것과 같은 일을 할 것이다. 갈루아 핵심 이론의 증명을 위한 준비 단계이기 때문에 각 명제의 중요성[1]과 무관하게 도움정리 및 따름정리로 이름 붙인다.

[1] 사실상 갈루아 이론은 이들의 따름정리!

도움정리 5.5 궤도-기약 다항식

확대체 $F < K$의 자기 동형군의 유한 부분군 $H < \mathrm{Aut}(K/F)$에 대하여, $\alpha \in K$의 H-궤도를

$$H \cdot \alpha = \{h(\alpha) \mid \forall h \in H\} = \{\alpha = \alpha_1, \alpha_2, \ldots, \alpha_n\}$$

이라 하면 K^H 위의 α의 기약 다항식은

$$\mathrm{irr}(\alpha, K^H) = (x - \alpha_1) \cdot (x - \alpha_2) \cdots (x - \alpha_n)$$

이다.

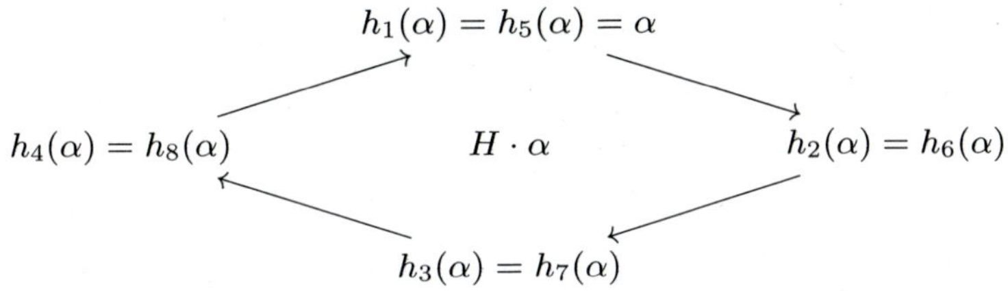

$$H = \{h_i \mid 1 \leq i \leq 8\}$$

증명 H가 유한집합이므로 α의 H-궤도집합 역시 유한이다.

$$t(x) := \prod_{\forall h(\alpha) \in H \cdot \alpha} (x - h(\alpha)) = \prod_{\forall \alpha_i \in H \cdot \alpha} (x - \alpha_i)$$

가 α의 기약 다항식 $t(x) = \mathrm{irr}(\alpha, K^H)$ 임을 보이자. 임의의 $\tau \in H$는 정의에 의해 일대일 함수이므로 제약 함수

$$\tau : H \cdot \alpha \to H \cdot \alpha, \ \alpha_i \mapsto \tau(\alpha_i)$$

도 일대일 대응이다. 즉 τ를 대칭군 $S_{|H \cdot \alpha|}$의 원소로 간주할 수 있다. 그러므로 $t(x)$의 모든 계수들은 τ-불변이므로 $t(x) \in K^H[x]$이다. 예를 들어 $\tau(\sum_{i<j} \alpha_i \alpha_j) = \sum_{i<j} \alpha_{\tau(i)} \alpha_{\tau(j)} = \sum_{i<j} \alpha_i \alpha_j$ 이다. α를 근으로 갖는 임의의 다항식 $f(x) \in K^H[x]$, $f(\alpha) = 0$에 대하여 $\forall h \in H \Rightarrow 0 = h(0) = h(f(\alpha)) = f(h(\alpha)) \Rightarrow (x - h(\alpha)) \mid f(x) \Rightarrow t(x) \mid f(x) \in K[x]$ 이므로 $(t(x)) = \gcd_K(f(x), t(x)) = \gcd_{K^H}(f(x), t(x)) \Rightarrow t(x) \mid f(x) \in K^H[x]$ 이다. 특히 $t(x) \mid \mathrm{irr}(\alpha, K^H)$ 이다. 그런데 $t(\alpha) = 0$ 이므로 기약 다항식의 성질에 의해 $\mathrm{irr}(\alpha, K^H) \mid t(x)$ 이다. □

이 명제에 의해 F 위에서의 기약 다항식을 찾을 수 있는 방법을 얻었다. 즉 자기 동형군 $\mathrm{Aut}(K/F)$의 부분군 H를 가능한 한 크게 설정하여 그것의 고정체가 $K^H = F$가 될 때, 궤도 $H \cdot \alpha$의 모든 원소가 기약 다항식의 모든 근이 되게 할 수 있다는 것이다. 군 작용에서 궤도는 안정화 부분군과 밀접한 관련이 있다($|G \cdot x| = [G : G_x] = \frac{|G|}{|G_x|}$).

문제 5.6

다음 물음에 답하시오.

(1) $K^{\mathrm{Aut}(\mathbb{Q}(\sqrt{2})/\mathbb{Q})} = \mathbb{Q}$임을 보이라.

(2) $u = 3 + \frac{\sqrt{2}}{5}$의 $\mathbb{Q}$ 위의 기약 다항식을 구하시오.

풀이 $\mathrm{Aut}(\mathbb{Q}(\sqrt{2})/\mathbb{Q}) = \{\mathrm{id}, \sigma\}$, $\sigma(\sqrt{2}) = -\sqrt{2}$이다(문제 5.2).

(1) $\sigma(a + b\sqrt{2}) = a + b\sqrt{2} \Leftrightarrow b = 0$이므로 $K^{\mathrm{Aut}(\mathbb{Q}(\sqrt{2})/\mathbb{Q})} = \mathbb{Q}$이다.

(2) 위의 도움정리 5.5에서와 같이 u의 궤도를 찾아보면 $\mathrm{id}(u) = u$와 $\sigma(u) = 3 - \frac{\sqrt{2}}{5}$는 서로 다른 값이다. 따라서 $\mathrm{irr}(u, \mathbb{Q}) = (x-u)(x-\sigma(u)) = (x-u)(x-(3-\frac{1}{5}\sqrt{2})) = (x-3)^2 - 2/25$이다. □

예제 5.3

유리수 체 $\mathbb{Q}$ 위의 일반적인 삼차 기약 다항식 $f(x)$의 세 근을 x_1, x_2, x_3이라 하자. 분해체 $K = \mathbb{Q}(x_1, x_2, x_3)$에 대하여 $\mathrm{Aut}(K/\mathbb{Q}) \cong S_3$(근의 순서 바꿈)일 때, $u = \frac{x_1+x_2}{x_3}$의 궤도를 찾아보면

$$u = \frac{x_1^4 + x_2^4}{x_3}, \frac{x_1^4 + x_3^4}{x_2}, \frac{x_2^4 + x_1^4}{x_3}, \frac{x_2^4 + x_3^4}{x_1}, \frac{x_3^4 + x_1^4}{x_2}, \frac{x_3^4 + x_2^4}{x_1}$$

으로 두 개씩 중복되는 것이 있으므로 서로 다른 것은 모두 3개이다.

이와 관련된 더 많은 예제는 여러 단원에 걸쳐 다룰 것이므로 셈법에 익숙해지도록 한다. 앞으로의 논의에서 동형확장정리는 자주 사용될 것이므로 다시 한 번 정리한다.

도움정리 5.6 동형확장정리

K를 F 위의 다항식 $f(x)$의 **분해체**라 하자. $u, v \in K$가 F 위에서 **같은 기약 다항식**의 근이면 $\sigma(u) = v$인 어떤 동형사상 $\sigma \in \mathrm{Aut}(K/F)$가 존재한다. 그리고 역도 성립한다.

동형확장정리(명제 3.4)의 증명은 같은 기약 다항식 $p(x)$의 근이 되는 두 대수적 수 u, v가 포함된 **최소의 체가 본질적으로 같다**($F(u) \cong F[x]/(p(x)) \cong F(v)$)는 사실을 이용하였다. 여기서는 $p(x)$와 $f(x)$가 공통근을 갖지 않을 때도 동형사상을 확장해갈 수 있다는 것이 핵심이다.

증명 $\mathrm{irr}(u, F) = \mathrm{irr}(v, F) = p(x)$라 하자. 분해체의 정규성에 의해 $p(x)$의 모든 근은 K에 있음에 유의하라. $f(x)$와 $p(x)$의 공통근이 있다면 $p(x) \mid f(x)$이므로 동형확장정리에 의해 σ는 존재한다. $f(x)$와 $p(x)$의 공통근이 존재하지 않는다면 다항식 $f(x) \cdot p(x)$의 분해체는 여전히 K이므로 다시 한 번 동형 확장 정리에 의해 σ가 존재한다. 역으로 $\sigma \in \mathrm{Aut}(K/F)$이면 $\sigma|_F = \mathrm{id}_F$이다. 따라서 σ에 의해 $p(x)$의 계수는 고정되므로 $\sigma(u)$도 방정식 $\mathrm{irr}(u, F)$의 근이다. □

도움정리 5.7 분리 다항식의 분해체 특징

유한 확대체 $F < K$에 대하여 다음은 서로 필요충분 관계이다.

(1) $|\mathrm{Aut}(K/F)| = [K : F]$.

(2) $K^{\mathrm{Aut}(K/F)} = F$.

(3) K가 F 위의 **어떤 분리 다항식의 분해체**이다.

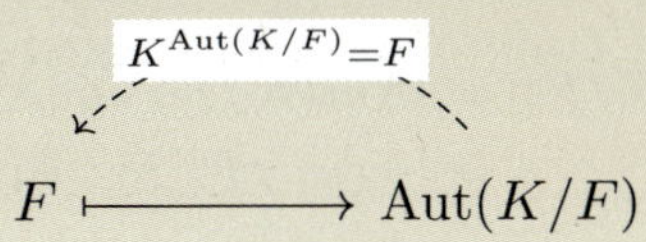

증명 (1) $\Rightarrow$ (2) 도움정리 5.4에 의해 $F < K^{\mathrm{Aut}(K/F)} < K$이고 $\mathrm{Aut}(K/K^{\mathrm{Aut}(K/F)}) =$

$\mathrm{Aut}(K/F)$ 이다. 따라서

$$[K : K^{\mathrm{Aut}(K/F)}] = |\mathrm{Aut}(K/K^{\mathrm{Aut}(K/F)})|$$
$$= |\mathrm{Aut}(K/F)| = [K : F] \overset{F<K^{\mathrm{Aut}(K/F)}<K}{\Rightarrow} K^{\mathrm{Aut}(K/F)} = F.$$

(2) $\Rightarrow$ (3) $[K : F] < \infty$ 이므로 $K = F(u_1, \cdots, u_m)$, $u_i \in K$ 이다. u_i 의 개수에 대한 귀납법으로 증명한다. $K = F(u_1)$ 이면 $u_1 \in K$ 를 근으로 갖는 F 위의 분리 다항식은 도움정리 5.5에 의해

$$\prod_{\forall\sigma(u_1)\in \mathrm{Aut}(K/F)\cdot u_1} (x - \sigma(u_1)) = \mathrm{irr}(u_1, K^{\mathrm{Aut}(K/F)}) = \mathrm{irr}(u_1, F)$$

이고 모든 근이 K 안에 있다. $F(u_1, \cdots, u_{m-1})$ 이 분리 다항식 $f(x) \in F[x]$ 의 분해체라 하자. $\mathrm{irr}(u_m, F)$ 와 $f(x)$ 의 공통근은 존재하면 $\mathrm{irr}(u_m, F) \mid f(x) \Rightarrow f(u_m) = 0 \Rightarrow u_m \in F(u_1, \cdots, u_{m-1})$ 이므로 $K = F(u_1, \cdots, u_{m-1}, u_m) = F(u_1, \cdots, u_{m-1})$ 이고 $f(x)$ 의 분해체이다. 그렇지 않다면 u_1 의 경우와 마찬가지로 $\mathrm{irr}(u_m, F)$ 의 모든 근이 K 안에 있으므로 K 는 분리 다항식 $f(x) \cdot \mathrm{irr}(u_m, F)$ 의 분해체이다.

(3) $\Rightarrow$ (1) (차원 $[K : F]$ 에 대한 귀납법)K 를 분리 다항식 $f(x) \in F[x]$ 의 분해체라 하자. $[F(u) : F] \geq 2$ 인 $f(x)$ 의 한 근을 u 라 하자. 그러면 $\mathrm{irr}(u, F) \mid f(x)$ 이므로 $\mathrm{irr}(u, F)$ 의 모든 근은 서로 다르다. 그리고 $F < K^{\mathrm{Aut}(K/F)}$ 이므로 $\mathrm{irr}(u, K^{\mathrm{Aut}(K/F)}) | \mathrm{irr}(u, F)$ 이다. 그런데 $\mathrm{irr}(u, F)$ 의 임의의 근 v 에 대하여 $\sigma(u) = v$, $\exists\sigma \in \mathrm{Aut}(K/F)$ 가 존재한다(도움정리 5.6). 따라서

$$[F(u) : F] = \mathrm{degirr}(u, F) = |\mathrm{Aut}(K/F) \cdot u| (= \mathrm{degirr}(u, K^{\mathrm{Aut}(K/F)})).$$

K 는 $F(u)$ 위에서 분리 다항식 $f(x)$ 의 분해체이기도 하므로 귀납법 가정에 의해 $|\mathrm{Aut}(K/F(u))| = [K : F(u)]$ 이다. 따라서 군 작용의 궤도-안정화 정리($|G| = |G \cdot x||G_x|$)에 의해

$$\begin{aligned} |\mathrm{Aut}(K/F)| &= |\mathrm{Aut}(K/F) \cdot u||\mathrm{Aut}(K/F(u))| \\ &= [F(u) : F][K : F(u)] \\ &= [K : F] \end{aligned}$$

이다. □

도움정리 5.7의 결과를 이용하여 분리 확대체의 중요한 성질도 대답할 수 있게 되었다.

명제 5.1 분리 원소 $\Rightarrow$ 분리 확대체

K가 F의 어떤 분리 다항식의 분해체이면 K는 F의 분리 확대체이다. 특히 u, v가 F 위에서 분리 원소이면 $F(u, v)$는 F의 분리 확대체이다.

증명 가정에 의해 $K^{\mathrm{Aut}(K/F)} = F$이다. 임의의 $w \in K$에 대한 기약 다항식 $\mathrm{irr}(w, F)$가 분리 다항식이다. 왜냐하면 기약 다항식의 모든 근은 궤도 집합 $\mathrm{Aut}(K/F) \cdot w$의 원소이기 때문이다. 따라서 K는 F 위의 분리 확대체이다.

$\mathrm{irr}(u, F)$와 $\mathrm{irr}(v, F)$가 공통근이 존재하지 않는다면, F 위의 다항식 $\mathrm{irr}(u, F) \cdot \mathrm{irr}(v, F)$의 분해체를 K라 하자. 그러면 $F \subset F(u, v) \subset K$이고 K는 분리 다항식 $\mathrm{irr}(u, F) \cdot \mathrm{irr}(v, F)$의 분해체이다. 만약 $\mathrm{irr}(u, F)$와 $\mathrm{irr}(v, F)$가 공통근 z를 갖는다면 $\mathrm{irr}(u, F) = \mathrm{irr}(z, F) = \mathrm{irr}(v, F)$이므로 K를 $\mathrm{irr}(u, F)$의 분해체라 가정하자. 두 경우 모두 K는 분리 다항식의 분해체이다. □

이제 교재의 남은 부분에서 주로 다루게 되는 확대체를 정의한다.

정의 5.1 갈루아 확대체

도움정리 5.7의 동치 조건을 만족시키는 **확대체 K를 F 위의 갈루아 확대체(Galois extension)**라 한다.

체 F 위의 갈루아 확대체 K의 자기동형군은 $\mathrm{Aut}(K/F) := \mathrm{Gal}(K/F)$로 표시하고 **갈루아 군(Galois group)**이라고 읽는다. 쉽게 말해 중근이 없는 다항식의 분해체만 논의하고자 갈루아 확대체라고 이름 붙인다. 이 정의에 의해 도출되는 간단한 결론 중 하나는 갈루아 확대체는 항상 분리 확대라는 점이다(명제 5.1).

본 교재에서는 **유한 확대체** $F < K$에 대해서만 갈루아 확대체를 정의하였다(E. Artin). 일반적으로 복소수 체 $\mathbb{Q} < \mathbb{C}$와 같은 무한 확대체도 생각할 수 있으므로 이 경우에도 갈루아 확대체의 개념을 정의할 수 있어야 한다. 가장 간단한 방법은 성질을 정의로 설정하면 된다. 즉 갈루아 확대체는 분리+정규확대체로 정의하는 것이 가장 자연스럽다.

확대체가 분해체가 되는 것은 바닥체에 의존하지 않는다(문제 3.7). 하지만 사이체는 바닥체 위에서 분해체가 아닐 수도 있다(예를 들어 $\mathbb{Q} < \mathbb{Q}(\sqrt[4]{2}) < \mathbb{Q}(\sqrt{2})$). 지금부터 사이체가 바닥체 위에서 분해체일 필요충분조건을 자기동형군을 이용하여 서술한다. 임의의

$\sigma \in \mathrm{Aut}(K/F)$, $F < M < K$에 대하여 제 I 동형 정리에 의해 $M \cong \sigma(M)$임을 상기하자.

도움정리 5.8 고정체의 궤도

$F < M < K$인 사이체 M에 대하여

$$\sigma(K^{\mathrm{Aut}(K/M)}) = K^{\sigma \mathrm{Aut}(K/M) \sigma^{-1}}, \ \forall \sigma \in \mathrm{Aut}(K/F)$$

이다.

$$\begin{array}{ccc}
\sigma(K^{\mathrm{Aut}(K/M)}) & \longleftarrow & \sigma\mathrm{Aut}(K/M)\sigma^{-1} \\
\sigma \Uparrow & \forall \sigma \in \mathrm{Aut}(K/F) & \Uparrow \sigma \\
K^{\mathrm{Aut}(K/M)} & \longleftarrow & \mathrm{Aut}(K/M)
\end{array}$$

증명

$$\begin{aligned}
\alpha \in \sigma(K^{\mathrm{Aut}(K/M)}) &\Leftrightarrow \sigma^{-1}(\alpha) \in K^{\mathrm{Aut}(K/M)} \\
&\Leftrightarrow \tau(\sigma^{-1}(\alpha)) = \sigma^{-1}(\alpha), \ \forall \tau \in \mathrm{Aut}(K/M) \\
&\Leftrightarrow \sigma \circ \tau \circ \sigma^{-1}(\alpha) = \alpha, \ \forall \tau \in \mathrm{Aut}(K/M) \\
&\Leftrightarrow \alpha \in K^{\sigma \mathrm{Aut}(K/M) \sigma^{-1}}.
\end{aligned}$$

□

도움정리 5.9 사이체의 정규성

K가 F 위의 **갈루아 확대체**이다. $F < M < K$인 사이체 M이 F 위의 갈루아 확대체일 필요충분조건은

$$\sigma(M) = M, \ \forall \sigma \in \mathrm{Aut}(K/F)$$

이다.

증명 K가 F 위의 분리 확대체이므로 M은 F 위의 분리 확대체이다. 그러므로 $M = F(u)$인 원시 원소 $u \in M$이 존재한다.

($\Rightarrow$) 임의의 $\sigma \in \mathrm{Aut}(K/F)$에 대하여 $\sigma(u)$도 $\mathrm{irr}(u, F)$의 근인데 M이 F 위의 분해체이므로 $\sigma(u) \in M$이다. 따라서

$$\begin{aligned} &\forall \beta = s(u) \in F(u),\ \exists s(x) \in F[x] \\ &\quad \Rightarrow \sigma(\beta) = \sigma(s(u)) = s(\sigma(u)) \in F(u) \\ &\quad \Rightarrow F < \sigma(F(u)) \subset F(u)\ (\because \sigma \in \mathrm{Aut}(K/F)) \\ &\quad \Rightarrow \sigma(M) = M\ (\because \sigma(F(u)) \cong F(u)) \end{aligned}$$

이다.

($\Leftarrow$) 분리 기약 다항식 $\mathrm{irr}(u, F)$의 임의의 근 v에 대하여 $\sigma(u) = v, \exists \sigma \in \mathrm{Aut}(K/F)$ $\Rightarrow v = \sigma(u) \in \sigma(M) = M \Rightarrow v \in M$이다. 즉 M은 $\mathrm{irr}(u, F)$의 분해체이다. □

명제 5.9에 의해 사이체가 바닥체 위에서 분해체인지 확인하는 방법은 사이체의 $\mathrm{Aut}(K/F)$-궤도를 조사해보는 것이다.

예제 5.4

$K = \mathbb{Q}(\sqrt[3]{2}, \omega)$는 $f(x) = x^3 - 2 \in \mathbb{Q}[x]$의 분해체이다. 동형확장정리에 의해 자기동형사상 $\sigma : K \to K$, $\sigma(\sqrt[3]{2}) = \sqrt[3]{2}\omega$가 존재한다. $M = \mathbb{Q}(\sqrt[3]{2})$이라 하면 $M \neq \sigma(M) = \mathbb{Q}(\sqrt[3]{2}\omega)$이므로 M은 $\mathbb{Q}$ 위에서 **어떠한 분리 다항식의 분해체도 아니다**. 즉 갈루아 확대체가 아니다.

연습 문제

5.1.1. $\mathrm{Aut}(\mathbb{C}/\mathbb{R})$의 모든 원소를 제시하시오.

5.1.2. (탐구문제, 삼차 방정식의 판별식) 실계수 다항식(함수) $f(x) = x^3 + 3px + 2q$의 판별식을 만드는 과정이다. 물음에 답하라.

(1) $p \geq 0$이면 $f(x)$가 유일한 실근을 가짐을 보이라.

(2) $f(x)$가 서로 다른 세 실근이 존재할 필요충분조건은 $p < 0$, $f(-\sqrt{-p}) > 0$, $f(\sqrt{-p}) < 0$임을 보이라.

(3) $p < 0$일 때 $\Delta = -2^2 3^3 (p^3 + q^2)$의 부호에 따라 $f(x)$의 실근의 개수를 판별하라.

5.1.3. 체 K를 $\mathbb{Q}$ 위의 서로 다른 모닉 기약 다항식 $p(x)$와 $q(x)$의 곱 $p(x)q(x)$의 분해체라 하자. 자기동형사상 $\sigma \in \mathrm{Aut}(K)$에 대하여 $p(u) = 0$이면 $p(\sigma(u)) = 0$이지만, $q(\sigma(u)) \neq 0$임을 보이라.

5.1.4. (탐구문제) 4차 기약 다항식 $\frac{x^5-1}{x-1}$의 한 근을 $\omega = e^{\frac{2\pi}{5}i}$라 하자. 확대체 $\mathbb{Q} < \mathbb{Q}(\omega) = K$에 대하여 $\sigma(\omega) = \omega^2$인 자기동형사상 $\sigma \in \mathrm{Aut}(K/\mathbb{Q})$가 존재함이 알려져 있다. 다음 물음에 답하시오.

(1) $\sigma^k(\omega) = \omega$가 되는 최소의 자연수 k를 찾으라.

(2) $H = \{\mathrm{id}, \sigma, \sigma^2, \sigma^3\}$이 $\mathrm{Aut}(K/\mathbb{Q})$의 부분군일 때, $u = \omega^2 + \omega^{-2}$의 궤도 집합 $H \cdot u$의 원소를 모두 구하라. 그리고 K^H 위에서 u의 기약 다항식을 찾으라.

5.1.5. F 위의 유한 확대체 $F < K$에 대하여 $u \in K$일 때, 다음 물음에 답하시오.

(1) $\mathrm{Aut}(K/F)_u := \{\sigma \in \mathrm{Aut}(K/F) \mid \sigma(u) = u\} = \mathrm{Aut}(K/F(u))$임을 보이라.

(2) K가 $F(u)$ 위의 갈루아 확대체일 때 $|\mathrm{Aut}(K/F)_u| = [K : F(u)]$임을 보이라.

5.1.6. $K = F(\beta)$가 분리 기약 다항식 $\mathrm{irr}(\beta, F) = \prod_{i=1}^{n}(x - \beta_i)$의 분해체일 때 $\mathrm{Aut}(K/F)$의 원소를 모두 제시하라. 단, $\beta_1 = \beta$이다.

5.1.7. (탐구문제) K가 F 위의 갈루아 확대체일 때, 원시 원소 정리를 이용하여 $K^{\mathrm{Aut}(K/F)} = F$임을 보이라.

5.1.8. 임의의 유한 확대체 $F < L$에 대하여 $|\mathrm{Aut}(L/F)| \mid [L : F]$임을 보이라.

5.1.9. 사이체 $F < M_1$, $M_2 < K$가 모두 F 위의 갈루아 확대체라 하자. 다음 물음에 답하시오.

(1) 체 M_1과 M_2를 포함하는 최소의 확대체는 F 위의 갈루아 확대체임을 보이라.

(2) $M_1 \cap M_2$는 F 위의 갈루아 확대체임을 보이라.

5.1.10. (탐구문제) F 위의 다항식 $f(x)$의 분해체 K가 분리 확대체일 때, K는 F 위의 갈루아 확대체임을 보이라.

5.1.11. 유리수 체 $\mathbb{Q}$ 위의 다항식 $f(x)$의 분해체 K의 갈루아 군의 위수가 p일 때(즉, $\mathbb{Z}_p$와 동형), $K = \mathbb{Q}(\alpha)$, $f(\alpha) = 0$이고 $\deg f(x) = p$임을 보이라. 단, p는 소수이다.

5.1.12. 유리수 체 $\mathbb{Q}$ 위의 **기약 다항식** $f(x)$의 분해체 K의 갈루아 군이 가환일 때 $\deg f(x) = [K : \mathbb{Q}]$임을 증명하시오.

5.2 분리 확대체의 확장

본 단원의 내용은 표수가 0 아닌 무한체에서의 논의를 위한 명제로서 이 교재의 남은 내용과 연관성이 낮다. 다만 증명 과정에서 사용되는 방법이 컴퓨터를 이용한 계산에서 유용해 보인다.

명제 5.2 분리 확대체의 확장

유한 확대체 $F < E < K$에 대하여, K가 E 위에서 분리 확대체이고 E가 F 위에서 분리 확대체이면, K는 F 위의 분리 확대체이다.

증명 Step 0. 가정과 원시 원소 정리에 의해 $E = F(\alpha), \alpha \in E$이고 α는 F 위에서 분리 원소이다. 같은 요령으로 $K = E(v)$이고 v는 E 위에서 분리 원소이다. 즉 $K = F(\alpha, v)$이다. 그런데 α가 F 위에서 분리 원소이므로 원시 원소 정리에 의해 $K = F(u), u = v + t_0\alpha, \exists t_0 \in F$이다. 명제 5.1에 의해 u가 F 위에서 분리 원소임을 보이면 충분하다.

Step 1. K가 E 위에서 분리 확대체이므로 u는 E 위에서 분리 원소이다. 즉 $\operatorname{irr}(u, E) := g_\alpha(x)$의 분해체에서의 모든 근은 서로 다르다. 그리고 $\operatorname{irr}(\alpha, F)$의 모든 근을 $\alpha_1 = \alpha, \alpha_2, \cdots, \alpha_n$이라 하자. 동형 확장 정리에 의해 각각의 i에 대하여 $\sigma_i(\alpha) = \alpha_i$인 동형사상 $\sigma_i : E \cong F(\alpha_i)$가 존재한다. 다항식

$$H(x) := \prod_{i=1}^{n} \sigma_i(g_\alpha(x)) = \prod_{i=1}^{n} g_{\alpha_i}(x) \tag{5.1}$$

는 차수가 $\deg g_\alpha(x) \cdot \deg \operatorname{irr}(\alpha, F)$인 F 위의 다항식이고(대칭 다항식의 기본 정리) 정의에 의해 u를 근으로 갖는다. 그런데 Step 0의 논의에 의해 $[K : F] = [F(u) : F(\alpha)][F(\alpha) : F]$이므로 $H(x) = \operatorname{irr}(u, F)$이다.

Step 2. $H(x)$가 분리 다항식임을 증명하자. $H(x)$의 F 위의 분해체에서 논의한다. 먼저 $F(\alpha) \cong F(\alpha_i)$이므로 각각의 i에 대하여 $g_{\alpha_i}(x)$는 모두 분리 다항식이다. 만약 $i \neq j$일 때, s가 $g_{\alpha_i}(x)$와 $g_{\alpha_j}(x)$의 공통근이라 하자. $g_\alpha(x)$가 기약이므로 동형사상 $\sigma_i(g_\alpha(x)) = g_{\alpha_i}(x)$는 확장된 동형사상 $\widetilde{\sigma_i} : F(\alpha)(u) \cong F(\alpha_i)(s)$, $\widetilde{\sigma_i}(u) = s$를 유도한다. 그런데 $\alpha \in F(u) \Rightarrow \alpha = k(u), \exists k(x) \in$

$F[x] \Rightarrow \widetilde{\sigma}_i(\alpha) = k(\widetilde{\sigma}_i(u)) \Rightarrow \alpha_i = k(s)$ 이다. 같은 요령으로 $\alpha_j = k(s)$ 가 되고 이것은 $\mathrm{irr}(\alpha, F)$ 가 분리 다항식이라는 사실에 모순이다. □

등식 (5.1)의 다항식 $H(x)$ 가 F 위의 다항식임을 보장 받는 것만으로도 활용도가 높다.

예제 5.5

유리수체 $\mathbb{Q}$ 위의 다항식 $x^3 - 3x + 5 = 0$ 의 한 근을 u 라 하고 $x^4 - (u^2 + 3u)x^2 + ux + u + 1 \in \mathbb{Q}(u)[x]$ 의 한 근을 v 라 할 때, v 를 근으로 갖는 유리수 계수 다항식을 하나 찾아 보자. 삼차 방정식의 근을 $u_1 = u, u_2, u_3$ 이라 하면

$$\prod_{i=1}^{3}(x^4 - (u_i^2 + 3u_i)x^2 + u_i x + u_i + 1)$$

은 $\mathbb{Q}$ 위의 다항식이고 명백히 v 를 근으로 가진다.

연습 문제

5.2.1. (탐구문제) $f(x) = x^3 + 3x^2 + 3 \in \mathbb{Q}[x]$ 의 한 근을 u 라 하자. 다음 방정식의 근을 갖는 $\mathbb{Q}$ 위의 다항식을 찾으라.

(1) $g(x) = x^2 - ux + 1$

(2) (Macaulay2) $h(x) = x^4 - ux^2 + (u^2 + u)x + 2 + 3u$

5.2.2. (탐구문제) 체 $\mathbb{Q}$ 위의 다항식 $f(x) = x^3 - 3x - 1$ 에 대하여 다음 물음에 답하시오.

(1) $f(x)$ 는 $\mathbb{Q}$ 위에서 기약임을 보이라.

(2) $f(u) = 0$ 이면 $f(2 - u^2) = f(u^2 - u - 2) = 0$ 임을 보이라.

(3) $H(x) = (x^3 - ux - 1)(x^3 - (2 - u^2)x - 1)(x^3 - (u^2 - u - 2)x - 1) \in \mathbb{Q}(u)[x]$ 는 $\mathbb{Q}$ 위의 다항식임을 확인하라.

(4) (Macaulay2) $H(x)$ 를 $\mathbb{Z}_2[x]$ 의 다항식으로 이해하여 기약임을 확인하여 $H(x)$ 가 $\mathbb{Q}$ 위에서도 기약임을 증명하라.

(5) $x^3 - ux - 1$ 이 $\mathbb{Q}(u)$ 위에서 기약임을 확인하라.

5.2.3. (도전문제) 좌표평면 위의 두 정점으로부터 거리 합이 일정한 점들의 자취 방정식의 차수는 2이다. 정점의 개수가 세 개 이상일 때 자취의 방정식의 차수를 구하라.

5.3 갈루아 이론들

갈루아 대응 정리 I: 대응 정리

이전 단원에서 논의한 것처럼 갈루아 확대체는 분리 다항식의 분해체가 가지는 일반적인 특징들을 다시 정의한 것이다. 이런 측면에서 이 단원의 정리는 그러한 특징들을 일반적으로 기술한 것에 지나지 않는다. 다만 두 가지의 이질적으로 보이는 수학적 대상 및 관계를 하나의 틀 속에서 생각할 수 있다는 점은 갈루아 이전의 수학사만을 경험한 이들에게는 매우 특이하게 보였을 법하다.

정리 5.1 갈루아 대응 정리 I

갈루아 확대체 $F < K$에 대하여

(1) 함수

$$\Psi : \{M \mid K > M > F\} \to \{H \mid \{\mathrm{id}_K\} < H < \mathrm{Gal}(K/F)\}$$
$$\Psi(M) = \mathrm{Gal}(K/M),\ \Phi(H) = K^H$$

은 일대일 대응이다.

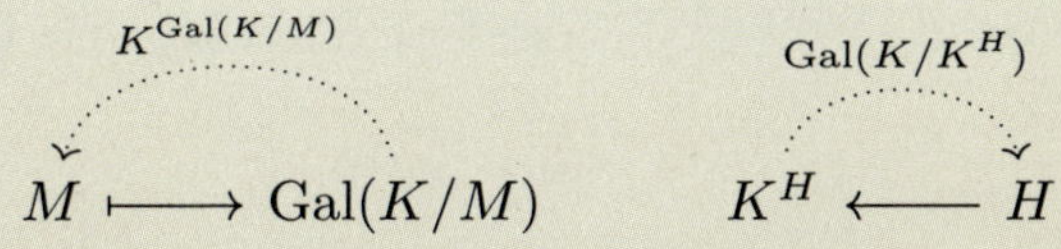

(2) $F < M < K$에 대하여

$$[M : F] = [\mathrm{Gal}(K/F) : \mathrm{Gal}(K/M)]$$

이다.

증명 (1) 함수 Ψ와 Φ가 역함수 관계 즉 $K^{\mathrm{Gal}(K/M)} = M, \mathrm{Gal}(K/K^H) = H$ 임을 증명한다. 임의의 사이체 $F < M < K$에 대하여 K는 F 위의 분리 다항식 $f(x)$의 분해체이므로 M 위에서도 $f(x)$의 분해체이다. 그러므로 K는 M의 갈루아 확대체이다. 즉 $K^{\mathrm{Gal}(K/M)} = M$ 이다.

부분군 $H < \mathrm{Gal}(K/F)$에 대하여 라그랑주 정리에 의해 $|H| \mid |\mathrm{Gal}(K/F)| = [K:F]$이므로 H는 유한집합이다. K가 K^H의 유한 분리 확대체이므로 원시 원소 정리에 의해 $K = K^H(\alpha), \alpha \in K$이다. 그러면 도움정리 5.5에 의해 $\prod_{\forall\sigma(\alpha)\in H\cdot\alpha}(x-\sigma(\alpha)) = \mathrm{irr}(\alpha, K^H) \in K^H[x]$이다. 따라서

$$\begin{aligned}[K:K^H] &= \mathrm{degirr}(\alpha, K^H) = |H\cdot\alpha| = \frac{|H|}{|H_\alpha|} \\ &\le |H| \overset{H\le \mathrm{Gal}(K/K^H)}{\le} \left|\mathrm{Gal}(K/K^H)\right| = [K:K^H] \\ &\Rightarrow H = \mathrm{Gal}(K/K^H).\end{aligned}$$

(2) K는 M 위에서 갈루아 확대체이므로 라그랑주 정리와 차원 정리에 의해 $[\mathrm{Gal}(K/F):\mathrm{Gal}(K/M)] = \frac{\mathrm{Gal}(K/F)}{\mathrm{Gal}(K/M)} = \frac{[K:F]}{[K:M]} = [M:F]$이다. □

정리 5.1에 의해 부분군과 사이체는 항상 $\mathrm{Gal}(K/-)$와 K^-과 같은 꼴이다. 함수 Φ와 Ψ에 관한 성질을 조금 더 살펴보자. 자기동형사상 $\sigma \in \mathrm{Gal}(K/F)$에 의해 사이체 $F < M < K$는 M과 동형인(또 다른) 사이체 $F < \sigma(M) < K$로 대응됨에 유의하자.

명제 5.3

K는 F의 갈루아 확대체이다. 사이체 $F < M < K$와 임의의 $\sigma \in \mathrm{Gal}(K/F)$에 대하여

$$\sigma(M) = K^{\sigma\mathrm{Gal}(K/M)\sigma^{-1}} \Leftrightarrow \mathrm{Gal}(K/\sigma(M)) = \sigma\mathrm{Gal}(K/M)\sigma^{-1}.$$

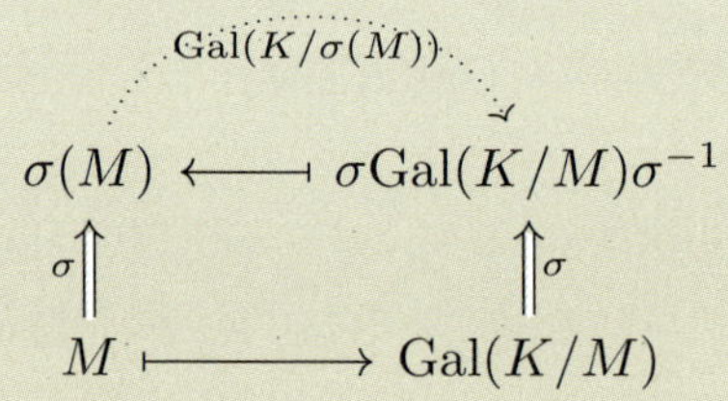

증명 K는 M 위의 갈루아 확대체이므로 $M = K^{\mathrm{Gal}(K/M)}$이다. 도움정리 5.8에 의해 $\sigma(M) = \sigma K^{\mathrm{Gal}(K/M)}\sigma^{-1} = K^{\sigma\mathrm{Gal}(K/M)\sigma^{-1}}$이다. □

두 사이체 $F < M_1,\ M_2 < K$의 합집합 $M_1 \cup M_2$는 체를 이루지 못할 수도 있다.

정의 5.2 체의 곱

두 사이체 $F < M_1,\ M_2 < K$에 대하여 M_1M_2를 합집합 $M_1 \cup M_2$를 포함하는 최소의 확대체로 정의한다.

예를 들어 $\mathbb{Q}(\sqrt[4]{2})$, $\mathbb{Q}(\sqrt{2})$, $\mathbb{Q}(i)$는 $\mathbb{Q}$ 위의 다항식 $(x^4-2)(x^3-1)$의 분해체 K 안의 부분체이다. 기호의 뜻에 따라

$$\mathbb{Q}(\sqrt[4]{2})\mathbb{Q}(i) = \mathbb{Q}(\sqrt[4]{2}, i),\ \mathbb{Q}(\sqrt[4]{2})\mathbb{Q}(\sqrt{2}) \overset{\sqrt{2}\in\mathbb{Q}(\sqrt[4]{2})}{=} \mathbb{Q}(\sqrt[4]{2})$$

이다. 갈루아 대응 정리 I의 포함 관계에 의해 유도되는 다음 명제는 갈루아 군을 찾을 때 유용한 도구이다. 군 G 안의 두 원소 $a, b \in G$에 대하여, $\langle a, b\rangle$는 a와 b로 생성되는 모든 원소들의 이항 연산 결과를 모은 집합으로서 G의 부분군이다.

명제 5.4

K를 F의 갈루아 확대체라 하고 $F < L,\ M < K,\ H_1,\ H_2 < \mathrm{Gal}(K/F)$일 때,

(1) $\mathrm{Gal}(K/LM) = \mathrm{Gal}(K/L) \cap \mathrm{Gal}(K/M) \Leftrightarrow K^{H_1 \cap H_2} = K^{H_1}K^{H_2}$.

(2) $\mathrm{Gal}(K/L \cap M) = \langle \mathrm{Gal}(K/L), \mathrm{Gal}(K/M)\rangle \Leftrightarrow K^{\langle H_1, H_2\rangle} = K^{H_1} \cap K^{H_2}$.

증명 (1) 정의 5.2에 의해 확대체 LM은 L과 M을 포함하는 최소의 사이체이다. 이에 대응하는 갈루아 군 $\mathrm{Gal}(K/LM)$은 $\mathrm{Gal}(K/L)$과 $\mathrm{Gal}(K/M)$에 동시에 포함되는 최대의 부분군인 $\mathrm{Gal}(K/L) \cap \mathrm{Gal}(K/M)$이다. K는 두 고정체 K^{H_1}, K^{H_2} 위의 갈루아 확대체이므로 $\mathrm{Gal}(K/K^{H_1}K^{H_2}) = \mathrm{Gal}(K/K^{H_1}) \cap \mathrm{Gal}(K/K^{H_2}) = H_1 \cap H_2$이다.

(2) 탐구문제로 남긴다. □

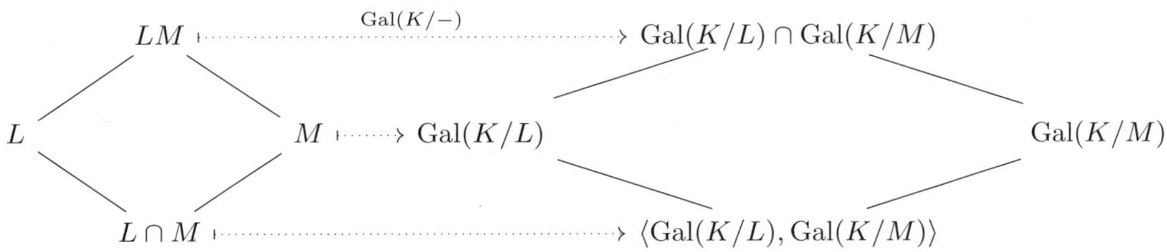

갈루아 대응 정리 II(사이체의 정규성)와 확장

사이체가 바닥체 위에서 갈루아 확대체가 아닐 수 있다. 하지만 지난 단원의 논의에서 분해체의 자기 동형군을 이용하여 갈루아 확대체가 되는 조건을 만들었다(도움정리 5.9). 여기서는 그 관계를 갈루아 군 사이의 언어로 바꾸어 제시한다.

정리 5.2 갈루아 대응 정리 II

F의 갈루아 확대체 K와 사이체 $F < M < K$에 대하여, 다음은 필요충분 관계이다.

(1) M은 F 위의 갈루아 확대체이다($\Leftrightarrow \sigma(M) = M, \forall\sigma \in \mathrm{Gal}(K/F)$).

(2) 함수

$$\phi : \mathrm{Gal}(K/F) \longrightarrow \mathrm{Aut}(M/F),\ \sigma \mapsto \sigma|_M$$

가 군 준동형사상이고 $\ker(\phi) = \mathrm{Gal}(K/M)(\lhd \mathrm{Gal}(K/F))$ 이다.

특히 (1) 또는 (2)가 성립하면 ϕ는 **위로의** 사상이다.

증명 (1)$\Rightarrow$ (2): (1)의 동치 명제는 도움정리 5.9이다. $\sigma(M) = M \Rightarrow \sigma|_M \in \mathrm{Aut}(M/F)$. $\phi(\sigma\tau) = \sigma\tau|_M = \sigma|_M\tau|_M = \phi(\sigma)\phi(\tau)$ 이므로 군 준동형사상이다. 그리고 $\sigma \in \ker(\phi) \Leftrightarrow \sigma|_M = \mathrm{id}_M \Leftrightarrow \sigma \in \mathrm{Gal}(K/M)$ 이므로 $\ker(\phi) = \mathrm{Gal}(K/M)$ 이다.

(2)$\Rightarrow$ (1):

$$\begin{aligned}\mathrm{Gal}(K/M) &\lhd \mathrm{Gal}(K/F)\\ &\Leftrightarrow \sigma\mathrm{Gal}(K/M)\sigma^{-1} = \mathrm{Gal}(K/M),\ \forall\sigma \in \mathrm{Gal}(K/F)\\ &\Leftrightarrow \mathrm{Gal}(K/\sigma(M)) = \mathrm{Gal}(K/M),\ \forall\sigma \in \mathrm{Gal}(K/F)\\ &\Leftrightarrow \sigma(M) = M,\ \forall\sigma \in \mathrm{Gal}(K/F).\end{aligned}$$

갈루아 대응 정리 I, 연습문제 5.1.8., 군의 동형정리 그리고 라그랑주 정리에 의해

$$\begin{aligned}[M : F] &= [\mathrm{Gal}(K/F) : \mathrm{Gal}(K/M)]\\ &= |\mathrm{Gal}(K/F)/\ker(\phi)|\\ &= |\mathrm{im}(\phi)| \le |\mathrm{Aut}(M/F)| \mid [M : F]\end{aligned}$$

로부터 $[M : F] = \mathrm{Aut}(M/F) = |\mathrm{im}(\phi)|$ 이다. 즉 ϕ는 위로의 함수이다.

□

다음은 (갈루아)확대체에 근을 더 추가해 나갈 때, 확대체 사이의 관계에 대해 설명하고 있다. 증명에서는 원시 원소 정리를 이용하는 부분을 눈여겨 보자.

명제 5.5

K를 F의 **갈루아 확대체**라 하고 L을 F**의 확대체**라 하자. 그러면 KL은 L 위에서 **갈루아 확대체**이고

$$\mathrm{Gal}(KL/L) \overset{\cong}{\to} \mathrm{Gal}(K/K\cap L),\ \sigma \mapsto \sigma\,|_K$$

는 군 동형사상이다. 단, K와 L을 포함하는 F 위의 유한 확대체가 존재한다.

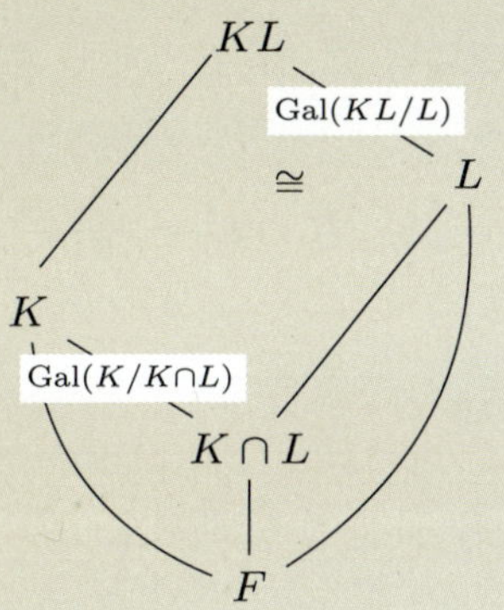

증명 Step 0. K는 어떤 분리 다항식 $f(x) \in F[x]$의 분해체이므로 $f(x) \in F[x] \subset L[x]$의 분해체는 KL이다. 따라서 KL은 L 위의 갈루아 확대체이다. $K\cap L < K$ 이므로 K는 $K\cap L$의 갈루아 확대체임에 유의하라. K는 F 위의 갈루아 확대체이므로 원시 원소 정리에 의해 $K = F(u)$, $\mathrm{irr}(u, F)$의 분해체라 가정할 수 있다.

Step 1. $\sigma \in \mathrm{Gal}(KL/L) \overset{F\le L}{\Rightarrow} \sigma(u)$는 $\mathrm{irr}(u, F)$의 근이므로 $F(\sigma(u)) = K$ 이다. 따라서 $\sigma(K) = \sigma(F(u)) = F(\sigma(u)) = F(u) = K$ 이다. 즉 $\sigma|_K \in \mathrm{Aut}(K)$ 이다. 그런데 $K\cap L < L \Rightarrow \sigma|_{K\cap L} = \mathrm{id}_{K\cap L} \Rightarrow \sigma|_K \in \mathrm{Gal}(K/K\cap L)$ 이다.

Step 2. 군 준동형사상임은 제약 사상의 정의에 의해 성립한다.

Step 3 (일대일 함수) $\sigma \in \mathrm{Gal}(KL/L)$, $\sigma|_K = \mathrm{id}|_K \Rightarrow \sigma|_L = \mathrm{id}_L, \sigma(u) = u \overset{K=F(u),\ KL=L(u)}{\Rightarrow} \sigma = \mathrm{id}_{KL}$ 이다.

Step 4 (위로의 함수) Step 3과 갈루아 대응 정리에 의해 $\mathrm{Gal}(KL/L) \cong \mathrm{Gal}(K/E) < \mathrm{Gal}(K/K\cap L) \Rightarrow K\cap L < E < K$ 인 E가 존재한다. 그러면 $\forall\sigma \in \mathrm{Gal}(KL/L) \Rightarrow \sigma|_K \in \mathrm{Gal}(K/E) \Rightarrow (\sigma|_K)|_E = \mathrm{id}_E \Rightarrow E < (KL)^{\mathrm{Gal}(KL/L)} = L \Rightarrow E = K\cap L$

이므로 위로의 사상이다. □

문제 5.7

명제 5.5의 상황에서 $[KL : L] = [K : K \cap L]$임을 보이라.

풀이 $[KL : L] = |\mathrm{Gal}(KL/L)| = |\mathrm{Gal}(K/K \cap L)| = [K : K \cap L]$. □

따름정리 5.1

K와 L이 F의 **갈루아 확대체**일 때, $[KL : F] = \frac{[K:F][L:F]}{[K\cap L:F]}$이다.

증명 $\frac{[KL:F]}{[L:F]} = [KL : L] = [K : K \cap L] = \frac{[K:F]}{[K\cap L:F]}$. □

문제 5.8 탐구문제

$K = \mathbb{Q}(\sqrt[3]{2}, \sqrt{3})$일 때 다음 물음에 답하시오.

(1) $[K : \mathbb{Q}]$의 값을 구하시오.

(2) $\mathrm{Aut}(K/\mathbb{Q}) = \mathrm{Gal}(K/\mathbb{Q}(\sqrt[3]{2}))$임을 보이라.

(3) $\mathrm{Gal}(K/\mathbb{Q}(\sqrt[3]{2}))$을 구하시오.

(4) K를 포함하는 최소의 갈루아 확대체는 $K' = K(\alpha)$이다. 복소수 α를 찾고 $\mathrm{Gal}(K'/\mathbb{Q}(\alpha)) \lhd \mathrm{Gal}(K'/\mathbb{Q})$임을 확인하라.

풀이 (1) $x^3 - 2, x^2 - 3$은 모두 $\mathbb{Q}$ 위에서 기약이고 $(3, 2) = 1$이므로 $[K : \mathbb{Q}] = 6$이다.
(2) $\sigma \in \mathrm{Aut}(K/\mathbb{Q})$이라 하자. $\sigma(\sqrt[3]{2}) = \sqrt[3]{2}\omega^i$ 형태의 함숫값을 가질 수 있으나 $K < \mathbb{R}$이므로 $\sigma(\sqrt[3]{2}) = \sqrt[3]{2}$ 뿐이다. 즉 $\mathrm{Aut}(K/\mathbb{Q}) \subset \mathrm{Gal}(K/\mathbb{Q}(\sqrt[3]{2}))$이다. 역의 포함관계는 정의에 의해 성립한다.
(3) $\mathbb{Q}(\sqrt[3]{2}) \cap \mathbb{Q}(\sqrt{3}) \overset{(3,2)=1}{=} \mathbb{Q}$이므로 명제 5.5에 의해 $\mathrm{Gal}(K/\mathbb{Q}(\sqrt[3]{2})) \cong \mathrm{Gal}(\mathbb{Q}(\sqrt{2})/\mathbb{Q}) = \mathbb{Z}_2$이다. 실제로 $x^2 - 2$가 $\mathbb{Q}(\sqrt[3]{2})$ 위에서 기약이므로 위수가 2인 군이기도 하다.

(4) 다항식 $(x^3-2)(x^2-3)$의 분해체 K'의 부분체가 K이다. 그런데 $K' = K(\omega)$이고 $\omega \notin K$, $[\mathbb{Q}(\omega):\mathbb{Q}] = 2$이므로 $[K':\mathbb{Q}] = 12$이다. 가능한 최소의 차원이므로 K'이 K를 포함하는 최소의 갈루아 확대체이다. $\mathbb{Q}(\omega)$는 $\mathbb{Q}$ 위에서 갈루아 확대체이므로 정규부분군이다. □

다음은 다항식 및 그것의 인수로 생각할 수 있는 갈루아 확대체들 사이의 관계를 말해주고 있다.

명제 5.6

M_1과 M_2가 F 위의 **갈루아 확대체**라 하자. 제약 함수

$$r : \mathrm{Gal}(M_1M_2/F) \to \mathrm{Gal}(M_1/F) \times \mathrm{Gal}(M_2/F),\ \sigma \mapsto (\sigma|_{M_1}, \sigma|_{M_2})$$

는 일대일 군 준동형사상이고 치역은

$$r(\mathrm{Gal}(M_1M_2/F)) = \{(\sigma_1,\sigma_2) \mid \sigma_1|_{M_1\cap M_2} = \sigma_2|_{M_1\cap M_2}\} := H$$

이다.

증명 Step 1. 사이체 $F < M_i < M_1M_2$가 F 위에서 갈루아 확대체이므로 $\sigma(M_i) = M_i, \forall\sigma \in \mathrm{Gal}(M_1M_2/F)$이므로 제약함수는 정의된다. $\forall\sigma \in \mathrm{Gal}(M_1M_2/F) \Rightarrow (\sigma|_{M_1})|_{M_1\cap M_2} = \sigma|_{M_1\cap M_2} = (\sigma|_{M_2})|_{M_1\cap M_2} \Rightarrow r(\mathrm{Gal}(M_1M_2/F)) < H$이다.

Step 2 (일대일 함수). $(\sigma|_{M_1}, \sigma|_{M_2}) = (\mathrm{id}_{M_1}, \mathrm{id}_{M_2})$이라 하자. 원시 원소 정리에 의해 $M_1 = F(u_1)$, $M_2 = F(u_2)$이므로 $M_1M_2 = F(u_1,u_2)$이다. 명백히 σ에 의해 $\sigma(u_1) = u_1, \sigma(u_2) = u_2$이므로 $\sigma = \mathrm{id}_{M_1M_2}$이다.

Step 3 (치역$=H$). 위수를 셈하여 일치함을 보인다. $M_1 \cap M_2$가 F 위의 갈루아 확대체이므로 $\phi : \mathrm{Gal}(M_1/F) \times \mathrm{Gal}(M_2/F) \to \mathrm{Gal}(M_1\cap M_2/F) \times \mathrm{Gal}(M_1 \cap M_2/F)$, $(\sigma_1,\sigma_2) \mapsto (\sigma_1|_{M_1\cap M_2}, \sigma_2|_{M_1\cap M_2})$는 위로의 사상이므로 군의 대응 정리에 의해 $[\mathrm{Gal}(M_1/F) \times \mathrm{Gal}(M_2/F) : H] = [\mathrm{Gal}(M_1\cap M_2/F) \times \mathrm{Gal}(M_1 \cap M_2/F) : \phi(H)]$이다. 그런데 $\phi(H) \cong \mathrm{Gal}(M_1 \cap M_2/F)$이고 $r(\mathrm{Gal}(M_1M_2/F)) < H$이므로 라그랑주 정리와 따름정리 5.1에 의해

$$\frac{[M_1:F][M_2:F]}{|H|} = \frac{[M_1\cap M_2:F]^2}{[M_1\cap M_2:F]}$$
$$\Rightarrow |H| = \frac{[M_1:F][M_2:F]}{[M_1\cap M_2:F]} = [M_1M_2:F]$$
$$\Rightarrow |H| = |r(\mathrm{Gal}(M_1M_2/F))| \Rightarrow r(\mathrm{Gal}(M_1M_2/F)) = H.$$

□

문제 5.9

명제 5.6의 상황에서

$$\mathrm{Gal}(M_1M_2/F) \cong \mathrm{Gal}(M_1/F)\times \mathrm{Gal}(M_2/F) \Leftrightarrow M_1\cap M_2 = F.$$

풀이 따름정리 5.1에 의해 $[M_1M_2:F] = \frac{[M_1:F][M_2:F]}{[M_1\cap M_2:F]}$ 이므로 제약 사상이 위로의 사상일 필요충분조건은 $[M_1\cap M_2:F]=1 \Leftrightarrow M_1\cap M_2 = F$ 이다. □

명제 5.7 갈루아 덮개

F 위의 갈루아 확대체 K에 대하여 사이체를 $F < M < K$라 하자. 그리고 M을 포함하는 F의 **최소의 갈루아 확대체**를 L이라 하자. 그러면

$$\mathrm{Gal}(K/L) = \bigcap_{\forall\sigma\in\mathrm{Gal}(K/F)} \sigma\mathrm{Gal}(K/M)\sigma^{-1}$$

이다.

$$\begin{array}{ccc} L & \xrightarrow{\ \mathrm{Gal}(K/L)\ } & \bigcap_{\forall\sigma\in\mathrm{Gal}(K/F)} \sigma\mathrm{Gal}(K/M)\sigma^{-1} \\ \vee & & \wedge \\ M & \longmapsto & \mathrm{Gal}(K/M) \end{array}$$

증명 우변 $=\mathrm{Gal}(K/\prod_{\forall\sigma\in\mathrm{Gal}(K/F)}\sigma(M))$ 이므로 $L = \prod_{\forall\sigma\in\mathrm{Gal}(K/F)}\sigma(M)$ 이다. $\forall\tau\in\mathrm{Gal}(K/F) \Rightarrow \tau(L) = \prod_{\forall\sigma\in\mathrm{Gal}(K/F)}\tau(\sigma(M)) = \prod_{\forall\sigma\in\mathrm{Gal}(K/F)}\sigma(M) = L$ 이므로 L

은 F 위의 갈루아 확대체이다. □

표수가 0인 경우 다음 결과에 의해 고정체를 구하는 것은 원칙적으로 항상 가능하다.

문제 5.10 탐구문제

표수가 $\mathrm{char}(F) = 0$인 체 K의 부분군 $H < \mathrm{Aut}(K/F)$에 대하여 함수

$$\Phi_H : K \to K,\ \Phi_H(a) = \sum_{\forall \sigma \in H} \sigma(a)$$

를 정의할 때 물음에 답하시오.

(1) Φ_H는 선형 사상임을 증명하시오.

(2) $\mathrm{im}(\Phi_H) = K^H$임을 보이라.

(3)
$$K^H = F(\sum_{\sigma \in H} \sigma(\alpha_1),\ \sum_{\sigma \in H} \sigma(\alpha_2),\ \cdots,\ \sum_{\sigma \in H} \sigma(\alpha_n)) \tag{5.2}$$
임을 확인하라. 단, $\{\alpha_1, \alpha_2, \cdots, \alpha_n\}$은 K의 F 위에서의 기저이다.

(4) K가 F 위의 갈루아 확대체일 때 $\dim_F \ker(\Phi_H) = [K : F](1 - \frac{1}{|H|})$임을 보이라.

풀이 (1) 임의의 $k \in F$와 $v, w \in K$에 대하여 h는 환 준동형사상이고 $\sigma(k) = k$이므로 $\Phi_H(kv+w) = \sum\limits_{\sigma \in H} \sigma(kv+w) = \sum\limits_{\sigma \in H} [k\sigma(v) + \sigma(w)] = k \sum\limits_{\sigma \in H} \sigma(v) + \sum\limits_{\sigma \in H} \sigma(w) = k\Phi_H(v) + \Phi_H(w)$이다.

(2) $\forall m \in K^H < K$에 대하여 $\Phi_H(m) = \sum\limits_{\sigma \in H} \sigma(m) \overset{\sigma \in K^H \Rightarrow \sigma(m)=m}{=} |H|m \in \mathrm{im}(\Phi_H)$이다. 그런데 F의 표수가 0이므로 $m = \frac{1}{|H|}(|H|m) \in \mathrm{im}(\Phi_H)$이다. 역으로 $\forall a \in K, \tau \in H$에 대하여 $\tau(\sum_{\sigma \in H} \sigma(a)) = \sum\limits_{\sigma \in H} \tau(\sigma(a)) \overset{\tau H = H}{=} \sum\limits_{\sigma \in H} \sigma(a) \Rightarrow \sum\limits_{\sigma \in H} \sigma(a) \in K^H$이다. 즉 $\mathrm{im}(\Phi_H) \subset K^H$이다.

(3) (2)에 의해 $K^H = \mathrm{im}(\Phi_H) = \mathrm{span}_F\{\Phi_H(\alpha_1), \Phi_H(\alpha_2), \cdots, \Phi_H(\alpha_n)\}$이다. 그런데 K^H이 체이므로 이 선형 공간을 포함하는 최소의 체인 등식 (5.2)의 우변과 같다.

(4) 선형 사상의 차원 정리에 의해 $\dim_F \ker(\Phi_H) + \dim_F \mathrm{im}(\Phi_H) = \dim_F K = [K : F]$이다. (2)에 의해 $\dim_F \mathrm{im}(\Phi_H) = [K^H : F] = [\mathrm{Gal}(K/F) : H] =$

$\frac{|\mathrm{Gal}(K/F)|}{|H|} = \frac{[K:F]}{|H|}$ 이므로 성립하는 사실이다. □

연습 문제

5.3.1. 갈루아 대응 정리 I의 함수 Ψ가 일대일 대응이면 K는 F 위의 어떤 분리 다항식의 분해체인가?

5.3.2. K가 F 위의 갈루아 확대체이다. $\{\mathrm{id}_K\} < H_1 < H_2 < \mathrm{Gal}(K/F)$이면 $[K^{H_1} : K^{H_2}] = [H_2 : H_1]$임을 보이라.

5.3.3. F 위의 갈루아 확대체 K와 사이체 $F < M < K$에 대하여, $[\mathrm{Gal}(K/M) : \mathrm{Gal}(K/F)] = 2$이면 M은 F 위의 갈루아 확대체임을 보이라.

5.3.4. F 위의 갈루아 확대체 K의 두 사이체 $F < M,\ M' < K$에 대하여 동형사상 $\sigma : M \cong M'$, $\sigma|_F = \mathrm{id}_F$이 존재하면

$$\mathrm{Gal}(K/M') = \tau \mathrm{Gal}(K/M)\tau^{-1},\ \exists\, \tau \in \mathrm{Gal}(K/F)$$

임을 증명하라.

5.3.5. (탐구문제) 기약 다항식 $\mathrm{irr}(u, F)$의 분해체를 K라 하고 중간체 $F < M < K$가 F 위에서 갈루아 확대체라 하자. 만약 $\mathrm{irr}(u, F) = p_1(x) \cdot p_2(x) \cdots p_m(x)$로 M 위의 서로 다른 기약 다항식으로 인수분해될 때, 임의의 $i \neq j$에 대하여 $\deg p_i(x) = \deg p_j(x)$ 임을 증명하라.

5.3.6. 갈루아 군 $\mathrm{Gal}(K/F)$의 부분군 H와 사이체 $F < M < K$에 대하여, $\sigma \in H$일 필요충분조건이 $\sigma(M) = M$이라 하자. 그러면

$$H = N_{\mathrm{Gal}(K/F)}(\mathrm{Gal}(K/M))$$

임을 보이라. 단, $N_G(-)$는 군 G의 부분군 $-$에 대한 정규화부분군이다.

5.3.7. (탐구문제) 차수 n인 분리 다항식 $f(x) \in F[x]$의 분해체를 K라 하자. 갈루아 군 $\mathrm{Gal}(K/F)$는 대칭군 S_n으로의 매장 사상이 존재함을 증명하라.

5.3.8. $K = F(u)$를 분리 기약 다항식 $\mathrm{irr}(u, F)$의 분해체라 하자. $[L : F] < \infty$이면 $\mathrm{irr}(u, L) = \mathrm{irr}(u, K \cap L)$임을 보이라.

5.3.9. (도전문제) $\mathbb{Q}$ 위의 갈루아 확대체 K에 대하여 $|\mathrm{Gal}(K/\mathbb{Q})| = p^n$, p는 소수라 하자. 다음 물음에 답하시오.

(1) $n = 1$, $p = 2, 3$일 때 분해체가 K인 분리 기약 다항식 $f(x)$의 예를 드시오.

(2) (가환군의 분류) $n = 2$일 때 임의의 사이체 $\mathbb{Q} < M < K$는 $\mathbb{Q}$ 위의 갈루아 확대체임을 보이라.

(3) (실로우 정리) 위수가 $|H| = p^{n-1}$인 부분군 $H < \mathrm{Gal}(K/\mathbb{Q})$에 대하여 고정체 K^H은 $\mathbb{Q}$ 위의 갈루아 확대체임을 보이라.

5.3.10. (탐구문제, 대수학의 기본정리 II) 표수가 0인 체 F의 유한 확대체가 다음 두 조건을 만족시킨다.

(a) F의 임의의 확대체 $F < L$에 대하여 $[L : F] = 2k$, $k \geq 1$이고 $[C : F] = 2$인 확대체 C가 존재한다.

(b) 임의의 확대체 $C < M$에 대하여 $[M : F] = 2t$, $t \geq 2$이다.

다음은 F 위의 임의의 분리 다항식 $f(x)$의 분해체 K는 C의 부분체임을 증명하는 과정이다. 물음에 답하시오.

(1) $C = F(u)$, $\mathrm{deg\,irr}(u, F) = 2$임을 보이라.

(2) KC는 F 위의 갈루아 확대체임을 확인하라.

(3) $|\mathrm{Gal}(KC/F)| = 2^k$ 꼴임을 증명하여 $|\mathrm{Gal}(KC/C)| = 2^s$ 꼴임을 확인하라. 단, $s \leq k$이다.

(4) $|\mathrm{Gal}(KC/C)| = 1$임을 증명하여 $K < C$임을 결론 지으시오.
(힌트: 실로우 정리)

5.4 갈루아 이론 예제

이론과 실제의 장벽은 분명히 존재한다. 갈루아 이론에서는 두 가지의 대상 즉, 부분군과 사이체 중 어느 한쪽을 잘 알고 있어야만 이 단원 내용을 수월하게 이해할 수 있다. 사실상 위수 12 이하인 군의 특징과 분류법에 익숙하다고 가정한다. 한편 유한체의 모든 갈루아 확대체를 분류한다.

준비물과 예제들

앞 단원의 갈루아 이론과 관련된 기본적 성질을 다시 나열하면 다음과 같다.

- (궤도-기약 다항식) $\operatorname{irr}(\alpha, M) = \prod_{\forall\sigma(\alpha)\in \operatorname{Gal}(K/M)\cdot\alpha} (x-\sigma(\alpha))$.
- (격자 생성 I) $\operatorname{Gal}(K/LM) = \operatorname{Gal}(K/L)\cap\operatorname{Gal}(K/M) \Leftrightarrow K^{H_1\cap H_2} = K^{H_1}K^{H_2}$.
- (격자 생성 II) $\operatorname{Gal}(K/L\cap M) = \langle \operatorname{Gal}(K/L), \operatorname{Gal}(K/M)\rangle$
  $$\Leftrightarrow K^{\langle H_1, H_2\rangle} = K^{H_1}\cap K^{H_2}.$$
- (사이체 궤도) $\sigma(M) = K^{\sigma\operatorname{Gal}(K/M)\sigma^{-1}}$, $\forall\sigma\in\operatorname{Gal}(K/F)$.
- (평행 이동) K가 F 위의 **갈루아 확대체**이면
  $$\operatorname{Gal}(KL/L)\cong\operatorname{Gal}(K/K\cap L),\ [KL:F] = \frac{[K:F][L:F]}{[K\cap L:F]}.$$
- (직적과 갈루아 군) $\operatorname{Gal}(M_1M_2/F) < \operatorname{Gal}(M_1/F)\times\operatorname{Gal}(M_2/F)$.
- (궤도와 고정체) $K = \operatorname{span}_F\{\alpha_1, \alpha_2, \cdots, \alpha_n\}$, $H < \operatorname{Gal}(K/F)$, $K^H = \prod_{i=1}^{n} F(\sum_{\sigma\in H}\sigma(\alpha_i))$.

다음 문제의 결과는 앞으로 자주 쓰일 기본적 사실이므로 미리 해결한다.

문제 5.11

$[\mathbb{Q}(\sqrt[n]{m}):\mathbb{Q}] = n$인 자연수 m과 n에 대하여 사이체 $\mathbb{Q} < M < \mathbb{Q}(\sqrt[n]{m})$의 차원을 $[M:\mathbb{Q}] = d$라 하자. 다음 물음에 답하라.

(1) $\operatorname{irr}(\sqrt[d]{m}, \mathbb{Q}) = x^d - m$임을 보이라.

(2) $M = \mathbb{Q}(\sqrt[d]{m})$임을 증명하라. 즉, 사이체는 유일하게 존재한다.

풀이 (1) $x^d - m$ 이 $\mathbb{Q}$ 위에서 가약이면 $x^d - m = p(x)q(x), \deg p(x), \deg q(x) \geq 1 \Rightarrow$ $x^n - m = (x^{\frac{n}{d}})^d - m = p(x^{\frac{n}{d}})q(x^{\frac{n}{d}})$ 이므로 $[\mathbb{Q}(\sqrt[n]{m}) : \mathbb{Q}] = n$ 에 모순이다.

(2) $M < \mathbb{Q}(\sqrt[n]{m}) \Rightarrow M(\sqrt[n]{m}) = \mathbb{Q}(\sqrt[n]{m})$. $[M(\sqrt[n]{m}) : M][M : \mathbb{Q}] = [\mathbb{Q}(\sqrt[n]{m}) : \mathbb{Q}] = n \Rightarrow [M(\sqrt[n]{m}) : M] = \frac{n}{d}$ 이다. 즉 $\text{degirr}(\sqrt[n]{m}, M) = \frac{n}{d}$ 이다. 다항식 $x^n - m$ 의 분해체에서 $\text{irr}(\sqrt[n]{m}, M) \mid \text{irr}(\sqrt[n]{m}, \mathbb{Q}) = x^n - m = \prod_{i=0}^{n-1}(x - \sqrt[n]{m}\omega^i)$ 이므로 다항식 $\text{irr}(\sqrt[n]{m}, M)$ 의 상수항은 $\exists k \in \mathbb{Z}, (\sqrt[n]{m})^{\frac{n}{d}}\omega^k = \sqrt[d]{m}\omega^k \in M \Rightarrow$ $\sqrt[d]{m}\omega^k \in M$ 이다. $\omega^k = z$ 라 하면 $|z| = 1$ 이다. 만약 $z = a + bi, b \neq 0$ 이면 $\sqrt[d]{m}a + \sqrt[d]{m}bi \in M \subset \mathbb{R}$ 으로 모순이다. 따라서 $b = 0, a = \pm 1$ 이다. 즉 $\sqrt[d]{m} \in M$ 이다. (1)에 의해 $[\mathbb{Q}(\sqrt[d]{m}) : \mathbb{Q}] = d$ 이므로 $\mathbb{Q}(\sqrt[d]{m}) = M$ 이다. □

예제 5.6

$\sqrt{5} \notin \mathbb{Q}(\sqrt[8]{3})$ 이다. $\mathbb{Q}(\sqrt{5}) < \mathbb{Q}(\sqrt[8]{3})$ 이면 $[\mathbb{Q}(\sqrt{5}) : \mathbb{Q}] = 2$ 이므로 $\mathbb{Q}(\sqrt{5}) = \mathbb{Q}(\sqrt{3})$ 이다. 그러나 이것은 $[\mathbb{Q}(\sqrt{3}, \sqrt{5}) : \mathbb{Q}] = 4$ 에 모순이다.

문제 5.12 갈루아 군 $\mathbb{Z}_2 \oplus \mathbb{Z}_2$

$\mathbb{Q}$ 위의 확대체 $K = \mathbb{Q}(\sqrt{2}, \sqrt{3})$ 에 대하여 물음에 답하시오.

(1) K 는 $\mathbb{Q}$ 위의 갈루아 확대체임을 확인하시오.

(2) $\text{Gal}(K/\mathbb{Q})$ 의 위수를 구해 갈루아 군을 결정하라.

(3) $u = \sqrt{2} + \sqrt{6}$ 의 갈루아 궤도 $\text{Gal}(K/\mathbb{Q}) \cdot u$ 를 구하시오.

(4) $K = \mathbb{Q}(u)$ 임을 확인하라.

풀이 (1) K 는 분리 다항식 $(x^2 - 2)(x^2 - 3)$ 의 분해체이다.

(2) $[K : \mathbb{Q}] = 4$ 이다. $\mathbb{Q}(\sqrt{2}) \cap \mathbb{Q}(\sqrt{3}) = \mathbb{Q}, K = \mathbb{Q}(\sqrt{2})\mathbb{Q}(\sqrt{3})$, 그리고 각각의 갈루아 확대체이므로 $\text{Gal}(K/\mathbb{Q}) \cong \text{Gal}(\mathbb{Q}(\sqrt{2})/\mathbb{Q})) \oplus \text{Gal}(\mathbb{Q}(\sqrt{3})/\mathbb{Q})) = \mathbb{Z}_2 \oplus \mathbb{Z}_2$ 이다.

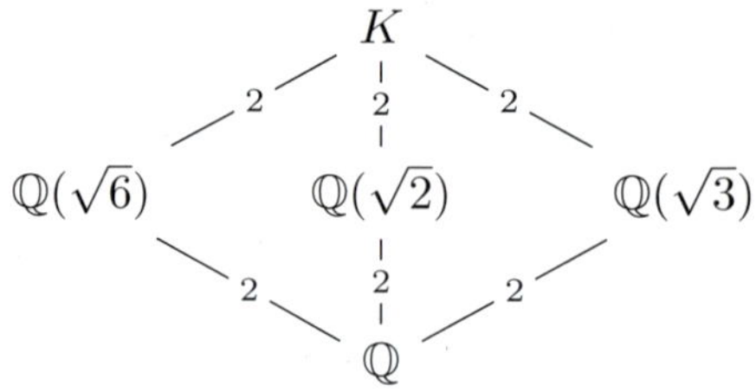

(3) $\text{Gal}(K/\mathbb{Q}) \cdot u = \{\pm\sqrt{2} \pm \sqrt{6}\}$. $K = \text{span}_{\mathbb{Q}}\{1, \sqrt{2}, \sqrt{3}, \sqrt{6}\}$ 이므로 궤도의 원소는 서로 다르다.

(4) (3)에 의해 $\text{degirr}(u, \mathbb{Q}) = 4$ 이고 $\mathbb{Q} < \mathbb{Q}(u) < K$ 이므로 등호가 성립한다.

□

문제 5.13 갈루아 군 S_3

K를 $\mathbb{Q}$ 위의 다항식 $x^3 - 5$의 분해체라 하자. 다음 물음에 답하시오.

(1) $\text{Gal}(K/\mathbb{Q})$의 위수를 찾고 가능한 군을 모두 제시하시오.

(2) $\text{Gal}(K/\mathbb{Q}) = \langle \tau, \sigma \rangle$, $\text{ord}(\tau) = 2, \text{ord}(\sigma) = 3$인 자기동형사상 σ, τ를 제시하시오.

(3) $\text{Gal}(K/\mathbb{Q})$의 가환성 여부를 판별하여 $\text{Gal}(K/\mathbb{Q}) = S_3$ 임을 보이라.

(4) 헤세와 사이체 도표를 각각 완성하라.

(5) $u = \sqrt[3]{25} \cdot \omega^2$의 궤도 $\text{Gal}(K/\mathbb{Q}) \cdot u$를 구하여 $K = \mathbb{Q}(u)$ 임을 확인하라.

풀이 (1) $K = \mathbb{Q}(\sqrt[3]{5}, \sqrt[3]{5}\omega, \sqrt[3]{5}\omega^2) = \mathbb{Q}(\sqrt[3]{5}, \omega)$ 이다. $[\mathbb{Q}(\sqrt[3]{5}) : \mathbb{Q}] = 3$, $[\mathbb{Q}(\omega) : \mathbb{Q}] = 2$로 서로소이므로 $|\text{Gal}(K/\mathbb{Q})| = [K : \mathbb{Q}] = 6$ 이다. 따라서 $\text{Gal}(K/\mathbb{Q}) \cong \mathbb{Z}_6$ 이거나 대칭군 S_3 이다.

(2) $\mathbb{Q}(\sqrt[3]{5}) \cap \mathbb{Q}(\omega) \overset{\omega \notin \mathbb{R}}{=} \mathbb{Q}$ 이고 $\mathbb{Q}(\omega)$는 $\mathbb{Q}$ 위의 갈루아 군이므로

$$\text{Gal}(K/\mathbb{Q}(\sqrt[3]{5})) \cong \text{Gal}(\mathbb{Q}(\omega)/\mathbb{Q}) = \mathbb{Z}_2 = \langle \tau \rangle,\ \tau(\omega) = \omega^2,\ \tau(\sqrt[3]{5}) = \sqrt[3]{5}$$

이다. 한편, $|\text{Gal}(K/\mathbb{Q}(\omega))| = 3 \Rightarrow \text{Gal}(K/\mathbb{Q}(\omega)) = \mathbb{Z}_3 = \langle \sigma \rangle, \sigma(\sqrt[3]{5}) = \sqrt[3]{5}\omega, \sigma(\omega) = \omega$ 이다. 단, σ의 존재성은 $\text{irr}(\sqrt[3]{5}, \mathbb{Q}) = \text{irr}(\sqrt[3]{5}, \mathbb{Q}(\omega))$ 으로부터

보장 받는다. 따라서 $\mathrm{Gal}(K/\mathbb{Q}) = \mathrm{Gal}(K/\mathbb{Q}(\sqrt[3]{5}) \cap \mathbb{Q}(\omega))) = \langle \tau, \sigma \rangle$ 이다.

(3) 비가환이므로 갈루아 군은 $\mathrm{Gal}(K/\mathbb{Q}) = S_3$ 이다.

참고) $x^3 - 5$ 는 $\mathbb{Q}$ 위에서 기약이므로 분해체 K 에서 근 $x_1 = \sqrt[3]{5}, x_2 = \sqrt[3]{5}\omega, x_3 = \sqrt[3]{5}\omega^2$ 을 바꾸는 동형사상들이 $\mathrm{Gal}(K/\mathbb{Q}) = S_3$ 의 모든 원소이다. (2)의 표시하는 방법과의 일대일 대응 관계는 $\langle \tau, \sigma \rangle \overset{\cong}{\to} S_3, \tau \mapsto (123), \sigma \mapsto (23)$ 이다.

(4) $\mathrm{Gal}(\mathbb{Q}(\omega)/\mathbb{Q}) = \mathbb{Z}_2$, $\mathbb{Q}(\sqrt[3]{5}) \cap \mathbb{Q}(\omega) = \mathbb{Q}$. 그리고 $x^3 - 5$ 는 $\mathbb{Q}$ 위에서 기약이므로 $\mathrm{Gal}(K/\mathbb{Q})$ 의 원소 중에는 $\mathbb{Q}(\sqrt[3]{5})$ 을 $\mathbb{Q}(\sqrt[3]{5}\omega)$, $\mathbb{Q}(\sqrt[3]{5}\omega^2)$ 으로 보내는 자기동형사상이 각각 존재한다. S_3 의 부분군 도표를 확인하면 이것이 모두임을 확인할 수 있다.

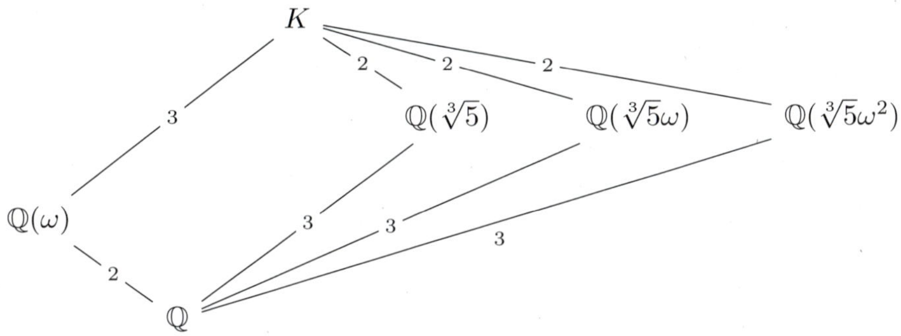

(5) (2)의 모든! 원소에 대하여 궤도를 구하여 확인한다. □

문제 5.14 갈루아 군 D_4

K를 $\mathbb{Q}$ 위의 다항식 $x^4 - 2$의 분해체라 하자. 다음 물음에 답하시오.

(1) $\mathrm{Gal}(K/\mathbb{Q})$의 위수를 찾아 군을 결정하라.

(2) $\mathrm{Gal}(K/\mathbb{Q}) = \langle \tau, \sigma \rangle, \mathrm{ord}(\tau) = 2, \mathrm{ord}(\sigma) = 4$ 인 $\sigma, \tau \in \mathrm{Gal}(K/\mathbb{Q})$를 제시하시오.

(3) 사이체 도표를 완성하라.

풀이 앞 문제의 풀이와 유사하다. 동형사상의 존재성에 유의하자.

(1) $K = \mathbb{Q}(\sqrt[4]{2}, i)$ 이다. 그리고 $i \notin \mathbb{Q}(\sqrt[4]{2})$ 이므로 $\mathbb{Q}(\sqrt[4]{2}) \cap \mathbb{Q}(i) = \mathbb{Q}$ 이다. 그러므로 $[K : \mathbb{Q}] = [K : \mathbb{Q}(\sqrt[4]{2})][\mathbb{Q}(\sqrt[4]{2}) : \mathbb{Q}] = 2 \times 4 = 8$ 이다. 따라서 가능한 군은 $\mathbb{Z}_2 \oplus \mathbb{Z}_2 \oplus \mathbb{Z}_2, \mathbb{Z}_2 \oplus \mathbb{Z}_4, \mathbb{Z}_8, D_4, Q_8$ 중 하나이다. 그런데 대칭군 S_4 의 위수가 8 인

부분군 $\mathrm{Gal}(K/\mathbb{Q}) < S_4$ 는 실로우 정리에 의해 다이헤드럴군 D_4 와 항상 (켤레) 동형이다.

(2) $\mathbb{Q}(i)$ 는 $\mathbb{Q}$ 위의 갈루아 확대체이므로

$$\mathrm{Gal}(K/\mathbb{Q}(\sqrt[4]{2})) = \mathrm{Gal}(\mathbb{Q}(i)/\mathbb{Q}) = \mathbb{Z}_2 = \langle\tau\rangle, \tau(i) = -i, \tau(\sqrt[4]{2}) = \sqrt[4]{2}.$$

한편 $|\mathrm{Gal}(K/\mathbb{Q}(i))| = 4$ 이다. 그런데 $\mathrm{irr}(\sqrt[4]{2}, \mathbb{Q}) \overset{[K:\mathbb{Q}]=8}{=} \mathrm{irr}(\sqrt[4]{2}, \mathbb{Q}(i))$ 이므로 동형사상 $\sigma(\sqrt[4]{2}) = \sqrt[4]{2}i, \sigma(i) = i$ 가 존재한다. 그뿐 아니라 $\mathbb{Q}(i)$ 위의 체 K 의 기저가 $\{1, \sqrt[4]{2}, (\sqrt[4]{2})^2, (\sqrt[4]{2})^3\}$ 이므로 $\mathrm{ord}(\sigma) = 4$ 이다. $\mathrm{Gal}(K/\mathbb{Q}) = \mathrm{Gal}(K/\mathbb{Q}(\sqrt[4]{2}) \cap \mathbb{Q}(i)) = \langle\tau, \sigma\rangle$ 이다.

(3) 사이체 도표를 완성하는 것은 부분군의 고정체를 구하면 된다. 즉 다이헤드럴군 D_4 의 헤세 도표와 궤도-고정체 관계를 이용하면 된다. 여기서는 사이체 관점에서 도표를 완성하는 요령을 제시한다.

- $\mathbb{Q}(i)$ 는 $\mathbb{Q}$ 위에서 갈루아 확대체이고 $\mathbb{Q}(i) \cap \mathbb{Q}(\sqrt[4]{2}) = \mathbb{Q}$ 이다.
- $\mathbb{Q}(\sqrt[4]{2})$ 은 $\mathbb{Q}$ 위에서 갈루아 군이 아니다. 기약 다항식 $x^4 - 2$ 의 다른 근에 해당하는 사이체 $\mathbb{Q}(\sqrt[4]{2}i)$ 가 있어야 한다.
- $\mathbb{Q}(\sqrt[4]{2}) < \mathbb{Q}(\sqrt{2})$.
- $M = \mathbb{Q}(\sqrt{2})\mathbb{Q}(i) < K$ 이고 $\mathbb{Q}$ 위에서 갈루아 확대체이다.
- (핵심적 관찰) $\mathrm{Gal}(M/\mathbb{Q}) = \mathbb{Z}_2 \oplus \mathbb{Z}_2$ 이므로 사이체 $\mathbb{Q}(\sqrt{-2}) < K$ 이다.
- $|\mathrm{Gal}(K/\mathbb{Q}(\sqrt{-2})| = 4 \Rightarrow \mathrm{Gal}(K/\mathbb{Q}(\sqrt{-2}) \cong \mathbb{Z}_4$ 또는 $\mathbb{Z}_2 \oplus \mathbb{Z}_2$ 이다. 그런데 D_4 의 헤세 도표에 의해 순환군 $\mathbb{Z}_4$ 는 아니다.
- $\mathbb{Q}(\sqrt{-2}) < L < K, [K : L] = 2$ 인 사이체 L 을 찾아 보자. $\sqrt{-2} \in L \Rightarrow K = L(\sqrt[4]{2}) \Rightarrow \mathrm{degirr}(\sqrt[4]{2}, L) = 2$.
- $\mathrm{irr}(\sqrt[4]{2}, L)|x^4 - 2$ 이므로 K 위에서 $x^4 - 2$ 를 인수분해하여 가능한 이차식을 모두 찾아 계수를 관찰하면 $\sqrt{2} \in L$ 또는 $\sqrt[4]{2} \pm \sqrt[4]{2}i \in L$ 이다. $\sqrt{2} \in L$ 이면 $\mathbb{Q}(\sqrt{-2}, \sqrt{2}) = \mathbb{Q}(\sqrt{2}, i) \overset{[L:\mathbb{Q}]=4}{<} L \Rightarrow L = M$ 이다.
- $\sqrt[4]{2} \pm \sqrt[4]{2}i$ 는 모두 $\mathbb{Q}$ 위의 4차 기약 다항식의 근이므로 $L = \mathbb{Q}(\sqrt[4]{2} \pm \sqrt[4]{2}i)$ 이다.

□

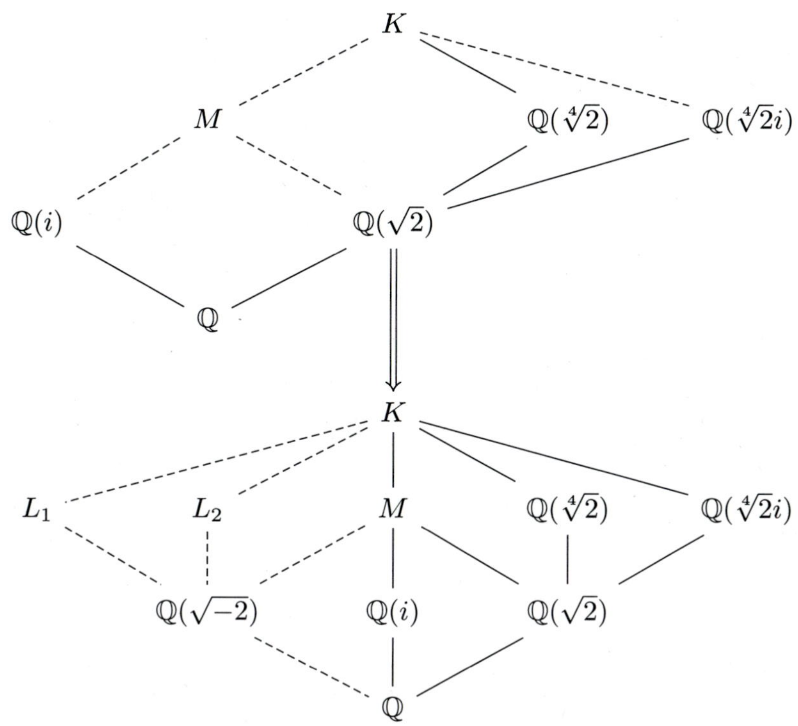

문제 5.15 탐구문제

문제 5.14의 상황에서 다음 물음에 답하시오.

(1) $\tau \circ \sigma = \sigma^3 \circ \tau$를 확인하라.

(2) 고정체 $K^{\langle \sigma^2 \rangle}$를 구하고 $\mathbb{Q}$ 위에서 갈루아 확대체임을 확인하라.

(3) 부분군 $H = \langle \sigma^2 \circ \tau \rangle$에 대한 고정체 $K^H = \mathbb{Q}(\beta)$의 원시 원소 β를 찾으라.

(4) $u = \sqrt[4]{2} \pm \sqrt[4]{2}\, i$에 대하여 $\mathrm{irr}(u, \mathbb{Q}) = x^4 + 8$임을 보이라.

(5) $\mathbb{Q}(\sqrt[4]{-2}) = \mathbb{Q}(\sqrt[4]{2} - \sqrt[4]{2}\, i)$임을 확인하라.

풀이 (1) i와 $\sqrt[4]{2}$에 대하여 $(\tau\circ\sigma)(i) = -i$, $(\tau\circ\sigma)(\sqrt[4]{2}) = -\sqrt[4]{2}i$, $(\sigma^3\circ\tau)(i) = -i$, $(\sigma^3\circ\tau)(\sqrt[4]{2}) = -\sqrt[4]{2}i$로부터 K에서 $\tau\circ\sigma = \sigma^3\circ\tau$가 항상 성립한다.

(2) 갈루아 대응 정리 I에 의해 $[K^{\langle\sigma^2\rangle} : \mathbb{Q}] = [\mathrm{Gal}(K/\mathbb{Q}) : \langle\sigma^2\rangle] = 4$이다. 그리고 $\sigma^2((\sqrt[4]{2})^2) = (\sqrt[4]{2})^2 (= \sqrt{2})$이고 $\sigma^2(i) = i$이므로 앞의 사이체 도표로부터

$K^{\langle\sigma^2\rangle} = \mathbb{Q}(\sqrt{2}, i)$ 이다. 물론 이 체는 $(x^2-2)(x^2+1)$ 의 분해체이므로 $\mathbb{Q}$ 위에서 갈루아 확대체이다.

(3) $|H| = 2$ 이므로 갈루아 대응 정리에 의해 $[K^H : \mathbb{Q}] = 4$ 이다. 사이체 도표에서 $\sigma^2 \circ \tau$ 에 의해 고정되는 것을 찾아보면 $\beta = \sqrt[4]{2}i$ 이다.

(4) 계산하면 $u^4 = -8 \Rightarrow \text{irr}(u, \mathbb{Q}) | x^4 + 8$ 이다. $x = \frac{2}{t}$ 로 치환하여 아이젠슈타인 판정법을 적용하면 $x^4 + 8$ 은 $\mathbb{Q}$ 위에서 기약이다.

(5) $x^4 + 2$ 는 $\mathbb{Q}$ 위의 기약 다항식이므로 $\sqrt[4]{-2} \in \mathbb{Q}(\sqrt[4]{2} - \sqrt[4]{2}\, i)$ 임을 확인하자. $\sqrt[4]{-2} = \sqrt[4]{2} \cdot \sqrt{i} = \sqrt[4]{2}(\frac{\sqrt{2}}{2} + \frac{\sqrt{2}}{2}i)$ 이다. 그리고 사이체 도표에서 $\sqrt{2}\, i \in \mathbb{Q}(\sqrt[4]{2} - \sqrt[4]{2}\, i) \Rightarrow (\sqrt[4]{2} - \sqrt[4]{2}\, i) \cdot \frac{\sqrt{2}}{2} i = \sqrt[4]{-2}$ 이 성립한다. □

위의 갈루아 군을 대칭군 S_4 의 부분군으로 이해하여 일반적으로 서술하면 다음과 같다 (연습문제 5.3.7.).

문제 5.16

K 를 $\mathbb{Q}$ 위의 다항식 $x^4 - a$ 의 분해체라 하자. $\text{Gal}(K/\mathbb{Q}) \cong D_4$ 임을 보이라. 단, $a > 1$ 은 완전 제곱수가 아닌 자연수이다.

풀이 $K = \mathbb{Q}(\sqrt[4]{a}, i)$ 이다. 그리고 a 가 완전제곱수가 아니므로 $a = p^s \cdot m^2, (p, m) = 1$, $s = 4k+1$ 또는 $4k+3$ 이다. $x = p^k t$ 로 치환하면 $x^4 - pm^2$ 과 $x^4 - p^3m^2$ 이 기약 다항식임을 확인하면 충분하다. 후자의 경우 $x = \frac{p}{t}$ 로 치환하면 전자의 형태로 표시할 수 있으므로 아이젠슈타인 판정법을 적용하면 $x^4 - a$ 는 $\mathbb{Q}$ 위에서 기약이다. 즉, $[\mathbb{Q}(\sqrt[4]{a}) : \mathbb{Q}] = 4$ 이다. 그리고 $i \notin \mathbb{Q}(\sqrt[4]{a})$ 이므로 $[K : \mathbb{Q}] = 8$ 이다. 한편 $\text{Gal}(K/\mathbb{Q}) < S_4$ 의 위수가 8 인 부분군은 실로우 정리에 의해 다이헤드럴군 D_4 와 항상 (켤레)동형이다. □

문제 5.17

K 를 $\mathbb{Q}$ 위의 다항식 $x^4 - 3$ 의 분해체라 하자. $K = \mathbb{Q}(\omega\sqrt[4]{3})$ 임을 보이라. 단, $\omega = e^{\frac{2\pi}{3}i}$ 이다.

풀이 K가 갈루아 확대체이고 $\mathrm{Gal}(K/\mathbb{Q}) = D_4$ 임을 알고 있으므로 $\omega\sqrt[4]{3} = \frac{1}{2}(\sqrt[4]{3} + (\sqrt[4]{3})^3 i)$의 갈루아 궤도를 계산하여 확인하면 충분하다. 실제로 계산하면 서로 다른 궤도의 개수는 8이므로 일치한다. □

$K = \mathbb{Q}(\sqrt{(2+\sqrt{2})(3+\sqrt{3})})$은 $\mathbb{Q}$ 위의 갈루아 확대체이고 $\mathrm{Gal}(K/\mathbb{Q}) = Q_8$(사원수군)임이 잘 알려져 있다. 증명 과정에서 사이체 $\mathbb{Q} < M = \mathbb{Q}(\sqrt{2}, \sqrt{3}) < K$에 대하여 $[K : M] = 2$임을 보여야 한다. 한편 $\sqrt{(2+\sqrt{2})(3+\sqrt{3})}$을 근으로 갖는 8차 유리수 계수 다항식 $((x^2 - (2+\sqrt{2})(3+\sqrt{3}))(x^2 - (2-\sqrt{2})(3+\sqrt{3}))(x^2 - (2+\sqrt{2})(3-\sqrt{3}))(x^2 - (2-\sqrt{2})(3-\sqrt{3})))$이 기약인 것과 모든 해가 K 안에 있음을 **바로** 증명하기 위해서는 많은 노력이 필요하다.

유한체의 갈루아 확대체

표수 p인 임의의 유한체 K는 $\mathbb{Z}_p$ 위의 다항식 $x^{p^n} - x$의 분해체이다. 그뿐 아니라 단원군 $U(K)$는 위수가 $p^n - 1$인 순환군이다. 생성원(원시 원소)에 대한 기약 다항식(원시 다항식)의 차수는 n이고 이로부터 구성되는 상체가 K였다. 그리고 K의 자기동형사상은 명시적으로 표현할 수 있었다. 이 단원에서는 이를 바탕으로 하여 K의 갈루아 군을 찾으려 한다. 물론 유한체의 확대체 $F < K$는 같은 표수를 가지므로, 갈루아 군과 사이체 관계를 살피는 문제는 $\mathbb{Z}_p$ 위에서의 유한 차원 확대체의 갈루아 군의 구조를 살펴보는 것을 시작점으로 삼는 것이 자명하다. 이것은 표수가 0인 체에서의 갈루아 이론을 정립하고자 할 때 $\mathbb{Q}$ 위의 확대체로 이해하여 출발하는 것과 같은 이치이다. 놀랍지 않게도 유한체의 갈루아 군은 매우 간단하다.

도움정리 5.10

유한체 F 위의 함수

$$\sigma : F \to F,\ \sigma_p(a) = a^p,\ \forall a \in F$$

는 **동형사상**이다.

증명 $F = \mathbb{Z}_p(u)$, u는 원시원소라 하자. $\mathrm{irr}(u, \mathbb{Z}_p) = \mathrm{irr}(u^p, \mathbb{Z}_p)$이므로 동형확장정리에 의해 $\mathrm{id} : \mathbb{Z}_p \to \mathbb{Z}_p$는 F 위의 동형사상 $\sigma : F \to F, \sigma(u) = u^p$으로 확장된다.

그런데 $\forall s(u) \in F \Rightarrow s(u) = \sum b_i u^i \Rightarrow \sigma(s(u)) = \sum b_i \sigma(u)^i = \sum b_i^p u^{ip} = [s(u)]^p$ 이므로 명제에서 찾고자 하는 사상이다. □

명제 5.8 유한체의 갈루아 군(Galois group over finite field)

$\mathbb{Z}_p$ 위의 유한 확대체 K, $[K:\mathbb{Z}_p]=n$은 갈루아 확대체이고

$$\mathrm{Gal}(K/\mathbb{Z}_p) = \langle \sigma_p \rangle \cong \mathbb{Z}_n,\ \sigma_p(a) = a^p,\ \forall a \in K$$

이다.

증명 K는 $\mathbb{Z}_p$ 위의 분리 다항식 $x^{p^n} - x$의 분해체이므로 갈루아 확대체이다. $|\mathrm{Gal}(K/\mathbb{Z}_p)| = [K:\mathbb{Z}_p]$ 이므로 $\mathrm{ord}(\sigma_p) = n$ 임을 증명하자. 임의의 $a \in K$에 대하여

$$\sigma_p^i(a) = \sigma_p(\sigma_p^{i-1}(a)) = \sigma_p(a^{p^{(i-1)}}) = (a^{p^{(i-1)}})^p = a^{p^i}$$

이다. $1 \le i \le n-1$ 인 어떤 i에 대하여 $\sigma_p^i = \mathrm{id}_K$ 라 하자. 그러면 $a^{p^i} = a \Rightarrow p^n = |K| \le \deg(x^{p^i} - x)$ 이므로 $n \le i$ 이다. 한편 임의의 $a \in K$에 대하여 $a^{p^n} = a$ 이므로 $\sigma_p^n(a) = a \Rightarrow \sigma_p^n = \mathrm{id}_K \Rightarrow \mathrm{ord}(\sigma_p) \mid n$ 이다. 따라서 $\mathrm{ord}(\sigma_p) = n$ 이다. □

유한 순환군 $G = \langle g \rangle$, $\mathrm{ord}(g) = n$의 위수가 $d(|n)$ 인 부분군은 $\langle g^{n/d} \rangle$으로 유일하게 존재한다는 사실에 유의하자. 그리고 $\mathrm{ord}(g^k) = \frac{n}{(k,n)}$ 이다.

따름정리 5.2

$\mathbb{Z}_p < M < K$가 유한체의 확대체라 하자. 단, $[K:\mathbb{Z}_p]=n$, $[M:\mathbb{Z}_p]=d$이다.

(1) $[M:\mathbb{Z}_p] \mid [K:\mathbb{Z}_p]$이다.

(2) M은 $\mathbb{Z}_p$ 위의 다항식 $x^{p^d} - x$의 분해체이다.

(3) $\mathrm{Gal}(K/\mathbb{Z}_p) = \langle \sigma_p \rangle$라 하자. 그러면

$$\mathrm{Gal}(K/M) = \langle \sigma_p^d \rangle,\ \mathrm{Gal}(M/\mathbb{Z}_p) \cong \langle \sigma_p \rangle / \langle \sigma_p^d \rangle$$

이다.

증명 K가 $\mathbb{Z}_p$ 위의 갈루아 군이 (순환) 가환이므로 갈루아 정리 II에 의해 사이체 M도 $\mathbb{Z}_p$ 위에서 갈루아 확대체임에 유의하라.

(1) 차원 정리

(2) $\mathbb{Z}$ 위에서 $d \mid n \overset{p^d-1|p^n-1}{\Rightarrow} x^{p^d} - x \mid x^{p^n} - x$이다. 따라서 $x^{p^d} - x$의 $\mathbb{Z}_p$ 위의 분해체 M'은 K에 포함되고 $[M' : \mathbb{Z}_p] = d$이다. 그런데 $\mathrm{Gal}(K/\mathbb{Z}_p)$가 순환군이므로 위수 $[K : \mathbb{Z}_p]$의 임의의 약수에 해당하는 부분군 및 사이체가 유일하게 존재한다. 따라서 $M = M'$이다.

(3) $\mathrm{Gal}(K/M) < \mathrm{Gal}(K/\mathbb{Z}_p)$이고 순환군의 위수가 $|\mathrm{Gal}(K/M)| = \frac{[K:\mathbb{Q}]}{[M:\mathbb{Q}]} = \frac{n}{d}$인 부분군은 유일하므로 $\mathrm{Gal}(K/M) = \langle \sigma_p^d \rangle$이다. 따라서 갈루아 대응 정리 II에 의해 참이다. □

연습 문제

5.4.1. (탐구문제) 다음 물음에 답하시오.

(1) $\mathbb{Q}$ 위의 기약 다항식 $x^3 - 10$의 갈루아 군을 구하라.

(2) $\mathbb{Q}(\sqrt{2})$ 위의 다항식 $x^3 - 10$의 갈루아 군을 결정하라.

(3) $\mathbb{Q}(\sqrt{-3})$ 위의 다항식 $x^3 - 10$의 갈루아 군을 결정하라.

5.4.2. $\mathbb{Q}$의 갈루아 확대체 K에 대하여 $\mathrm{Gal}(K/\mathbb{Q}) \cong \mathbb{Z}_5$라 하자. $K(\sqrt{2})$는 $\mathbb{Q}$의 갈루아 확대체임을 보이고 $\mathrm{Gal}(K(\sqrt{2})/\mathbb{Q}) \cong \mathbb{Z}_{10}$임을 보이라.

5.4.3. 서로 다른 완전 제곱수가 아닌 두 자연수 m, n에 대하여 $\mathbb{Q}(\sqrt{m}, \sqrt{n}) = \mathbb{Q}(\sqrt{nm} + \sqrt{n})$임을 보이라. 단, nm은 완전제곱수가 아니다.

5.4.4. F 위의 두 대수적 수 u, v에 대하여 $\mathrm{irr}(u, F) = \mathrm{irr}(v, F)$이지만 $F(u) \cap F(v) \neq F$인 예를 제시하시오. 단, $F(u)$와 $F(v)$는 $\mathrm{irr}(u, F)$의 분해체의 부분체이다.

5.4.5. 갈루아 확대체 $F < K$에 대하여 $\sigma \in \mathrm{Gal}(K/F)$의 위수가 $\mathrm{ord}(\sigma) = 2$라 하자. 그리고 $\alpha \in K \setminus F$에 대하여

$$\beta = \alpha + \sigma(\alpha),\ \gamma = \alpha \cdot \sigma(\alpha)$$

라 하면 $\beta, \gamma \in K^{\langle\sigma\rangle}$ 임을 보이라.

5.4.6. $K = \mathbb{Q}(\sqrt[4]{2}, i)$의 갈루아 군은 $\mathrm{Gal}(K/\mathbb{Q}) \cong D_4$이다. $u = \sqrt[4]{2} + \sqrt[4]{2}\ i$라 할 때, 갈루아 궤도는 $|\mathrm{Gal}(K/\mathbb{Q}) \cdot u| \geq 3$임을 증명하라.

5.4.7. (탐구문제) $\mathbb{Q}$ 위의 다항식 $x^{10} - 1$의 분해체 K에 대하여 $u = e^{\frac{2\pi}{5}i} + e^{\frac{3\pi}{5}i}$의 갈루아 궤도는

$$\mathrm{Gal}(K/\mathbb{Q}) \cdot u = \{\omega^2 + \omega^3,\ -\omega - \omega^4,\ \omega^4 + \omega,\ -\omega^3 - \omega^2\},\ \omega := e^{\frac{\pi}{5}i}$$

이다. 이때 $\mathrm{irr}(u, \mathbb{Q})$를 찾으시오.

5.4.8. 유리수체 $\mathbb{Q}$ 위에서 대수적 원소 α에 대하여 $K = \mathbb{Q}(\alpha)$는 $\mathbb{Q}$ 위의 갈루아 확대체이고 $[K : \mathbb{Q}] = 100$이라 가정하자. 만약 갈루아 군 $\mathrm{Gal}(K/\mathbb{Q})$가 $\sigma(\alpha) = \alpha^{-1}$ 인 원소 σ를 가질 때, K의 부분체 $F = \mathbb{Q}(\alpha + \alpha^{-1})$에 대하여 차수 $[F : \mathbb{Q}]$를 구하시오.

5.4.9. $\mathbb{Q}$ 위의 기약 다항식 $f(x)$의 분해체 K에 대하여 갈루아 군 $\mathrm{Gal}(K/\mathbb{Q})$가 가환군이다. 이때 $\mathrm{Gal}(K/\mathbb{Q})$의 위수가 $f(x)$의 차수와 같음을 보이라. 그리고 $\deg f(x) = 2018$일 때 K의 모든 부분체의 개수를 구하라.

5.4.10. 갈루아 군의 원소 $\sigma \in \mathrm{Gal}(K/F)$의 위수가 $\mathrm{ord}(\sigma) = 2$라 하자. $F < K^{\langle\sigma\rangle}$가 갈루아 확대체일 필요충분조건은 $\sigma \in C(\mathrm{Gal}(K/F))$임을 보이라. 단, $C(G)$는 군 G의 중심이다.

5.4.11. (탐구문제) 복소수체 $\mathbb{C}$ 안에서의 갈루아 확대체 $F < K$에 대하여 $F < \mathbb{R}$이라 하자. 그러면 $K < \mathbb{R}$이거나 $M < K$, $[K : M] = 2$인 부분체 $M < \mathbb{R}$이 존재함을 보이라.

5.4.12. 갈루아 군 $G = \mathrm{Gal}(K/F)$의 부분군 H가

$$N \lhd \mathrm{Gal}(K/F),\ N \subset H \Rightarrow N = \{e\}$$

를 만족시키면 K는 차수가 $[G : H]$인 F 위의 다항식의 분해체임을 보시오.

5.4.13. (탐구문제) 유리수 체 $\mathbb{Q}$ 위의 차수가 n인 기약 다항식 $f(x)$가 절댓값이 1인 복소수 근을 가지면 $n = 2k$이고 $f(x)$가 상반 다항식이다.

5.4.14. 유리수 체 $\mathbb{Q}$ 위의 $x^{10} - 5$의 분해체를 K라 할때 $|\mathrm{Gal}(K/\mathbb{Q})|$의 값을 구하시오.

5.4.15. 유리수 체 $\mathbb{Q}$ 위의 기약 다항식 $\mathrm{irr}(u, \mathbb{Q})$의 분해체를 K라 하자. 중간체 $\mathbb{Q} < M < K$가 $\mathbb{Q}$ 위에서 갈루아 확대체일 때

$$\mathrm{irr}(u, \mathbb{Q}) = \mathrm{irr}(u, M) \Leftrightarrow M \cap \mathbb{Q}(u) = \mathbb{Q}$$

임을 증명하라.

5.4.16. (탐구문제, 원시 원소 정리) 임의의 유한 분리 확대체 $F < E$는 단순 확대체 $E = F(w)$, $w \in E$임을 궤도-기약 다항식의 관계를 이용하여 증명하는 과정이다. 빈칸에 알맞은 용어나 기호를 채우시오. 단, 체 F는 무한 집합이다.

> 체 F 위의 최소공배원 $\mathrm{lcm}(\mathrm{irr}(u, F), \mathrm{irr}(v, F))$의 분해체를 K라 하면 일반성을 잃지 않고 $F \subset F(u, v) = E \subset K$라 가정할 수 있다. 부분군 $\mathrm{Gal}(K/E) \subset \mathrm{Gal}(K/F)$에 대한 좌잉여류의 대표원 집합의 원소의 개수는 $\frac{\mathrm{Gal}(K/F)}{\mathrm{Gal}(K/E)} = \boxed{\text{(a)}} = [E : F](:= n)$이다. 대표원의 집합을
>
> $$\{\sigma_1 = \mathrm{id}, \cdots, \sigma_n\} \subset \mathrm{Gal}(K/F)$$
>
> 이라 두면 t에 대한 다항식 $G(t) := \prod_{1 \le i < j \le n} [\sigma_i(u) - \sigma_j(u) + t(\sigma_i(v) - \sigma_j(v))]$는 항등적으로 0은 아니다(왜냐하면 어떤 i, j에 대하여 $\sigma_i(u) - \sigma_j(u) + t(\sigma_i(v) - \sigma_j(v)) = 0 \Rightarrow \boxed{\text{(b)}} \Rightarrow \sigma_j^{-1} \circ \sigma_i \in \mathrm{Gal}(K/E) \Rightarrow \sigma_i \mathrm{Gal}(K/E) = \sigma_j \mathrm{Gal}(K/E)$으로 모순). 따라서 $G(t_0) \neq 0$인 $t_0 \in F$가 존재한다($\because F : \boxed{\text{(c)}}$). 그러면
>
> $$[F(u + t_0 v) : F] = |\{\sigma_k(u + t_0 v) \mid \forall \sigma_k \in \mathrm{Gal}(K/F)\}| \overset{G(t_0) \neq 0}{\geq n} = [E : F]$$
>
> 이므로 $F(u + t_0 v) \boxed{\text{(d)}} F(u, v) = E$이다.

5.4.17. K가 F 위의 분리 다항식 $f(x)$의 분해체이고 $f(x) = p_1(x)p_2(x)$, $p_i(x) \in F[x]$로 유일하게 인수분해될 때

$$\text{Gal}(K/F) < S_n \times S_m$$

임을 보이라. 단, $n = \text{deg}p(x)$, $m = \text{deg}q(x)$이고 S_n, S_m은 대칭군이다.

5.4.18. 기약 다항식 $\text{irr}(\sqrt{3} + \sqrt[3]{3}, \mathbb{Q})$를 찾고 분해체 K의 갈루아 군 $\text{Gal}(K/\mathbb{Q})$을 구하라.

5.4.19. (탐구문제) 분리 다항식 $f(x) \in F[x]$의 분해체를 K라 하자. $f(x)$가 기약일 필요충분조건은 $f(x)$의 임의의 두 근 u, v에 대하여, $\sigma(u) = v$인 자기동형사상 $\sigma \in \text{Gal}(K/F)$가 존재하는 것임을 증명하라.

5.4.20. K가 F의 갈루아 확대체이다. 부분체 $F < M < K$에 대하여 $[M : F] = 2$이고 $|\text{Gal}(K/M)| = p$는 홀수인 소수라 하자. 가능한 갈루아 군 $\text{Gal}(K/F)$를 모두 제시하시오.

5.4.21. $K = \mathbb{Q}(\sqrt{2}, \sqrt{3}, \sqrt{5}, \sqrt{7}, \sqrt{11})$에 대하여 다음 물음에 답하라.

(1) $\text{Gal}(K/\mathbb{Q})$를 찾으라.

(2) $[K : M] = 2$인 사이체 $\mathbb{Q} < M < K$를 하나 찾으라.

5.4.22. $u = \sqrt{2} + \sqrt{3} + \sqrt{6}$일 때 $\text{irr}(u, \mathbb{Q})$를 구하라.

5.4.23. $M_1 = \mathbb{Q}(\sqrt[3]{2})$, $M_1 = \mathbb{Q}(\sqrt[3]{2}\omega)$일 때 다음 물음에 답하시오. 단, $\omega = e^{\frac{2\pi}{3}i}$이다.

(1) $[M_1M_2 : \mathbb{Q}] = 6$임을 증명하라.

(2) $[M_i : \mathbb{Q}] = 3$임을 보이라.

(3) $M_1 \cap M_2 = \mathbb{Q}$임을 증명하라.

5.4.24. 갈루아 군이 직적 $\text{Gal}(K/F) = H_1 \times H_2$으로 표시된다. 다음 물음에 답하시오.

(1) $L_1 = K^{\{e_1\} \times H_2}$, $L_2 = K^{H_1 \times \{e_2\}}$은 F 위의 갈루아 확대체임을 보이라.

(2) $L_1L_2 = K$ 임을 보이라.

(3) $L_1 \cap L_2 = F$ 임을 증명하라.

5.4.25. 표수가 p인 유한체 F 위의 임의의 다항식 $x^p - a$는 가약임을 보이라. 단, $a \in F$이다.

5.4.26. K가 $\mathbb{Z}_2$ 위의 $x^{256} - x$의 분해체일 때 K의 모든 사이체를 구하시오. 그리고 $[M : \mathbb{Z}_2] = 4$인 사이체 M에 대하여 $M \cong \mathbb{Z}_2(u)$인 기약 다항식 $\mathrm{irr}(u, \mathbb{Z}_2)$를 (모두) 찾으라.

5.4.27. 소수 p에 대하여 $\mathbb{Z}_p$ 위의 다항식 $x^{p^4} - x$의 분해체를 K라 할 때 다음 물음에 답하라.

(1) $\mathbb{Z}_p < M < K$, $[M : \mathbb{Z}_2] = 2$인 사이체 M은 유일하게 존재함을 증명하라.

(2) $\mathrm{Gal}(K/\mathbb{Z}_p) = \mathbb{Z}_4$ 임을 증명하라.

5.4.28. 다항식 환 $\mathbb{Z}_2[x]$에서 기약인 다항식 $x^3 + x^2 + 1$의 한 근을 u라 하고 $E = \mathbb{Z}_2(u)$라 하자. 확대체 E에서 $x^3 + x^2 + 1$의 근을 모두 구하시오.

5.4.29. 체 $\mathbb{Z}_3$의 유한 확대체 F가 $[F : \mathbb{Z}_3] = 6$이다. $u \in F$에 대하여

$$\phi : \mathbb{Z}_3[x] \to F,\ \phi(f(x)) = f(u)$$

로 정의된 **대입 준동형사상(evaluation homomorphism)**에 대하여 $\mathrm{irr}(u, \mathbb{Z}_3) | x^{3^6} - x$임을 보이라.

5.4.30. $\mathbb{Z}_5$의 유한 확대체 K, $[K : \mathbb{Z}_5] = 60$에 대하여 다음 물음에 답하시오.

(1) 사이체 $M < K$에 대하여 $\mathbb{Z}_5 < M$임을 보이라.

(2) 사이체 $\mathbb{Z}_5 < M_1,\ M_2 < K$에 대하여 $[K : M_1] = 5$, $[K : M_2] = 10$이면 $M_2 < M_1$임을 보이라.

(3) 사이체 $\mathbb{Z}_5 < M_1,\ M_2 < K$에 대하여 $[K : M_1] = 6$, $[K : M_2] = 10$이면 $M_1 \cap M_2$는 $\mathbb{Z}_5$ 위의 차원 2인 갈루아 확대체임을 보이라.

5.4.31. $\mathbb{Z}_3$ 위의 다항식 $x^4 - 2$의 분해체 K의 갈루아 군의 위수를 구하시오.

5.4.32. $\mathbb{Z}_7$ 위의 다항식 $x^4 - 2$의 분해체 K의 갈루아 군을 구하시오.

5.4.33. $\mathbb{Z}_5$ 위의 다항식 $x^4 + 2$의 분해체 K의 갈루아 군을 구하시오.

제 6 장
다항 방정식의 가해성

이제부터 특별한 언급이 없으면 바닥체 F의 표수는 항상 0이다. 다항 방정식의 근 공식의 존재성에 대한 탐구는 대수학 역사의 큰 흐름 중 하나이다. 지금까지 배운 도구를 모두 활용하여 대수 방정식의 근 공식이 존재할 필요충분조건을 찾으려 한다. 논의는 4차 이하의 방정식의 근 공식을 찾는 데 필수적 요소인 거듭 제곱근 확대체에 대한 탐구를 시작점으로 한다.

6.1 원분 확대체

본 단원에서는 다항식의 근 공식의 존재성에 대한 논의의 출발점이 되는 1의 거듭제곱근 $\sqrt[n]{1}$에 대하여 살펴보고자 한다. 드무아브르의 정리와 관련 성질을 잘 알고 있다면 여러모로 도움이 될 것이다.

도움정리 6.1

체 F의 단원군 $U(F)$의 임의의 유한 부분군은 순환군임을 증명하라. 특히 부분집합 $A_n = \{\alpha \in F \mid \alpha^n = 1\}$은 곱셈군 $U(F)$의 **순환 부분군**이다.

증명 $H < U(F)$의 부분군이라 하자. $U(F)$는 가환이므로 유한 가환군의 기본 정리에 의해

$$H \cong \mathbb{Z}_{m_1} \times \cdots \times \mathbb{Z}_{m_k},\ m_1 \mid \cdots \mid m_k$$

이다. 그러면 임의의 $h \in H$에 대하여 $h^{m_k} = 1$이다. 따라서 $|H| \le \deg(x^{m_k} - 1) = m_k$이다. 한편 a를 $(0, 0, 0, \cdots, 1)$에 대응되는 H의 원소라 하자. 그러면 라그랑주 정리에 의해 $m_k = \mathrm{ord}(a) \mid |H|$이다. 결국 $m_k = \mathrm{ord}(a) = |H| = m_k$이므로 $H = \langle a \rangle$로 순환군이다.

$1 \in A_n$이고 $\forall\, a, b \in A_n \Rightarrow (ab^{-1})^n = a^n b^{-n} = 1$이므로 부분군이다. 방정식 $x^n - 1$의 근의 개수는 고작해야 n개이므로 $|A_n| < \infty$이다. □

곱셈군 A_n의 생성원을 $\omega_n \in A_n$으로 표시하고 **원시 n-제곱근(primitive n-th root of unity)**이라 한다. 그리고 $A_n = \langle \omega_n \rangle$에서 ω_n^k이 생성원(즉, $A_n = \langle \omega_n^k \rangle$)이 될 필요충분조건은 k과 n이 서로소인 것이다.

예제 6.1

복소수

$$e^{\frac{2\pi i}{n}} = \cos\frac{2\pi}{n} + i\sin\frac{2\pi}{n}$$

는 $\mathbb{Q}$ 위의 다항식 $x^n - 1$의 원시 n-제곱근이다. 각각의 자연수 $0 \le k \le n-1$에 대하여 근 $(e^{\frac{2\pi i}{n}})^k$은 복소 평면 $\mathbb{C}$ 안의 단위원 $|z| = 1$을 등분하는 점이기 때문에

'원분'이라는 용어를 쓰고 있다. 한편 $x^8 - 1$의 원시 8-제곱근은

$$\omega_8 := e^{\frac{2\pi i}{8}},\ \omega_8^3,\ \omega_8^5,\ \omega_8^7$$

이고 ω_8^0, ω_8^2, ω_8^4, ω_8^6은 원시 8-제곱근이 아니다. 실제로 복소 평면의 점 $z = 1$을 포함하여 단위원을 팔등분한 후, 각각의 점을 거듭제곱(즉, 편각의 합)해보면 전자의 경우 모든 등분점이 되지만 후자의 경우 그렇지 못하다.

원시 n-제곱근의 개념은 정수론의 **원시근(primitive root)**과 밀접한 관련이 있다. 즉 정수환 $\mathbb{Z}_n$의 단원군이 순환군 $U(\mathbb{Z}_n) = \mathbb{Z}_n^* = \langle g \rangle$일 때, 생성자 g를 법 n(modulo n)에 대한 원시근이라 한다. 특히 단원군 $\mathbb{Z}_n^*$가 순환군일 필요충분조건은 n이 2, 4, p^k, $2p^k$인 것이다. 단, p는 홀수인 소수이고 k는 양의 정수이다.

예제 6.2

체 K_n을 F 위에서 다항식 $x^n - 1$의 분해체라 하자. $x^n - 1$은 K_n 안에서 서로 다른 n개의 근의 집합이 $\{1, \omega_n, \omega_n^2, \cdots, \omega_n^{n-1}\}$ 이므로 K_n은 단순 갈루아 확대체 $K = F(\omega_n)$이다. 그리고

$$x^n - 1 = \prod_{1 \le k \le n} (x - \omega_n^k)$$

이다.

예제 6.2의 확대체 K_n을 **원분 확대체(cyclotomic extension field)**라 한다.

문제 6.1

정수 m, n에 대하여 $m \mid n$이면 $K_m < K_n$임을 보이라.

풀이 ω_n을 원시 n-제곱근이라면 $K_n = F(\omega_n)$이다. 그런데 $\text{ord}((\omega_n)^{\frac{n}{m}}) = m$, $(\omega_n)^{\frac{n}{m}} \in A_m$이므로 $K_m = F((\omega_n)^{\frac{n}{m}})$이다. 따라서 $K_m < K_n$이다. □

바닥체가 $F = \mathbb{Q}$이고 n이 **소수** $(n = p)$이면 아이젠슈타인 판정법에 의해 $\text{irr}(\omega_p, \mathbb{Q}) = \frac{x^p - 1}{x - 1}$임을 알고 있다. 그리고 ω_p^i, $1 \le i \le p - 1$은 $\text{irr}(\omega_p, \mathbb{Q})$의 근이다. 따라서 $\mathbb{Q}$ 위의 다항식 $x^p - 1$의 분해체의 갈루아 군을 구할 수 있다.

문제 6.2

홀수인 소수 p에 대하여 K_p를 다항식 $x^p - 1$의 $\mathbb{Q}$ 위의 분해체라 하자. $\mathrm{Gal}(K_p/\mathbb{Q}) \cong \mathbb{Z}_p^* = \mathbb{Z}_{p-1}$ 임을 보이라.

풀이 동형확장정리에 의해 $\sigma(\omega_p) = \omega_p^g$, $(1 \leq g \leq p-1, g$는 법 p에 대한 원시근$)$ 인 자기동형사상 $\sigma \in \mathrm{Gal}(K_p/\mathbb{Q})$가 존재한다. 그뿐 아니라 $\mathrm{ord}(\sigma) = p-1$이다. □

n이 **합성수**이면 다항식 $x^n - 1$은 **가약**이므로 기약 다항식은 $\mathrm{irr}(\omega_n, F) | \frac{x^n-1}{x-1}$ 이지만 등호는 성립하지 않는다. 갈루아 군을 찾기 위해 이 기약 다항식의 모든 해를 알고 있어야 한다(분해체의 자기동형사상의 존재성 보장). 예제 6.1에서 살펴본 대로 $x^n - 1$의 근 ω_n^i 들 중 $\mathrm{irr}(\omega_n, F)$의 근이 되는 경우는 i이 n과 서로소일 때이다. 원시 제곱근의 기약 다항식의 후보는 이러한 관찰을 바탕으로 하면 다음과 같이 유추할 수 있다.

정의 6.1 원분 다항식

체 F 위의 원시 n-제곱근 ω_n에 대하여 다항식

$$\Phi_n(x) = \prod_{k \in \mathbb{Z}_n^*} (x - \omega_n^k)$$

을 n-차 **원분 다항식(cyclotomic polynomial)**이라 한다.

다시 말해 n-차 원분 다항식은 곱셈군 A_n의 모든 생성원을 근으로 갖는 모닉 다항식이다. $n = p_1^{e_1} p_2^{e_2} \cdots p_k^{e_k}$ 으로 소인수 분해된다면 $|\mathbb{Z}_n^*| = n \prod_{i=1}^{k} (1 - \frac{1}{p_i}) := \varphi(n)$이므로 $\deg \Phi_n(x) = \varphi(n)$이다. 그러므로 n-차 원분 다항식의 차수는 n이 아니다! 그리고 ω_n이 원분 다항식 $\Phi_n(x)$의 근이므로 $x^n - 1$의 분해체와 일치함에 유의하라.

예제 6.3

$F = \mathbb{Q}$이라 하자.

- $\Phi_1(x) = x - 1$, $\Phi_2(x) = x + 1$, $\Phi_4(x) = (x - i)(x + i) = x^2 + 1$.
- $\omega_6 = e^{\frac{2\pi}{6} i} = \frac{1}{2} + \frac{\sqrt{3}}{2} i \Rightarrow \Phi_6(x) = (x - \omega_6)(x - \omega_6^5) = x^2 - x + 1$.

문제 6.3

$\mathbb{Q}$ 위의 $x^8 - 1$(또는 $\Phi_8(x)$)의 분해체 K_8의 갈루아 군 $\mathrm{Gal}(K_8/\mathbb{Q})$를 결정하라.

풀이 $\omega_8 = e^{\frac{2\pi}{8}i} = \frac{1}{\sqrt{2}} + \frac{1}{\sqrt{2}}i \Rightarrow \Phi_8(x) = (x-\omega_8)(x-\omega_8^3)(x-\omega_8^5)(x-\omega_8^7) = (x^2-(\omega_8+\omega_8^7)x+1)(x^2-(\omega_8^3+\omega_8^5)x+1) = (x^2+1-\sqrt{2}x)(x^2+1+\sqrt{2}x) = x^4+1$. 그런데 $\mathbb{Q}$ 위의 다항식 $(x+1)^4+1$은 아이젠슈타인 판정법에 의해 기약이므로 $\Phi_8(x) = x^4+1$도 기약이다. 따라서 $|\mathrm{Gal}(K_8/\mathbb{Q})| = [K_8 : \mathbb{Q}] = [\mathbb{Q}(\omega_8) : \mathbb{Q}] = 4$ 이다. 그뿐 아니라 동형확장정리에 의해 $\sigma_k(\omega_8) = \omega_8^k, k \in \{1,3,5,7\}$ 이 존재한다. 끝으로 계산을 통해 모든 k에 대하여 $\sigma_k \circ \sigma_k = \mathrm{id}$ 이다. 군의 분류에 의해 $\mathrm{Gal}(K_8/\mathbb{Q}) \cong \mathbb{Z}_2 \oplus \mathbb{Z}_2$ 이다. □

n	$\Phi_n(x)$	$\mathrm{Gal}(K_n/\mathbb{Q})$
1	$x-1$	$\{\mathrm{id}\}$
2	$x+1$	$\{\mathrm{id}\}$
3	$\frac{x^3-1}{x-1}$	$\mathbb{Z}_2$
4	x^2+1	$\mathbb{Z}_2$
5	$\frac{x^5-1}{x-1}$	$\mathbb{Z}_4$
6	x^2-x+1	$\mathbb{Z}_2$
7	$\frac{x^7-1}{x-1}$	$\mathbb{Z}_6$
8	x^4+1	$\mathbb{Z}_2 \oplus \mathbb{Z}_2$
$\vdots$	$\vdots$	$\vdots$

원분 다항식은 기약 다항식이 갖추어야 할 성질 즉, 원시 n-제곱근 ω_n의 갈루아 궤도의 모든 원소를 근으로 가지고 있으므로 기약 다항식인 것이 자명해 보인다. 하지만 원분 다항식이 F 위의 다항식인지조차 확실하지 않다. 만약 바닥체 $F = \mathbb{Q}$이면 이런 예상은 모두 옳다. 아쉽게도 예상에 대한 쉬운! 증명법은 2021년 10월 22일까지 알려지지 않았다.

정리 6.1

유리수 체 $F = \mathbb{Q}$ 위에서 제n차 원분 다항식 $\Phi_n(x)$는 기약 다항식이다.

증명 $\Phi_n(x)$의 계수가 모두 정수임은 탐구문제로 남긴다(귀납법).
원시 n 제곱근 ω_n의 기약 다항식 $f(x) = \mathrm{irr}(\omega_n, \mathbb{Q})$에 대하여 $\Phi_n(\omega_n) = 0 \Rightarrow \Phi_n(x) = f(x)g(x)$ 이다. 그리고 가우스의 도움정리에 의해 $f(x), g(x) \in \mathbb{Z}[x]$ 인

모닉 다항식이라 가정할 수 있다. 모든 원시 n 제곱근이 $f(x)$의 근임을 보인다. 이를 위해 $(n,p)=1$인 임의의 소수 p에 대해 $f(\omega^p)=0$임을 증명하자. $f(x)$의 근 ω에 대해 $f(\omega^p)\neq 0 \overset{\Phi_n(\omega^p)=0}{\Rightarrow} g(\omega^p)=0$이다. 즉 ω는 다항식 $g(x^p)$의 근이므로 $g(x^p)=f(x)h(x), \exists h(x)\in\mathbb{Z}[x]$이다. 이제 다항식의 계수를 p로 나눈 나머지로 바꾸자. 즉 $\mathbb{Z}[x]\to\mathbb{Z}_p[x], \sum a_i x^i \mapsto \sum \overline{a_i}x^i$을 생각하면 $\mathbb{Z}_p[x]$에서 $\overline{g}(x^p)=\overline{f}(x)\overline{h}(x)$이다. 그리고 체 $\mathbb{Z}_p$ 위에서 $\overline{g}(x^p)=(\overline{g}(x))^p$이므로 $\overline{g}(x)^p=\overline{f}(x)\overline{h}(x)$이다. 그런데 $\mathbb{Z}_p[x]$가 UFD이므로 $\overline{f}(x)$와 $\overline{g}(x)$는 차수가 1 이상인 공통된 기약 인수를 갖는다. 이것은 다항식 $\overline{f}(x)\overline{g}(x)=\overline{\Phi}_n(x)\mid x^n-1$이 $\mathbb{Z}_p$ 위에서 분리 다항식이라는 사실에 모순이다($p\nmid n$ 이용, 명제 4.7). □

이제 원분 다항식의 분해체 즉 다항식 x^n-1의 갈루아 군을 찾으려 한다. 이것은 방정식의 가해성을 논의하는 데 중요한 역할을 하게 될 것이다.

정리 6.2 원분 확대체의 갈루아 군

체 F 위의 다항식 x^n-1의 분해체 $K=F(\omega_n)$에 대하여

(1) $\sigma\in\mathrm{Gal}(K/F)$가 존재하면 $\sigma(\omega_n)=\omega_n^k,\ (k,n)=1,\ 1\leq\exists k\leq n-1$이다.

(2) 함수

$$\phi\colon \mathrm{Gal}(K/F)\to\mathbb{Z}_n^*,\ [\sigma(\omega_n)=\omega_n^k]\mapsto\bar{k}$$

는 일대일 군 준동형사상이다. 특히 $\mathrm{Gal}(K/F)$는 가환군이다.

(3) $F=\mathbb{Q}$이면 ϕ는 위로의 함수이다. 즉 $[K:\mathbb{Q}]=\varphi(n)$이다.

증명 (1) 분해체는 단순 확대체 $K=F(\omega)$이므로 자기동형사상 σ는 $\sigma(\omega)$의 값에 따라 완전히 결정된다. 그리고 $(\sigma(\omega))^n=\sigma(\omega^n)=(1)^n=1$이므로 $\sigma(\omega)=\omega^k,\ 1\leq k\leq n-1$꼴이어야 한다. 그런데 자기동형사상 σ를 곱셈 순환군 A_n으로 제약하면 군 동형사상이므로 $n=\mathrm{ord}(\sigma(\omega))=\mathrm{ord}(\omega^k)=\frac{n}{(k,n)}\Rightarrow(k,n)=1$이다.
(2) $\sigma(\omega)=\omega^k,\tau(\omega)=\omega^j\Rightarrow(\sigma\circ\tau)(\omega)=\omega^{kj}=\omega^{\overline{kj}}\Rightarrow\phi(\sigma\circ\tau)=\overline{kj}=\bar{k}\bar{j}=\phi(\sigma)\phi(\tau)$이므로 ϕ는 군 준동형사상이다. $\phi(\sigma)=\bar{1}\Rightarrow\sigma(\omega)=\omega^1=\omega\Rightarrow\sigma=\mathrm{id}_K$이므로 일대일 함수이다.

(3) $F = \mathbb{Q}$이면 정리 6.1의 의해 $[\mathbb{Q}(\omega) : \mathbb{Q}] = \deg\Phi_n(x) = \varphi(n)$이므로 ϕ는 위로의 사상이다. □

정리 6.2로부터 $x^n - 1$의 분해체 K의 갈루아 군을 분석하는 것은 단원군 $\mathbb{Z}_n^*$의 구조를 살피는 것으로 귀결된다. 이때 $(\mathbb{Z}_n \times \mathbb{Z}_m)^* = \mathbb{Z}_n^* \times \mathbb{Z}_m^*$, $(n, m) = 1$에 유의하라. 한편 정리 6.2의 (3)이 임의의 바닥체에서 성립하는 것은 아니다. $F = \mathbb{R}$에 대하여 $\mathbb{C}$는 단위원의 원시 제곱근 $\omega_7 = e^{\frac{2\pi i}{7}}$을 가지며 $x^7 - 1$의 분해체이다. $|\mathrm{Gal}(\mathbb{C}/\mathbb{R})| = [\mathbb{C} : \mathbb{R}] = 2$이므로 명제의 준동형사상 ϕ는 위로의 함수가 아니다($\varphi(7) = 6$).

원분 확대체의 원소에 대한 기약 다항식을 구하고자 할 때 갈루아 군의 원소를 이미 알고 있으므로 기약 다항식의 모든 근을 알 수 있다. 다만! 나머지 근이 주어진 사이체 안의 원소가 된다는 것은 자명한 사실이 아니다.

예제 6.4

$\omega_n := \omega$를 원시 n-제곱근이라 하자. 특히 $\omega = e^{\frac{2\pi}{n} i}$로 고정하자. 그러면

$$[\mathbb{Q}(\omega + \omega^{-1}) : \mathbb{Q}] = \frac{\varphi(n)}{2}$$

이다.

설명 1. $(x-\omega)(x-\omega^{-1}) = x^2-(\omega+\omega^{-1})x+1 \Rightarrow \mathrm{degirr}(\omega, \mathbb{Q}(\omega+\omega^{-1})] \le 2$이다. 그리고 원분 다항식은 상반이므로 $\omega + \omega^{-1}$는 차수가 $\frac{\varphi(n)}{2}$인 유리수 계수 다항식의 근이다. 그러므로 $\mathrm{degirr}(\omega + \omega^{-1}, \mathbb{Q}) \le \frac{\varphi(n)}{2}$이다. 그런데 $[\mathbb{Q}(\omega) : \mathbb{Q}] = \varphi(n)$이므로 두 부등식은 등식이어야 한다.

설명 2. 임의의 $\sigma \in \mathrm{Gal}(\mathbb{Q}(\omega)/\mathbb{Q})$에 대하여 갈루아 궤도 $\sigma(\omega + \omega^{-1})$의 값을 조사해보면

$$(k, n) = 1 \Rightarrow \omega^k + \omega^{-k} = \omega^{n-k} + \omega^{k-n}$$

이므로 두 개씩 같은 궤도값이다. 즉 $\mathrm{degirr}(\omega + \omega^{-1}, \mathbb{Q}) = \frac{\varphi(n)}{2}$이다.

문제 6.4

$[\mathbb{Q}(\cos(\frac{2\pi k}{n})) : \mathbb{Q}] = \frac{\varphi(n)}{2}$, $(k, n) = 1$이 성립함을 보이라.

풀이 오일러 항등식에 의해 $\omega^k + \omega^{-k} = 2\cos(\frac{2\pi k}{n})$ 이다. 한편 $\sigma(\omega) = \omega^k$ 인 자기동형 사상 $\sigma \in \mathrm{Gal}(\mathbb{Q}(\omega))/\mathbb{Q})$ 가 존재하므로 $\mathrm{irr}(\omega + \omega^{-1}, \mathbb{Q}) = \mathrm{irr}(\sigma(\omega + \omega^{-1}), \mathbb{Q}) = \mathrm{irr}(\omega^k + \omega^{-k}, \mathbb{Q})$ 이다. 따라서 $[\mathbb{Q}(2\cos(\frac{2\pi k}{n})) : \mathbb{Q}] = [\mathbb{Q}(\cos(\frac{2\pi k}{n})) : \mathbb{Q}] = \frac{\varphi(n)}{2}$ 이다. □

문제 6.5 탐구문제, 각의 삼등분 II

$u := \cos 20°$ 를 근으로 갖는 3차 기약 다항식의 나머지 두 근은 $\cos 100°$, $\cos 140°$ 임을 원분 확대체를 이용하여 설명하라. 그리고 이 두 근을 u에 대한 다항식으로 쓸 수 있음을 갈루아 정리를 이용하여 설명하시오.

풀이 각 $20°$ 를 호도각으로 표시하여 오일러 등식을 적용하면 $\cos 20° = \frac{1}{2}(\omega_{18} + \omega_{18}^{-1})$ 이다. 따라서 원분 확대체 $K_{18} = \mathbb{Q}(\omega_{18})$ 의 사이체

$$\mathbb{Q} < \mathbb{Q}(u) < K_{18}$$

로 존재한다. 그리고 문제 6.4의 결과에 의해 $[\mathbb{Q}(u) : \mathbb{Q}] = \frac{\varphi(18)}{2} = 3$ 이다. $\mathrm{irr}(u, \mathbb{Q})$ 의 임의의 근은 u 의 $\mathrm{Gal}(K_{18}/\mathbb{Q})$-궤도이다. $\mathrm{Gal}(K_{18}/\mathbb{Q}) = \{\sigma \mid \sigma_k(\omega_{18}) = \omega_{18}^k, (k, 18) = 1\}$ 이라 하면

$$\sigma_k(u) = \frac{1}{2}(\omega_{18}^k + \omega_{18}^{-k}) = \cos(\frac{\pi}{9}k),\ k \in \{1, 5, 7, 11, 13, 17\}.$$

즉 나올 수 있는 모든 값은 $\cos(\frac{\pi}{9})$, $\cos(\frac{5\pi}{9})$, $\cos(\frac{7\pi}{9})$ 이다. 한편 $\mathrm{Gal}(K_{18}/\mathbb{Q})$ 는 가환군이므로 사이체 $\mathbb{Q}(u)$ 는 $\mathbb{Q}$ 위에서 갈루아 확대체이다. 즉 임의의 $\sigma \in \mathrm{Gal}(K_{18}/\mathbb{Q}) \Rightarrow \sigma(u) \in \mathbb{Q}(u)$ 이다. 그러므로 나머지 두 근은 u 에 대한 다항식으로 쓸 수 있다. □

원분 확대체의 갈루아 군이 순환군인 경우, 상황에 따라서는 갈루아 군의 생성자를 구하는 것이 효율적일 때도 있다. 이때 정수론의 원시근 성질을 알고 있다면 도움이 된다.

문제 6.6

사이체 $\mathbb{Q} < M < \mathbb{Q}(\omega)$, $[M : \mathbb{Q}] = 3$에 대하여 원시 원소 u(즉, $M = \mathbb{Q}(u)$)를 찾으시오. 단, $\omega = e^{\frac{2\pi}{13}i}$ 이다.

풀이 $\mathrm{Gal}(\mathbb{Q}(\omega)/\mathbb{Q}) = \mathbb{Z}_{13}^* \cong \mathbb{Z}_{12}$ 로 순환군이다. 갈루아 대응 정리에 의해 부분군에 의한 고정체를 찾는 문제이므로 순환군의 생성자를 선택하자(정수론). $\sigma(\omega) = \omega^2$ 인 자기동형사상 $\sigma \in \mathrm{Gal}(\mathbb{Q}(\omega)/\mathbb{Q})$ 을 선택하면 생성자가 됨을 확인할 수 있다. 실제로

$$\sigma^2(\omega) = \omega^4,\ \sigma^3(\omega) = \omega^8,\ \sigma^4(\omega) = \omega^{16} = \omega^3,$$
$$\sigma^5(\omega) = \omega^6,\ \sigma^6(\omega) = \omega^{12} = \omega^{-1},\ \cdots$$

이므로 $\mathrm{ord}(\sigma) = 12 \Rightarrow \mathrm{Gal}(\mathbb{Q}(\omega)/\mathbb{Q}) = \langle\sigma\rangle$ 이다. 갈루아 대응 정리로부터 $|\mathrm{Gal}(\mathbb{Q}(\omega)/\mathbb{Q}(u))| = 4$ 이므로 유일한 부분군은

$$\mathrm{Gal}(\mathbb{Q}(\omega)/\mathbb{Q}(u)) = \{\sigma^3, \sigma^6, \sigma^9, \sigma^{12} = \mathrm{id}\}$$

이다. 이 부분군에 의해 변하지 않는 원소 u 에 대하여 그것의 갈루아 궤도의 원소의 개수가 $|\mathrm{Gal}(\mathbb{Q}(\omega)/\mathbb{Q}) \cdot u| = 3$ 임을 확인한다. 고정체 원소 찾는 방법을 모방하여 $u := \sigma^3(\omega) + \sigma^6(\omega) + \sigma^9(\omega) + \sigma^{12}(\omega)$ 라 두면 $\sigma^k(u), 1 \le k \le 11$ 는 서로 다른 세 개의 원소가 있다. □

끝으로 원분 다항식을 찾는 일반적인 방법을 제시한다. 정수론의 기초적 사실을 이용하여 증명할 수 있는 명제이므로 증명은 생략한다.

명제 6.1

자연수 n 의 소인수 분해 $n = \prod_{i=1}^{k} p_i^{e_i}$ 에 대하여 $s(n) := \prod_{i=1}^{k} p_i$ 라 하자.

$$\Phi_n(x) = \frac{x^n - 1}{\prod_{d|n, d<n} \Phi_d(x)},\ \Phi_n(x) = \Phi_{s(n)}(x^{\frac{n}{s(n)}}).$$

예제 6.5

소수 p 에 대하여

- $\Phi_{p^k}(x) = \Phi_p(x^{p^k - 1}) = \frac{(x^{p^{k}-1})^p - 1}{x^{p^k - 1} - 1}.$
- $\Phi_6(x) = \frac{x^6 - 1}{\Phi_1(x)\Phi_2(x)\Phi_3(x)} = \frac{x^6 - 1}{(x-1)(x+1)(x^2+x+1)} = x^2 - x + 1.$
- $\Phi_8(x) = \Phi_2(x^4) = x^4 + 1.$

- $\Phi_9(x) = \Phi_3(x^3) = x^6 + x^3 + 1.$
- $\Phi_{24}(x) = \Phi_6(x^4) = x^8 - x^4 + 1.$
- $\Phi_{12}(x) = \frac{x^{12}-1}{\Phi_1(x)\Phi_2(x)\Phi_3(x)\Phi_6(x)} = x^4 - x^2 + 1.$
- $\Phi_{18}(x) = \frac{x^{18}-1}{\Phi_1(x)\Phi_2(x)\Phi_3(x)\Phi_6(x)\Phi_9(x)} = x^6 - x^3 + 1.$

연습 문제

6.2.1. $\mathbb{Q}$ 위의 다항식 $x^n - 1$(또는 원분 다항식 $\Phi_n(x)$)의 분해체 K_n에 대하여 다음 물음에 답하시오.

(1) $\Phi_7(x)$를 구하시오.

(2) $\mathrm{Gal}(K_{15}/\mathbb{Q})$ 안의 원소 중 위수가 최대인 것을 찾으시오.

6.2.2. 유리수체 $\mathbb{Q}$ 위에서 다항식 $x^5 - 1$의 분해체를 K라 하자. $\sqrt{5} \in K$임을 보이라.

6.2.3. 홀수 $n \geq 3$에 대하여 $\Phi_n(-x) = \Phi_{2n}(x)$임을 보이라.

6.2.4. 원시 n-제곱근 ω_n과 양의 약수 $d \mid n$에 대하여 $F(\omega_n^d) = F(\omega_{\frac{n}{d}})$임을 보이라.

6.2.5. $\mathbb{Q}$ 위의 원시 n-제곱근 ω_n에 대하여 $[\mathbb{Q}(\omega_n^s) : \mathbb{Q}] = \varphi(\frac{n}{(s,n)})$임을 보이라.

6.2.6. 원분 다항식 $\Phi_n(x)$는 상반 다항식임을 증명하라.

6.2.7. 다음과 같이 정의된 유리수 계수 함수열 $\{f_n(x)\}$의 모든 항은 기약임을 보이라.

$$f_{n+1}(x) = f_n(x^2 - 2),\ f_1(x) = x^2 - 2$$

6.2.8. 다음 물음에 답하시오.

(1) F 위의 다항식 $x^n + 1$의 분해체는 F 위의 어떤 원분 확대체의 부분체임을 보이라.

(2) $\mathbb{Q}$ 위의 다항식 $x^8 + 1$의 분해체의 갈루아 군의 위수를 구하시오.

6.2.9. 유리수 계수 다항식 $f(x)$의 모든 근의 절댓값이 1이면 $f(x) \mid x^n - 1$을 만족시키는 정수 n이 존재함을 증명하라. 힌트: 절댓값이 1인 근은 $e^{r\pi i}$, $r \in \mathbb{Q}$이다.

6.2.10. $\omega = e^{\frac{2\pi}{11}i}$ $\alpha = \omega + \omega^3 + \omega^4 + \omega^5 + \omega^9$일 때, $[\mathbb{Q}(\alpha) : \mathbb{Q}] = 2$임을 보이라. 그리고 $\mathrm{irr}(\alpha, \mathbb{Q})$를 찾으라(도전문제).

6.2.11. $\omega = e^{\frac{2\pi}{7}i}$에 대하여 $\alpha = \omega + \omega^{-1}$이라 할 때, $\mathrm{irr}(\alpha, \mathbb{Q})$를 구하고 나머지 근들을 ω로 표시하라.

6.2.12. (탐구문제) $\omega = e^{\frac{2\pi}{7}i}$에 대하여 다음 물음에 답하시오.

(1) $[\mathbb{Q}(\omega^4 + \omega^5) : \mathbb{Q}]$를 구하시오.

(2) $\mathrm{irr}(\omega^4 + \omega^5, \mathbb{Q}(\omega + \omega^{-1}))$을 구하시오.

(3) (도전문제) (2)를 이용하여 기약 다항식 $\mathrm{irr}(\omega^4 + \omega^5, \mathbb{Q})$를 구하라.

6.2.13. (탐구문제) 다음 물음에 답하시오.

(1) 원분 다항식 $\Phi_{28}(x)$를 구하라.

(2) $[\mathbb{Q}(\cos(\frac{2\pi}{7})) : \mathbb{Q}]$의 값과 기약 다항식 $\mathrm{irr}(\cos(\frac{2\pi}{7}), \mathbb{Q})$를 찾으시오.

(3) $[\mathbb{Q}(\sin(\frac{2\pi}{7})) : \mathbb{Q}]$의 값을 구하라.

(4) (도전문제) $[\mathbb{Q}(\cos(\frac{2\pi}{7}) + \sin(\frac{2\pi}{7})) : \mathbb{Q}]$의 값을 구하라.

6.2.14. 다음은 $[\mathbb{Q}(i\sin(\frac{2\pi}{5})) : \mathbb{Q}]$을 계산하는 과정이다. 물음에 답하시오.

(1) $u = 2i\sin(\frac{2\pi}{5}) \in K_5$ 임을 보이라.

(2) $\text{irr}(u, \mathbb{Q})$를 찾으시오.

(3) $[\mathbb{Q}(i\sin(\frac{2\pi}{5})) : \mathbb{Q}]$의 값을 구하시오.

단, K_5는 $\mathbb{Q}$ 위의 다항식 $x^5 - 1$의 분해체이다.

6.2.15. $\mathbb{Q}$ 위의 다항식 $x^{24} - 1$의 분해체는 $K = \mathbb{Q}(e^{\frac{\pi}{12}i})$이다. $\text{irr}(e^{\frac{\pi}{12}i}, \mathbb{Q})$를 구하시오.

6.2.16. 원시 n-제곱근 ω와 양의 약수 $d \mid n$에 대하여, 갈루아 군 $\text{Gal}(\mathbb{Q}(\omega)/\mathbb{Q}(\omega^d))$의 위수를 구하시오. 그리고 이를 이용하여 다음 모임의 서로 다른 값의 개수를 구하시오.

$$\omega^{kd},\ 1 \le k \le n-1, (k, n) = 1$$

6.2.17. (탐구문제) $\mathbb{Q}$ 위의 다항식 $x^n - 1$의 분해체를 K_n이라 하자. 서로소인 두 자연수 n, m에 대하여 다음 물음에 답하라.

(1) $K_nK_m = K_{nm}$임을 보이라.

(2) $K_n \cap K_m = \mathbb{Q}$임을 확인하라.

(3) $\text{Gal}(K_{nm}/\mathbb{Q}) \cong \text{Gal}(K_n/\mathbb{Q}) \times \text{Gal}(K_m/\mathbb{Q})$임을 확인하라.

(4) (3)을 이용하여 $(\mathbb{Z}_m \times \mathbb{Z}_n)^* \cong \mathbb{Z}_m^* \times \mathbb{Z}_n^*$를 확인하라.

6.2.18. $\mathbb{Q}$ 위의 다항식 $f(x) = x^{20} + x^{15} + x^{10} + x^5 + 1$의 분해체 K에 대하여 다음 물음에 답하시오.

(1) $f(x) = \frac{x^{25}-1}{x^5-1}$임을 확인하여 K는 원분 확대체임을 증명하라.

(2) $f(x)$는 $\mathbb{Q}$ 위에서 기약임을 확인하라.

(3) (정수론) 갈루아 군 $\text{Gal}(K/\mathbb{Q})$가 순환군임을 증명하라.

6.2.19. 등식

$$\{n \in \mathbb{N} \mid \cos(\frac{2\pi}{n}) \in \mathbb{Q}\} = \{1,\ 2,\ 3,\ 4,\ 6\}$$

이 성립함을 증명하라.

6.2.20. $\mathbb{Q}$ 위의 다항식 x^9-1의 분해체 K_9에 대하여 다음 물음에 답하시오.

(1) $\mathrm{Gal}(K_9/\mathbb{Q})$는 위수가 6인 순환군임을 보이라.

(2) $S := \cos(\frac{2}{9}\pi)\cos(\frac{4}{9}\pi)+\cos(\frac{4}{9}\pi)\cos(\frac{8}{9}\pi)+\cos(\frac{8}{9}\pi)\cos(\frac{2}{9}\pi)$의 값을 구하라.

6.2.21. (탐구문제) 다음 등식을 만족시키는 유리수 r, a, b를 모두 찾으시오. 단, d는 완전제곱수가 아닌 정수이다.

$$\cos(r\pi) = a + b\sqrt{d}$$

6.2.22. $[\mathbb{Q}(\cos(\frac{2\pi}{n}),\ \sin(\frac{2\pi}{n})) : \mathbb{Q}]$의 값을 구하라. 단, n은 홀수이다.

6.2.23. (탐구문제) 점화식 $a_{n+1} = \sqrt{2+a_n}$, $a_1 = \sqrt{2}$로 정의되는 수열 $\{a_n\}$에 대하여, 다음 물음에 답하라.

(1) 삼각함수의 반각 공식을 이용하여 수열 $\{a_n\}$의 일반항을 구하라.

(2) (정수론) $\mathbb{Q}(a_n)$은 $\mathbb{Q}$ 위의 순환 갈루아 확대체임을 증명하라.

(3) $a_{n+1} \notin \mathbb{Q}(a_n)$임을 확인하라.

6.2.24. (도전문제) 홀수인 소수 p에 대하여 $\sqrt{p} \in \mathbb{Q}(e^{\frac{\pi}{2p}i})$임을 보이라.

6.2 순환 확대체

바닥체의 표수는 0(그래서 분리 확대체)이라 하자. 그러면 $1 \in F \Rightarrow \mathbb{Z} \subset F \Rightarrow F_{\mathbb{Z}} = \mathbb{Q} < F$를 부분체로 갖고 있다. 따라서 다항식 $x^n - 1$의 분해체 $\mathbb{Q}(\omega)$를 포함해서 생각할 수 있다. 교재의 최종 종착지는 다항식의 분해체를 거듭제곱근 확대체의 부분체로 간주할 수 있을 조건을 분해체의 갈루아 군의 성질로 대체하는 데 있다. 거듭제곱근 확대체의 정의를 되새겨보자. 체 F의 대수적 확대체 $E = F(a_0, a_1, \cdots, a_n)$이 조건

$$a_0^{r_0} \in F,\ a_k^{r_k} \in F(a_0, a_1, \cdots, a_{k-1}),\ \exists r_k \in \mathbb{N},\ k = 0, 1, \cdots, n$$

을 만족시키면 E**를** F**의 거듭 제곱근 확대체**라 한다. 지난 단원들에서 살펴본 예들은 $a_k^{r_k} \in F$가 되는 특별한 경우이다. 거듭제곱근 확대체는 갈루아 확대체가 아닐 수 있다. 예를 들어 $\mathbb{Q} < \mathbb{Q}(\sqrt[3]{2})$는 $(\sqrt[3]{2})^3 = 2 \in \mathbb{Q}$이므로 거듭제곱근 확대체이지만 $\omega \notin \mathbb{Q}(\sqrt[3]{2})$이므로 갈루아 확대체는 아니다. 만약 ω를 $\mathbb{Q}$에 추가한 확대체에서 같은 상황을 생각하면 $\mathbb{Q}(\omega)(\sqrt[3]{2})$은 $\mathbb{Q}$ 위의 거듭제곱근 확대체이면서 갈루아 확대체이다. 일반적으로

도움정리 6.2

원시 n-제곱근 ω를 포함하는 체 F 위의 대수적 원소 u에 대하여 $u^n \in F$이면

(1) 확대체 $F(u)$는 F 위의 다항식 $x^n - u^n$의 분해체이다.

(2) 갈루아 군 $\mathrm{Gal}(F(u)/F)$는 가환이다.

증명 (1) 다항식 $x^n - u^n$의 모든 근은 $u \cdot \omega^k$ 꼴이고 $\omega \in F$이므로 $F(u)$는 분해체이다. 물론 F의 표수가 0이므로 $F(u)$가 분리 확대체이므로 F 위의 갈루아 확대체이기도 하다.

(2) 자기동형사상 $\sigma, \tau \in \mathrm{Gal}(F(u)/F)$에 대하여 $\sigma(u), \tau(u)$는 $x^n - u^n$의 근이므로 $\sigma(u) = u\omega^i, \tau(u) = u\omega^i \Rightarrow \sigma(\tau(u)) = \sigma(u\omega^j) = \sigma(u)\omega^j = u\omega^i\omega^j = u\omega^j\omega^i = \tau(\sigma(u))$이다. 그리고 $F(u)$의 자기동형사상은 u의 상에 의해 완전히 결정된다. □

역으로 도움정리 6.2의 결과를 만족시키는 F 위의 확대체를 **쿠머 확대체(Kummer extension)**라 한다. 가장 간단한 경우인 갈루아 군이 순환군일 때, 갈루아 확대체는 거듭제

곱근 확대체임을 증명한다. 여러 증명법 중 선형대수학의 **최소 다항식(minimal polynomial)** 개념을 이용한 것을 소개한다. 이 결과는 원시 원소 정리보다 더 세밀한 것임에 유의하자.

행렬(선형 변환) A에 대하여 $f(A) = 0$을 만족시키는 다항식 $f(t) \in F[t]$ 들 중 차수가 최소인 다항식 $m_A(t)$를 **행렬 A의 최소 다항식**이라 한다. 다항식의 나머지 정리에 의해 $m_A(t) \mid f(t)$이다. 그리고 $m_A(t)$의 **모든 근이 단근이고 바닥체 F의 원소**이면 행렬 A는 **대각화 가능(diagonalizable)**하다.

도움정리 6.3 순환 확대체(cyclic extension)

원시 n-제곱근 ω를 포함하는 체 F 위의 갈루아 확대체 K에 대하여 $\mathrm{Gal}(K/F) = \langle \sigma \rangle$, $\mathrm{ord}(\sigma) = n$이면

$$K = F(u),\ \mathrm{irr}(u, F) = x^n - u^n$$

인 어떤 $u \in K$가 존재한다. 즉 K는 F 위의 거듭제곱근 확대체이다.

증명 Step 1. $\mathrm{ord}(\sigma) = n \Rightarrow \sigma^n = \mathrm{id}_K$ 이다. 그리고 자기동형사상 σ는 F 위의 벡터공간 K의 선형 사상이므로 σ의 최소 다항식은 $m_\sigma(t) \mid t^n - 1$ 이다. 따라서 $m_\sigma(t)$의 모든 근은 ω^i 꼴이고 서로 다르므로 σ는 대각화 가능하다. Γ를 σ의 고유값들의 집합이라 하자. 그러면 $\Gamma \subset A_n = \{\omega^i \mid 0 \le i \le n-1\}$ 이다.

Step 2. $\mu_1,\ \mu_2 \in \Gamma \Rightarrow \sigma(v_i) = \mu_i v_i, \exists v_i \in K \Rightarrow \sigma(v_1 v_2) = \sigma(v_1)\sigma(v_2) = (\mu_1\mu_2)v_1v_2 \Rightarrow \mu_1\mu_2 \in \Gamma$ 이다. 따라서 Γ는 순환군 A_n의 부분군이다. $\Gamma = \langle \omega^k \rangle$, $\mathrm{ord}(\omega^k) = m$ 이라 하자. σ가 대각화 가능하므로 $P^{-1}\sigma P = D \Rightarrow P^{-1}\sigma^m P = D^m = \mathrm{id}_K \Rightarrow \sigma^m = \mathrm{id}_K \Rightarrow n = \mathrm{ord}(\sigma) \mid m \overset{|\Gamma| \le |A_n|}{\Rightarrow} \Gamma = A_n$ 이다.

Step 3. 특히 $\omega \in A_n = \Gamma$는 선형 사상 σ의 고유값이므로 $\exists u \in K \setminus \{0\}, \sigma(u) = \omega u$ 이다. 그러면 $\sigma^i(u) = \omega^i u \Rightarrow \mathrm{Gal}(K/F) \cdot u = A_n \cdot u$. 따라서 $[F(u) : F] = \mathrm{degirr}(u, F) = n \Rightarrow F(u) = K$ 이다. 물론 $\mathrm{irr}(u, F) = \prod_{i=0}^{n-1} (x - \omega^i u) = x^n - u^n$ 이다. □

원시 원소 정리를 이용하면 도움정리 6.3의 u를 구체적으로 찾을 수 있는 방법이 있다.

명제 6.2

도움정리 6.3의 상황에서 갈루아 확대체 K가 원소 α에 대한 단순 확대체 $K = F(\alpha)$라 하자. 함수

$$T(v) = \sum_{i=0}^{n-1} \omega^{n-i}\sigma^i(v) \in K[t],\ v \in K$$

에 대하여 $T(\alpha)$, $T(\alpha^2)$, $\cdots$, $T(\alpha^{n-1})$ 중 적어도 하나를 u로 선택할 수 있다.

증명 Step 1. 나열된 것 중 하나가 σ의 ω에 대응하는 고유벡터임을 확인하고자 한다. σ가 K 위의 선형 사상이고 $\omega \in F$이므로 T는 K의 선형 사상이다.

Step 2. $K = F(\alpha) = \text{span}_F\{1, \alpha, \alpha^2, \cdots, \alpha^{n-1}\}$이므로 $v = \sum\limits_{i=0}^{n-1} a_i\alpha^i, a_i \in F$에 대하여

$$T(v) = T(\sum_{i=0}^{n-1} a_i\alpha^i) = \sum_{i=0}^{n-1} a_iT(\alpha^i) \overset{T(1)=0}{=} \sum_{i=1}^{n-1} a_iT(\alpha^i)$$

이다. 만약 모든 $1 \le i \le n-1$에 대하여 $T(\alpha^i) = 0$이면 T는 0인 선형 사상이다. 그러나 이것은 σ의 최소 다항식의 차수가 n인 것에 모순이므로 어떤 k에 대하여 $T(\alpha^k) \neq 0$이다.

Step 3. $\sigma(u) = \sigma(T(\alpha^k)) = \omega T(\alpha^k) = \omega u$이므로 $u := T(\alpha^k)$은 ω에 대응되는 고유벡터이다. □

문제 6.7 탐구문제

원시 3-제곱근 ω이라 하고 $\mathbb{Q}$ 위의 기약 다항식 $f(x) = x^3 + x + 1$의 한 근을 α라 하자. 다음 물음에 답하시오.

(1) $\alpha^2 - 2$, $-\alpha^2 - \alpha + 2$는 $f(x)$의 나머지 두 근임을 확인하여 $K := \mathbb{Q}(\omega)(\alpha)$는 $\mathbb{Q}(\omega)$ 위의 갈루아 확대체임을 증명하라.

(2) $[K : \mathbb{Q}] = 6$임을 증명하여 $|\text{Gal}(K/\mathbb{Q}(\omega))| = 3$임을 확인하라.

(3) $\sigma(\alpha) = \alpha^2 - 2$인 자기동형사상 $\sigma \in \text{Gal}(K/\mathbb{Q}(\omega))$가 존재함을 증명하고 이것은 생성자임을 확인하라.

(4) $$u := \alpha + \omega^2\sigma(\alpha) + \omega\sigma^2(\alpha) \neq 0$$
임을 증명하라.

(5) K는 $\mathbb{Q}(\omega)$ 위의 다항식 $x^3 - u^3$의 거듭제곱근 확대체임을 유도하라.

풀이 (1) 다항식의 나머지 정리를 이용하여 두 값은 $f(x)$의 근임을 알 수 있다. 따라서 $\mathbb{Q}(\alpha)$는 $\mathbb{Q}$ 위의 다항식 $f(x)$의 분해체이므로 K는 $\mathbb{Q}(\omega)$ 위의 다항식 $f(x)$의 분해체이기도 하다(평행이동).

(2) $\mathbb{Q}(\omega)$는 $\mathbb{Q}$ 위의 다항식 $x^2 + x + 1$의 분해체이다. 그러므로 K는 $\mathbb{Q}$ 위의 갈루아 확대체이다. 그리고 차원 정리에 의해 $\mathbb{Q}(\omega) \cap \mathbb{Q}(\alpha) = \mathbb{Q} \Rightarrow [K : \mathbb{Q}] = [\mathbb{Q}(\omega) : \mathbb{Q}][\mathbb{Q}(\alpha) : \mathbb{Q}] = 2 \times 3 = 6$. 따라서 $|\mathrm{Gal}(K/\mathbb{Q}(\omega))| = \frac{[K:\mathbb{Q}]}{[\mathbb{Q}(\omega)):\mathbb{Q}]} = 3$.

(3) (1)과 (2)에 의해 $f(x)$는 $\mathbb{Q}(\omega)$ 위에서도 기약 다항식이므로 동형확장정리에 의해 σ가 존재한다. 위수가 3인 군은 순환군이므로 생성자이다.

(4) (3)에 의해 $\sigma^2(\alpha) = -\alpha^2 - \alpha + 2$이다. 그리고 $K = \mathrm{span}_{\mathbb{Q}(\omega)}\{1, \alpha, \alpha^2\}$이므로 $u = (2 + 4\omega) + (1 - \omega)\alpha + (-1 - 2\omega)\alpha^2 \neq 0$이다.

(5) $\sigma(u) = \omega u$이므로 명제에 의해 K는 $\mathbb{Q}(\omega)$ 위의 다항식 $x^3 - u^3$의 거듭제곱근 확대체이다. □

연습 문제

6.2.1. K가 F 위의 갈루아 확대체이고 $\mathrm{Gal}(K/F) = \mathbb{Z}_2 \oplus \mathbb{Z}_2$이면 $K = F(u, v)$, u^2, $v^2 \in F$임을 증명하라. 단, F의 표수는 0이다.

6.2.2. (탐구문제) K를 $\mathbb{Q}$ 위의 다항식 $(x^p - 2)(x^p - 3)$의 분해체라 할 때, 다음 물음에 답하시오. 단, p는 소수이고 $\omega = e^{\frac{2\pi}{p}i}$이다.

(1) M_m을 다항식 $x^p - m$의 분해체라 할 때, $K = M_2M_3$, $\mathbb{Q}(\omega) = M_2 \cap M_3$임을 보이라.

(2) $[K : \mathbb{Q}] = p^2 \times (p - 1)$임을 확인하라.

(3) $\mathrm{Gal}(K/\mathbb{Q}) < \mathrm{Gal}(M_2/\mathbb{Q}) \times \mathrm{Gal}(M_3/\mathbb{Q})$임을 보이라.

(4) $\mathrm{Gal}(K/\mathbb{Q}(\omega)) \cong \mathbb{Z}_p \times \mathbb{Z}_p$임을 보이라.

6.2.3. $\mathbb{Q}$ 위의 다항식 $f(x)$의 분해체를 K라 할 때, 갈루아 군 $\mathrm{Gal}(K/\mathbb{Q})$의 원소를 제시하시오.

(1) $f(x) = x^5 + 5$

(2) $f(x) = x^6 + 3$

6.2.4. 유리수 계수 다항 방정식 $f(x) = x^3 + x^2 - 2x - 1 \in \mathbb{Q}[x]$의 한 근을 r이라 하자. 다음 물음에 답하라.

(1) $f(r^2 - 2) = 0$임을 확인하라.

(2) $\mathrm{Aut}(\mathbb{Q}(r)/\mathbb{Q}) \cong \mathbb{Z}_3$ 임을 보이라.

6.2.5. 등식

$$(x^5 + x^3 + x^2 + 1)^{2022} = \sum_{i=0}^{2022\times 5} a_i x^i$$

을 만족시키는 유리수 a_i에 대하여 $\sum_k a_{3k+1}$의 값을 구하라.

6.2.6. (탐구문제, 삼차 방정식의 근의 공식) 삼차 방정식 $x^3 + px + q = 0$의 세 근 x_1, x_2, x_3에 대하여

$$u = x_1 + \omega x_2 + \omega^2 x_3,\ v = x_1 + \omega^2 x_2 + \omega x_3$$

이라 하자. $u^3 + v^3$, uv를 p와 q에 관한 다항식으로 나타내시오. 이를 이용하여 3차 방정식의 세 근을 구하는 방법을 제시하시오. 단, $\omega = e^{\frac{2\pi}{3}i}$이다.

6.2.7. (탐구문제, 이차 곡선과 사차 방정식의 해) 유리수 계수 사차 방정식 $x^4 + ax^2 + bx + c = 0$의 네 실근 u_1, u_2, u_3, u_4는 두 포물선

$$P_1 : y^2 + ay + bx + c = 0,\ P_2 : y = x^2$$

의 교점의 x 좌표이다. 이때 이차 곡선 **족(family)**

$$P_t := P_2 - tP_1 = 0$$

이 두 직선의 곱이 되는 세 실수 t를 u_i에 대한 다항식으로 나타내시오.

6.2.8. 사차 방정식 $x^4+px^2+qx+r=0$의 네 근 x_1, x_2, x_3, x_4에 대하여

$$u=x_1x_2+x_3x_4,\ v=x_1x_3+x_2x_4,\ w=x_1x_4+x_2x_3$$

이라 하자. 그러면 u, v, w는 삼차 방정식 $x^3-px^2-4rx-q^3=0$의 근임을 증명하라.

6.2.9. $\mathrm{Aut}(\mathbb{Q}(\sqrt{2+\sqrt{2}})/\mathbb{Q})$는 순환군임을 보이라.

6.2.10. (탐구문제) $x^3-\sqrt{2}+1$는 $\mathbb{Q}(\sqrt{2})$ 위에서 기약임을 보이라.

6.2.11. (탐구문제) 유리수 체 $\mathbb{Q}$ 위의 두 대수적 실수 $a, b \in \mathbb{R}$에 대한 단순 확대체 $K = \mathbb{Q}(a+bi)$가 갈루아 확대체이고 갈루아 군 $\mathrm{Gal}(K/\mathbb{Q})$가 가환군이라 하자. 그리고 $a^2+b^2 \in \mathbb{Q}$, $b \neq 0$일 때 다음 물음에 답하시오. 단, $i=\sqrt{-1}$이다.

(1) $|\mathrm{Gal}(K/\mathbb{Q})| = 2m$, $m \in \mathbb{Z}$임을 보이라.

(2) 약수 $d \mid m$에 대하여, 모든 근이 실수가 되는 차수가 d인 유리수 계수 기약 다항식 $f(x)$가 존재함을 보이라.

6.2.12. 4차 기약 다항식 $f(x) \in \mathbb{Q}[x]$의 분해체의 갈루아 군이 $\mathrm{Gal}(K/\mathbb{Q}) \cong A_4$이고 $f(\theta)=0$이라 하자. 단순 확대체 $\mathbb{Q}(\theta)$는 $\mathbb{Q}$ 위에서 갈루아 확대체가 아님을 보이라.

6.2.13. 유리수 계수 삼차 방정식 $f(x)$의 분해체 K의 갈루아 군이 $\mathrm{Gal}(K/\mathbb{Q}) = A_3$이면 $f(x)$의 모든 근은 실수임을 보이라.

6.2.14. 체 F 위의 분리 다항식 x^4-a의 한 근을 u라 하고 분해체를 $K=F(u)$, $[K:F]=4$라 하자. 단, $u \notin F(u^2)$이다.

(1) x^4-a는 F 위에서 기약 다항식임을 보이라.

(2) 사이체 $F < M < K$는 F 위에서 갈루아 확대체임을 보이라.

(3) $\mathrm{Gal}(K/F)$가 순환군이고 사이체의 차원이 $[M:F]=2$이면 $M=F(u^2)$임을 보이라.

6.2.15. (도전문제) $\mathbb{Q}$ 위의 갈루아 확대체 $K < \mathbb{C}$에 대하여 $\mathrm{Gal}(K/\mathbb{Q}) = Q_8$(사원수 군)이라 하고 $H(\cong \mathbb{Z}_2)$를 위수가 2인 유일한 부분군이라 하자.

(1) $K = K^H(u)$, $u^2 \in K^H$ 임을 보이라.

(2) $K = \mathbb{Q}(u)$ 임을 증명하라.

(3) $K^H \subset \mathbb{R}$ 임을 보이라.

(4) $K^H = \mathbb{Q}(\sqrt{a}, \sqrt{b})$, a, $b \in \mathbb{Q}^+$ 임을 확인하라.

6.2.16. (탐구문제) $K = \mathbb{Q}(u)$를 $\mathbb{Q}$ 위의 갈루아 확대체라 하자. 그리고 H를 갈루아 군 $G = \mathrm{Gal}(K/\mathbb{Q})$의 지표가 $[G : H] = 2$인 부분군이라 하자.

$$v := \sum_{\forall h \in H} h(u)$$

이라 할 때 $[\mathbb{Q}(v) : \mathbb{Q}] \leq 2$임을 보이라.

6.3 다항식의 가해성(갈루아 판별법)

본론으로 돌아가서 방정식의 근을 계수의 사칙연산과 거듭제곱근으로 표현가능하다는 말을 명확히 정의해보자.

정의 6.2 풀 수 있는 방정식

F 위의 다항식 $f(x)$의 분해체 $K = K_f$가 거듭제곱근 확대체 $F < K_f < E$의 사이체일 때, 방정식 $f(x)$를 **거듭제곱근을 써서 풀 수 있다(solvable in radicals)** 라고 한다.

예제 6.6

유리수 체 $\mathbb{Q}$ 위의 다항식 $f(x) = x^3 + 3x + 2$의 해는

$$\sqrt[3]{-1+\sqrt{2}} + \sqrt[3]{-1-\sqrt{2}},\ \omega\sqrt[3]{-1+\sqrt{2}} + \omega^2\sqrt[3]{-1-\sqrt{2}},$$
$$\omega^2\sqrt[3]{-1+\sqrt{2}} + \omega\sqrt[3]{-1-\sqrt{2}}$$

이고(단, $\omega^2 + \omega + 1 = 0$)

$$\mathbb{Q} \subseteq \mathbb{Q}(\omega) \subseteq \mathbb{Q}\left(\omega, \sqrt{2}\right) \subseteq \mathbb{Q}\left(\omega, \sqrt{2}, \sqrt[3]{-1+\sqrt{2}}\right)$$
$$\subseteq \mathbb{Q}\left(\omega, \sqrt{2}, \sqrt[3]{-1+\sqrt{2}}, \sqrt[3]{-1-\sqrt{2}}\right) = E$$

이므로 $f(x)$의 모든 해는 E에 포함되므로 $\mathbb{Q} < K_f < E$이다. 그리고 $\omega^3 = 1 \in \mathbb{Q}$, $(\sqrt{2})^2 = 2 \in \mathbb{Q}(\omega)$, $(\sqrt[3]{-1+\sqrt{2}})^3 = -1+\sqrt{2} \in \mathbb{Q}\left(\omega, \sqrt{2}\right)$, $(\sqrt[3]{-1-\sqrt{2}})^3 = -1-\sqrt{2} \in \mathbb{Q}\left(\omega, \sqrt{2}, \sqrt[3]{-1+\sqrt{2}}\right)$이므로 E는 $\mathbb{Q}$ 위의 거듭제곱근 확대체이다.

이차 방정식의 모든 해를 찾기 위해 i 즉, 원시 4-제곱근을 생각할 수밖에 없는 것처럼 위 예제에서 ω의 도입은 필연적이다. 거듭제곱근 확대체와 분해체가 같으면 가장 행복한 상황이지만 사실 그렇지 않다.

문제 6.8

다음 물음에 답하시오.

(1) 확대체 $F < M < K$에 대하여 M이 F 위의 거듭제곱근 확대체이고 K가 M 위의 거듭제곱근 확대체이면, K는 F 위의 거듭제곱근 확대체임을 보이라.

(2) $M := \mathbb{Q}(\omega_7 + \omega_7^{-1})$, $K_7 := \mathbb{Q}(\omega_7)$, $\omega_7 := \cos\frac{2\pi}{7} + i\sin\frac{2\pi}{7}$에 대하여 M은 $\mathbb{Q}$ 위의 분해체이지만 거듭제곱근 확대체는 아님을 보이라.

풀이 (1) 거듭제곱근 확대체의 정의에 의해 $K = M(a_1, a_2, \cdots, a_n)$, $a_i^{n_i} \in M(a_1, a_2, \cdots, a_{i-1})$이고 $M = F(b_1, b_2, \cdots, b_m)$, $b_j^{m_j} \in F(b_1, b_2, \cdots, b_{j-1})$이다. 따라서 $K = F(b_1, b_2, \cdots, b_m, a_1, \cdots, a_n)$이므로 F 위의 거듭제곱근 확대체이다.

(2) $\mathrm{Gal}(K_7/\mathbb{Q}) \cong \mathbb{Z}_6$(가환)이므로 M은 $\mathbb{Q}$ 위의 갈루아 확대체이다. 만약 $M = \mathbb{Q}(u)$, $u^n \in \mathbb{Q}, n \geq 3$이라 하고 $\mathrm{Gal}(M/\mathbb{Q}) = \langle\sigma\rangle \cong \mathbb{Z}_3$이라 하자($[M : \mathbb{Q}] = \frac{\varphi(7)}{2} = 3$). 그러면 $\sigma(u)$는 $x^n - u^n$의 근이므로 $\sigma(u) = \omega_n^s u$이다. 단, $\omega_n = e^{\frac{2\pi}{n}i}$이다. M은 $\mathbb{Q}$ 위의 갈루아 확대체이므로 $\sigma(u) \in M \Rightarrow \omega_n^s \in M \Rightarrow \mathbb{Q}(\omega_n^s) < K_7 \Rightarrow \varphi(\frac{n}{(s,n)}) = [\mathbb{Q}(\omega_n^s) : \mathbb{Q}] \mid 3$ (연습문제 6.2.5.). 그러나 $\varphi(\frac{n}{(s,n)}) = 3$인 경우는 존재하지 않으므로 $\varphi(\frac{n}{(s,n)}) = 1$이다. 그러면 $\mathbb{Q}(\omega_n^s) = \mathbb{Q} \Rightarrow \sigma(u) = \pm u$이므로 $\mathrm{ord}(\sigma) = 3$에 모순이다. □

드디어 이 교재의 핵심적 내용인 갈루아의 업적을 설명할 때가 왔다. **가해군(solvable group)**이란 각 단계별 상군이 가환인 부분 정규열이 존재하는 군을 뜻한다. 가해군의 성질 및 예제는 이 교재의 첫 번째 편을 참고하라.

정리 6.3 갈루아 판별법(Galois criterion)

표수가 0인 체 F 위의 방정식 $f(x)$의 해를 거듭제곱근을 써서 풀 수 있을 필요충분 조건은 $f(x)$의 분해체 K의 갈루아 군 $\mathrm{Gal}(K/F)$가 가해군인 것이다.

증명 ($\Rightarrow$) $f(x)$의 분해체를 K_f라 하고 거듭제곱근 확대체를 $K_f < E = F(a_0, a_1, a_2)$라 하자. E가 F 위의 갈루아 확대체이면 원시 $r_0r_1r_2$-제곱근 ω에 대하여 $F < F(\omega) < F(\omega, a_0) < F(\omega, a_0, a_1) < E(\omega)$로부터

$$\mathrm{Gal}(E(\omega)/F) \triangleright \mathrm{Gal}(E(\omega)/F(\omega)) \triangleright \mathrm{Gal}(E(\omega)/F(\omega, a_0)) \triangleright \mathrm{Gal}(E(\omega)/F(\omega, a_0, a_1)) \triangleright \{\mathrm{id}_{E(\omega)}\}$$

이다. 도움정리 6.2에 의해 각 단계별로 가환 갈루아 확대이므로 갈루아 군 $\mathrm{Gal}(E(\omega)/F)$은 가해군이고, $\mathrm{Gal}(E(\omega)/F)/\mathrm{Gal}(E(\omega)/K_f) \cong \mathrm{Gal}(K_f/F)$ 이므로 가해군이다 (연습문제 5.1.9.와 갈루아 대응 정리 II). E가 F의 갈루아 확대체가 아니라면

$$\widetilde{E} := F(\omega)K_{\mathrm{irr}(a_0,F)}K_{\mathrm{irr}(a_1,F)}K_{\mathrm{irr}(a_2,F)}$$

로 정의하면 각각이 F 위의 갈루아 확대체이므로 $\widetilde{E}$도 F의 갈루아 확대체이다. 정의에 의해 $K_f < E < \widetilde{E}$이다. $\mathrm{Gal}(\widetilde{E}/F) = \{\sigma_1 = \mathrm{id}, \sigma_2, \cdots, \sigma_n\}$ 이라 하자. $\widetilde{E}$가 F 위의 거듭제곱근 확대체가 되도록 $\mathrm{irr}(a_j, F)$의 모든 근 $\sigma_i(a_j)$를 하나씩 추가(중복 가능)시켜 나가면 ($b^m \in F(a) \Rightarrow \sigma(b)^m \in F(\sigma(a))$)

$$F < F(\omega) < F(\omega, a_0) < F(\omega, a_0, a_1) < F(\omega, a_0, a_1, \sigma_1(a_0)) < \cdots < \widetilde{E}$$

각 단계가 거듭제곱근 확대체이므로 앞의 상황이 되어 증명은 끝난다.

($\Leftarrow$) 원시 $[K_f : F]$-제곱근 $\omega \in F$인 경우를 먼저 증명하자. 가해군 $G = \mathrm{Gal}(K_f/F)$의 부분 정규열을

$$G = G_0 \rhd G_1 \rhd G_2 \rhd G_3 \rhd G_4 = \{e\}$$

라 하자. 갈루아 군 G가 유한이므로 각각의 상군 $G_i/G_{i+1}, 0 \le i \le 3$을 순환군이라 할 수 있다. 갈루아 대응 정리에 의해

$$F = K_f^G < K_f^{G_1} < K_f^{G_2} < K_f^{G_3} < K_f^{G_4} = K_f$$

$G_i/G_{i+1} \cong \mathrm{Gal}(K_f^{G_{i+1}}/K_f^{G_i})$ 이므로 $K_f^{G_{i+1}}$은 $K_f^{G_i}$의 순환 확대체이다(도움정리 6.3). 즉 $K_f^{G_{i+1}} = K_f^{G_i}(a_{i+1}), a_{i+1}^{r_{i+1}} \in K_f^{G_i}, r_{i+1} = [K_f^{G_{i+1}} : K_f^{G_i}]$이다. 따라서 $K_f = F(a_0, a_1, a_2, a_3)$ 이므로 F의 거듭제곱근 확대체이다. 일반적으로 $\omega \notin F$라 하자. $K_f(\omega) = K_fF(\omega)$는 $F(\omega)$ 위의 갈루아 확대체이고 $\mathrm{Gal}(K_f(\omega))/F(\omega)) \cong \mathrm{Gal}(K_f/K_f \cap F(\omega)) < \mathrm{Gal}(K_f/F)$ 이다(명제 5.5). 그런데 $F(\omega)$가 F 위의 갈루아 확대체이므로 $K_f \cap F(\omega)$는 F 위의 갈루아 확대체이기도 하다(연습문제 5.1.9.). 즉 $\mathrm{Gal}(K_f(\omega))/F(\omega))$는 $\mathrm{Gal}(K_f/F)$의 한 정규 부분군과 동형이므로 가해군이다. 이것은 바닥체에 ω를 포함시킨 것으로서 앞의 상황으로 돌아간다. 물론 $F(\omega)$는 F의 거듭제곱근 확대체이다. □

따름정리 6.1

일반적인 유리수 계수 5차 방정식 $f(x)$의 해공식은 존재하지 않는다.

증명 일반적인 5차 다항식 $f(x)$의 갈루아 군은 대칭군 S_5과 동형이다. 그러나 S_5는 비가해군이므로 갈루아 판별법에 의해 해공식이 없다. □

큰 차수의 방정식의 분해체를 이해하는 데 거듭 제곱근 확대체는 결정적이었다. 예를 들어 기약 다항식 $\mathrm{irr}(\sqrt[11]{2}+\sqrt[11]{3},\mathbb{Q})$의 $\mathbb{Q}$ 위의 분해체는 $K=\mathbb{Q}(\sqrt[11]{2},\sqrt[11]{3},\omega_{11})$으로서 거듭제곱근 확대체가 된다. 이러한 예들의 공통점 중 하나는 분해체의 갈루아 군이 가해군이라는 성질이 숨어 있는데 이것을 파악하기는 쉽지 않다. 그리고 가해군이라는 사실이 방정식의 해 공식을 만드는 데 어떤 도움을 주는가?

문제 6.9 탐구문제

완전 제곱수가 아닌 양의 정수 d에 대하여, $\mathbb{Q}$ 위의 다항식 x^4-d의 분해체를 K라 하고 $K=\mathbb{Q}(\alpha)$, $\alpha^n\in\mathbb{Q}$라 하자. 다음은 $d=3$임을 보이는 과정이다. 물음에 답하시오. 단, ω_n은 원시 n-제곱근이다.

(1) 분해체 $K=\mathbb{Q}(\sqrt[4]{d},i)$이고 $[K:\mathbb{Q}]=8$임을 증명하라.

(2) 갈루아 군 $\mathrm{Gal}(K/\mathbb{Q})(\cong D_4)$의 두 생성자 σ, τ, $\mathrm{ord}(\sigma)=4$, $\mathrm{ord}(\tau)=2$를 찾으시오.

(3) $\sigma(\alpha)=\alpha\omega_{s_1}$, $\tau(\alpha)=\alpha\omega_{s_2}$를 만족시키는 자연수 s_1, s_2가 존재함을 보이라.

(4) $\mathbb{Q}$ 위에서 갈루아 확대인 사이체 $M<K$의 형태를 관찰하여 $\varphi(s_1)$, $\varphi(s_2)\in\{2,4\}$임을 보이라.

(5) α의 갈루아 궤도를 조사하여 $d=3$임을 증명하라.

풀이 (1) x^4-d는 $\mathbb{Q}$ 위에서 기약이고(문제 5.16) $i\notin\mathbb{Q}(\sqrt[4]{d})$이므로 $[K:\mathbb{Q}]=8$이다.
(2) x^4-d의 모든 근을 x_1,x_2,x_3,x_4로 순번을 매기면 갈루아 군 $\mathrm{Gal}(K/\mathbb{Q})$는 대칭군 S_4의 부분군이다. 그런데 실로우 II 정리에 의해 위수가 8인 S_4의 부분군들

은 켤레 관계이므로 서로 동형이다. 그러므로 문제의 조건을 만족시키는 자기동형사상은 $\sigma(\sqrt[4]{d}) = \sqrt[4]{d}i, \sigma(i) = i, \tau(\sqrt[4]{d}) = \sqrt[4]{d}, \tau(i) = -i$ 이다.

(3) α 는 $\mathbb{Q}$ 위의 다항식 $x^n - \alpha^n$ 의 근이므로 임의의 $\eta \in \mathrm{Gal}(K/\mathbb{Q})$ 에 대하여 $\eta(\alpha) = \alpha \cdot \omega_n^k$, $k \geq 1$ 꼴이다. A_n 의 생성원을 고정하지 않고 생각하면 $\omega_n^k = \omega_{\frac{n}{(k,n)}}$ 이다. 따라서 σ 와 τ 에 대하여 등식이 성립하는 자연수 $s_i, i = 1, 2$ 가 존재한다.

(4) $\alpha \in K \Rightarrow \alpha\omega_{s_i} \in K \Rightarrow \mathbb{Q}(\omega_{s_i}) < K$ 이다. 그런데 원분 확대체는 $\mathbb{Q}$ 위의 갈루아 확대체이므로 가능한 경우는 $\mathbb{Q}(\omega_{s_i}) = \mathbb{Q}(\sqrt{d}, i),\ \mathbb{Q}(\sqrt{d}),\ \mathbb{Q}(\sqrt{-d}),\ \mathbb{Q}(i)$ 이다(문제 5.14 참고). 그러므로 $\varphi(s_i) = 2, 4$ 이다.

(5) (4) 로부터 가능한 경우는 $s_i = 3, 4, 5, 6, 8, 10, 12$ 이다.

i) $s_i = 5, 10$ 일 때 $\mathrm{Gal}(\mathbb{Q}(\omega_{s_i})/\mathbb{Q}) \cong \mathbb{Z}_4$ 이므로 사이체(부분군)도표로부터 불가능하다.

ii) $s_i = 4$ 또는 8 일 때 α 의 궤도를 모두 조사하면 개수가 8 이 되지 못하거나 D_4 가 가환이 되어 모순이다.

iii) $s_i = 3, 6, 12$ 일 때 가능한 원분 확대체는 $\mathbb{Q}(\sqrt{3}), \mathbb{Q}(\sqrt{-3}), \mathbb{Q}(\sqrt{3}, i)$ 이므로 $d = 3$ 이다.

참고) 조건을 모두 만족시키는 α 는 $\alpha = \sqrt[4]{3}e^{\frac{2\pi}{3}i}$ 이다. □

제 7 장
연습 문제 풀이

연습 문제 및 탐구문제에 대한 예시 답안을 제시한다. 중등교사임용시험 기출문제는 출제 연도를 답안번호 옆에 표기한다([3]).

1.1절 연습 문제 풀이

1.1.1. 대칭군 S_3에 의해 $x_1 + x_2(= -x_3)$는

$$x_1 + x_2,\ x_2 + x_3,\ x_3 + x_1$$

로 바뀐다. 이 세 가지 값을 근으로 갖는 유리수 계수 방정식을 비에타 공식을 이용하여 찾을 수 있다. 답: $x^3 - 6x + 1 = 0$

1.1.2. (i) 삼차 함수 $y = 8x^3 - 6x - 1$의 그래프를 그려본다.

(ii) 고교 과정

(iii) 비에타 공식에 의해 $x_1^2x_2 + x_2^2x_3 + x_3^2x_1 = A$, $x_1^2x_3 + x_2^2x_1 + x_3^2x_2 = B$라 하면, $A + B = -\frac{3}{8}$이고 $A \cdot B = -\frac{9}{32}$임을 비에타 공식을 이용하여 구할 수 있다. 그리고 A, B는 이차 방정식의 근과 계수의 관계를 이용하여 구하면 된다.

(iv) 구할 수 있다. `Macaulay2` 코드 입력 및 활용법에 대해서는 2.2절을 참고하라.

(v) 삼배각 공식을 이용하면 근은 $\cos 20°$, $\cos 100°$, $\cos 140°$이다.

1.1.3. (i) 타원의 두 주축을 좌표축이라 하고 타원의 장축과 단축의 길이를 각각 a, b $(a > b)$라 하자. 복소평면의 y축을 a/b배 확대시키는 선형 변환을 $w = x + (a/b)yi = s + ti$, $(z = x + yi)$이라 하자. 이 변환에 의해 삼각형의 각 꼭짓점 $z_k = x_k + y_ki$은 점 $w_k = x_k + (b/a)y_ki = s_k + t_ki$, $k = 1, 2, 3$으로 변환된다고 하자. 그러면 슈타이너의 내접타원은 선형 변환에 의해 반지름의 길이가 a인 원으로 변환되고, 변환된 삼각형의 각 변의 중점에서 원과 접하므로 변환된 삼각형은 무게 중심이 원점인 정삼각형이 된다. 따라서 $w_1 + w_2 + w_3 = 0 \Rightarrow z_1 + z_2 + z_3 = 0$이다. 즉 $p(z) = z^3 + pz + q$이다. 그리고 각 꼭짓점 w_k는 삼차 방정식 $x^3 - C = 0$, $\exists C \in \mathbb{C}$의 근이므로 비에타 공식에 의해 $w_1^2 + w_2^2 + w_3^2 = 0$이다. 즉 $s_1^2 + s_2^2 + s_3^2 = t_1^2 + t_2^2 + t_3^2$, $s_1t_1 + s_2t_2 + s_3t_3 = 0$이다. 그런데 $s_k^2 + t_k^2 = (2a)^2(\because$삼각비$)$이므로 $s_1^2 + s_2^2 + s_3^2 = t_1^2 + t_2^2 + t_3^2 = 6a^2 \Rightarrow x_1^2 + x_2^2 + x_3^2 = 6a^2$, $y_1^2 + y_2^2 + y_3^2 = (b/a)^2 \cdot 6a^2 = 6b^2$이다. 비에타 공식에 의해 $p = z_1z_2 + z_2z_3 + z_3z_1 = -\frac{1}{2} \cdot (z_1^2 + z_2^2 + z_3^2) = -3a^2 + 3b^2$이다. 따라서 $p'(z) = 3z^2 + p \Rightarrow z = \sqrt{-\frac{p}{3}} = \pm\sqrt{a^2 - b^2}$이다. 즉 방정식 $p'(z) = 0$의 근은 타원의 초점이다.

(ii) $p''(z) = 6z \Rightarrow z = 0$이므로 내접타원의 중심이다.

(iii) 극점은 타원의 초점이고 변곡점은 타원의 중심이므로 두 극점의 중점은 변곡점이라 할 수 있다.

참고)

(1) 슈타이너의 내접타원은 '삼각형의 세변의 중점'과 '각 중점의 무게중심에 대한 대칭점'을 지난다.

(2) 두 점 z_2와 z_3이 중점$(\frac{z_2+z_3}{2})$으로 한없이 가까이 가는 상황을 생각하면 점 z_1과 $z_2 = z_3$의 $2:1$로 내분하는 점이 삼차함수의 변곡점이다.

1.1.4. $(k, 8) = 1$이면 $\{\omega^{kl} \mid l \in \mathbb{N}\} = \{\omega, \omega^2, \omega^3, \cdots, \omega^7, \omega^8 = 1\}$이다.
$k = 2$이면 $\{\omega^2, \omega^4, \omega^6, \omega^8 = 1\}$이다.
$k = 4$이면 $\{\omega^4, \omega^8 = 1\}$이다.
$k = 6$이면 $\{\omega^6, \omega^4, \omega^2, \omega^8 = 1\}$이다.

1.2절 연습 문제 풀이

1.2.1. 1_R과 $1'_R$가 모두 R의 곱셈에 대한 항등원이라 하자. 서로 역할을 바꾸어 생각하면 $1_R = (1_R) \cdot (1'_R) = (1'_R) \cdot (1_R) = 1'_R$이므로 유일하다.

1.2.2. $n \neq \pm 1$에 대하여 $nx = 1$을 만족시키는 정수 x가 존재하지 않고 $1 \times 1 = 1 = (-1) \times (-1)$이므로 $U(\mathbb{Z}) = \{\pm 1\}$이다.

1.2.3. $f(x) = 3x + 1,\ g(x) = 5x + 1$.

1.2.4. 베주 항등식에 의해 24와 서로소인 자연수만이 단원군의 원소이다. 따라서 $U(\mathbb{Z}_{24}) = \mathbb{Z}^*_{24}$이다. 그리고 $|\mathbb{Z}^*_{24}| = \varphi(24) = 8$이다.

1.2.5. $4 \times 7 = 28 = 1$이므로 $4^{-1} = 7$이다. 연분수를 이용하여 $11s + 27t = 1$을 만족시키는 정수 s를 찾으면 $s = 5$이다. 따라서 $11^{-1} = 5$이다.

1.2.6. $a, b \in R \backslash (U(R) \cup \{0\})$에 대하여 R은 정역이므로 $ab \neq 0$이다. 만약 $ab \in U(R)$이라 하면 $(ab)c = 1$인 $c \in R$이다. 결합법칙이 성립하므로 $a(bc) = 1 \Rightarrow a \in U(R)$이 되어 가정에 모순이다. 따라서 $ab \notin U(R)$이다. $1 \in U(R) \Rightarrow 1 \notin R \setminus (U(R) \cup \{0\})$이므로 곱셈에 대한 항등원이 존재하지 않아 군을 이루지 못한다.

1.2.7. (1) 곱집합에서 성립하는 성질들은 성분별로 셈하는 것이므로 가환환이다. 특히 덧셈에 대한 항등원은 $(0, 0)$이고 곱셈에 대한 항등원은 $(1_{R_1}, 1_{R_2})$이다.

(2) $(c, d) \cdot (a, b) = (ca - db, cb + da) = (ac - bd, ad + bc) = (a, b) \cdot (c, d)$.

$$\begin{aligned}(a, b) \cdot ((c_1, d_1) + (c_2, d_2)) &= (a, b) \cdot (c_1 + c_2, d_1 + d_2) \\ &= (a(c_1 + c_2) - b(d_1 + d_2), a(d_1 + d_2) + b(c_1 + c_2)) \\ &= (ac_1 - bd_1, ad_1 + bc_1) + (ac_2 - bd_2, ad_2 + bc_2) \\ &= (a, b) \cdot (c_1, d_1) + (a, b) \cdot (c_2, d_2).\end{aligned}$$

1.2.8. $(n, 3m) \in R$에 대하여 $(n, 3m) \cdot (x, y) = (n, 3m)$이면 $y = 1 \notin 3\mathbb{Z}$이므로 단위원이 존재하지 않는다.

1.2.9. 임의의 $a \in R$에 대하여 $a \cdot 1_R = a \cdot 0 \Rightarrow a = 0$이다.

1.2.10. (1) $x + y = (x + y)^2 = x^2 + xy + yx + y^2 = x + xy + yx + y \Rightarrow xy = -yx$. 그런데 $(-x)^2 = (-x)(-x) = -x \Rightarrow x^2 = -x \Rightarrow x = -x$이다. 그러므로

$$xy = -yx = (-y)x = yx.$$

(2) $R = \mathbb{Z}_2$. 더 일반적으로 $R = \mathbb{Z}_2 \times \mathbb{Z}_2 \times \cdots \times \mathbb{Z}_2$이다.

(3) $x + 1 = (x + 1)^2 = x^2 + 2x + 1 = 3x + 1 \Rightarrow 0 = 2x = x + x$이므로 x의 덧셈에 대한 역원 $-x = x$이다.

1.2.11. (1) $a \cdot (b \oplus c) = a \cdot (b + c - 1) = a + b + c - 1 - a(b + c - 1) = (a + b - ab) \oplus (a + c - ac) = (a \cdot b) \oplus (a \cdot c)$.

(2) 덧셈에 대한 항등원은 $a \oplus 1 = a + 1 - 1 = a$이므로 1이다. 한편 임의의 실수 a에 대하여 $a \cdot e = a \Rightarrow a + e - ae = a \Rightarrow e = 0$이다. 그러므로 $a(\neq 1)$에 대하여 $a \cdot x = 0 \Rightarrow a + x - ax = 0 \Rightarrow x = \frac{a}{a-1}$이므로 $a^{-1} = \frac{a}{a-1}$이다.

1.2.12. (1) 보통의 곱셈에 대하여 k만큼 평행이동시킨 것이므로, $e_0 = 1 + k$에 대하여 $x \circ (1 + k) = x, \forall x \in \mathbb{Z}_n$이 성립한다.

(2) $\circ$에 대하여 결합법칙은 성립한다. $\mathbb{Z}_6$에서 $k = 2$, $4 \circ (4 + 4) \neq 4 \circ 4 + 4 \circ 4$이므로 분배법칙이 성립하지 않는다.

(3) $u \in \mathbb{Z}_n^* \Rightarrow (k + u) \circ (k + u^{-1}) = 1 + k$이므로 $k + u \in U_k(\mathbb{Z}_n) \Rightarrow k + \mathbb{Z}_n^* \subset U_k(\mathbb{Z}_n)$이다. 정의로부터 역도 성립함을 확인할 수 있다.

(4) $\mathbb{Z}_{12}^* = \{1, 5, 7, 11\}$이다. $k = 2 \times 3 = 6$ (12의 소인수의 곱)이 조건을 만족시킨다.

(5) $k \in \mathbb{Z}_n \setminus \{0\}$이라 하자. 자연수 n의 소인수 중 k를 나누지 않는 경우가 꼭 존재한다.

$$q = \prod_{p_i | n, p_i \nmid k, p_i:\ \text{소수}} p_i$$

를 n의 소인수 중 k를 나누지 않는 것들의 곱이라 하자. 그러면 $q - k$와 n은 서로소이다. 즉 $q - k \in \mathbb{Z}_n^*$이다. 따라서 (3)에 의해 $q = k + (q - k) \in U_k(\mathbb{Z}_n)$이다. 그런데 $q \notin \mathbb{Z}_n^*$이므로 $U_k(\mathbb{Z}_n) \neq \mathbb{Z}_n^*$이 성립한다.

1.2.13. $2x$, $3x \in \mathbb{Z}_6[x]$는 영다항식이 아니다. 그런데 $(2x) \cdot (3x) = 6x^2 = 0$이므로 다항식 환 $\mathbb{Z}_6[x]$은 정역이 아니다.

1.2.14. $p(x) = x + |x|$, $q(x) = x - |x|$이면 각각 0이 아닌 연속함수이다. 그러나 $p(x) \cdot q(x) = (x + |x|)(x - |x|) = x^2 - |x|^2 = 0$이다.

1.2.15. 임의의 $a, b \in R$에 대하여 등식 $b(ab) = (ba)b$이 성립한다. $x = b$, $y = ab$, $z = ba$로 두면 조건으로부터 $ab = ba$가 성립되어 가환이다.

1.2.16. R이 정역이라 하자. $xy = xz \overset{x \neq 0}{\Rightarrow} x(y - z) = 0 \Rightarrow y - z = 0 \Rightarrow y = z$이다. 역으로 $x \neq 0$이고 $y \neq 0$이라 하자. 만약 $xy = 0 \Rightarrow xy = 0 = x \cdot 0 \Rightarrow y = 0$이므로 모순이다. 즉 $xy \neq 0$이다. 그래서 정역은 **소약 법칙(cancellation law)이 성립하는 환**이라고도 한다.

1.2.17. **(1)** $x \oplus x = \min\{x, x\} = x$.

(2) 임의의 $x \in R$에 대하여 $x \oplus e = \min\{x, e\} = x$이므로 $x \le e$이다. 따라서 $e = \infty$이다. 그리고 $x \otimes e' = x + e' = x \Rightarrow e' = 0$이다.

(3) (2)에 의해 $a \oplus x = \min\{a, x\} = \infty \Rightarrow \infty \le a$이므로 모순이다.

(4) x, y, z 사이의 가능한 모든 대소 관계와 ∞일 때를 따져보면 된다. 예를 들어 $x \le y \le z$이면 $x \otimes (y \oplus z) = x + y$, $(x \otimes y) \oplus (x \otimes z) = (x + y) \oplus (x + z) = x + y$이므로 성립한다.

1.3절 연습 문제 풀이

1.3.1. $1 \in \mathbb{Q}$이지만 $\sqrt{2} \cdot 1 \notin \mathbb{Q}$이다.

1.3.2. 아이디얼의 정의에 의해 $\{0\}$은 F의 아이디얼이다. 만약 $I \neq \{0\}$ 가 F의 아이디얼이면 임의의 0이 아닌 원소 $\alpha \in I$에 대해, $\alpha^{-1} \in F$ 가 존재하고 $\alpha^{-1}\alpha = 1 \in I$ 를 만족한다. 즉 $I = F$이다.

1.3.3. I, $J \lhd R$ 이므로 $0 \in I \cap J$ 이다. 따라서 $I \cap J \neq \emptyset$. 또한 I, $J \lhd R$ 이므로 임의의 $\alpha, \beta \in I \cap J, r \in R$ 에 대하여 $\alpha - \beta \in I \cap J$ 이고 αr, $r\alpha \in I \cap J$ 이므로 $I \cap J \lhd R$.

1.3.4. $\mathbb{Q}[x]/(x)$에서 $x^2 + 3 + (x) = 3 + (x)$ 이고 $(3^{-1} + (x))(3 + (x)) = 1 + (x)$ 이므로, $x^2 + 3 + (x)$의 역원은 $3^{-1} + (x)$ 이다.

1.3.5. (1) 임의의 $a \in I \Rightarrow a = a^1 \in I \Rightarrow a \in \sqrt{I}$이다.

(2) a, $b \in \sqrt{I} \Rightarrow a^m \in I, b^n \in I, n \ge m \Rightarrow (a - b)^{mn} = \sum_{k=0}^{mn} \binom{mn}{k} a^k (-b)^{mn-k} \in I \Rightarrow a - b \in \sqrt{I}$. $r \in R$과 $a^n \in I$에 대하여 $(ra)^n = r^n a^n \in I \Rightarrow ra \in \sqrt{I}$이다.

(3) $\sqrt{I}$는 정수군 $\mathbb{Z}$의 부분군이므로 $\sqrt{I} = n\mathbb{Z}$꼴이다. $4\mathbb{Z} \subset \sqrt{I} = n\mathbb{Z}$이고 $2^2 \in 4\mathbb{Z} \Rightarrow 2 \in \sqrt{I}$이므로 $\sqrt{I} = 2\mathbb{Z}$ 또는 $\mathbb{Z}$이다. 후자의 경우 $1 \in \sqrt{I} \Rightarrow 1^m = 1 \in I \Rightarrow I = \mathbb{Z}$가 되어 모순이다.

1.3.6. (1997) • $a,\ b \in N(R) \Rightarrow a^m = b^n = 0, n \ge m \Rightarrow (a-b)^{mn} = \sum_{k=0}^{mn} \binom{mn}{k} a^k (-b)^{mn-k}$ $= 0 \Rightarrow a-b \in N(R)$.

• $a^n = 0,\ r \in R \Rightarrow (ra)^n = r^n a^n = r^n \cdot 0 = 0 \Rightarrow ar \in N(R)$.

1.3.7. Step 1. $\frac{b_1}{s_1}, \frac{b_2}{s_2} \in M \Rightarrow \frac{b_1}{s_1} - \frac{b_2}{s_2} = \frac{s_2 b_1 - s_1 b_2}{s_1 s_2} \in M$이다. 왜냐하면 $s_1, s_2 \in S \Rightarrow s_1 s_2 \in S$이고 $p|b_1, b_2 \Rightarrow p|s_2 b_1 - s_1 b_2$이기 때문이다.

Step 2. $r = \frac{a}{s},\ \frac{b_1}{s_1} \in M \Rightarrow r \cdot \frac{b_1}{s_1} = \frac{ab_1}{ss_1} \in S$이다. 왜냐하면 $p|b_1 \Rightarrow p|ab_1$이고 조건으로부터 분모는 p의 배수가 아니기 때문이다.

1.3.8. 조건에 의해 S는 단위원이 있는 가환환이다. 그리고 $a, b \in S,\ ab = 0$이면 $a, b \in R$이고 R이 정역이므로 $a = 0$또는 $b = 0$이다. 따라서 S는 정역이다.

1.3.9. 아이디얼 I의 원소 중 크기가 **가장 작은 양의 정수**를 m이라 하자. 정수의 나머지 정리에 의해 $\forall n \in I \Rightarrow n = mq + r,\ 0 \le r < m \Rightarrow n - mq = r \in I$이다. m의 선택에 의해 $r = 0$이다. 즉 I안의 임의의 원소는 m의 배수이다. 따라서 $I = m\mathbb{Z} = (m)$으로 주 아이디얼이다.

1.3.10. $a \in R,\ b \in J \Rightarrow ab \in J$이고 $b \in R,\ a \in I \Rightarrow ba = ab \in I$이므로 $ab = ba \in I \cap J \Rightarrow ab = 0$이다.

1.3.11. $(c) \subset (6) \Rightarrow c \in (6) \Rightarrow 6 \mid c$이다. 같은 요령으로 $14 \mid c$이다. 그러므로 $c = 42k$, $k \in \mathbb{Z}$이다. 만약 $k \ge 2$이라 하면 $42 \notin (c)$인데 $42 \in I,\ 42 \in J$라는 사실에 모순이다. 따라서 $c = 42$이다.

1.3.12. $I \cap U(R) \ne \emptyset \Rightarrow r \in I, r \in U(R) \Rightarrow rs = 1, \exists s \in R$이다. 그러므로 $1 = rs = sr \in I$이다. $\forall x \in R \Rightarrow x = x \cdot 1 \in I \Rightarrow R \subset I$이므로 가정에 모순이다.

R이 체이면 $U(R) = R - \{0\}$이다. 즉 $I \cap (R - \{0\}) = \emptyset \Rightarrow I = \{0\}$이다.

1.3.13. (1) $g(x) = f(x)(x^2 - x + 1)$이므로 $I = (f(x), g(x)) = (f(x), f(x)(x^2 - x + 1))$이다. 즉 I의 임의의 원소는 $f(x)s(x) + f(x)(x^2 - x + 1)t(x),\ \forall s(x), t(x) \in \mathbb{Q}[x]$이다. 다시 말해 $f(x)$를 인수로 갖는 다항식들 전체의 집합이다. 특히 $s(x) = 1$, $t(x) = 0$으로 두면 $f(x) \in I \Rightarrow I = (f(x))$이다.

(2) $2 \in I = (2, x) \Rightarrow \forall g(x) \in \mathbb{Q}[x], (1/2g(x)) \cdot 2 = g(x) \in I \Rightarrow \mathbb{Q}[x] \subset I$이므로 $I = \mathbb{Q}[x]$이다. $1 \in \mathbb{Q}[x] \Rightarrow (1) = \mathbb{Q}[x]$임에 유의하라.

1.3.14. $J = (2, x) = (f(x))$이면 $2 = f(x) \cdot g(x)$이다. 즉 $f(x) = c$는 상수식이다. $c = \pm 1$이면 $J = (f(x)) = \mathbb{Z}[x]$이므로 모순이다. 그러므로 $f(x) = \pm 2$이다. 한편 $x = f(x)h(x)$이다. $h(x) = a_0 + a_1 x + \cdots + a_n x^n,\ \forall i, a_i \in \mathbb{Z}$라 하면

$$x = (\pm 2) \cdot h(x)$$

에서 우변의 x항의 계수는 짝수가 되어 모순이다.

1.3.15. $i \in I, j \in J$에 대하여 $i \in R \Rightarrow ij \in J$이고 $j \in R \Rightarrow ij = ji \in I$이므로 $ij \in I \cap J$이다. 이러한 형태의 유한합도 $I \cap J$가 덧셈에 대한 부분군을 이루고 있으므로 포함된다.

1.3.16. $c(x, y) = c$가 (영이 아닌) 상수이면 $c \in (x, y) \Rightarrow c = xg(x, y) + yh(x, y)$이다. 좌변은 상수 다항식이고 우변은 상수항이 없는 다항식이므로 모순이다. $c(x, y)$가 상수가 아니라면 $x, y \in (c(x, y)) \Rightarrow x = c(x, y)k(x, y), y = c(x, y)l(x, y) \Rightarrow ax = c(x, y) = by$이므로 모순이다.

1.3.17. (1) $f(x)$는 삼차식이므로 일반성을 잃지 않고 $\deg v(x) = 1$이라 하자. 인수 정리에 의해 $f(x) = 0$의 유리수 근이 존재한다. 그런데 $f(\pm 2) \neq 0$이므로 모순이다.

$M \subset I \lhd \mathbb{Q}[x]$이라 하자. 다항식의 나머지 정리에 의해 $\mathbb{Q}[x]$는 주 아이디얼 환이므로 $I = (g(x))$이다. 그런데 $f(x) \in I \Rightarrow f(x) = g(x)h(x)$이다. 따라서 $\deg g(x) = 0$ 또는 3이다. 전자의 경우 $I = \mathbb{Q}[x]$이고 후자의 경우 $I = M$이다.

(2) $(x + M)^{-1} = s(x) + M \Leftrightarrow xs(x) + M = 1 + M \Leftrightarrow xs(x) + f(x)t(x) = 1$이다. $f(x) = x(x^2 - 2) - 2 \Rightarrow x(1/2x^2 - 1) - 1/2f(x) = 1$이므로 $s(x) = \frac{1}{2}x^2 - 1$이다.

1.3.18. $I = \langle x^2-2x-3 \rangle$. $x^2-2x-3 = (x+1)(x-3)$에서 $(x+1)+I \neq 0+I$, $(x-3)+I \neq 0+I$ 이지만 $((x+1)+I)\cdot((x-3)+I) = x^2-2x-3+I = 0+I$이기 때문이다.

1.3.19. $I := (x^2+1)$. (b)와 (c)는 단원이다. 왜냐하면 $(1+I)\cdot(1+I) = 1+I$이고 $(x+I)(x+I) = x^2+I = 1+I$이기 때문이다. (a) $I = 0+I$는 덧셈에 대한 항등원이고 $0+I \neq 1+I$이므로 단원이 아니다.

1.3.20. $I = (f(x))$. $\deg f(x) = 1$이므로 상환은

$$\mathbb{Q}[x]/I = \{c+I \mid c \in \mathbb{Q}\}.$$

그런데 $c \neq 0 \Rightarrow (c+I)(c^{-1}+I) = cc^{-1}+I = 1+I$이므로 $c^{-1}+I$는 역원(수)가 된다. 즉 $0+I = I$를 제외한 모든 원소는 역원을 가지므로 상환은 체이다.

1.3.21. (1) $\mathbb{R}[x]$가 함수의 덧셈(뺄셈)과 곱셈에 대하여 환을 이루고 있고 원소들은 모두 연속함수이므로 $\mathcal{C}([0,1])$의 부분환이다. 하지만 $\frac{1}{x^2+1}\cdot(x-2) = \frac{x-2}{x^2+1}$은 구간 $[0,1]$에서 연속함수이지만 다항함수는 아니므로 $\mathbb{R}[x]$는 아이디얼은 아니다.

(2) $M_0 \subset I \subset \mathcal{C}([0,1])$인 아이디얼 I에 대하여 $M_0 \neq I$이면 $t(x_0) \neq 0$인 연속함수 $t(x) \in I$가 존재한다. 그러면 $g(x) := t(x)-t(x_0)$는 $x = x_0$에서 함숫값이 $g(x_0) = 0$이므로 $g(x) = t(x)-t(x_0) \in M_0 \subset I \Rightarrow t(x)-g(x) = t(x_0) \in I$. 그런데 상수함수 $t(x_0)$는 역수 또한 연속함수이므로 $\frac{1}{t(x_0)}\cdot t(x_0) = 1 \in I \Rightarrow I = \mathcal{C}([0,1])$이다.

(3) 단위 구간 $[0,1]$의 긴밀성을 이용한다. M을 극대 아이디얼이라 하자. 만약 $M = M_0$꼴이 아니라면 임의의 $s \in [0,1]$에 대하여 $f_s(s) \neq 0$인 연속함수 $y = f_s(x) \in M$가 존재한다. 그리고 $y = f_s(x)$는 연속함수이므로 s의 어떤 열린근방(구간) U_s안의 임의의 점에서 $f_s(x) \neq 0$이다. 구간 $[0,1]$의 열린 덮개

$$[0,1] = \bigcup_{s\in[0,1]} U_s$$

에 대하여 $[0,1]$은 긴밀집합이므로 유한개의 $s_1, s_2, \cdots, s_m$이 존재하여

$$[0,1] = \bigcup_{k=1}^{m} U_{s_k}.$$

$$g(x) = f_{s_1}^2(x) + f_{s_2}^2(x) + \cdots + f_{s_m}^2(x) \in M$$

이라 하면 $g(x)$는 연속함수이고 각각 열린 근방 U_{s_k}에서 $f_{s_k}^2(x) > 0$이므로 임의의 $x \in [0,1]$에서 $g(x) > 0$이다. 따라서 $\frac{1}{g(x)} \in \mathcal{C}([0,1]) \Rightarrow \frac{1}{g(x)} \cdot g(x) = 1 \in M \Rightarrow M = \mathcal{C}([0,1])$이다.

1.3.22. (1) $ax + P = ay + P \Leftrightarrow ax - ay = a(x-y) \in P \Rightarrow x - y \in P$이다. 따라서 f는 일대일 함수이다.

(2) $|R| < \infty$이므로 $|R/P| < \infty$이다. 따라서 f는 위로의 함수이기도 하다.

(3) $1+P \in R/P$는 단위원이다. (1)에 $a = b$로 두면 (2)에 의해 $f(x+P) = bx+P = 1+P$인 $x \in R$이 존재한다. 즉 $(b+P)(x+P) = 1+P$이므로 $(b+P)^{-1}$가 존재한다.

1.3.23. 0이 아닌 임의의 $a \in R$에 대하여 조건에 의해 $(a) = R$이다. 따라서 $1 \in (a) \Rightarrow 1 = ab, \exists b \in R$이다. 즉 $a \in U(R)$이다.

1.3.24. (a) $(ms, nt) = (m,n) \cdot (s,t) \in I \Rightarrow ms = 0$이므로 m 또는 s는 0이다. 즉 $(m,n) \in I$이거나 $(s,t) \in I$이므로 소 아이디얼이다.

(b) $(1,0) \cdot (0,1) = (0,0) \in J$이지만 $(1,0), (0,1) \notin J$이므로 J는 소 아이디얼이 아니다.

(c) $(2,0) \cdot (2,0) = (4,0) \in K$이지만 $(2,0) \notin K$이므로 K는 소 아이디얼이 아니다.

1.3.25. 덧셈군으로 $\mathbb{Z}_{18} = \mathbb{Z}/18\mathbb{Z}$의 부분군을 찾는 것은 군론의 문제이다. 찾아보면 $I = m\mathbb{Z}/18\mathbb{Z}$, $m \mid 18$. 각각의 경우가 아이디얼임을 어렵지 않게 확인할 수 있다 (다음 단원 제 III 동형정리 참고).

1.4절 연습 문제 풀이

1.4.1. $i(\mathbb{Z}) = \mathbb{Z} \subset \mathbb{Q}$이다. $2 \in \mathrm{im}(\mathbb{Z})$이지만 $\frac{1}{3} \cdot 2 = \frac{2}{3} \notin \mathrm{im}(\mathbb{Z})$이므로

1.4.2. $f(1) = a$. 자연수 n에 대하여 $f(n) = f(1 + \cdots + 1) = n \cdot f(1)$이다. 음의 정수 $-n$에 대하여 $f(-n) = -f(n) = -an = a(-n)$이므로 임의의 정수 x에 대하여

$f(x) = ax$이다. 곱셈 연산을 보존하므로 $f(1) = f(1 \cdot 1) = f(1) \cdot f(1) \Rightarrow a = a^2$이다. 그러므로 $f(x) = x$ 또는 $f(x) = 0$이다. 두 경우 모두 환 준동형사상임을 바로 확인 가능하다.

1.4.3. 임의의 $r \in R$에 대하여 $f(r) = r + (0)$으로 두면 환 준동형사상이다. $r + (0) = 0 + (0) \Leftrightarrow r \in (0) \Leftrightarrow r = 0$이므로 f는 일대일이다. 그리고 전사임은 명백하다.

1.4.4. $f(1) = a$이라 하자. f가 환 준동형사상이므로 $f(1) = f(1 \cdot 1) = f(1)^2 \Rightarrow a = a^2$이다. 가능한 a의 값을 조사해보면 0또는 1이다.

1.4.5. $f(1) = f(1 \cdot 1) = f(1) \cdot f(1)$이므로 $f(1) = 0$ 또는 1이다. 전자의 경우 $1 \in \ker(f) \lhd \mathbb{Q} \Rightarrow \ker(f) = \mathbb{Q}$이므로 f는 위로의 함수가 아니다. 따라서 $f(1) = 1$이다. 귀납적으로 함숫값을 구해보면, 임의의 정수 m에 대하여 $f(m) = m$이다. 그리고 자연수 n에 대하여 $1 = f(1) = f(n \cdot (1/n)) = nf(1/n) \Rightarrow f(1/n) = 1/n$이다. 정수 m에 대하여 $f(m/n) = f(m(1/n)) = f(m)f(1/n) = m/n$. 즉 임의의 $r \in \mathbb{Q}$에 대하여 $f(r) = r$이다.

1.4.6. 연습문제 1.4.5.와 같은 요령으로 유리수 $r \in \mathbb{Q}$에 대하여 $f(r) = r$이다. 한편 f는 단조 증가 함수이다. 왜냐하면

$$t < s \Rightarrow f(s-t) = f(\sqrt{s-t} \cdot \sqrt{s-t}) = f(\sqrt{s-t})^2 > 0$$
$$\Rightarrow 0 < f(s-t) = f(s) + f(-t) \overset{f(-t)=-f(t)}{\Rightarrow} f(s) < f(t).$$

단, $f(a) = 0$, $\exists a \in \mathbb{R} \setminus \{0\}$이면 $a \in \ker(f) \lhd \mathbb{R} \Rightarrow \ker(f) = \mathbb{R}$이므로 위로의 함수가 아니다. 임의의 무리수 x로 수렴하는 단조 증가 유리수 수열 $\{x_n\}$와 단조 감소 유리수 수열 $\{y_n\}$을 $x_n < x < y_n$가 되도록 선택하자(실수의 조밀성). 그러면 $x_n = f(x_n) < f(x) < f(y_n) = y_n$이므로 $x = \lim_{n \to \infty} x_n \leq f(x) \leq \lim_{n \to \infty} y_n = x$이므로 $f(x) = x$이다.

1.4.7. $\ker(f) \lhd F$이므로 $\ker(f) = \{0\}$ 또는 F이다. 후자의 경우 f는 위로의 사상이 아니므로 $\ker(f) = \{0\}$이다. 따라서 제 I 동형정리에 의해 성립한다.

1.4.8. 임의의 $s, t \in S \Rightarrow \exists x, y \in R, f(x) = s, f(y) = t$이다. 따라서 $st = f(x)f(y) = f(xy) = f(yx) = f(y)f(x) = ts$이기 때문이다.

1.4.9. 임의의 $r_1, r_2 \in R$에 대하여 $g(f(r_1+r_2)) = g(f(r_1)+f(r_2)) = g(f(r_1))+g(f(r_2))$이고 $g(f(r_1 \cdot r_2)) = g(f(r_1) \cdot f(r_2)) = g(f(r_1)) \cdot g(f(r_2))$이므로 $g \circ f$는 환 준동형 사상이다.

1.4.10. $\forall a, b, c, d \in \mathbb{R},\ f(\begin{bmatrix} a & b \\ -b & a \end{bmatrix} + \begin{bmatrix} c & d \\ -d & c \end{bmatrix}) = f(\begin{bmatrix} a+c & b+d \\ -b-d & a+c \end{bmatrix})$
$= (a+c)+(b+d)i = a+bi+c+di = f(\begin{bmatrix} a & b \\ -b & a \end{bmatrix}) + f(\begin{bmatrix} c & d \\ -d & c \end{bmatrix})$.
$f(\begin{bmatrix} a & b \\ -b & a \end{bmatrix}\begin{bmatrix} c & d \\ -d & c \end{bmatrix}) = f(\begin{bmatrix} ac-bd & ad+bc \\ -ad-bc & ac-bd \end{bmatrix}) = f(\begin{bmatrix} a & b \\ -b & a \end{bmatrix})f(\begin{bmatrix} c & d \\ -d & c \end{bmatrix})$.
그뿐 아니라 사상 f는 전사이고 $\ker(f) = \{\begin{bmatrix} 0 & 0 \\ 0 & 0 \end{bmatrix}\}$이므로 제 I 동형정리에 의해 f는 동형 사상이다.

1.4.11. $\mathbb{Z}[x] \to \mathbb{Z}_n[x],\ \sum_i a_i x^i \mapsto \sum_i \overline{a}_i x^i$로 정의하면 위로의 환 준동형사상임을 확인할 수 있다. 그뿐 아니라 핵은 $n\mathbb{Z}[x]$이다. 그러므로 제 I 동형정리에 의해 성립한다.

1.4.12. (1) 동형이라면 집합의 농도는 같다. 하지만 전자는 셀 수 있는 집합(countable set)이고 후자는 그렇지 않다.

(2) $f : \mathbb{C} \cong \mathbb{R}$이라 하자. $f(1) = 1$이므로 $f(-1) = -1$이다. 그런데 $-1 = f(-1) = f(i \times i) = f(i)^2 \geq 0$이므로 실수의 성질($a^2 \geq 0$)에 모순이다.

1.4.13. (1) 벤 다이어그램

(2) $\forall A \in P(X),\ A \star X = X \star A = A$이므로 단위원은 X이다.

(3) $X = \{1, 2\} \cap B \subset \{1, 2\}$이 되어 모순이므로 집합 B는 존재하지 않는다.

(4) 함수 $\chi : P(X) \to R$의 함숫값 $\chi(A)$을 $i \in A$이면 순서쌍의 i번째를 1, $i \notin A$이면 0으로 정의하자. 그러면 χ가 일대일 대응임은 정의에 의해 성립한다. $\chi(A \Delta B) = \chi(A) + \chi(B)$와 $\chi(A \star B) = \chi(A) \cdot \chi(B)$는 계산을 통해 확인할 수 있다.

1.4.14. $f(1) = a$라 하면 $f(1) = f(1 \cdot 1) = f(1) \cdot f(1) \Rightarrow a = a^2$이다. 가능한 a를 모두 찾아보면 $a \in \{0, 1\}$이다.

$f(1) = 0 \Rightarrow f(n) = nf(1) = 0$이므로 f는 항등적으로 0인 함수이므로 환 준동형사상이다.

$f(1) = 1$이면 $f(n) = n$이므로 $f(m+n) = m+n = f(m) + f(n)$이고 $f(mn) = mn = f(m)f(n)$이므로 환 준동형사상이다.

1.4.15. $\forall z_1,\ z_2 \in \mathbb{C},\ z_1 = a + bi,\ z_2 = c + di$ 라 하자. $f(z_1 + z_2) = (a+c) - (b+d)i = a - bi + c - di = f(z_1) + f(z_2)$이고 $f(z_1 z_2) = (ac - bd) - (ad + bc)i = (a - bi)(c - di) = f(z_1)f(z_2)$이므로 f는 환 준동형사상이다. 그리고 $f(\overline{z}) = \overline{\overline{z}} = z$이므로 전사이고 $\overline{z} = 0 \Rightarrow z = 0$이므로 $\ker(f) = \{0\}$이다. 따라서 제 I 동형정리에 의해 f는 동형사상이다.

1.4.16. $a^n = a \Rightarrow a^n + I = a + I \Rightarrow (a + I)^n = a + I$이다. 정역은 소약 법칙이 성립하므로 $(a + I)^{n-1} = 1 + I$이므로 $(a + I)^{-1} = (a + I)^{n-2}$이다.

1.4.17. 베주 항등식에 의해 $3s + 4t = 1$을 만족시키는 정수 $s, t \in \mathbb{Z}$가 존재한다. 그러므로 $1 \in I + J \Rightarrow \mathbb{Z} \subset I + J \Rightarrow \mathbb{Z} = I + J$이다. 그러나 $0 \neq 3 \times 4 \in I \cap J$이다.

1.4.18. 중국인의 나머지 정리에 의해 $\mathbb{Z}_{30} = \mathbb{Z}/(30) \cong \mathbb{Z}/(6) \oplus \mathbb{Z}/(5) = \mathbb{Z}_6 \oplus \mathbb{Z}_5$이다. 두 사영 사상 $p_1 : \mathbb{Z}_6 \oplus \mathbb{Z}_5 \to \mathbb{Z}_6,\ p_2 : \mathbb{Z}_6 \oplus \mathbb{Z}_5 \to \mathbb{Z}_5$과 f를 합성하면 각각 환 준동형사상이다. 환 준동형사상 $p_1 \circ f : \mathbb{Z}_6 \to \mathbb{Z}_6$의 개수는 4개임을 내용의 문제 1.18에서 확인하였다. 후자의 경우 $f(1) = a \Rightarrow 0 = p_2 \circ f(6) = 6 \cdot a \Rightarrow 0 = a$이므로 한 가지가 있다. 따라서 찾고자 하는 환 준동형사상의 개수는 4가지이다.

1.4.19. (1) $I = \ker(f)$라 하면 $I \lhd R$이다. 만약 $I = R$이면 $f(x) = 0$으로 상수함수이다. $I \neq R$이면 $I \cap U(R) = \emptyset \overset{U(R)=R-\{0\}}{\Rightarrow} I = \{0\}$이므로 f는 일대일이다.

(2) $\mathbb{R}$는 체이므로 f가 상수함수가 아니면 f는 매장 사상이다. 즉 $\mathbb{R} \cong \mathrm{im}(f) \subset \mathbb{R}[x]$으로 부분환을 이룬다. 그리고 $\mathbb{R}[x]$는 정역이므로 $f(2)f(1) = f(2 \cdot 1) = f(2) \overset{f(2)\neq 0}{\Rightarrow}$

$f(1) = 1$이다. $\forall a \in \mathbb{R} - \{0\} \Rightarrow f(a)^{-1} = f(a^{-1})$으로 단원이므로 $\text{im}(f) \setminus \{0\} \subset U(\mathbb{R}[x]) = \mathbb{R} \setminus \{0\}$이고 $f(0) = 0$이므로 치역 $\text{im}(f)$는 $\mathbb{R} \subset \mathbb{R}[x]$에 포함된다.

(3) $f(1) = a$이라 하자. $0 = f(0) = f(p) = f(1 + \cdots + 1) = pf(1) = pa \Rightarrow a = 0$이다. 따라서 $f(k) = f(1 + \cdots + 1) = kf(1) = 0$이므로 상수 함수이다.

1.4.20. R은 단위원 $(1, 1, 1)$을 갖는 가환환이므로 $U(R) = U(\mathbb{Z}_2) \times U(\mathbb{Z}_{12}) \times U(\mathbb{Z}_{14})$이다. 따라서 $|U(R)| = |U(\mathbb{Z}_2)| \cdot |U(\mathbb{Z}_{12}| \cdot |U(\mathbb{Z}_{14})| = 1 \times 4 \times 6 = 24$개이다.

1.4.21. $\Psi : \mathbb{Q}[x, y] \to \mathbb{Q}$, $\Psi(f(x, y)) = f(0, 0)$이라 하면 Ψ는 환 준동형사상이고 $\ker(\Psi) = I$, $\text{im}(\Psi) = \mathbb{Q}$이다. 그러므로 제 I 동형정리에 의해 $\mathbb{Q}[x, y]/I \cong \mathbb{Q}$이므로 체이다.

1.4.22. (1) $f(n + m) = (n + m) \cdot 1_F = n \cdot 1_F + n \cdot 1_F = f(n) + f(m)$이고 $f(nm) = (nm) \cdot 1_F = (n \cdot 1_F)(m \cdot 1_F) = f(n)f(m)$이므로 환 준동형사상이다.

(2) $\ker(f)$는 정수환 $\mathbb{Z}$의 아이디얼이다. 제 I 동형정리와 $\mathbb{Z}$가 주 아이디얼 환이라는 성질로부터 $\ker(f) = m\mathbb{Z}$ (n은 양의 정수)이고 $\mathbb{Z}/m\mathbb{Z} \cong \text{im}(f) \subset F$이다. 그런데 $\text{im}(f)$는 체 F의 부분환이므로 정역이다. 그러므로 조건에 의해 m은 홀수인 소수이다.

1.4.23. $|U(\mathbb{Z}_{7^2})| = \varphi(49) = 42$. 한편 $U(\mathbb{Z}_7 \oplus \mathbb{Z}_7) = U(\mathbb{Z}_7) \times U(\mathbb{Z}_7)$, $|U(\mathbb{Z}_7)| = 6$이므로 $|U(\mathbb{Z}_7 \oplus \mathbb{Z}_7)| = 6 \times 6 = 36$이다. 따라서 두 환은 동형이 아니다.

1.4.24. 환 준동형사상 $\phi : \mathbb{Z}[x] \to \mathbb{Z}$를 $\phi(f(x)) = f(0)$으로 정의하고, 환 준동형사상 ψ를 $\psi : \mathbb{Z} \to \mathbb{Z}_2, m \mapsto \bar{m}$으로 정의하자. 그러면 $\psi \circ \phi$는 전사 함수이고 핵은 $\ker(\psi \circ \phi) = (2, x)$이다. 그러면 제 I 동형 정리에 의해 $\mathbb{Z}[x]/(2, x) \cong \mathbb{Z}_2$이다. $\mathbb{Z}_2$는 체이므로 $(2, x)$ 는 극대 아이디얼이다.

1.4.25. $I = (p), J = (q)$이라 하자. $\bar{k} \in I \cap J \Rightarrow pq \mid k - pm,\ k - qn \Rightarrow p \mid k,\ q \mid k \Rightarrow \bar{k} = 0$. p와 q는 서로소이므로 $ps + qt = 1$을 만족시키는 정수 $s, t \in \mathbb{Z}$가 존재한다. 그러므로 $1 \in I + J \Rightarrow \mathbb{Z}_{pq} = I + J \Rightarrow \mathbb{Z}_{pq} = I \dot{+} J$이다.

1.4.26. $s \in \langle s \rangle$, $1-s \in \langle 1-s \rangle$이므로 $1 = s + (1-s) \in \langle s \rangle + \langle 1-s \rangle$이다. 만약 $t \in \langle s \rangle \cap \langle 1-s \rangle$이면 $t = su = (1-s)v$, $\exists u$, $v \in R$이다. 한편 조건으로부터 $(1-s)s = 0 \Rightarrow v(1-s)s = v \cdot 0 \Rightarrow ts = 0$이다. 그리고 $(1-s)su = 0 \cdot u \Rightarrow (1-s)t = 0 \Rightarrow t = 0$이다.

1.4.27. 두 번째 조건식으로부터 $x = 4y$꼴이어야 하므로 $12|4y-2 \Rightarrow 3|2y-1 \Rightarrow 3|y-2$이다. 그리고 $16|4y-4 \Rightarrow 4|y-1$이다. 그러므로

$$\begin{cases} y \equiv 2 \pmod 3, \\ y \equiv 1 \pmod 4 \end{cases}$$

베주 항등식에 의해 $1 = 3 \cdot (-1) + 4 \cdot (1)$이므로 $y = (3 \cdot (-1)) \cdot 1 + (4 \cdot (1)) \cdot 2 = 5$이다. 이것은 첫 번째 조건식을 만족시키지 못하므로 합동 방정식의 정수해는 존재하지 않는다.

다른 풀이) 문제의 조건으로부터 $x = 12k + 2 = 16m + 4, \exists k, m \in \mathbb{Z} \Rightarrow 6k - 8m = 2(3k - 4m) = 1$. 좌변은 짝수이나 우변은 홀수이므로 모순이다.

1.4.28. (1) $\Phi : \mathbb{R}[x] \to \mathbb{R}$, $\Phi(g(x)) = g(3)$이라 하면 위로의 환 준동형사상이고 $\ker(\Phi) = (x-3)$이 명백히 성립한다. 따라서 제 I 동형정리에 의해 참이다.

(2) 풀이를 이해하는 데 어려움이 있다면 넘어가도 좋다. 뒤에서 일반적인 논의를 할 것이다. $\Psi : \mathbb{R}[x] \to \mathbb{C}$, $\Psi(h(x)) = h(i)$이라 하자. $\ker(\Psi) = \{h(x) \in \mathbb{R}[x] \mid h(i) = 0\}$. $h(x)$는 실수 계수 다항식이므로 $\overline{h(i)} = h(\bar{i}) = h(-i) = 0$이다. $h(x)$는 $x+i$과 $x-i$를 모두 인수로 갖는다. 즉 $h(x) = (x^2+1)s(x), s(x) \in \mathbb{R}[x] \Rightarrow \ker(\Psi) = (x^2+1)$이다. 따라서 제 I동형정리에 의해 성립한다.

다른 풀이) 상환에서 함수를 바로 정의할 수도 있다. 즉 $\overline{\Psi}(a + bx + (x^2+1)) = a + bi$라 하면 동형사상임을 확인할 수 있다.

2.1절 연습 문제 풀이

2.1.1. $7x + 14 = 7 \cdot (x+2)$.

2.1.2. $u \in U(R)$이므로 $uv = 1,\ \exists v \in R$이다. 그러면 $\delta(1) \le \delta(1 \cdot u) = \delta(u) \le \delta(uv) = \delta(1)$이므로 $\delta(u) = \delta(1)$이다.

2.1.3. $\mathbb{Z}[x]$이 유클리드 정역이면 주 아이디얼 정역이다. 그러나 아이디얼 $I = (2, x) \lhd \mathbb{Z}[x]$은 주 아이디얼이 아님을 앞 장에서 확인하였으므로 모순이다.

2.1.4. 동반원의 정의에 의해 $n = 11 \cdot u,\ u \in U(\mathbb{Z}) = \{\pm 1\}$이므로 동반원은 11과 -11뿐이다.

2.1.5. $60 \cdot (\frac{x}{12} + \frac{7}{5}) = 5x + 84$이다.

2.1.6. $U(\mathbb{Z}_9) = \{1, 2, 4, 5, 7, 8\}$이므로 3과 6임을 알 수 있다.

2.1.7. $f(x) = g(x)q(x) + r(x) = g(x)q_0(x) + r_0(x)$, $\deg g(x) > \deg r_0(x)$라 하자. 그러면 $(q(x) - q_0(x))g(x) = r(x) - r_0(x)$. 만약 $q(x) - q_0(x) \ne 0$이면 $\deg q(x) - q_0(x) + \deg g(x) = \deg(r(x) - r_0(x))$이다. 그런데 $\deg g(x) > \deg r_0(x)$이므로 좌변의 값은 우변보다 크게 되어 모순이다. 따라서 $q(x) = q_0(x)$이고 $r(x) = r_0(x)$이다. 나머지가 $r(x) = 0$인 경우도 같은 방법으로 설명 가능하다.

2.1.8. (1) 양변을 전개하여 확인한다.

(2) $11 - 7\sqrt{2} = (a + b\sqrt{2})(c + d\sqrt{2})$라 두면 $11^2 - 2 \times 7^2 = 23 = N(a + b\sqrt{2})N(c + d\sqrt{2})$이다. 일반성을 잃지 않고 $N(a + b\sqrt{2}) = \pm 1$이다. 그러면 $a^2 - 2b^2 = (a + b\sqrt{2})(a - b\sqrt{2}) = \pm 1$이므로 단원이다. 따라서 $11 - 7\sqrt{2}$는 기약이다.

(3) 인터넷 검색

2.1.9. (a) 1, (b) 양의 정수, (c) 정수의 나머지 정리, (d) $\delta(n) = \delta(w)\delta(\bar{w})$

2.1.10. (1) $2 = (1 + i)(1 - i)$이다. 그런데 $1 \pm i$는 단원이 아니므로($\because (1 + i)(a + bi) = 1 \Rightarrow 2(a^2 + b^2) = 1$는 모순) 2는 가약이다.

$3 = (a+bi)(c+di)$이면 $9 = (a^2+b^2)(c^2+d^2)$이다. 그러면 $a^2+b^2 = 1,\ 3,\ 9$가 가능하다. 그러나 3 또는 9가 되는 정수 a, b가 존재하지 않으므로 $a^2+b^2 = 1 \Rightarrow (a,b) = (\pm 1, 0)$ 또는 $(0, \pm 1)$이므로 $a+bi$는 단원이다. 즉 3은 기약이다.

(2) 문제 2.1.9.의 Step 2-2로부터 $z\bar{w} = (7+i)(-3i)$, $n = w\bar{w} = 9$이므로 $3 - 27i = 9q + r$이다. 그러므로 Step 2-1에 의해 $q = 0 + (-3)i$이다. 그리고 나머지는 $r = z - wq = 7 + 3i - (-3i)\cdot(3i) = -2 + i$이다.

2.1.11.

$$
\begin{array}{ll}
524 = 148 \cdot 3 + 80 & (80 = 524 - 148 \cdot 3) \\
148 = 80 \cdot 1 + 68 & (68 = 148 - 80 \cdot 1) \\
80 = 68 \cdot 1 + 12 & (12 = 80 - 68 \cdot 1) \\
68 = 12 \cdot 5 + 8 & (8 = 68 - 12 \cdot 5) \\
12 = 8 \cdot 1 + 4 & (4 = 12 - 8) \\
8 = 4 \cdot 2 + 0. &
\end{array}
$$

이므로 $\gcd(524, 148) = \pm 4$이다. 참고로 $524 = 2^2 \times 131^1$, $148 = 2^2 \times 37^1$이다.

2.1.12. l'의 정의에 의해 $a \mid l'$, $b \mid l'$이므로 $l \mid l'$이다. 역할을 바꾸면 $l' \mid l$이다. 그러므로 $(l) = (l')$이다.

2.1.13. (1) 인수 정리에 의해 $f(x) = (x-1)(5x^2+7x+10)$, $g(x) = (x-1)(x^2+3x-2)$이다. 그리고 $(5x^2+7x+10, x^2+3x-2) = (1)$이다. 따라서 $d(x) = x - 1$, $l(x) = (x-1)(5x^2+7x+10)(x^2+3x-2)$로 각각 선택할 수 있다.

(2) (1)을 조건식에 대입하여 정리하면 $(5x^2+7x+10)s(x) + (x^2+3x-2)t(x) = 1$을 만족시키는 다항식 $s(x)$, $t(x)$를 찾으면 된다. 나눗셈(또는 연분수)을 하면 $5x^2+7x+10 = (x^2+3x-2)(5) - 8x + 20$, $x^2+3x-2 = (-8x+20)(-\frac{1}{8}x - \frac{11}{16}) + \frac{47}{4}$로부터 $s(x) = \frac{1}{94}x + \frac{11}{188}$, $t(x) = -\frac{5}{94}x - \frac{39}{188}$이다.

2.1.14. $\mathbb{Z}$는 PID이므로 q는 기약 원소이기도 하다. 기약 원소의 정의에 의해 q는 소수이다. 그런데 $U(\mathbb{Z}) = \{\pm 1\}$이므로 가능한 소원은 $\pm q$꼴이다.

2.1.15. (1) $\mathbb{Z}[\sqrt{-5}]$는 복소수체 $\mathbb{C}$의 부분집합이고, 덧셈, 뺄셈, 곱셈에 대해 닫혀 있다. 그리고 단위원 1을 포함하고 있다. 그런데 $\mathbb{C}$가 정역이므로 $\mathbb{Z}[\sqrt{-5}]$도 그러하다.

(2) $6 = 2 \times 3 = (1 + \sqrt{-5}) \times (1 - \sqrt{-5})$이다.

2.2절 연습 문제 풀이

2.2.1. 이차항의 계수는 1, 2만 가능하므로 $2 \times 3 \times 3 = 18$개이다.

2.2.2. (1994) $f(x) = (x-1)(x-2)$이다. $\mathbb{Z}_6$의 각 원소를 대입해 보면 1, 2, 4, 5가 해임을 알 수 있다.

2.2.3. $x^2 + 12 = (x+6)(x-6) \in \mathbb{Z}_{24}[x]$이므로 기약이 아니다.

2.2.4. $(x^4 + x^2 + 1) = (x^2 + x + 1)(x^2 - x + 1)$이고 두 인수는 모두 기약임을 확인할 수 있다.

2.2.5. $\frac{x^8-1}{x-1} = (x+1)(x^2+1)(x^4+1)$이고 각각의 인수는 기약이다.

2.2.6. $f(x)$가 가약이라면 일차의 인수가 있다. 그런데 $\mathbb{Z}_5$의 어떤 원소도 다항식 $f(x)$의 근이 아니므로 모순이다. 따라서 $f(x)$는 기약이다.

2.2.7. $ax + b = f(x)g(x)$, $f(x)$, $g(x) \neq 0 \Rightarrow \deg f(x) = 1, \deg g(x) = 0$이다. 그런데 $g(x) = c \in U(F)$이므로 $f(x) = c^{-1}(ax+b)$으로 동반원이다.

2.2.8. $f(x-a) = g(x)h(x)$, $\deg g(x)$, $\deg h(x) \geq 1$이라 하자. x에 $x+a$를 대입하면 $f(x) = f(x+a-a) = g(x+a)h(x+a)$이다. 그런데 $\deg g(x) = \deg g(x+a)$, $\deg h(x) = \deg h(x+a)$이므로 $f(x)$는 가약이다. $f(x)$가 가약일 때도 마찬가지 방법으로 설명할 수 있다.

2.2.9. $h(x)$의 각각의 계수를 기약분수로 표시한 후 분모의 최소 공배수를 d라 하자.

$$df(x) = g(x)[dh(x)],\ dh(x) \in \mathbb{Z}[x]$$

이다. $d = \pm 1$이면 명제는 참이다. $p|d$인 소인수라 하자. 도움정리 2.6에 의해 p는 $dh(x)$의 공약수이다. 즉 $dh(x) = pk(x)$, $k(x) \in \mathbb{Z}[x]$ 꼴이다. 위 식에 대입하면

$$df(x) = g(x)[pk(x)] \Rightarrow \frac{d}{p}f(x) = g(x)k(x)$$

정수 $\frac{d}{p} = \pm 1$이면 $h(x) = \pm k(x)$이므로 증명은 끝났다. 정수 $\frac{d}{p}$의 소인수 p_1라 하면, 다시 한 번 도움정리 2.6에 의해 p_1은 $k(x)$의 모든 계수들을 나누어야 한다. 즉 $dh(x) = pp_1[\frac{k(x)}{p_1}]$, $\frac{k(x)}{p_1} \in \mathbb{Z}[x]$이다. 만약 $\frac{d}{pp_1} = \pm 1$이면 $h(x) \in \mathbb{Z}[x]$이므로 결론은 참이다. 그렇지 않다면 d의 소인수의 개수는 유한이므로 같은 논증이 유한번만에 끝난다. 따라서 $h(x) \in \mathbb{Z}[x]$이다.

2.2.10. (1) $0 = \overline{f(i)} = f(\bar{i}) = f(-i)$이다.

(2) $\mathbb{C}[x]$는 ED이므로 나머지 정리가 성립한다. 따라서 $f(x) = (x-i)Q(x) + R$, $Q(x)$, $R \in \mathbb{C}[x]$이다. 양변에 $x = i$를 대입하면 $R = 0$이므로 $f(x) = (x-i)Q(x)$. 양변에 $x = -i$를 대입하면 $Q(-i) = 0$이다. $f(x)$와 같은 요령으로 $Q(x)$를 $x+i$로 나누면 $f(x) = (x-i)(x+i)q(x)$, $q(x) \in \mathbb{C}[x]$을 얻는다.

(3) $\mathbb{R}[x]$는 ED이므로 나머지 정리가 성립한다. 즉

$$f(x) = (x^2+1)q_0(x) + ax + b,\ \exists q_0(x),\ ax+b \in \mathbb{R}[x]$$

이다. (2)와 비교하면 $(x^2+1)(q(x) - q_0(x)) = ax + b$이다. $a \neq 0$이라면 $x^2 + 1 = (x+i)(x-i)$이고 $\mathbb{C}[x]$는 UFD이므로 불가능하다. 만약 $a = 0$, $b \neq 0$이면 $x^2 + 1 \in U(\mathbb{C}[x]) = \mathbb{C} \setminus \{0\}$이므로 모순이다. 따라서 $ax + b = 0$이다. $\mathbb{C}[x]$가 정역이므로 $q_0(x) = q(x) \in \mathbb{R}[x]$이다.

(3)의 다른 풀이: $\overline{f(x)}$를 $f(x)$의 계수를 그것의 켤레 복소수로 바꾼 다항식이라 하자. 그러면 $\overline{f(x) \overset{+}{\times} g(x)} = \overline{f(x)} \overset{+}{\times} \overline{g(x)}$이다. $f(x) = (x^2+1)q(x) \Rightarrow f(x) = \overline{f(x)} = (x^2+1)\overline{q(x)} \Rightarrow q(x) = \overline{q(x)}$이다. 따라서 $q(x) \in \mathbb{R}[x]$.

2.2.11. (1) $x^2 + x + 1$가 기약이므로 상환은 체이다. 따라서 $0 + (x^2+x+1)$가 아닌 모든 원소가 단원이다. 즉 $1 + (x^2+x+1)$, $x + (x^2+x+1)$, $x + 1 + (x^2+x+1)$이다.

(2) $x^3+1=(x+1)(x^2+x+1)$이므로 중국인의 나머지 정리에 의해 $\mathbb{Z}_2[x]/(x^3+1) \cong \mathbb{Z}_2[x]/(x+1) \oplus \mathbb{Z}_2[x]/(x^2+x+1)$이다. $x+1$, x^2+x+1은 각각 기약 다항식이므로 성분별로 체이다. 따라서 아이디얼 I가 각 성분의 단원을 원소로 갖는다면 전체가 되므로 비자명한 경우는 $(1,0)$과 $(0,1)$로 생성되는 것이다. 즉 $\langle x+1+(x^3+1)\rangle$, $\langle x^2+x+1+(x^3+1)\rangle$이 비자명한 아이디얼이다. 자명한 것은 $\mathbb{Z}_2[x]/(x^3+1)$과 $\langle 0+(x^3+1)\rangle$이다.

2.2.12. (2018) $\mathbb{Z}_5[x]$는 체 $\mathbb{Z}_5$의 다항식환이므로 PID이다. 따라서 $I=(f(x))$이고 동반원에 대한 아이디얼은 일치하므로 $f(x)$는 최고차항의 계수가 1인 다항식이라 하자. 그러면

$$\mathbb{Z}_5[x]/I = \{g(x)+I \mid g(x) \in \mathbb{Z}_5[x], \deg g(x) < \deg f(x)\}$$

조건 (i)로부터 $\deg g(x) \le 1$이다. 즉 $\deg f(x)=2$이다. 그리고 조건 (ii)에 의해 $f(x)$는 가약이다. 따라서 $f(x)=(x-a)(x-b)$, $a,b \in \mathbb{Z}_5$이다.

경우 1: $a \neq b$이면 가능한 $f(x)$의 가짓수는 10이다. 이때 조건 (ii)를 만족한다. 실제로 $\mathbb{Z}_5[x]=\langle x-a\rangle+\langle x-b\rangle$이므로 중국인의 나머지 정리에 의해

$$\mathbb{Z}_5[x]/I \cong \mathbb{Z}_5[x]/\langle x-a\rangle \oplus \mathbb{Z}_5[x]/\langle x-b\rangle \cong \mathbb{Z}_5 \oplus \mathbb{Z}_5$$

이다. $M \subset \mathbb{Z}_5 \oplus \mathbb{Z}_5$이 극대 아이디얼이라 하자. $U(\mathbb{Z}_5 \oplus \mathbb{Z}_5)=U(\mathbb{Z}_5)\times U(\mathbb{Z}_5)=(\mathbb{Z}_5 \setminus \{0\}) \oplus (\mathbb{Z}_5 \setminus \{0\})$이므로 $(a,b)\in M$이면 $a=0$ 또는 $b=0$이어야 한다. 그리고 $(a,0),(0,b)\in M, ab\neq 0 \overset{M:\text{덧셈군}}{\Rightarrow} (a,0)+(0,b)=(a,b)\in M, (a,b)\in U(R) \Rightarrow M=\mathbb{Z}_5 \oplus \mathbb{Z}_5$이다. 그러므로 $M=\mathbb{Z}_5 \oplus \{0\}$, $\{0\}\oplus\mathbb{Z}_5$ 뿐이다. 그런데 $\mathbb{Z}_5 \oplus \mathbb{Z}_5/M \cong \mathbb{Z}_5$으로 체가 되어 M은 극대 아이디얼이다.

경우 2: $a=b$이면 조건 (ii)를 만족시키지 못한다. $\deg f(x)=2$이므로 $\mathbb{Z}_5[x]/I = \{s+t(x-a)+I \mid s,t \in \mathbb{Z}_5\}$이다. 만약 $u+v(x-a)+I \in M$, $u \neq 0$이면 $(u+v(x-a)+I)(u-v(x-a)+I)=u^2+I=(\pm 1)+I \in M \Rightarrow M=\mathbb{Z}_5[x]/I$이다. 그러므로

$$M \subset \{v(x-a)+I \mid v \in \mathbb{Z}_5\} = \langle (x-a)+I\rangle$$

이다. 그러면 극대 아이디얼의 뜻에 의해 $M=\langle (x-a)+I\rangle$이다. 따라서 극대 비자명한 아이디얼은 유일하므로 조건 (b)를 만족시키지 못한다.

2.2.13. $f(x) \in \mathbb{Z}[x]$이므로 $f(x)$가 가약이라면 $f(x) = g(x)h(x)$, $g(x)$, $h(x) \in \mathbb{Z}[x]$이다. 그리고 계수 비교법에 의해 $g(x)$, $h(x)$의 최고차항의 계수는 동시에 1이거나 -1이다. 한편 $1 \le k \le 2022$에 대하여 $-1 = f(k) = g(k)h(k)$이다. 즉 $g(k) = 1$, $h(k) = -1$ 이거나 $g(k) = -1, h(k) = 1$이다. 두 경우 모두 $g(k) + h(k) = 0$이다. 그러므로 인수 정리에 의해 다항식 $g(x) + h(x)$는 2022개의 근을 갖는다. 하지만 두 다항식 모두 차수가 2021 이하이므로 대수학의 기본정리에 모순이다.

2.2.14. (1) 항등식 $(x+1)^{2^{n-1}} \cdot (x+1)^{2^{n-1}} = (x+1)^{2^n}$의 양변을 각각 전개하면

$$\binom{2^n}{k} = \sum_{i=0}^{k} \binom{2^{n-1}}{i} \cdot \binom{2^{n-1}}{k-i}.$$

이 식에 n에 대한 귀납법을 적용하면 항상 짝수이다.

(3) $f_n(x+1) = (x+1)^{2^n} + 1 = x^{2^n} + \binom{2^n}{1}x^{2^n-1} + \binom{2^n}{2}x^{2^n-2} + \cdots + 2$에서 $p = 2$로 두어 아이젠슈타인 판정법을 적용하면 기약이다.

(3) $x^{32} - 1 = (x-1)(x+1)(x^2+1)(x^4+1)(x^8+1)(x^{16}+1)$.

2.2.15. (1) 차수가 2인 다항식은 x^2+x+1, x^2+1, x^2+x, x^2이다. 이들 중 가약인 것이 있다면 일차의 인수를 가지므로 $x = 0$과 1을 대입하여 확인해보면 x^2+x+1만이 근을 갖지 않으므로(인수 정리) 기약이다.

한편 가우스의 도움정리에 의해 $f(x)$가 $\mathbb{Z}$ 위에서 기약임을 보이는 것으로 충분하다.

(2) $f(x) = g(x)h(x)$, $g(x), h(x) \in \mathbb{Z}[x]$, $\deg g(x)$, $\deg h(x) \ge 1$이면 $\bar{f}(x) = \bar{g}(x)\bar{h}(x)$이므로 $\bar{f}(x)$는 $\mathbb{Z}_2[x]$에서 가약이다. 물론 $g(x)$와 $h(x)$의 최고차항의 계수는 ± 1이므로 각 다항식의 차수는 변하지 않는다.

(3) (a) 4 (b) 기약 (c) UFD (d) $4-k$ (e) 2

2.2.16. (1) $n = pq$, $p, q \ge 2$이라 하자. $\frac{x^{pq}-1}{x-1} = \frac{(x^p)^q-1}{x-1} = \frac{(x^p-1)((x^p)^{q-1}+\cdots+x^p+1)}{x-1} = \frac{x^p-1}{x-1} \cdot ((x^p)^{q-1} + \cdots + x^p + 1)$.

(2) $f_6(x) = (x+1)(x^4+x^2+1) = (x+1)(x^2-x+1)(x^2+x+1)$.

(3) $\omega^6 = 1$이므로 $f_6(\omega^k) = \frac{\omega^{6k}-1}{x-1} = 0$이다.

(4) $k \in \{1,2,3,4,5\}$에 대하여 $\omega^k \neq 1$이다.

- $\omega^3 = -1$이므로 ω^3은 방정식 $x+1=0$의 근이다.
- $\omega^3+1=0 \Rightarrow (\omega+1)(\omega^2-\omega+1)=0 \Rightarrow \omega^2-\omega+1=0$이다. 즉 $x^2-x+1=0$의 한 근은 ω이다.
- $x^2-x+1=0$의 한 근은 ω이므로 $x^2+x+1=0$의 근은 $-\omega$이다. 그러므로 $-\omega=\omega^4$는 $x^2+x+1=0$의 근이다.
- 이로부터 ω^2과 ω^5을 근으로 갖는 방정식을 정해주기만 하면 된다. $\omega^5=-\omega^2$임에 유의하자. 계산에 의해 $(\omega^2)^2+\omega^2+1 = -\omega+\omega^2+1 = 0$이므로 $x^2+x+1=0$의 근은 ω^2이고 ω^5은 $x^2-x+1=0$의 근이다.

2.2.17. (1) 드무아브르의 정리에 의해 $\omega^{30}=1$이므로 참이다.

(2) 거듭 제곱의 집합은 복소수 곱셈의 이항 연산임에 유의하라. $G := \{\omega^i \mid 0 \le i \le 29\} \to \mathbb{Z}_{30}$을 $k \mapsto \overline{k}$이라 하면 (1)에 의해 참이다.

(3) 30과 서로소인 자연수를 모두 나열하면 된다.

(4) Macaulay2에 다음과 같이 입력하면

```
i1: R=QQ[x]
o1= R
o1: PolynomialRing
i2: factor((x^30-1)//(x-1));
i3: print toString oo
```

다항식 $f_{30}(x)$는 다음과 같이 분해된다.

$$\begin{aligned} f_{30}(x) =& (x^8+x^7-x^5-x^4-x^3+x+1)\cdot(x^8-x^7+x^5-x^4+x^3-x+1) \\ & \cdot(x^4-x^3+x^2-x+1)\cdot(x^4+x^3+x^2+x+1) \\ & \cdot(x^2-x+1)(x^2+x+1)(x+1). \end{aligned}$$

이 기약 다항식들은 G의 원소들을 꼭 하나씩 근으로 갖는다 ($\mathbb{C}[x]$는 UFD). 그런데 드무아브르의 정리에 의해 $\omega^{15}=-1 \Rightarrow x^{15}+1=0$의 근이 ω이다. $x^{15}+1=(x^5+1)(x^{10}-x^5+1)$에서 $\omega^5 \ne -1$ ((2)의 결과)이므로 $\omega^{10}-\omega^5+1=0$이다.

$$x^{10}-x^5+1=(x^8+x^7-x^5-x^4-x^3+x+1)(x^2-x+1)$$

인 기약 다항식으로 분해됨을 계산에 의해(또는 `Macaulay2`를 활용)알 수 있다. 만약 $\omega^2-\omega+1=0 \Rightarrow \omega^3=-1$이 되어 (2)에 모순이다. 따라서 8개의 복소수

$$\omega,\ \omega^7,\ \omega^{11},\ \omega^{13},\ \omega^{17}=-\omega^2,\ \omega^{19}=-\omega^4,\ \omega^{23}=-\omega^8,\ \omega^{29}=-\omega^{14}$$

가 $x^{10}-x^5+1=0$의 근이지만 $x^2-x+1=0$의 근이 아닌 것을 확인하면 충분하다. 예를 들어 $(-\omega^8)^{10}-(-\omega^8)^5+1=-\omega^5+\omega^{10}+1=0$이다. 하지만 $(-\omega^8)^2-(-\omega^8)+1=0 \Rightarrow \omega^{24}=1$이 되어 (2)에 모순이다.

(5) $(k,30)=1$에 대하여 $(p,30)=1$이므로 $(pk,30)=1$이다. 그러므로 $p(\omega^p)=0$이다.

2.2.18. 임의의 자연수 $n \geq 1$에 대하여 $(12x^n+1)^2=1$이므로 단원은 무수히 많다.

3.1절 연습 문제 풀이

3.1.1. $2+\sqrt{2}$를 근으로 갖는 유리 계수 이차 방정식을 찾으면 충분하다. 켤레수 $2-\sqrt{2}$도 같은 방정식의 근임에 유의하여 비에타 공식을 적용하면

$$x^2-4x+2=0 \Rightarrow b_2=1, b_1=-4, b_0=2.$$

다른 풀이) 방정식 $(x-2)^2-2=0$은 $2+\sqrt{2}$를 근으로 갖는 유리수 계수 다항식이다.

3.1.2. $a \in D$이면 $a \in K$이다. K는 F의 대수적 확대체이므로 $f(x)$, $f(a)=0$가 존재한다. 그리고 다항식 $f(x)$의 상수항은 0이 아닌 것을 선택할 수 있다. 식을 정리하면 $a^{-1}=g(a)$, $g(x) \in F[x]$인데 D는 곱셈과 덧셈에 대해 닫혀 있으므로 $g(a) \in D$이다. 즉 $a^{-1} \in D$이다.

3.1.3. $f(x)$는 $\mathbb{Q}$ 위의 기약 다항식이고 $f(\alpha)=0$이다. 그리고 $\mathbb{Q}[x]/\langle f(x)\rangle \cong \mathbb{Q}(\alpha)$, $g(x)+\langle f(x)\rangle \mapsto g(\alpha)$이다. 문제는 $g(x)=3x+1$일 때 $3x+1+\langle f(x)\rangle$의 역원을 구하는 것이다. 즉

$$(3x+1+\langle f(x)\rangle)(h(x)+\langle f(x)\rangle)=1+\langle f(x)\rangle \Leftrightarrow (3x+1)h(x)+s(x)f(x)=1$$

을 만족시키는 다항식 $h(x) \in \mathbb{Q}[x]$을 찾자. 나머지 정리(또는 연분수)에 의해 $(3x+1)(\frac{3}{5}x-\frac{4}{5})+(x^2-x-1)\cdot(-\frac{9}{5})=1$이므로 $h(x)=\frac{3}{5}x-\frac{4}{5}$로 선택하면 된다. 따라서 $(3x+1+\langle f(x)\rangle)^{-1}=\frac{3}{5}x-\frac{4}{5}+\langle f(x)\rangle$이다. 즉 $(1+3\alpha)^{-1}=\frac{3}{5}\alpha-\frac{4}{5}$이다.

별해: $\alpha = \frac{1\pm\sqrt{5}}{2}$이므로 고교 과정의 분모 유리화를 이용하여 계산할 수도 있다.

3.1.4. 좌변의 차원은 4이지만 우변은 2이므로 서로 다르다.

3.1.5. $\sqrt{3} \in \mathbb{R}$이므로 $\mathrm{irr}(\sqrt{3}, \mathbb{R}) = x - \sqrt{3}$이다.

3.1.6. (1) $[\mathbb{Q}(\omega) : \mathbb{Q}] = \mathrm{deg}p(x) = 8$.

(2) $p(\omega^k) = 0$임을 앞 단원에서 확인하였고 $p(x)$는 $\mathbb{Q}$ 위에서 기약이므로 $\mathrm{irr}(\omega^k, \mathbb{Q}) = p(x)$이다.

(3) $\omega^{10} - \omega^5 + 1 = (\omega^5)^2 - \omega^5 + 1 = 0$이므로 $\mathrm{irr}(\omega^5, \mathbb{Q}) \mid x^2 - x + 1$이다. 그런데 $\omega^5 \notin \mathbb{Q} \Rightarrow \mathrm{irr}(\omega^5, \mathbb{Q}) = x^2 - x + 1$이다.

3.1.7. (귀류법) 동형사상이 존재한다면 곱셈에 대한 항등원은 같으므로 $\mathbb{Q}$의 원소는 변하지 않는다. 그런데 $x^2 - 2 = 0$인 방정식의 근이 $\mathbb{Q}(\sqrt{2})$에서는 존재하지만 $\mathbb{Q}(\sqrt{3})$에서는 존재하지 않는다. 실제로 $(a + b\sqrt{3})^2 = 2, a, b \in \mathbb{Q} \Rightarrow (a^2 + 3b^2 - 2) + 2ab\sqrt{3} = 2$인 a, b가 존재하지 않는다.

3.1.8. (1) $x^6 - 2$는 아이젠슈타인 판정법에 의해 $\mathbb{Q}$ 위에서 기약이다.

(2) 드무아브르의 정리

3.1.9. 만약 $\mathrm{degirr}(u, F) = 1 \Rightarrow [F(u) : F] = 1 \Rightarrow u \in F(u) = F$이므로 모순이다.

3.1.10. $\mathrm{irr}(\alpha, F) \nmid t(x) \Leftrightarrow t(\alpha) \neq 0$.

3.1.11. $[F(u) : F] < \infty$이므로 $F(u)$는 F의 대수적 확대체이다. 따라서 v는 F 위에서 대수적 원소이다. $F < F(v) < F(u)$이므로 $[F(v) : F] \mid [F(u) : F]$이다.

3.1.12. (1) $\alpha \in K \setminus F \Rightarrow \deg p(x) \geq 2$. 만약, $a_0 = p(0) = 0 \Rightarrow p(x) = (x-0)q(x)$, $q(x) \in F[x]$, $\deg q(x) \geq 1$이다. 따라서, $p(x)$는 가약이므로 모순이다.

(2) $\text{irr}(-\alpha, F) = p(-x)$임을 증명하면 충분하다. $p(-(-\alpha)) = p(\alpha) = 0 \Rightarrow \text{irr}(-\alpha, F) \mid p(-x)$. 한편 $F(-u) = F(u) \Rightarrow [F(-u) : F] = [F(u) : F] \Rightarrow \deg\text{irr}(-\alpha, F) = \deg\text{irr}(\alpha, F) = \deg p(x) \overset{p(x):\text{ 모닉}}{=} \deg p(-x)$. 최소 다항식의 유일성에 의해 $\text{irr}(-\alpha, F) = p(-x)$이다.

(3) $p(-x) = \frac{x^5-1}{x-1}$이므로 아이젠슈타인 판정법에 의해 기약이다.

3.1.13. 체 $\mathbb{Z}_3$ 위의 다항식 x^2+1은 기약이므로 상환 K는 차원이 $[K : \mathbb{Z}_3] = 2$인 벡터공간이다. 그러면 $K = \{a_1v_1 + a_2v_2 \mid a_i \in \mathbb{Z}_3\}$인 기저 $\{v_1, v_2\} \subset K$가 존재한다. $|K| = 3 \times 3 = 9$이다.

3.1.14. (1) $u^2 = 1+\sqrt{5} \Rightarrow (u^2-1)^2 = 5$. 그러므로 u는 다항식 $x^4 - 2x^2 - 4 \in \mathbb{Q}[x]$의 근이다. $u \in \mathbb{Q}(\sqrt{5}) \Rightarrow u = a+b\sqrt{5}, a, b \in \mathbb{Q} \Rightarrow u^2 = a^2-5b^2+2ab\sqrt{5} \Rightarrow 1+\sqrt{5} = a^2-5b^2+2ab\sqrt{5} \Rightarrow a^2-5b^2 = 1, 2ab = 1$이다. 이로부터 $(a-b\sqrt{5})^2 = 1-\sqrt{5}$도 성립한다. $(a+b\sqrt{5})^2 = 1+\sqrt{5}$와 변끼리 곱하면 $(a^2-5b^2)^2 = 1-5 = -4$이므로 유리수 해 a, b가 존재하지 않는다 (실수의 제곱은 음수가 아님). 따라서 $u \notin \mathbb{Q}(\sqrt{5}) \Rightarrow \text{irr}(u, \mathbb{Q}(\sqrt{5})) = x^2 - 1 - \sqrt{5}$이다. 끝으로 $\sqrt{5} = u^2 - 1 \in \mathbb{Q}(u)$이므로 $\mathbb{Q}(\sqrt{5}) \subset \mathbb{Q}(\sqrt{5}, u) = \mathbb{Q}(u)$. 그러므로

$$[\mathbb{Q}(u) : \mathbb{Q}] = [\mathbb{Q}(\sqrt{5}, u) : \mathbb{Q}(\sqrt{5})][\mathbb{Q}(\sqrt{5}) : \mathbb{Q}] = 2 \times 2 = 4.$$

이로써 다항식은 $x^4 - 2x^2 - 4$은 $\mathbb{Q}$ 위에서 기약임을 확인하였다.

(2) $v := \sqrt{3}i + \sqrt{2} \in \mathbb{Q}(\sqrt{-3}, \sqrt{2})$. 그리고 v는 다항식 $x^4 + 2x^2 + 25 \in \mathbb{Q}[x]$의 근임을 거듭제곱 연산을 통해 바로 확인할 수 있다. 그런데, $\mathbb{Q}(v)$는 체를 이루므로 $\frac{5}{v} \in \mathbb{Q}(v) \Rightarrow \frac{5}{v} = \sqrt{2} - \sqrt{-3} \in \mathbb{Q}(v)$이다. 다시 한 번 $\mathbb{Q}(v)$가 체를 이루고 있으므로, $2\sqrt{2} = v + \frac{5}{v} \in \mathbb{Q}(v), \sqrt{-3} \in \mathbb{Q}(v)$이다. 이상으로 $\mathbb{Q}(\sqrt{2}, \sqrt{-3}) \subset \mathbb{Q}(v)$이다. 역의 포함 관계는 $v \in \mathbb{Q}(\sqrt{2}, \sqrt{-3})$이므로 참이다. 따라서 $\mathbb{Q}(\sqrt{2}, \sqrt{-3}) = \mathbb{Q}(v)$이다.

그런데 $[\mathbb{Q}(\sqrt{2}, \sqrt{-3}) : \mathbb{Q}] = 4$이다. 왜냐하면 $\sqrt{-3} \notin \mathbb{R} \Rightarrow \sqrt{-3} \notin \mathbb{Q}(\sqrt{2}) \Rightarrow \text{irr}(\sqrt{-3}, \mathbb{Q}(\sqrt{2})) = x^2+3 \Rightarrow [\mathbb{Q}(\sqrt{2}, \sqrt{-3}) : \mathbb{Q}] = [\mathbb{Q}(\sqrt{2}, \sqrt{-3}) : \mathbb{Q}(\sqrt{2})][\mathbb{Q}(\sqrt{2}) : \mathbb{Q}] = 2 \times 2$. 따라서 $\text{irr}(v, \mathbb{Q}) = x^4 + 2x^2 + 25$이다.

(3) $K = \mathbb{Q}(\sqrt{2}, \sqrt{3})$가 체이고 $[K : \mathbb{Q}] = 4$이므로 $\text{degirr}(w, \mathbb{Q})|4$이다. 기저 표현에 의해 $w \notin \mathbb{Q}$이다. 따라서 $\text{degirr}(w, \mathbb{Q}) = 2$ 또는 4이다. 한편 $\text{degirr}(w, \mathbb{Q}) = \text{degirr}(w-1, \mathbb{Q})$이다. 만약 $\text{irr}(w-1, \mathbb{Q}) = x^2 + ax + b, a, b \in \mathbb{Q} \Rightarrow (\sqrt{2} + \sqrt{3} + \frac{1}{\sqrt{6}})^2 + a(\sqrt{2} + \sqrt{3} + \frac{1}{\sqrt{6}}) + b = 2 + 3 + \frac{1}{6} + b + 2(\sqrt{6} + \frac{1}{\sqrt{2}} + \frac{1}{\sqrt{3}}) + a(\sqrt{2} + \sqrt{3} + \frac{1}{\sqrt{6}}) = 0$인데 $\{1, \sqrt{2}, \sqrt{3}, \sqrt{6}\}$이 K의 기저이므로 만족시키는 유리수 $a, b \in \mathbb{Q}$는 존재하지 않는다. 따라서 4차의 유리수 계수 다항식을 찾으면 충분하다. $s = w - 1$로 두고 평행이동시켜 다항식을 구하자. $s - \frac{1}{\sqrt{6}} = \sqrt{2} + \sqrt{3} \Rightarrow s^2 - \frac{2}{\sqrt{6}}s + \frac{1}{6} = 5 + 2\sqrt{6} \Rightarrow (s^2 - \frac{29}{6})^2 = (\frac{s}{3} + 2)^2 \cdot 6$이므로 찾고자 하는 4차 다항식은 $\text{irr}(w, \mathbb{Q}) = \frac{1}{36}(36x^4 - 144x^3 - 156x^2 + 312x - 71)$이다.

3.1.15. $\sqrt{3 + 2\sqrt{2}} = 1 + \sqrt{2}$이므로 $[\mathbb{Q}(\sqrt{3 + 2\sqrt{2}}) : \mathbb{Q}] = 2$이다.

3.1.16. $\frac{1}{u} \in F(u)$이고 $u = \frac{1}{\frac{1}{u}} \in F(\frac{1}{u})$이므로 $F(u) = F(\frac{1}{u})$이다. 따라서,

$$[F(u) : F] = [F(\frac{1}{u}) : F]$$

이므로 기약다항식의 차수는 일치한다. 실제로 역수 관계이므로 기약다항식은 상반관계에 있다 (필요하다면 최고차항의 계수를 1로 조정).

$F(u)$가 체이므로 $1 \in F(u) \Rightarrow u+1 \in F(u)$이다. 역으로 $u = (u+1) - 1 \in F(u+1)$이다. 따라서 $F(u) = F(u+1)$이다. 즉 $\text{degirr}(u, F) = \text{degirr}(u+1, F)$이다. 그리고 $\text{degirr}(u+1, F) = \text{degirr}(\frac{1}{u+1}, F)$이다.

3.1.17. $\sqrt{7 + 4\sqrt{3}} \times \sqrt{7 - 4\sqrt{3}} = 1$.

3.1.18. (1) $f(x) \in \mathbb{Z}[x]$이 가약이라면 유리수 근이 존재해야 한다. 그런데 최고차항이 1이므로 ± 1가 근으로 가능하나 $f(\pm 1) \neq 0$이므로 모순이다. 따라서 $f(x)$는 $\mathbb{Q}$ 위에서 기약이다.

(2) 조건으로부터 $\mathbb{Q} \subset \mathbb{Q}(\sqrt{3}) \subset \mathbb{Q}(\alpha)$이다. 그러면, $[\mathbb{Q}(\alpha) : \mathbb{Q}] = [\mathbb{Q}(\alpha) : \mathbb{Q}(\sqrt{3})][\mathbb{Q}(\sqrt{3}) : \mathbb{Q}] \Rightarrow 3 = [\mathbb{Q}(\alpha) : \mathbb{Q}(\sqrt{3})] \cdot 2$이므로 모순이다.

(3) (2)의 논의에서처럼 $[\mathbb{Q}(s) : \mathbb{Q}] = 1$ 또는 3이다. 만약, $s \in \mathbb{Q} \Rightarrow \alpha^3 - s\alpha + 2 = 0 \Rightarrow g(x) = x^3 - sx + 2, g(\alpha) = 0$이 되어 α의 기약다항식의 유일성에 위배된다.

따라서, $[\mathbb{Q}(s):\mathbb{Q}]=3$이다. 그러므로 s를 근으로 하는 유리수 계수 3차 다항식을 찾아주면 그것은 기약이다. 비에타 공식 또는 삼차 다항식의 계수에 대한 연립방정식의 해를 찾으면 된다. 여기서는 $\mathbb{Q}(\alpha)$가 체임을 활용하여 연산을 해보도록 한다.

$$s=\alpha^2+\frac{2}{\alpha}\overset{\alpha-\alpha^3=\alpha(1-\alpha^2)=1}{=}\alpha^2+2(1-\alpha^2)=2-\alpha^2$$

이다. 그러므로, $\alpha^2(1-\alpha^2)^2=1 \Rightarrow (2-s)(1-(2-s))^2=1 \Rightarrow s^3-4s^2+5s-1=0$. 따라서 $\operatorname{irr}(s,\mathbb{Q})=x^3-4x^2+5x-1$이다.

3.1.19. x^3-7는 $\mathbb{Q}$ 위에서 기약이므로 $[\mathbb{Q}(\sqrt[3]{7}):\mathbb{Q}]=3$이다. 그리고 $\{1,\sqrt[3]{7},\sqrt[3]{49}\}$는 $\mathbb{Q}(\sqrt[3]{7})$의 기저이므로

$$u=2\sqrt[3]{7}+\sqrt[3]{49}$$

는 무리수이다. 즉, $u\notin\mathbb{Q}$이다. 그러므로 $2\le \operatorname{degirr}(u,\mathbb{Q}) \mid [\mathbb{Q}(\sqrt[3]{7}):\mathbb{Q}]=3 \Rightarrow \operatorname{degirr}(u,\mathbb{Q})=3$이다. 따라서, u를 근으로 갖는 차수가 3인 유리수 계수 모닉 다항식을 찾아 주면 충분하다.

$$\begin{aligned}u^3 =&(\sqrt[3]{56}+\sqrt[3]{49})^3\\ =&56+49+3\sqrt[3]{56\times 49}(\sqrt[3]{56}+\sqrt[3]{49})\\ =&105+3\times 2\times 7u\end{aligned}$$

이므로 $\operatorname{irr}(u,\mathbb{Q})=x^3-42x-105$.

참고) Macaulay2에 다음과 같이 입력하면

```
i1: R=QQ[x,a,b]
o1= R
o1: PolynomialRing
i2: I=ideal(x-a-b,a^3-56,b^3-49);
i3: eliminate(I, (a,b));
i3: print toString oo
```

$x^9-315x^6-41013x^3-1157625$이 출력된다. factor 명령어를 이용하여 인수분해하면 위의 계산과 일치하는 인수가 나온다.

3.1.20. 다항식 $\mathrm{irr}(v, F) \in F[x] \subset F(u)[x]$이므로 체 $F(u)$ 위에서 다항식이고 명백히 v를 근으로 갖는다. 그리고 $F(u)[x]$는 PID이므로

$$\{g(x) \mid g(v) = 0, g(x) \in F(u)[x]\} = (\mathrm{irr}(v, F(u))) \Rightarrow \mathrm{irr}(v, F(u)) \mid \mathrm{irr}(v, F).$$

3.1.21. $d_F(x) \in K[x]$이고 $d_F(x)|f(x), d_F(x)|g(x) \Rightarrow d_F(x)|d_K(x)$이다. 역으로 K 위에서 $d_K(x)p(x) = f(x)$, $d_K(x)q(x) = g(x)$이므로 F 위의 베주 항등식 $f(x)s(x) + g(x)t(x) = d_F(x), \exists s(x), t(x) \in F[x]$에 대입하면 $d_K(x)|d_F(x)$이다. 따라서 $(d_F(x)) = (d_K(x))$이다. 특히 F 위에서 서로 다른 기약 다항식이므로 $(\mathrm{irr}(u, F), \mathrm{irr}(v, F)) = 1$이다. 따라서 최대공약원은 $1 = d_K(x)$이다. 그러므로 분해체 안에서 공통인수는 없다. 즉 공통근이 없다.

다른 풀이) $\mathrm{irr}(u, F)$와 $\mathrm{irr}(v, F)$의 분해체 안에서 두 기약 다항식이 공통근 w을 갖는다면 F 위에서의 기약 다항식의 유일성에 의해 $\mathrm{irr}(u, F) = \mathrm{irr}(w, F) = \mathrm{irr}(v, F)$이다.

3.1.22. $\sqrt{2} = (\sqrt[6]{2})^3 \in \mathbb{Q}(\sqrt[6]{2}) \Rightarrow \mathbb{Q}(\sqrt{2}) \subset \mathbb{Q}(\sqrt[6]{2})$이므로

$$[\mathbb{Q}(\sqrt[6]{2}) : \mathbb{Q}] = [\mathbb{Q}(\sqrt[6]{2}) : \mathbb{Q}(\sqrt{2})][\mathbb{Q}(\sqrt{2}) : \mathbb{Q}] \overset{x^6-2,x^3-2:\text{기약}}{\Rightarrow} [\mathbb{Q}(\sqrt[6]{2}) : \mathbb{Q}(\sqrt{2})] = 3.$$

단, $\mathbb{Q}(\sqrt[6]{2}) = \mathbb{Q}(\sqrt[6]{2}, \sqrt{2}) = \mathbb{Q}(\sqrt{2})(\sqrt[6]{2})$이다. 명백히 $p(\sqrt[6]{2}) = 0$이므로 최소 (모닉) 다항식의 유일성에 의해 $p(x)$는 $\mathbb{Q}(\sqrt{2})$ 위에서 기약이다.

3.1.23. $x^4 + 8 = 8(2(x/2)^4 + 1)$에서 $2t^4 + 1$이 $\mathbb{Q}$ 위에서 기약이다.

3.1.24. $\mathrm{degirr}(u, F) = m$, $\mathrm{degirr}(v, F) = n$.

$$F < F(u), F(v) < F(u, v) \Rightarrow m, n \mid [F(u, v) : F] \Rightarrow \mathrm{lcm}(m, n) \mid [F(u, v) : F].$$

한편 $\mathrm{irr}(v, F) \in F(u)[x] \Rightarrow \mathrm{irr}(v, F(u))|\mathrm{irr}(v, F) \Rightarrow \mathrm{degirr}(v, F(u)) \leq n$.

$$\therefore [F(u, v) : F] = [F(u)(v) : F(u)][F(u) : F] \leq nm.$$

3.1.25. (1) $x^7 - 2$는 아이젠슈타인 판정법에 의해 $\mathbb{Q}$ 위에서 기약이고 $(\sqrt[7]{2})^7 - 2 = 0$이므로 기약 다항식의 유일성에 의해 $p(x) = x^7 - 2$이다.

(2) 아이젠슈타인 판정법에 의해 $f_7(x) = \frac{x^7-1}{x-1}$는 $\mathbb{Q}$ 위에서 기약이다. 그리고 $\omega \neq 1,\ f_7(\omega) = 0 \Rightarrow [\mathbb{Q}(\omega) : \mathbb{Q}] = 6$.

(3) $\mathbb{Q} < \mathbb{Q}(\sqrt[7]{2}), \mathbb{Q}(\omega) < \mathbb{Q}(\sqrt[7]{2}, \omega) \Rightarrow 7, 6 | [\mathbb{Q}(\sqrt[7]{2}, \omega) : \mathbb{Q}] \overset{(7,6)=1}{\Rightarrow} 7 \times 6 | [\mathbb{Q}(\sqrt[7]{2}, \omega) : \mathbb{Q}]$. 한편 $x^7 - 2 \in \mathbb{Q}(\omega)[x] \Rightarrow \text{irr}(\sqrt[7]{2}, \mathbb{Q}(\omega)) | x^7 - 2 \Rightarrow [\mathbb{Q}(\omega)(\sqrt[7]{2}) : \mathbb{Q}(\omega)] \leq 7$. 그런데

$$\mathbb{Q}(\omega)(\sqrt[7]{2}) = \mathbb{Q}(\sqrt[7]{2}, \omega),\ [\mathbb{Q}(\sqrt[7]{2}, \omega) : \mathbb{Q}] = [\mathbb{Q}(\sqrt[7]{2}, \omega) : \mathbb{Q}(\omega)][\mathbb{Q}(\omega) : \mathbb{Q}] \leq 7 \times 6.$$

따라서 $[\mathbb{Q}(\sqrt[7]{2}, \omega) : \mathbb{Q}] = 42$이고 등호가 성립하므로 $[\mathbb{Q}(\sqrt[7]{2}, \omega) : \mathbb{Q}(\omega)] = 7$이다. 기약 다항식의 유일성에 의해 $\text{irr}(\sqrt[7]{2}, \mathbb{Q}(\omega)) = x^7 - 2$이다.

(4)

$$\begin{aligned} \mathbb{Q}(\sqrt[7]{2}, \omega) &= \text{span}_{\mathbb{Q}(\omega)}\{1, \sqrt[7]{2}, (\sqrt[7]{2})^2, \cdots, (\sqrt[7]{2})^6\}, \\ \mathbb{Q}(\omega) &= \text{span}_{\mathbb{Q}}\{1, \omega, \omega^2, \cdots, \omega^5\}. \end{aligned}$$

차원 정리의 증명과정에 의해

$$\mathbb{Q}(\sqrt[7]{2}, \omega) = \text{span}_{\mathbb{Q}}\{(\sqrt[7]{2})^i \omega^j \mid 0 \leq i \leq 6, 0 \leq j \leq 5\}.$$

3.1.26. $u^2 \in F(u) \Rightarrow F(u^2) \subset F(u), F(u^2)(u) = F(u^2, u) = F(u)$

$$\therefore [F(u) : F] = [F(u) : F(u^2)][F(u^2) : F].$$

$p(x) = x^2 - u^2 \in F(u^2)[x],\ p(u) = 0$. $p(x)$가 $F(u^2)$ 위에서 가약이라면 일차식 $p(x) = x^2 - u^2 = (x-a)(x-b), a, b \in F(u^2) \Rightarrow p(a) = a^2 - u^2 = 0 \Rightarrow (a+u)(a-u) = 0 \Rightarrow a = \pm u \Rightarrow u \in F(u^2) \Rightarrow F(u) \subset F(u^2) \Rightarrow F(u) = F(u^2)$. 만약 $p(x)$가 기약이면 $[F(u^2)(u) : F(u^2)] = [F(u^2, u) : F(u^2)] = [F(u) : F(u^2)] = 2$이다. 가정에 의해 좌변은 홀수이므로 모순이다.

3.1.27. $x^2 - 2 = 0,\ x^5 - 3$은 $\sqrt{2},\ \sqrt[5]{3}$의 기약 다항식이고 $(2, 5) = 1$이다.

3.1.28. 아이젠슈타인 판정법에 의해 $[\mathbb{Q}(\sqrt[m]{p}) : \mathbb{Q}] = m,\ [\mathbb{Q}(\sqrt[n]{p}) : \mathbb{Q}] = n$이므로 $\text{lcm}(m, n) | [\mathbb{Q}(\sqrt[m]{p}, \sqrt[n]{p}) : \mathbb{Q}]$이다. 한편 $(m, n) = d$이라 하면 $\text{irr}(\sqrt[n]{p}, \mathbb{Q}(\sqrt[m]{p})) | x^{\frac{n}{d}} - (\sqrt[m]{p})^{\frac{m}{d}}$ 이므로

$$\begin{aligned} [\mathbb{Q}(\sqrt[m]{p}, \sqrt[n]{p}) : \mathbb{Q}] &= [\mathbb{Q}(\sqrt[m]{p})(\sqrt[n]{p}) : \mathbb{Q}] \\ &= [\mathbb{Q}(\sqrt[m]{p})(\sqrt[n]{p}) : \mathbb{Q}(\sqrt[m]{p})][\mathbb{Q}(\sqrt[m]{p}) : \mathbb{Q}] \\ &\leq \frac{n}{d} \cdot m = \text{lcm}(m, n). \end{aligned}$$

특히 등호가 성립하므로 $\mathrm{irr}(\sqrt[n]{p}, \mathbb{Q}(\sqrt[m]{p})) = x^{\frac{n}{d}} - \sqrt[d]{p}$이다.

3.1.29. 풀이 1: $x^{101} - 6$은 아이젠슈타인 판정법에 의해 기약이다. 그뿐 아니라 $[\mathbb{Q}(\sqrt[101]{6}) : \mathbb{Q}] = 101$은 홀수이고 $\sqrt[101]{6}^2 = \sqrt[101]{36}$이므로 연습문제 3.1.26.에 의해 참이다.

풀이 2: $\alpha = \sqrt[101]{6}$라 두자. $\mathbb{Q}(\alpha^2) \subset \mathbb{Q}(\alpha)$이다. 역으로 $x^{101} - 6$이 아이젠슈타인 판정법에 의해 기약이므로 $[\mathbb{Q}(\alpha) : \mathbb{Q}] = 101$이다. 그러면

$$S = \{1, \alpha^2, \alpha^4, \cdots, \alpha^{100}, \alpha^{102} = 6\alpha^1, \alpha^{104} = 6\alpha^3, \cdots, \alpha^{200} = 6\alpha^{99}\}$$

에서 연립방정식 $k_1 \cdot (1) + k_2\alpha^2 + \cdots + k_{101}\alpha^{200} = 0,\ k_1, \cdots, k_{101} \in \mathbb{Q} \overset{\mathbb{Q}(\alpha) = \mathrm{span}_{\mathbb{Q}}\{1, \alpha, \cdots, \alpha^{100}\}}{\Rightarrow}$ $k_1 = k_2 \cdots = k_{101} = 0$이다. 즉 S는 $\mathbb{Q}$ 위에서 일차독립이다. $S \subset \mathbb{Q}(\alpha^2) \Rightarrow 101 = \dim_{\mathbb{Q}} S \leq [\mathbb{Q}(\alpha^2) : \mathbb{Q}] \leq 101 \Rightarrow [\mathbb{Q}(\alpha^2) : \mathbb{Q}] = 101$이므로 증명은 끝났다.

3.1.30. $f(x)$는 아이젠슈타인 판정법에 의해 기약이다. 그리고 $f(x) = (x+1)(x^2 - x + 10) + f(-1) \Rightarrow 0 = f(\beta) = (\beta + 1)(\beta^2 - \beta + 10) - 4 \Rightarrow (1 + \beta)^{-1} = \frac{1}{4}(\beta^2 - \beta + 10)$.

3.1.31. $p_i(x)$의 한 근을 β라 하자. 그러면 $f(x)$는 $\alpha := g(\beta)$를 근으로 갖고 $\alpha \in \mathbb{Q}(\beta)$이다. $\deg p_i(x) = [\mathbb{Q}(\beta) : \mathbb{Q}] = [\mathbb{Q}(\beta) : \mathbb{Q}(\alpha)][\mathbb{Q}(\alpha) : \mathbb{Q}] = [\mathbb{Q}(\beta) : \mathbb{Q}(\alpha)]\deg f(x)$.

3.1.32. $x^2 - 3$은 $\mathbb{Q}(\sqrt{2})$ 위에서 기약이므로 $\mathbb{Q}(\sqrt{2})$ 위에서 평행이동한 다항식 $(x - \sqrt{2})^2 - 3 = x^2 - 2\sqrt{2}x - 1$ 도 그러하다.

3.1.33. (2013)

$$u = \sqrt[3]{2} - \sqrt[3]{3} \Rightarrow u^3 = 2 - 3 - 3\sqrt[3]{6}u \Rightarrow \sqrt[3]{6} = -\frac{u^3 + 1}{3u} \in \mathbb{Q}(u).$$

$$\frac{1}{u} = \frac{\sqrt[3]{4} + \sqrt[3]{6} + \sqrt[3]{9}}{2 - 3} \in \mathbb{Q}(u) \Rightarrow \sqrt[3]{4} + \sqrt[3]{9} \in \mathbb{Q}(u)$$

$$\Rightarrow \sqrt[3]{6} \cdot (\sqrt[3]{4} + \sqrt[3]{9}) = 2\sqrt[3]{3} + 3\sqrt[3]{2} \in \mathbb{Q}(u)$$

$$\Rightarrow 2\sqrt[3]{3} + 3\sqrt[3]{2} + 2u = 5\sqrt[3]{2} \in \mathbb{Q}(u) \Rightarrow \sqrt[3]{2} \in \mathbb{Q}(u).$$

$$\sqrt[3]{2} - u = \sqrt[3]{3} \in \mathbb{Q}(u) \Rightarrow \mathbb{Q}(\sqrt[3]{2}, \sqrt[3]{3}) \subset \mathbb{Q}(u).$$

역의 포함관계는 $\mathbb{Q}(\sqrt[3]{2}, \sqrt[3]{3})$가 체이므로 성립한다.

3.1.34. $\sqrt{2}+i$가 우변의 다항식의 근임을 바로 확인할 수 있다. 그런데 $\sqrt{2}+i$는 실수가 아닌 복소수이므로 $\sqrt{2}+i \notin \mathbb{Q}(\sqrt{2})$이다. 따라서 문제의 다항식은 기약이다.

3.1.35. (2016) F는 $\mathbb{Q}(\alpha)$의 부분체이므로 $1 \in \mathbb{Q} \Rightarrow 1 \in F \Rightarrow \mathbb{Z} \subset F \Rightarrow \mathbb{Q} = F_{\mathbb{Z}} \subset F$이다. 그런데 $a_i \in F \Rightarrow \mathbb{Q}(a_0, a_1) \subset F$이다.

$$\mathrm{irr}(\alpha, F) \in \mathbb{Q}(a_0, a_1)[x] \Rightarrow \mathrm{irr}(\alpha, \mathbb{Q}(a_0, a_1)) \mid \mathrm{irr}(\alpha, F),$$
$$\mathrm{irr}(\alpha, \mathbb{Q}(a_0, a_1)) \in F[x] \Rightarrow \mathrm{irr}(\alpha, F) \mid \mathrm{irr}(\alpha, \mathbb{Q}(a_0, a_1))$$

$F[x]$ 안에서 동반원 관계이고 각 다항식은 모닉이므로

$$\mathrm{irr}(\alpha, F) = \mathrm{irr}(\alpha, \mathbb{Q}(a_0, a_1)) \Rightarrow [F(\alpha) : F] = [\mathbb{Q}(a_0, a_1)(\alpha) : \mathbb{Q}(a_0, a_1)]$$

이다. 끝으로 $F(\alpha) = \mathbb{Q}(a_0, a_1)(\alpha) = \mathbb{Q}(\alpha)$이므로 차원 정리에 의해 $[F : \mathbb{Q}] = [\mathbb{Q}(a_0, a_1) : \mathbb{Q}] \Rightarrow F = \mathbb{Q}(a_0, a_1)$이다.

3.1.36. 비에타 공식에 의해 $x^2 - (2u)x + (u^2 + v^2) = 0$의 근은 $u + vi$이다. 이 다항식이 가약이라 하면 $u + vi \in \mathbb{Q}(u) \Rightarrow vi \in \mathbb{Q}(u)$. 그러나 $u \in \mathbb{R} \Rightarrow \mathbb{Q}(u) \subset \mathbb{R}$이지만 $v \in \mathbb{R} \Rightarrow vi \notin \mathbb{R}$이므로 모순이다.

3.1.37. $\mathrm{degirr}(e^{\frac{\pi}{12}i}, \mathbb{Q}) = 8$이므로 $u = e^{\frac{\pi}{12}i}$를 근으로 갖는 8차 방정식을 하나 찾아주면 된다. 드무아브르의 정리에 의해

$$u^{12} + 1 = 0 \Rightarrow x^{12} + 1 = (x^4 + 1)(x^8 - x^4 + 1).$$

그런데 $u^4 = \cos(\frac{\pi}{3}) + i\sin(\frac{\pi}{3}) \neq -1$이므로 $\mathrm{irr}(e^{\frac{\pi}{12}i}, \mathbb{Q}) = x^8 - x^4 + 1$이다.

3.1.38. $[F(u,v) : F(u)][F(u) : F] = [F(u,v) : F] = [F(v,u) : F(v)][F(v) : F]$. $f(x)$가 $F(v)$ 위에서 기약이라면 $[F(v,u) : F(v)] = \mathrm{deg}f(x)$이고 가정에 의해 $[F(v) : F] = \mathrm{deg}g(x)$이다. 따라서, $[F(u,v) : F] = \mathrm{deg}f(x)\mathrm{deg}g(x) \Rightarrow [F(u,v) : F(u)] = \mathrm{deg}g(x) \Rightarrow g(x)$는 $F(u)$ 위에서 기약이다. 역할을 바꾸어 역의 방향도 참이다.

3.1.39. (1) $f(x) = (x-1)(x-2)(x-3)$이면 $\mathbb{Q}(a_i) = \mathbb{Q}$이므로 $S_f = 3$이다.

(2) $f(x) = x^3 - 2x + 1 = (x-1)(x^2 + x - 1)$의 세 근을 $a_1 = 1$, a_2, a_3이라 하자. $x^2 + x - 1 = 0$의 근은 무리수이므로 $\mathbb{Q}(a_1, a_2, a_3) = \mathbb{Q}(a_2, a_3) \overset{a_2+a_3=-1}{=} \mathbb{Q}(a_2)$이다. 따라서 $P_f = 2$이다.

(3) 함수 $f(x)$의 그래프를 그려보면 서로 다른 세 실근을 갖는다. 그리고 유리수 근이 존재하지 않으므로 $[\mathbb{Q}(a_i):\mathbb{Q}] = \deg f(x) = 3$이다. 따라서 $S_f = 3$이다.

(4) $f(x) = x^3 - 4x + 1$이면 $a_1 + a_2 + a_3 = 0$이므로 서로 다른 $i, j, k \in \{1, 2, 3\}$에 대하여 $\mathbb{Q}(a_1, a_2, a_3) = \mathbb{Q}(a_i, \frac{-a_i \pm \sqrt{(a_j - a_k)^2}}{2}) = \mathbb{Q}(a_i, |a_j - a_k|)$이다. 그런데 삼차 방정식 $f(x)$에 비에타 공식을 적용하면 절댓값은 $|a_j - a_k| = \sqrt{a_i^2 + \frac{4}{a_i}}$이다. 이 등식들을 변끼리 곱하고 다시 한 번 비에타 공식을 이용하면

$$\begin{aligned}|a_2 - a_1||a_3 - a_1||a_2 - a_3| &= \sqrt{(a_1^2 + \frac{4}{a_1})(a_2^2 + \frac{4}{a_2})(a_3^2 + \frac{4}{a_3})} \\ &= \sqrt{\frac{(4a_1 + 3)(4a_2 + 3)(4a_3 + 3)}{a_1 a_2 a_3}} \\ &= \sqrt{229}.\end{aligned}$$

그런데 $|(a_2 - a_1)(a_3 - a_1)| = |2a_1^2 - \frac{1}{a_1}|$이므로 $\mathbb{Q}(a_1, |a_2 - a_3|) = \mathbb{Q}(a_1, \sqrt{229})$이다. a_1과 $\sqrt{229}$의 $\mathbb{Q}$ 위에서의 기약 다항식의 차수는 각각 3, 2이므로 $P_f = 6$이다.

3.1.40. (1) 대표원 선택에 의존하지 않고 같은 값을 가짐을 보이면 충분하다. $\frac{f(x)}{g(x)} = \frac{s(x)}{t(x)}$이라 하고 $f(x) = x^m f_0(x)$, $g(x) = x^n g_0(x)$, $s(x) = x^i s_0(x)$, $t(x) = x^j t_0(x)$로 표시하자. 단, $f_0(0), g_0(0), s_0(0), t_0(0) \neq 0$이다. 그런데 $\mathbb{Q}(x)$는 $\mathbb{Q}[x]$의 분수체이므로 $f(x)t(x) = g(x)s(x) \Rightarrow x^m x^j f_0(x)t_0(x) = x^n x^i g_0(x)s_0(x)$에서 $\gcd(g_0(x)s_0(x), x)$ $= \gcd(f_0(x)t_0(x), x) = 1$이고 $\mathbb{Q}[x]$는 UFD이므로 $(x^{m+j}) = (x^{n+i})$이다. 따라서 $m + j = n + i \Rightarrow v(\frac{f(x)}{g(x)}) = v(\frac{s(x)}{t(x)})$이다.

(2) $f(x) = c = c \cdot x^0$이므로 $v(c) = 0$이다.

(3) (1)과 같은 방법 $h(x)$와 $k(x)$를 분수식으로 써보면 바로 얻을 수 있는 등식이다.

3.2절 연습 문제 풀이

3.2.1. (1) $x^4 + 2x^3 - 8x^2 - 6x - 1 = (x^2 - 2x - 1)(x^2 + 4x + 1) \Rightarrow 1 \pm \sqrt{2}, -2 \pm \sqrt{3}$이 근이다. 따라서 $K = \mathbb{Q}(1 \pm \sqrt{2}, -2 \pm \sqrt{3}) = \mathbb{Q}(\sqrt{2}, \sqrt{3})$.

(2) 드무아브르의 정리에 의해 $\alpha = e^{\frac{2\pi}{p}i}$이고 이때 $K = \mathbb{Q}(\alpha)$이다. 그뿐 아니라 α^k, $1 \leq k \leq p - 1$은 $x^p - 1$도 같은 역할을 한다.

(3) ω는 $x^2+x+1=0$의 한 근이다. $x^5-x^3-4x^2-3x-2=(x-2)(x^2+x+1)^2$ 이므로 $K=\mathbb{Q}(2,\omega,\omega^2)=\mathbb{Q}(\omega)$, $\omega\notin\mathbb{Q}$이므로 $[K:\mathbb{Q}]=2$이다.

3.2.2. $f(x)=x^3-x+1$는 $\mathbb{Z}_2$ 위에 기약이다($\because\ f(0)=f(1)\neq 0$). 그러면 상환 $\mathbb{Z}_2[x]/(f(x)):=\mathbb{Z}_2(u)$는 한 근 u를 포함하는 체이다. 따라서 $f(x)\in\mathbb{Z}_2(u)[x]$의 다항식으로 간주하면 $f(x)=(x-u)(x^2+ux-\frac{1}{u})=(x-u)(x^2+ux-(1-u^2))=(x-u)(x+u^2)(x+u^2+u)$이므로 모든 근은 $\mathbb{Z}_2(u)$의 원소이다. 따라서 $K=\mathbb{Z}_2(u)$ 이고 $[K:\mathbb{Z}_2]=\deg f(x)=3$이다. 즉 $K=\{a_0+a_1u+a_2u^2\mid a_i\in\mathbb{Z}_2\}$이므로 $|K|=2^3=8$이다.

3.2.3. 정리 3.7의 증명 과정에서 $m_1=1$로 가정하여 귀납법을 적용하면 성립하는 부등식이다.

3.2.4. 이차 방정식의 근의 공식에 의해 분해체는 $K=\mathbb{Q}(\frac{-1\pm\sqrt{-3}}{2})=\mathbb{Q}(\sqrt{-3})$으로 일치한다.

3.2.5. 두 분해체 E와 E'는 성질 ★를 만족시킨다. $\frac{1}{u}-1\in E$이므로 $\mathrm{irr}(\frac{1}{u}-1,F)$의 모든 근은 E에 포함되므로 $E'\subset E$이다. 역으로 $\frac{1}{u}-1=w$라 하면 $u=\frac{1}{w+1}\in E'$이므로 $\mathrm{irr}(u,F)$의 모든 근은 E'에 포함된다. 따라서 $E\subset E'$이다.

3.2.6. ω는 $x^2+x+1=0$의 한 근이다.

(1) $x^9-1=(x^3-1)(x^6+x^3+1)=(x-1)(x^2+x+1)(x^6+x^3+1)$이므로 $K'\subset K$ 이다. 역으로 x^6+x^3+1의 한 근을 $\alpha=e^{\frac{2\pi}{9}i}$라 하면 $x^2+x+1=0$의 두 근은 $\alpha^3=\omega$, $-1-\alpha^3$ (비에타 공식)이므로 $K\subset K'$이다.

$\alpha^3=\omega\Rightarrow\mathbb{Q}\subset\mathbb{Q}(\omega)\subset\mathbb{Q}(\alpha)$. $\mathbb{Q}(\omega)$ 위에서 방정식 $x^3-\omega$는 가약이라 하면 $(a+b\omega)^3=\omega, a,b\in\mathbb{Q}\Rightarrow a^3+b^3+3ab\omega(a+b\omega)=\omega\Rightarrow a^3+b^3-3ab^2=0\overset{b\neq 0}{\Rightarrow}(a/b)^3-3(a/b)+1=0$. 그런데 방정식 x^3-3x+1은 $\mathbb{Q}$ 위에서 기약이므로 유리수 근이 존재하지 않는다. 따라서

$$[\mathbb{Q}(\alpha):\mathbb{Q}]=[\mathbb{Q}(\omega)(\alpha):\mathbb{Q}(\omega)][\mathbb{Q}(\omega):\mathbb{Q}]\overset{\mathrm{irr}(\alpha,\mathbb{Q}(\omega))=x^3-\omega}{=}3\times 2=6$$
$$\Rightarrow\mathrm{irr}(\alpha,\mathbb{Q})=x^6+x^3+1.$$

끝으로 $\alpha^k, 0 \le k \le 8$는 x^9-1의 모든 근이므로 $K=\mathbb{Q}(\alpha)=K' \Rightarrow [K:\mathbb{Q}]=6$.

(2) $x^5-2x^3-5x^2+10=(x^2-2)(x^3-5)$이므로 분해체는

$$K=\mathbb{Q}(\sqrt{2}, \sqrt[3]{5}, \sqrt[3]{5}\omega, \sqrt[3]{5}\omega^2)=\mathbb{Q}(\sqrt{2}, \sqrt[3]{5}, \sqrt{-3}).$$

$(2,3)=1 \Rightarrow [\mathbb{Q}(\sqrt{2}, \sqrt[3]{5}):\mathbb{Q}]=6$. $\sqrt{-3} \notin \mathbb{Q}(\sqrt{2}, \sqrt[3]{5}) \Rightarrow \operatorname{irr}(\sqrt{-3}, \mathbb{Q}(\sqrt{2}, \sqrt[3]{5}))=x^2+3$이므로 $[K:\mathbb{Q}]=[K:\mathbb{Q}(\sqrt{2}, \sqrt[3]{5})][\mathbb{Q}(\sqrt{2}, \sqrt[3]{5}):\mathbb{Q}]=2\times 6$.

3.2.7. 드무아브르의 정리에 의해 $x^6+3=0$의 모든 근은 $\sqrt[6]{-3}, \sqrt[6]{-3}\omega, \cdots, \sqrt[6]{-3}\omega^5, \omega=e^{\frac{\pi}{3}i}$이다.

$$\begin{aligned} K &= \mathbb{Q}(\sqrt[6]{-3}, \sqrt[6]{-3}\omega)=\mathbb{Q}(\sqrt[6]{-3}, \omega) \\ &= \mathbb{Q}(\sqrt[6]{-3}, \frac{1\pm\sqrt{-3}}{2})=\mathbb{Q}(\sqrt[6]{-3}, \sqrt{-3})=\mathbb{Q}(\sqrt[6]{-3}). \end{aligned}$$

그런데 x^6+3은 아이젠슈타인 판정법에 의해 $\mathbb{Q}$ 위에서 기약이므로 $[K:\mathbb{Q}]=6$이다.

3.2.8. 드무아브르의 정리에 의해 $\alpha=e^{\frac{\pi}{12}i}$로 선택하면 충분하다. $\operatorname{irr}(\alpha, \mathbb{Q})$를 찾는다. $x^{24}-1=(x^{12}-1)(x^{12}+1)=(x^{12}-1)(x^4+1)(x^8-x^4+1)$이고 $(\alpha^{12}-1)(\alpha^4+1)\ne 0 \Rightarrow \alpha^8-\alpha^4+1=0$. $\omega^2-\omega+1=0$의 근을 ω라 하면 $\omega=\alpha^4$이다. $\operatorname{irr}(\alpha, \mathbb{Q}(\omega))=x^4-\omega$임을 보이자.

(1) $4=1+3$: $(a+b\omega)^4=\omega, a, b\in\mathbb{Q} \Rightarrow a^4+6a^2b^2-4ab^3=0 \overset{ab\neq 0}{\Rightarrow} (a/b)^3+6(a/b)^2-4=0 \Rightarrow x^3+6x^2-4$는 $\mathbb{Q}$ 위에서 유리수 근을 갖지 않으므로 모순이다.

(2) $4=2+2$: $\mathbb{Q}(\omega)$ 위에서 $x^4-\omega=(x^2-sx+t)(x^2+sx-\omega/t)$, $s, t\in\mathbb{Q}(\omega)$이라 하자. 드무아브르의 정리에 의해 $\mathbb{C}$ 위에서

$$x^4-\omega \overset{\omega^3=-1}{=} x^4+\omega^4=(x-u\omega)(x-u^3\omega)(x-u^5\omega)(x-u^7\omega), u=e^{\frac{\pi}{4}i}.$$

비에타 공식에 의해 $\pm s=0, u\omega+u^3\omega, u\omega+u^7\omega=u\omega-u^3\omega$ 중 한 가지가 가능하다.

(i) $s=0 \Rightarrow x^4-\omega=(x^2+t)(x^2-\omega/t) \Rightarrow t^2=\omega$이다. (1)과 같은 계산에 의해 $t\notin\mathbb{Q}(\omega)$.

(ii) $\pm s = u\omega \pm u^3\omega \in \mathbb{Q}(\omega) \Rightarrow u \pm u^3 \in \mathbb{Q}(\omega) \Rightarrow \sqrt{\pm 2} \in \mathbb{Q}(\omega) \Rightarrow \mathbb{Q}(\omega) = \mathbb{Q}(\sqrt{\pm 2}, \sqrt{-3}) \Rightarrow [\mathbb{Q}(\sqrt{\pm 2}, \sqrt{-3}) : \mathbb{Q}] = 4$에 모순이다.

$[K:\mathbb{Q}] = [K:\mathbb{Q}(\omega)][\mathbb{Q}(\omega):\mathbb{Q}] = 4 \times 2 \Rightarrow \text{irr}(\alpha, \mathbb{Q}) = x^8 - x^4 + 1.$

3.2.9. $K = \mathbb{Q}(\sqrt[4]{3}, i)$이고 $[K:\mathbb{Q}] = 8$이다. 한편

$$\mathbb{Q}(\omega, \sqrt[4]{3}) = \mathbb{Q}(\sqrt{-3}, \sqrt[4]{3}) = \mathbb{Q}(\sqrt{-3}, \sqrt[4]{3}, (\sqrt[4]{3})^2) = K.$$

그러므로 $\mathbb{Q}(\omega, \sqrt[4]{3}) = \mathbb{Q}(\omega\sqrt[4]{3})$임을 확인하자. $\omega = (\omega\sqrt[4]{3})^4/3 \in \mathbb{Q}(\omega\sqrt[4]{3})$이므로 $\sqrt[4]{3} \in \mathbb{Q}(\omega\sqrt[4]{3})$이다.

3.2.10. $\text{irr}(\sqrt[3]{2}\omega, \mathbb{Q}) = \text{irr}(\sqrt[3]{2}, \mathbb{Q}) = x^3 - 2$이므로 $\mathbb{Q}(\sqrt[3]{2}\omega) \cong \mathbb{Q}(\sqrt[3]{2})$인 유리수 $\mathbb{Q}$에서 항등함수가 되는 동형함수가 존재한다. 방정식을 $\mathbb{Q}(\sqrt[3]{2})$에서 생각하면 실수의 부분집합이 되어 해가 존재하지 않는다.

3.2.11. (1) 고교 과정

(2) $(a+b)^3 = a^3 + b^3 + 3ab(a+b).$

(3) $f(x) = (x-\alpha)(x^2 + \alpha x - \frac{t}{\alpha}).$

(4) $\mathbb{Q}(\alpha)$ 위에서 $f(x)$의 분해체는 $g(x) = x^2 + \alpha x - \frac{t}{\alpha}$의 분해체 K를 구하는 것으로 충분하다. $g(x)$의 기약성에 따라 $[K:\mathbb{Q}(\alpha)] = 1$또는 2이다. 그러므로 $[K:\mathbb{Q}] = 3$ 또는 6이다.

한편 $K = \mathbb{Q}(\alpha, \frac{-\alpha \pm \sqrt{\alpha^2 + \frac{4t}{\alpha}}}{2}) = \mathbb{Q}(\alpha, \sqrt{\alpha^2 + \frac{4t}{\alpha}})$이므로 근호값 $\sqrt{\alpha^2 + \frac{4t}{\alpha}} \in \mathbb{Q}(\alpha)$인지 판단하는 것이 $[K:\mathbb{Q}(\alpha)]$의 차원을 정하는 것과 같다. 이 부분에 대해 지난 단원의 연습 문제 3.1.39.에서 구체적인 계산을 해보았다.

3.2.12. $p(x) = x^3 - 2 \Rightarrow p(\sqrt[3]{2}\omega) = p(\sqrt[3]{2}\omega^2) = 0$이고 $p(x)$는 $\mathbb{Q}$이므로 동형사상은 존재한다. 구체적으로 $\psi(c) = c, \forall c \in \mathbb{Q}$, $\psi(\sqrt[3]{2}\omega) = \sqrt[3]{2}\omega^2$으로 대응시키고 일반적 원소들은 덧셈과 곱셈이 보존되도록 정해주면 된다. 만약, $\mathbb{Q}(\sqrt[3]{2}\omega) = \mathbb{Q}(\sqrt[3]{2}\omega^2) \Rightarrow \sqrt[3]{2}\omega \in \mathbb{Q}(\sqrt[3]{2}\omega^2) \Rightarrow \omega = \frac{\sqrt[3]{2}\omega^2}{\sqrt[3]{2}\omega} \in \mathbb{Q}(\sqrt[3]{2}\omega^2) \Rightarrow \mathbb{Q}(\sqrt[3]{2}\omega^2) = \mathbb{Q}(\sqrt[3]{2}\omega^2, \omega) = \mathbb{Q}(\sqrt[3]{2}, \omega)$. 그러나, $3 = [\mathbb{Q}(\sqrt[3]{2}\omega^2):\mathbb{Q}] \neq [\mathbb{Q}(\sqrt[3]{2}, \omega):\mathbb{Q}] = 6$으로 모순이다.

3.2.13. $r+I=r'+I \Rightarrow r-r' \in I \Rightarrow f(r-r')=0 \Rightarrow f(r)=f(r') \Rightarrow \overline{f}(r+I)=\overline{f}(r'+I)$ 이므로 $\overline{f}$는 함수이다. f가 환준동형이므로 $\overline{f}$도 환준동형이다.

3.2.14. (1) $u_i^2 = 2 \pm \sqrt{3} \Rightarrow (u_i^2-2)^2 = 3$이므로 $f(x)=0$의 근이다.

(2) $u_1 \times u_3 = 1$이므로 성립한다.

(3) $u_2 = -u_1$, $u_4 = -u_3$이고 (2)에 의해 $K = \mathbb{Q}(u_1, u_2, u_3, u_4) = \mathbb{Q}(u_1)$이다. $u_1 = \sqrt{\frac{4+2\sqrt{3}}{2}} = \frac{\sqrt{4+2\sqrt{3}}}{\sqrt{2}} = \frac{1+\sqrt{3}}{\sqrt{2}} = \frac{1}{2}(\sqrt{6}+\sqrt{2})$이다. 그런데 $\mathbb{Q}(\sqrt{6}+\sqrt{2}) = \mathbb{Q}(\sqrt{6}, \sqrt{2})$임을 집합의 포함관계로 확인 가능하다. 그리고 $\mathbb{Q}(cu) = \mathbb{Q}(u)$, $u \in \mathbb{Q}$ 이므로 $K = \mathbb{Q}(\sqrt{6}, \sqrt{2})$이다. 따라서, $[K:\mathbb{Q}] = 4$이다.

3.2.15. (1) $(a-b)^3 = a^3 - b^3 - 3ab(a-b)$, $a^3 - b^3 = (a-b)(a^2+ab+b^2)$을 이용하여 포함관계를 증명한다(연습문제 3.1.33.참고).

(2) $(x^3-2)(x^3-3)$의 근은 $\sqrt[3]{2}, \sqrt[3]{2}\omega, \sqrt[3]{2}\omega^2, \sqrt[3]{3}, \sqrt[3]{3}\omega, \sqrt[3]{3}\omega^2$(단, $\omega^2+\omega+1=0$) 이므로

$$K = \mathbb{Q}(\sqrt[3]{2}, \sqrt[3]{3}, \omega) = \mathbb{Q}(\sqrt[3]{2}, \sqrt[3]{3}, \frac{-1 \pm \sqrt{-3}}{2}) = \mathbb{Q}(\sqrt[3]{2}, \sqrt[3]{3}, \sqrt{-3}).$$

$\sqrt{-3} \notin \mathbb{Q}(\sqrt[3]{2}, \sqrt[3]{3}) \Rightarrow [K : \mathbb{Q}(\sqrt[3]{2}, \sqrt[3]{3})] = 2$이다. 한편 복소수 환 $\mathbb{C}[x]$에서 $\mathrm{irr}(\sqrt[3]{3}, \mathbb{Q}(\sqrt[3]{2})) | x^3 - 3 = (x-\sqrt[3]{3})(x-\sqrt[3]{3}\omega)(x-\sqrt[3]{3}\omega^2)$이다. $\mathbb{C}[x]$가 UFD, $\mathbb{Q}(\sqrt[3]{2}) \subset \mathbb{R}$로부터 $\mathrm{irr}(\sqrt[3]{3}, \mathbb{Q}(\sqrt[3]{2})) = x^3-3$ 또는 $x-\sqrt[3]{3}$이다. 그런데 $\sqrt[3]{3} \notin \mathbb{Q}(\sqrt[3]{2})$ (다음 단원)이므로 $\mathrm{irr}(\sqrt[3]{3}, \mathbb{Q}(\sqrt[3]{2})) = x^3-3 \Rightarrow [\mathbb{Q}(u) : \mathbb{Q}(\sqrt[3]{2})] = 3 \Rightarrow [K:\mathbb{Q}] = 18$.

(3) $\deg\mathrm{irr}(u, \mathbb{Q}) = [\mathbb{Q}(u):\mathbb{Q}] = \frac{[K:\mathbb{Q}]}{[K:\mathbb{Q}(u)]} = 9$.

$$\begin{aligned} & u^3 = 3 - 2 - 3\sqrt[3]{6}u \Rightarrow (u^3-1)^3 = (-3\sqrt[3]{6}u)^3 = -162u^3 \\ & \Rightarrow u^9 - 3u^6 + 3u^3 - 1 = -162u^3 \Rightarrow u^9 - 3u^6 + 165u^3 - 1 = 0. \\ & \therefore \mathrm{irr}(u, \mathbb{Q}) = x^9 - 3x^6 + 162x^3 - 1. \end{aligned}$$

(4) $u \in K$이고 K는 정규확대체이므로 $E \subset K$이고 $ue^{\frac{2\pi}{3}i} = u\omega$도(기약 다항식의 단항식의 차수가 모두 3의 배수) $\mathrm{irr}(u, \mathbb{Q})$의 근이므로 $\mathbb{Q}(u,\omega) = \mathbb{Q}(u, u\omega) \subset E \overset{\omega \notin \mathbb{Q}(u)}{\Rightarrow}$ $18 = [\mathbb{Q}(u,\omega):\mathbb{Q}] \mid [E:\mathbb{Q}] \Rightarrow E = K$.

3.2.16. x^3-10의 해는 $\sqrt[3]{10}, \sqrt[3]{10}\omega, \sqrt[3]{10}\omega^2$이므로 $K=\mathbb{Q}(\sqrt{2})(\sqrt[3]{10},\omega)=\mathbb{Q}(\sqrt{2},\sqrt[3]{10},\sqrt{-3})$이다. $\mathbb{Q}<\mathbb{Q}(\sqrt{2},\sqrt[3]{10})=M<K$에서 $[M:\mathbb{Q}]\overset{(2,3)=1}{=}[\mathbb{Q}(\sqrt{2}):\mathbb{Q}][\mathbb{Q}(\sqrt[3]{10}):\mathbb{Q}]=6$이다. 그런데 $\sqrt{-3}\notin M\subset\mathbb{R}$, x^2+3의 근이므로 $[K:M]=2$이다. 따라서 $[K:\mathbb{Q}]=12$이다.

3.2.17. (1) $v\in K\setminus F\Rightarrow \text{degirr}(v,F)\geq 2\Rightarrow K=F(v)$. 따라서 $\text{degirr}(v,F)=2$이다. 인수정리에 의해 $\text{irr}(v,F)=(x-v)q(x), \deg q(x)=1$이므로 $\text{irr}(v,F)$의 나머지 근도 K 안에 있다. 즉 $\text{irr}(v,F)$의 분해체는 K이다.

(2) (1)에 의해 $\mathbb{Q}(\sqrt{2})$는 $\mathbb{Q}$의 정규확대체이다. $x^2-\sqrt{2}$는 $\sqrt[4]{2}$를 근으로 갖는다. 그런데 $\sqrt[4]{2}\notin\mathbb{Q}(\sqrt{2})$이므로 ($\because x^4-2$는 $\mathbb{Q}$ 위에서 기약) $\text{irr}(\sqrt[4]{2},\mathbb{Q}(\sqrt{2}))=x^2-\sqrt{2}$이다. 따라서 $\mathbb{Q}(\sqrt[4]{2})$는 $\mathbb{Q}(\sqrt{2})$의 정규확대체이다. 한편 $x^4-2=0$의 한 근 $\sqrt[4]{2}i\notin\mathbb{R}\Rightarrow\sqrt[4]{2}i\notin\mathbb{Q}(\sqrt[4]{2})$이다.

3.2.18. (1) $\mathbb{Q}(\sqrt[3]{5})$의 원소 $\sqrt[3]{5}$에 대한 기약 다항식 x^3-5의 나머지 근은 실수가 아닌 복소수이므로 정규확대체가 아니다.

(2) 기저와 차원의 성질에 의해 $\text{degirr}(u,\mathbb{Q})=3$이다.

(3) 다른 근 하나가 $\mathbb{Q}(\sqrt[3]{5})$의 원소이면 비에타 공식에 의해 세 번째 근도 $\mathbb{Q}(\sqrt[3]{5})$ 안의 원소가 된다. 그러면 $\text{irr}(u,\mathbb{Q})$의 분해체는 $\mathbb{Q}(\sqrt[3]{5})$가 되어 앞의 논의 즉, 기약 다항식 x^3-5의 모든 근이 포함되어 모순이기 때문이다.

3.2.19. 비에타 공식에 의해 $u_1+u_2+u_3=-3$, $u_1u_2+u_2u_3+u_3u_1=2$, $u_1u_2u_3=-1$이다.

(1) 곱셈공식 $(u_1u_2+u_2u_3+u_3u_1)^2=u_1^2u_2^2+u_2^2u_3^2+u_3^2u_1^2+2u_1u_2u_3(u_1+u_2+u_3)$으로부터 구하는 값은 -2이다.

(2) $u_1+u_2+u_3=-3$로부터 준식$=-[u_1^4+u_2^4+u_3^4+3(u_1^3+u_2^3+u_3^3)]$이다. $g(x)=-x^4-3x^3$를 $f(x)$로 나누면 $g(x)=f(x)\cdot(-x)+2x^2+x$이다. 따라서 구하는 값은 $(2u_1^2+u_1)+(2u_2^2+u_2)+(2u_3^2+u_3)=2\cdot((-3)^2-2\cdot(2))+(-3)=7$이다.

3.2.20. **비에타** 공식에 의해 x_1, x_2, x_3를 근으로 갖는 방정식은 $x^3 - x_1x_2x_3$꼴이다. 드무아브르의 정리에 의해 실수가 아닌 복소수해가 적어도 하나 존재한다.

3.2.21. $f(x) = (x-a_1)(x-a_2)\cdots(x-a_m)$으로 분해체에서 인수분해된다고 하자. $g(x) = (x-a_1^n)(x-a_2^n)\cdots(x-a_m^n)$는 분해체 위의 다항식이다. 하지만 비에타 공식에 의해 $f(x)$의 각각의 계수가 a_i에 대한 대칭식이므로 계수들에 대한 다항식으로 표시할 수 있다. 따라서 $g(x) \in \mathbb{Q}[x]$이다. 그뿐 아니라 $g(x^n)$는 $x - a_k$를 인수로 갖고 있으므로 $f(x)|g(x^n)$이다.[1)]

3.2.22. $\text{irr}(u, F)$의 모든 근을 $u_1 = u, \cdots, u_n$, $\text{irr}(v, F)$의 모든 근을 $v_1 = v, \cdots, v_m$이라 하자. w가 $F(u, v)$ 위에서 대수적이므로

$$g(x, u_1, v_1) := \text{irr}(w, F(u, v)) = x^l + a_{l-1}(u, v)x^{l-1} + \cdots + a_0(u, v) \in F(u, v)[x]$$

이 존재한다. 각각의 계수를 u_i와 v_j로 바꾼 모든 다항식들의 곱을 생각하자.

$$G(x) = \prod_{1\le j\le m} g(x, u_1, v_j) \cdot \prod_{1\le j\le m} g(x, u_1, v_j) \cdots \prod_{1\le j\le m} g(x, u_n, v_j)$$

그러면 대칭 다항식의 기본정리에 의해 각각의 항은 $\prod_{1\le j\le m} g(x, u_1, v_j) \in F(u_1)[x]$, $\prod_{1\le j\le m} g(x, u_2, v_j) \in F(u_2)[x]$, $\cdots$, $\prod_{1\le j\le m} g(x, u_n, v_j) \in F(u_n)[x]$이다. 이 다항식들은 $\text{irr}(v, F)$의 계수와 u_i들로 써지고 치환군 S_n에 의해 불변이다. 그러므로 $G(x) \in F[x]$이고 w를 근으로 갖는 다항식이다.

3.2.23. (a) 홀수, (b) 사잇값, (c) $\binom{n}{2}$, (d) 비둘기집.

Step 1의 생략 부분: $F(z) = \sum_{i_0}^{n} a_i z^i \in \mathbb{C}[z]$에 대하여 $\overline{F}(z) := \sum_{i_0}^{n} \overline{a_i} z^i$이라 하자.

$$\overline{F(z)\overline{F}(z)} = \overline{F}(z)\overline{\overline{F}(z)} = \overline{F}(z)F(z) \Rightarrow F(z)\overline{F}(z) \in \mathbb{R}[x]$$

이다. 만약 실수 계수 방정식 $F(z)\overline{F}(z)$이 복소수 근을 가지고 그것을 z_0이라 하면 $F(z_0) = 0$ 또는 $\overline{F}(z_0) = 0$이다. 후자의 경우 $\overline{\overline{F}(z_0)} = \overline{0} = 0 \Rightarrow F(\overline{z_0}) = 0$이므로 두 경우 모두 방정식 $F(z)$의 근은 꼭 존재해야 한다.

[1)] 이때 $g(x^n)$은 분해체 위의 다항식으로 이해하였으나 최대공약수의 불변성에 의해 $\mathbb{Q}$ 위에서의 배수 관계로 볼 수도 있다.

4.1절 연습 문제 풀이

4.1.1. $[K:F]=n$이면 $K=\text{span}_F\{v_1,v_2,\cdots,v_n\}$인 순서기저 표현이 가능하다. 그런데 $L_u(v_i)=u\cdot v_i$이므로 임의의 $v\in K$에 대하여 $L_u(v)=uv$이다. 즉 선형사상 L_u의 행렬 표현은 $L_u=uI$ (I: 항등 행렬)이다. 그러므로 $\text{tr}(u)=nu=[K:F]u$이다.

4.1.2. $\sqrt[3]{3}=a+b\sqrt[3]{2}+c\sqrt[3]{4}$이라 하자. 그러면 $K=\mathbb{Q}(\sqrt[3]{3},\sqrt[3]{2})$에서 $\sqrt[3]{2}$, $\sqrt[3]{3}$, $\sqrt[3]{4}$의 tr는 기약 다항식으로부터 모두 0임을 알 수 있다. 단, x^3-4도 기약 다항식이다.

$$\text{tr}(\sqrt[3]{3})=\text{tr}(a)+b\text{tr}(\sqrt[3]{2})+c\text{tr}(\sqrt[3]{4})\Rightarrow a=0.$$

비슷한 방법으로 $b=c=0$임을 알 수 있다.

4.1.3. (1) $2=[\mathbb{Q}(\sqrt{2}):\mathbb{Q}]\mid[\mathbb{Q}(\sqrt{2},\sqrt{3}):\mathbb{Q}]\le 4$ (기약 다항식의 차수와 차원 정리)이다. 집합 $S=\{1,\sqrt{2},\sqrt{3}\}$의 서로 다른 두 수의 비율은 항상 무리수이다 ($\sqrt{\frac{2}{3}}=\frac{p}{q},(p,q)=1\Rightarrow 3p^2=2q^2\Rightarrow 2\mid p, 2\nmid q$이 되어 모순). $3=\dim\text{span}_{\mathbb{Q}}S\le[\mathbb{Q}(\sqrt{2},\sqrt{3}):\mathbb{Q}]\Rightarrow[\mathbb{Q}(\sqrt{2},\sqrt{3}):\mathbb{Q}]=4$이다.

(2) $4=[\mathbb{Q}(\sqrt{2},\sqrt{3}):\mathbb{Q}]\mid[\mathbb{Q}(\sqrt{2},\sqrt{3},\sqrt{5}):\mathbb{Q}]\le 8$(기약 다항식의 차수와 차원 정리).

$$S=\{1,\sqrt{2},\sqrt{3},\sqrt{2\times 3},\sqrt{5}\}$$

의 임의의 서로 다른 원소들의 비는 $(2,3)=(2,5)=(3,5)=1$이므로 유리수가 아니다. 따라서 $[\mathbb{Q}(\sqrt{2},\sqrt{3},\sqrt{5}):\mathbb{Q}]=8$이다.

(3) $3=[\mathbb{Q}(\sqrt[3]{3}):\mathbb{Q}]\mid[\mathbb{Q}(\sqrt{2},\sqrt[3]{3}):\mathbb{Q}]\le 6$ (기약 다항식의 차수와 차원 정리).

$$S=\{1,\sqrt{2},\sqrt[3]{3},\sqrt[3]{9}\}$$

의 임의의 서로 다른 원소들의 비는 유리수가 아니다. 예를 들어 $\frac{\sqrt[3]{9}}{\sqrt{2}}=\frac{p}{q},(p,q)=1\Rightarrow 3^4p^6=2^3q^6\Rightarrow 2|p, 2\nmid q$이므로 모순이다. $4=\dim\text{span}_{\mathbb{Q}}S\le[\mathbb{Q}(\sqrt{2},\sqrt[3]{3}):\mathbb{Q}]\Rightarrow[\mathbb{Q}(\sqrt{2},\sqrt[3]{3}):\mathbb{Q}]=6$이다.

(4) $3=[\mathbb{Q}(\sqrt[3]{3}):\mathbb{Q}]\mid[\mathbb{Q}(\sqrt[3]{2},\sqrt[3]{3}):\mathbb{Q}]\le 9$ (기약 다항식의 차수와 차원 정리).

$$S=\{1,\sqrt[3]{2},\sqrt[3]{4},\sqrt[3]{3},\sqrt[3]{9},\sqrt[3]{6},\sqrt[3]{12}\}$$

의 임의의 서로 다른 원소들의 비는 유리수가 아니다. 예를 들어 $\frac{\sqrt[3]{9}}{\sqrt[3]{12}} = \frac{p}{q}, (p,q) = 1 \Rightarrow 3q^3 = 2^2p^3 \Rightarrow 2|q, 2 \nmid p$이므로 모순이다. $7 = \dim \mathrm{span}_{\mathbb{Q}} S \le [\mathbb{Q}(\sqrt[3]{2}, \sqrt[3]{3}) : \mathbb{Q}] \Rightarrow [\mathbb{Q}(\sqrt{2}, \sqrt[3]{3}) : \mathbb{Q}] = 9$이다.

4.1.4. $u = \sqrt[m+1]{p^m}$에 대하여 $u^n = p^{\frac{nm}{m+1}} = \frac{v}{w} \in \mathbb{Q}$, $(v,w) = 1 \Rightarrow w^{m+1} \cdot p^{nm} = v^{m+1}$이다. $(v,w) = 1$로부터 $w = 1$이므로 $p^{nm} = v^{m+1}$이다. $\mathbb{Z}$는 UFD이므로 $v = p^k$, $k \ge 1$꼴이다. 즉 $nm = k(m+1) \overset{(m,m+1)=1}{\Rightarrow} m+1|n$이다. 그러므로 최소의 자연수 $n = m+1$이므로 준 다항식은 기약이다(도움정리 4.3).

4.1.5. $(\sqrt[6]{3})^3 = \sqrt{3}$이다.

4.1.6. $12 = \mathrm{lcm}(4,6) \mid [\mathbb{Q}(\sqrt[4]{2}, \sqrt[6]{3}) : \mathbb{Q}] \le 4 \times 6 = 24$.

$$S = \{1, \sqrt[4]{2}, \sqrt[4]{2^2}, \sqrt[4]{2^3} \mid \sqrt[6]{3}, \sqrt[6]{3^2}, \cdots, \sqrt[6]{3^5} \mid \sqrt[6]{3}\sqrt[4]{2}, \sqrt[6]{3}\sqrt[4]{2^2}, \sqrt[6]{3}\sqrt[4]{2^3} \mid \sqrt[6]{3^2}\sqrt[4]{2}\}$$

는 $\mathbb{Q}$ 위에서 일차독립이다(분할된 집단에 따라 비가 무리수임을 확인). 따라서 $[\mathbb{Q}(\sqrt[4]{2}, \sqrt[6]{3}) : \mathbb{Q}] = 24$.

4.1.7. 조건에 의해 $\sqrt{d}, \sqrt{11} \in \mathbb{Q}(\sqrt{11}) \Rightarrow K = \mathbb{Q}(\sqrt{d}, \sqrt{11}) \subset \mathbb{Q}(\sqrt{11})$이다. $[K : \mathbb{Q}] = 2$일 필요충분조건은 $d = 11$일 때뿐이다.

4.1.8. 드무아브르의 정리를 이용하여 $x^5 + 5$의 복소수 안의 모든 근을 구하면(단, $\omega = e^{\frac{\pi}{5}i}$),

$$-\sqrt[5]{5}, \sqrt[5]{5}\omega, -\sqrt[5]{5}\omega^2, \sqrt[5]{5}\omega^3, -\sqrt[5]{5}\omega^4, \omega = e^{\frac{\pi}{5}i}$$

이므로 $K = \mathbb{Q}(\sqrt[5]{5}, \omega)$이다. $\omega^5 + 1 = 0 \Rightarrow \omega^4 - \omega^3 + \omega^2 - \omega + 1 = 0 \Rightarrow \omega + \omega^{-1} = \frac{1+\sqrt{5}}{2}$. 그러므로 $\mathbb{Q} \subset \mathbb{Q}(\sqrt[5]{5}, \sqrt{5}) \subset K$이다. $10 = \mathrm{lcm}(5,2) \mid [\mathbb{Q}(\sqrt[5]{5}, \sqrt{5}) : \mathbb{Q}] \le 10$이므로 $[\mathbb{Q}(\sqrt[5]{5}, \sqrt{5}) : \mathbb{Q}] = 10$이다. 그리고 $\mathbb{Q}(\sqrt[5]{5}, \sqrt{5})$ 위에서 방정식 $x^2 - (\frac{1+\sqrt{5}}{2})x + 1 = 0$은 ω를 근으로 갖는다. 그런데 $\omega \notin \mathbb{R}$이므로 $\mathrm{degirr}(\omega, \mathbb{Q}(\sqrt[5]{5}, \sqrt{5})) = 2 \Rightarrow [K : \mathbb{Q}] = [\mathbb{Q}(\sqrt[5]{5}, \sqrt{5})(\omega) : \mathbb{Q}(\sqrt[5]{5}, \sqrt{5})][\mathbb{Q}(\sqrt[5]{5}, \sqrt{5}) : \mathbb{Q}] = 20$.

4.1.9. (1) $S = \{\sqrt[p]{2^k 3^j} \mid 0 \le i, j \le p-1\}$은 $\mathbb{Q}$ 위에서 일차독립이므로 등식은 성립한다.

(2) (1)에 의해 $[\mathbb{Q}(\sqrt[p]{2})(\sqrt[p]{3}) : \mathbb{Q}(\sqrt[p]{2})] = p$이고 $x^p - 3$은 $\sqrt[p]{3}$을 근으로 가지므로 원하는 결론에 이르렀다.

(3) 주의) 풀이는 다음 단원의 원시 원소 정리 증명 이후에 읽어볼 것. 원시원소 정리의 증명과정에 따라(단, $\omega = e^{\frac{2\pi}{p}i}$)

$$f(x) = x^p - 2, u = \sqrt[p]{2}, u_1 = \sqrt[p]{2}\omega, u_2 = \sqrt[p]{2}\omega^2, \cdots, u_{p-1} = \sqrt[p]{2}\omega^{p-1}$$

$$g(x) = x^p - 3, v = \sqrt[p]{3}, v_1 = \sqrt[p]{3}\omega, v_2 = \sqrt[p]{3}\omega^2, \cdots, v_{p-1} = \sqrt[p]{3}\omega^{p-1}$$

에서 $u + v - u_i \neq v_j$, $1 \leq \forall i \leq p-1$, $2 \leq \forall j \leq p-1$임을 보이면 된다. M을 다항식 $f(x)g(x)$의 분해체라 하자. 어떤 i와 j에 대하여 $u + v - u_i = v_j$이면

$$1 + \frac{v}{u} - \frac{u_i}{u} = \frac{v_j}{u} \Rightarrow [M : \mathbb{Q}] \cdot 1 + [M : \mathbb{Q}(\frac{v}{u})] \cdot 0 - [M : \mathbb{Q}(\frac{u_i}{u})] \cdot 0 = [M : \mathbb{Q}(\frac{v_j}{u})] \cdot 0$$

이므로 모순이다.

(4) 기약 다항식은

$$\mathrm{irr}(\sqrt[p]{2} + \sqrt[p]{3}, \mathbb{Q}) = \prod_{i=0}^{p-1}((x - \sqrt[p]{2}\omega^i)^p - 3)$$

이다. 우변이 유리수 계수 다항식임은 대칭 다항식의 기본 정리에 의해 성립한다. 단, $\omega = e^{\frac{2\pi}{p}i}$이다.

(5)

```
i1 : R=QQ[x,a,b]
o1 = R
o1 : PolynomialRing
i2 : I=ideal(x-a-b, a^5-2, b^5-3);
i3 : eliminate(I,(a,b));
o3 : Ideal of R
i4 : print toString oo
```

답은 $\mathrm{irr}(\sqrt[5]{2} + \sqrt[5]{3}, \mathbb{Q}) = x^{25} - 25x^{20} - 3500x^{15} - 57500x^{10} + 21875x^5 - 3125$이다.

4.2절 연습 문제 풀이

4.2.1. $1_F \cdot 1_E = 1_F = 1_F \cdot 1_F \Rightarrow 1_F \cdot (1_E - 1_F) = 0 \Rightarrow 1_E = 1_F$이다. 따라서 표수의 정의에 의해 성립한다.

4.2.2. $1 = 1^2 \in S$이고 $a^2, b^2 \in S \Rightarrow a^2 \cdot b^{-2} = (ab^{-1})^2 \in S$이므로 부분군이다.

4.2.3. $K \cong \mathbb{Z}_{11}$이다. 따라서 원시 원소는 위수가 $|U(K)| = 10$인 순환군의 생성자의 개수와 같다. 즉 $\varphi(10) = 4$개이다.

4.2.4. 이차 다항식은 총 9가지가 있다. 이들 각각에 대해 기약성을 따져 보면 된다.
다른 풀이) 임의의 기약 다항식 $p(x)$에 대해서도 $K = \mathbb{Z}_3[x]/(p(x))$는 위수가 9인 체이고 $x^9 - x$의 분해체이다. 그런데 $p(x)$의 한 근은 K에 포함되므로 기약 다항식의 성질에 의해 $p(x)|x^9 - x$이다. 따라서, $x^9 - x$를 $\mathbb{Z}_3$ 위에서 소인수 분해했을 때 나오는 2차의 기약 다항식이 찾고자 하는 모든 것이다. 예제 4.3에서 인수분해 결과를 살펴보면 $p(x) = x^2 + 1,\ x^2 + x + 2,\ x^2 + 2x + 2$이다.

4.2.5. $f(x) \mid x^{p^6} - x$에서 $f(x)$의 한 근을 u라 하면 $\deg f(x) = [\mathbb{Z}_p(u) : \mathbb{Z}_p] \mid [K : \mathbb{Z}_p] = 6$이므로 가능한 차수는 1, 2, 3, 6이다.

참고) 갈루아 이론을 적용하면 실제로 존재한다.

4.2.6. $x^{11^2} - x,\ x^{11^3} - x,\ x^{11^4} - x$의 인수임을 확인해볼 수 있다.
세 번째 다항식을 Macaulay2로 확인해보자.

```
i1 : R=ZZ/11[x]
o1 = R
o1 : PolynomialRing
i2 : f=x^(11*11*11*11)-x;
i3 : g=x^4-3*x^2-1;
i4: f//g
```

매우 긴! 출력물이 나왔다면 인수이다.

4.2.7. `Macaulay2`에 $R = ZZ/2[x]/(x^2 - x + 1)$로 입력하여 연산표를 구성해본다.

4.2.8. (1) $f(x)$는 3차식이고 $f(0)$, $f(1)$, $f(2)$ 모두 0이 아니므로 기약이다.

(2) $f(x-1) = (x-1)^3 + 2(x-1) + 1 = x^3 - 1 + 2x - 2 + 1 = x^3 + 2x + 1$는 기약 다항식이고 $\alpha + 1$을 근으로 갖는다. 즉 $(\alpha+1)^3 + 2(\alpha+1) + 1 = 0 \Rightarrow (\alpha+1)(-(\alpha+1)^2 - 2) = 1 \Rightarrow (\alpha+1)^{-1} = -\alpha^2 - 2\alpha$. 따라서 $a = 0, b = -2, c = -1$이다.

(3) K의 모든 원소는 방정식 $x^{27} - x = 0$의 근이다. 따라서 $(\alpha+1)^{26} = 1 \Rightarrow (\alpha+1)^{-24} = (\alpha+1)^2 = \alpha^2 + 2\alpha + 1$이다.

(4) (2)의 풀이과정에 의해 $\alpha + 1$도 $f(x)$의 근이다. 비에타 공식에 의해 세 번째 근은 $-2\alpha - 1$이다.

4.2.9. (1) $U(F)$는 $U(K)$의 순환 부분군이다. 그런데 $U(K)$는 위수가 15인 순환군이므로

$$|U(F)| = 1, 3, 5, 15 \overset{F=U(F)\cup\{0\}}{\Rightarrow} |F| = 2, 4, 6, 16$$

이 가능하다. F는 유한체이므로 $|F| \neq 6$이다. 따라서, 가능한 $|F| = 2, 4, 16$이다. 실제로, $F = \{0, 1\} = \mathbb{Z}_2$, $F = \{0, 1, \alpha^5, \alpha^{10}\}$, $F = K$이다.

두 번째의 경우는 $U(K) = \langle \alpha \rangle \Rightarrow \mathrm{ord}(\alpha^5) = \frac{\mathrm{ord}(\alpha)}{(5, \mathrm{ord}(\alpha))} = 3$로부터 찾았다.

(2) 두 번째의 예 $F = \{0, 1, \alpha^5, \alpha^{10}\}$에서 위수가 4인 체를 이루고 있으므로 $x^4 - x \in \mathbb{Z}_2[x]$의 근이다. 비에타 공식에 의해 $0 + 1 + \alpha^5 + \alpha^{10} = 0 \Rightarrow \alpha^5 + \alpha^{10} = -1$이다.

4.2.10. $f(x) = (x^2 + x + 1)^2(x+1)$로 인수분해된다. 따라서 중국인의 나머지 정리에 의해

$$\mathbb{Z}_2[x]/(f(x)) \cong \mathbb{Z}_2[x]/((x^2+x+1)^2) \oplus \mathbb{Z}_2[x]/(x+1) = \mathbb{Z}_2[x]/((x^2+x+1)^2) \oplus \mathbb{Z}_2$$

이다. 따라서, $U(\mathbb{Z}_2[x]/((x^2 + x + 1)^2))$의 위수와 같다. $p(x) = x^2 + x + 1$로 두면 나머지 정리에 의해 $\mathbb{Z}_2[x]/((x^2 + x + 1)^2)$의 원소는 $f(x) + (p(x)^2)$, $\deg f(x) \leq 3$로 유일하게 표현된다. 그리고, $f(x) + (p(x)^2) \in U(\mathbb{Z}_2[x]/((x^2 + x + 1)^2)) \Leftrightarrow (f(x) + (p(x)^2))(g(x) + (p(x)^2)) = 1 + (p(x)^2) \Leftrightarrow f(x)g(x) + p(x)^2h(x) = 1 \Leftrightarrow$

$(f(x), p(x)^2) = 1 \Leftrightarrow (f(x), p(x)) = 1$이다. $\deg f(x) \le 1$이면 0이 아닌 모든 다항식이 $p(x)$와 서로소이므로 3가지이다. $\deg f(x) \ge 2$이면 $f(x)$는 $p(x)$를 인수로 가지지 않으면 된다. 그러므로 $\deg f(x) = 2$이면 3가지이다. 끝으로 $\deg f(x) = 3$일 때 $f(x) = p(x)q(x), q(x) = x + c$꼴이 아닌 모든 경우에 가능하므로 $8 - 2 = 6$가지이다. 이상으로 단원의 개수는 12가지이다.

4.2.11. $a = 0$이면 $x = 0$으로 해가 존재한다. $a \in \mathbb{Z}_p^*$이면 찾고자 하는 것은 이차 잉여의 수이므로 $\varphi(p)/2$개 있다. 즉 $\varphi(p)/2 + 1 = \frac{p+1}{2}$이다.

4.2.12. 임의의 원소 $a \in F$에 대하여 $\mathrm{irr}(a, \mathbb{Z}_p) \mid x^{p^m} - x$이고 $\deg \mathrm{irr}(a, \mathbb{Z}_p) \mid m$이다. 그리고 각각의 기약 다항식은 서로 다른 근을 갖는다(명제 4.5 참조). 따라서 근의 개수를 셈하면 원하는 결과를 얻는다.

4.2.13. $f(x)$가 K 위에서 가약이라 하면 $f(u) = 0$인 $u \in K$이다. 그러면 $\mathbb{Z}_p < \mathbb{Z}_p(u) < K$이다. 그런데 $[\mathbb{Z}_p(u) : \mathbb{Z}_p] \mid [K : \mathbb{Z}_p] = 5$이므로 모순이다.

4.2.14. $f(x) = g(x)(x+3) + 2x^2 - 3$이고 $g(x) = (2x^2 - 3)(-3x - 1)$이므로 $d(x) = 2x^2 - 3$이다. 그리고 $f(x) \cdot (1) + g(x)(-x - 3) = 2x^2 - 3$므로 $s(x) = 1,\ t(x) = -x - 3$이다.

4.2.15. (1) $\mathbb{Z}_2[x]/(x^3 + x + 1) \cong \mathbb{Z}_2(a)$이다. $a + 1$가 원시 원소임을 확인하자. $(a+1)^2 = a^2 + 1$, $(a+1)^3 = a^2$, $(a+1)^4 = a^2 + a + 1$, $(a+1)^5 = a$, $(a+1)^6 = a^2 + a$, $(a+1)^7 = 1$.

(2) 기약 다항식의 성질에 의해 $\mathrm{irr}(a, \mathbb{Z}_2) = x^3 + x + 1 \Rightarrow \mathrm{irr}(a+1, \mathbb{Z}_2) = (x-1)^3 + (x-1) + 1 = x^3 + x^2 + 1$이다.

(3) $(a^3 + a + 1)^2 = a^6 + a^2 + 1$이므로 a^2은 근이다. 따라서 비에타 공식에 의해 $-a - a^2$ 또한 3차 방정식 $x^3 + x + 1$의 근이다. 물론, $(a^3 + a + 1)^4 = a^{12} + a^4 + 1$이므로 a^4도 근이다.

참고로 $\mathrm{irr}(a+1,\mathbb{Z}_2)=x^3+x^2+1$의 모든 근도 F의 원소이므로(F는 x^8-x의 분해체) x^8-x를 인수분해하여 이 기약 다항식을 인수로 가지는 것을 확인할 수 있다. $x^8-x=x(x-1)(x^6+x^5+x^4+x^3+x^2+x+1)$에서

$$x^6+x^5+x^4+x^3+x^2+x+1=(x^3+x+1)(x^3+x^2+1).$$

4.2.16. (1) $f(0),\ f(1),\ f(2)\neq 0$이므로 $\deg p(x)=2$, $\deg q(x)=3$이라 하자. 그러면 가능한 기약 다항식 $p(x)$를 모두 찾아 본다. 답) $p(x)=x^2+1$, $q(x)=x^3-x+1$.

(2) $U(R_1\oplus R_2)=U(R_1)\times U(R_2)$임에 유의하자. $(p(x),q(x))=1$이므로 중국인의 나머지 정리에 의해

$$\mathbb{Z}_3[x]/(f(x))\cong\mathbb{Z}_3[x]/(p(x))\oplus\mathbb{Z}_3[x]/(q(x))$$

이다. 직적의 각 성분은 체를 이루므로 위수는 $(3^2-1)\cdot(3^3-1)=208$개이다.

(3) 군의 직적의 원소 $(a,b)\in G_1\times G_2$에 대하여 $\mathrm{ord}(a,b)=\mathrm{lcm}(\mathrm{ord}(a),\mathrm{ord}(b))$임에 유의하자. 그리고 (2)와 유한체의 단원군은 순환군이라는 성질로부터

$$U(\mathbb{Z}_3[x]/(f(x)))\cong\mathbb{Z}_8\times\mathbb{Z}_{26}$$

이다. 따라서, 가능한 순서쌍 (a,b)는 $\mathrm{ord}(a)=4,\mathrm{ord}(b)=1$, $\mathrm{ord}(a)=4,\mathrm{ord}(b)=2$일 때뿐이다. 첫 번째 경우 $a=2,6$, $b=0$이다. 두 번째 경우 $a=2,6$, $b=13$이므로 총 4가지이다.

4.2.17. `Macaulay2`를 이용하여 $x^{16}-x=(x)(x+1)(x^2+x+1)(x^4+x+1)(x^4+x^3+1)(x^4+x^3+x^2+x+1)$로 분해됨을 알 수 있다. 그러면 4차의 기약 다항식은 총 3가지이다. 이들 중 $x^4+x^3+x^2+x+1$은 기약 다항식이지만 원시 다항식은 아니다. 왜냐하면 $x^5=x^4+x^3+x^2+x=1$이므로 순환군 생성자가 아니기 때문이다.

4.2.18. $F=\mathbb{Z}_p(x)$(정역 $\mathbb{Z}_p[x]$의 분수체).

4.3절 연습 문제 풀이

4.3.1. $4\cos^3 20^\circ-3\cos 20^\circ=\cos 60^\circ=\frac{1}{2}$이므로 삼각함수의 성질로부터 나머지 근도 찾을 수 있다. 즉 $\cos 60^\circ=\cos(360^\circ\pm 60^\circ)$에서 $\cos 100^\circ$, $\cos 140^\circ$도 방정식 $f(x)$의

근이다. 그런데 $\cos 140° = -\cos 40° = -(2\cos^2(20°) - 1) = 1 - 2\beta^2$이고 비에타 공식에 의해 $\cos 20° + \cos 100° + \cos 140° = 0 \Rightarrow \cos 100° = -(\cos 20° + \cos 140°) = 2\beta^2 - \beta - 1$이므로 모든 근은 β에 대한 다항(유리)식으로 쓸 수 있다.

4.3.2. (1) $x^2 - 5$는 $\mathbb{Q}$ 위에서 기약이고 $x^2 + 15$는 $\mathbb{Q}(\sqrt{5})$ 위에서 기약이다($\because \sqrt{-15} \notin \mathbb{R}$). 따라서, $[\mathbb{Q}(\sqrt{5}, \sqrt{-15}) : \mathbb{Q}] = 4$. $u = u_1 = \sqrt{5}, u_2 = -\sqrt{5}$, $v = \sqrt{-15}$에 대하여

$$u - u_i + 1 \cdot (v - (-\sqrt{-15})) \neq 0, \forall i$$

이므로 원시 원소 정리에 의해 성립한다.

(2) $(\omega\sqrt{5})^3 = 5\sqrt{5} \in \mathbb{Q}(\omega\sqrt{5}) \Rightarrow \sqrt{5}, \omega \in \mathbb{Q}(\omega\sqrt{5})$이다. 따라서 등호는 성립한다.

4.3.3. (1) $a = u + cv \Rightarrow a^3 = 2(1 + c\omega)^3$이다. 이 식을 변형하고 $\omega^2 + \omega + 1 = 0$를 이용하여 계산하면 된다. 여기서는 $\operatorname{irr}(\omega, \mathbb{Q}) = x^2 + x + 1$의 모든 근 ω, ω^2을 활용하여 계산한다(식의 대칭성).

$$\begin{aligned} 0 &= (a^3 - 2(1 + c\omega)^3)(a^3 - 2(1 + c\omega^2)^3) \\ &= a^6 - 2((1 + c\omega)^3 + (1 + c\omega^2)^3)a^3 + 4(1 + c\omega)^3(1 + c\omega^2)^3 \\ &= a^6 + (-4 + 6c + 6c^2 - 4c^3)a^3 + 4(1 - c + c^2)^3. \end{aligned}$$

즉 $b = -4 + 6c + 6c^2 - 4c^3$, $d = 4(1 - c + c^2)^3$이다.

(2) $\operatorname{irr}(u + v, \mathbb{Q}) = x^3 + 2$.

(3) $\operatorname{irr}(u - v, \mathbb{Q}) = x^6 + 108$.

(4) $\operatorname{irr}(u, \mathbb{Q}) = x^3 - 2$의 모든 근 $u, v, \sqrt[3]{2}\omega^2$과 $\operatorname{irr}(\omega, \mathbb{Q}) = x^2 + x + 1$의 모든 근 ω, ω^2에 대하여 원시원소 정리를 적용하면 된다. 물론 $(2, 3) = 1$이므로 $[\mathbb{Q}(u, \omega) : \mathbb{Q}] = 2 \times 3 = 6$이고 $\{1, \omega, u, \omega u, u^2, \omega u^2\}$가 $\mathbb{Q}$ 위에서 기저를 이룸에 유의하자. 임의의 유리수 $c(\neq 0)$에 대하여

$$0 + c \cdot (\omega - \omega^2),\ (u - v) + c \cdot \omega - \omega^2,\ (u - \sqrt[3]{2}\omega^2) + c \cdot (\omega - \omega^2) \neq 0$$

이므로 등식은 성립한다.

4.3.4. $\mathbb{Q} < \mathbb{C}$이므로 $\mathbb{C}$는 표수가 0인 체이다. 그러므로 $F < F(a, b) < \mathbb{C}$는 모두 분리 확대체이다. 특별히 a, b는 F 위에서 분리원소이다. 그리고 $1 \in F \Rightarrow \mathbb{Z} \subset F$이므로

원시 원소 정리의 증명에서 찾고자 하는 t_0를 정수 집합 (무한 집합) $\mathbb{Z}$에서 찾을 수 있다.

4.3.5. (a) $\mathrm{irr}(u, F)$ (또는 $x - u$), (b) 2, (c) 0.

4.3.6. $f(x) = x^3 - 5$, $g(x) = (z - x)^4 - 7$로 두면 $\sqrt[3]{5}$가 공통근이다. 따라서 z를 계수로 이해하여 종결식 $\det(R(f, g)) = 0$을 구한다.

5.1절 연습 문제 풀이

5.1.1. $\mathbb{C} = \mathbb{R}(i)$이다. 그리고 $\mathrm{irr}(i, \mathbb{R}) = x^2 + 1$는 $\mathbb{R}$ 위에서 분리 다항식이므로($\mathrm{char}(\mathbb{R}) = 0$) $\mathbb{C}$는 $\mathbb{R}$의 갈루아 확대체이다. 따라서 $|\mathrm{Aut}(\mathbb{C}/\mathbb{R})| = [\mathbb{C} : \mathbb{R}] = 2$이다. 동형확장정리에 의해 $\sigma(i) = i$이거나 $\sigma(i) = -i$로 두 가지 가능하고 서로 다른 동형사상이므로 모두 찾았다. 실제로 첫 번째는 항등사상이고 두 번째는 $\sigma(a + bi) = \sigma(a) + \sigma(bi) = \sigma(a) + \sigma(b)\sigma(i) = a - bi$으로 복소수 $z \mapsto \bar{z}$로 보내는 켤레 사상이다.

5.1.2. (1) $f'(x) = 3(x^2 + p)$이다. $p \geq 0$이면 함수 $f(x)$는 단조 증가이므로 유일한 실근을 갖는다.

(2) (1)에 의해 $p < 0$이다. 그리고 $f(x)$의 최고차항의 계수가 양수이므로 $x = \sqrt{-p}$에서 함수 $f(x)$는 극솟값을 가진다. 따라서 세 개의 서로 다른 실근을 가지기 위해 $f(-\sqrt{-p}) > 0$, $f(\sqrt{-p}) < 0$이어야 한다.

(3) $f(-\sqrt{-p}) \cdot f(\sqrt{-p}) = (-2p\sqrt{-p} + 2q)(-2p\sqrt{-p} + 2q) = 4(q^2 + p^3) = -\frac{\Delta}{27}$이다. $\Delta > 0$이면 (2)에 의해 서로 다른 세 실근을 갖는다. $\Delta < 0$이면 한 개의 실근을 갖는다.

참고) $\Delta = 0$이면 방정식 $f(x)$은 한 개의 이중근과 한 개의 실근을 근으로 갖는다.

5.1.3. σ는 체 동형사상이므로 $\sigma(1) = 1$이므로 유리수 $r \in \mathbb{Q}$에 대하여 $\sigma(r) = r$이다. 그러므로 $0 = \sigma(p(u)) = p(\sigma(u))$이다. 만약 $q(\sigma(u)) = 0$이면 $p(x) = \mathrm{irr}(\sigma(u), \mathbb{Q}) = q(x)$가 되어 가정에 모순이다.

5.1.4. (1) $\sigma^2(\omega) = \omega^4$, $\sigma^3(\omega) = \omega^8 = \omega^3$, $\sigma^4(\omega) = \omega$이므로 $k = 4$이다.

(2) $\mathrm{id}(u) = u$, $\sigma(u) = \omega^4 + \omega^{-4} = \omega^{-1} + \omega$, $\sigma^2(u) = \omega^8 + \omega^{-8} = \omega^{-2} + \omega^2$, $\sigma^3(u) = \omega + \omega^{-1}$이므로 두 개씩 중복되어 나온다. 따라서 $H \cdot u = \{u, \omega + \omega^{-1}\}$이 궤도집합이다. 그뿐 아니라 K^H 위에서의 기약 다항식은 $\mathrm{irr}(u, K^H) = (x - u)(x - (\omega + \omega^{-1}))$이다.

5.1.5. (1) $\sigma \in \mathrm{Aut}(K/F)_u \Rightarrow \sigma(u) = u \Rightarrow \forall s(u) \in F(u), \sigma(s(u)) = s(\sigma(u)) = s(u) \Rightarrow \sigma \in \mathrm{Aut}(K/(F(u))$. 역으로 $\sigma \in \mathrm{Aut}(K/(F(u))$이면 정의에 의해 $u \in F(u) \Rightarrow \sigma(u) = u \Rightarrow \sigma \in \mathrm{Aut}(K/F)_u$이다.

(2) (1)과 갈루아 확대체의 정의에 의해 $|\mathrm{Aut}(K/F)_u| = |\mathrm{Aut}(K/(F(u))| = [K : F(u)]$이다.

5.1.6. $\mathrm{irr}(\beta, F)$의 각각의 근 β_i에 대하여, $\mathrm{irr}(\beta, F) = \mathrm{irr}(\beta_i, F)$이므로 동형 확장 정리에 의해 항등사상 $\mathrm{id}_F : F \to F$은 어떤 동형사상 $\sigma_i : F(\beta) \cong F(\beta_i) = F(\beta)$로 확장된다. $\beta_i \neq \beta_j$이므로 이들은 서로 다르다. 그런데 $[K : F] = [F(\beta) : F] = |\mathrm{Aut}(K/F)|$이므로 $\mathrm{Aut}(K/F)$의 원소는 정확히 $\sigma(\beta) = \beta_i$로 보내는 사상들로 구성되어 있다.

5.1.7. K는 F 위의 분리 확대체이므로 $K^{\mathrm{Aut}(K/F)}$도 F 위의 분리 확대체이므로 원시 원소 정리에 의해 $K^{\mathrm{Aut}(K/F)} = F(\beta)$, $\beta \in K^{\mathrm{Aut}(K/F)}$이다. 그뿐 아니라 $\mathrm{irr}(\beta, F)$의 모든 근은 K에 포함된다. 따라서 $\mathrm{irr}(\beta, F)$의 임의의 근 β'에 대하여 $\exists \sigma \in \mathrm{Aut}(K/F)$, $\sigma(\beta) = \beta' \overset{\beta \in K^{\mathrm{Aut}(K/F)}}{\Rightarrow} \beta = \sigma(\beta) = \beta'$이다. $\mathrm{irr}(\beta, F)$는 분리 다항식이므로 $\mathrm{irr}(\beta, F) = x - \beta$이다. 즉 $\beta \in F \Rightarrow K^{\mathrm{Aut}(K/F)} = F$이다.

5.1.8. $L^{\mathrm{Aut}(L/F)} = L^{\mathrm{Aut}(L/L^{\mathrm{Aut}(L/F)})} \Rightarrow |\mathrm{Aut}(L/L^{\mathrm{Aut}(L/F)})| = [L : L^{\mathrm{Aut}(L/F)}] \mid [L : F] \overset{\mathrm{Aut}(L/F) = \mathrm{Aut}(L/L^{\mathrm{Aut}(L/F)})}{\Rightarrow} \mathrm{Aut}(L/F) \mid [L : F]$.

5.1.9. (1) M_i는 분리 다항식 $f_i(x) \in F[x]$의 분해체이다. 최소 공배원 $\mathrm{lcm}(f_1(x), f_2(x))$는 분리 다항식이고 모든 근은 $M_1 \cup M_2 < K$ 안에 있다. 따라서 F 위의 분리 다항식 $\mathrm{lcm}(f_1(x), f_2(x))$의 분해체는 $M_1 \cup M_2$를 포함하는 K의 최소의 부분체이므로 갈루아 확대체이다.

(2) $M_1 \cap M_2 < M_1$이므로 F 위의 분리 확대체이다. 원시 원소 정리에 의해 $M_1 \cap M_2 = F(u), u \in M_1 \cap M_2$이다. $u \in M_1, M_2$이므로 $\mathrm{irr}(u, F)$은 $M_1[x]$, $M_2[x]$에서 각각 일차식으로 인수분해된다. 그런데 $M_1, M_2 < K$이고 $K[x]$는 UFD이므로 $\mathrm{irr}(u, F)$의 인수분해 방법은 유일하다. 즉 모든 근은 $M_1 \cap M_2$의 원소이다.

5.1.10. $f(x)$가 분리 다항식이 아닐 수 있으므로 문제는 의미가 있다. 즉 특정한 분리 다항식의 분해체로서 K를 생각해줄 수 있음을 확인해야 한다.

풀이 1. 원시 원소 정리로부터 $K = F(u)$이다. 그리고 $\mathrm{irr}(u, F)$는 분리 다항식이고 K가 분해체이므로 모든 근이 K 안에 있다. 즉 분리 다항식 $\mathrm{irr}(u, F)$의 분해체가 $K = F(u)$이다. 따라서 K는 F 위의 갈루아 확대체이다.

풀이 2. 일반성을 잃지 않고 $f(x)$를 F 위에서 인수분해하면 $f(x) = p(x)q(x)r(x)$이라 하자. 각각의 인수는 기약 다항식이므로 분리 확대체의 정의로부터 분리 다항식이다. 중근을 피하기 위해 최소 공배원 $\mathrm{lcm}\{p(x), q(x), r(x)\}$를 생각하면 $f(x)$와 같은 근만 가지고 모든 근은 단근이다. 따라서 분해체는 K이다.

5.1.11. 가정에 의해 $[K : \mathbb{Q}] = p$이다. $f(x)$의 임의의 근을 α라 하면 K는 $f(x)$의 모든 근을 포함하므로 $\mathbb{Q}(\alpha) \subset K$이다. 만약 $f(x)$가 가약이라면 $\mathrm{degirr}(\alpha, \mathbb{Q}) \le p - 1$이다. 그런데 $[K : \mathbb{Q}] = p \Rightarrow \mathrm{degirr}(\alpha, \mathbb{Q}) = 1 \Rightarrow \alpha \in \mathbb{Q}$이다. 즉 모든 근이 유리수가 되어 $K = \mathbb{Q}$이므로 가정에 모순이다. 따라서 $f(x)$는 기약이다. 즉 $[\mathbb{Q}(\alpha) : \mathbb{Q}] = p \Rightarrow \mathbb{Q}(\alpha) = K$이다.

5.1.12. $f(x)$의 한 근을 u라 하자. K는 $\mathbb{Q}(u)$ 위에서도 분해체임에 유의하라. 즉 $K^{\mathrm{Aut}(K/\mathbb{Q}(u))} = \mathbb{Q}(u)$이다. $f(x)$의 임의의 근 v에 대하여 $\mathbb{Q}(u)$ 위에서의 기약 다항식

$$\mathrm{irr}(v, \mathbb{Q}(u)) = \prod_{\forall \tau(v) \in \mathrm{Aut}(K/\mathbb{Q}(u)) \cdot v} (x - \tau(v))$$

이다. 그런데 K는 $\mathbb{Q}$ 위의 분해체이므로 $\sigma(u) = v$인 $\sigma \in \mathrm{Aut}(K/\mathbb{Q})$가 존재한다. 따라서 $\tau(v) = \tau(\sigma(u)) = \sigma(\tau(u)) = \sigma(u) = v$이다. 즉 기약 다항식은 $\mathrm{irr}(v, \mathbb{Q}(u)) = x - v$이므로 $v \in \mathbb{Q}(u)$이다. 따라서 $\mathbb{Q}(u)$는 $f(x)$의 모든 근을 포함하는 최소의 체이다. 즉 $K = \mathbb{Q}(u)$이다. 따라서 $|\mathrm{Aut}(K/\mathbb{Q})| = [K : \mathbb{Q}] = \deg f(x)$이다.

5.2절 연습 문제 풀이

5.2.1. $f(x)$의 세 근을 $u_1 = u$, u_2, u_3라 하자.

(1) 다항식 $(x^2 - u_1x + 1)(x^2 - u_2x + 1)(x^2 - u_3x + 1)$은 $\mathbb{Q}$ 위의 다항식이고 명백히 $g(x)$의 근을 해로 갖는다. 전개하면

$$(x^2+1)^3 - (u_1x + u_2x + u_3x)(x^2+1)^2 + (u_1u_2 + u_2u_3 + u_3u_1)x^2(x^2+1) - (u_1u_2u_3)x^3$$
$$= (x^2+1)^3 + 3x(x^2+1)^2 + 3x^3 = x^6 + 3x^5 + 3x^4 + 9x^3 + 3x^2 + 3x + 1.$$

Macaulay2 코드는 다음과 같다.

```
i1 : R=QQ[x,u]
o1 = R
o1 : PolynomialRing
i2 : J=ideal(u^3+3*u^2+3,x^2-u*x+1);
i3 : eliminate(J,(u));
o3 : Ideal of R
```

(2) (1)과 같은 요령으로 계산하면 된다.

5.2.2. (1) 유리수 근을 갖지 않는다.

(2) $f(x) = (x-u)(x^2 + ux + (2-u^2)(u^2-u-2))$이다.

(3) $u_1 = u$, $u_2 = 2 - u^2$, $u_3 = u^2 - u - 2$로 두면 대칭식의 기본정리에 의해 유리수 계수가 다항식이 된다. 계산하면 $H(x) = x^9 - 3x^6 - 3x^5 + 2x^3 + 3x^2 - 1$이다.

(4) $\bar{H}(x) = x^9 + x^6 + x^5 + x^2 + 1$.

(5) $x^3 - ux - 1$의 한 근을 v라 하면 $9 = \deg H(x) = [\mathbb{Q}(v):\mathbb{Q}] \overset{u=\frac{v^3-1}{v}}{=} [\mathbb{Q}(u,v):\mathbb{Q}(u)][\mathbb{Q}(u):\mathbb{Q}] = \mathrm{degirr}(v, \mathbb{Q}(u)) \times 3 \Rightarrow \mathrm{degirr}(v, \mathbb{Q}(u)) = 3$이다.

5.2.3. $\sqrt{2} + \sqrt{3} + \sqrt{5}$를 근으로 갖는 유리수 계수 다항식을 찾는 방법에 힌트를 얻어 계산하면 차수는 8이다. 더 많은 개수의 정점에 대해서는 셈을 통해 규칙을 발견해보자. 참고 문헌: [7].

5.3절 연습 문제 풀이

5.3.1. 예. $\Psi \circ \Phi = \mathrm{id}$이므로 $K^{\mathrm{Aut}(K/F)} = F$이다.

5.3.2. 차원 정리, 갈루아 대응 정리 그리고 라그랑주 정리에 의해 $[K^{H_1} : K^{H_2}] = \frac{[K:K^{H_2}]}{[K:K^{H_1}]} = \frac{\mathrm{Gal}(K/K^{H_2})}{\mathrm{Gal}(K/K^{H_1})} = \frac{|H_2|}{|H_1|} = [H_2 : H_1]$이다.

5.3.3. 풀이 1. 군의 일반적 성질에 의해 $\mathrm{Gal}(K/M) \lhd \mathrm{Gal}(K/F)$이므로 M은 F 위의 갈루아 확대체이다.

풀이 2. 갈루아 대응 정리에 의해 $[M : F] = 2$이다. $u \in M \setminus F$에 대하여 $F < F(u) < M$이다. 차원 정리에 의해 $F(u) = M$이므로 $\mathrm{degirr}(u, F) = 2$이다. 그뿐 아니라 비에타 공식에 의해 모든 근은 M의 원소이다. 끝으로 $u \in K$이고 K는 F 위의 분리 확대체이므로 $\mathrm{irr}(u, F)$는 분리 다항식이기도 하다. 즉 M은 F 위의 갈루아 확대체이다.

5.3.4. 동형사상은 $\sigma : M \to M'$은 분해체 K로 확장 가능하다. 이것을 $\tau : K \to K$라 하자. 조건에 의해 $\tau \in \mathrm{Gal}(K/F)$이다. 그리고 갈루아 대응 정리에 의해

$$\tau\mathrm{Gal}(K/M)\tau^{-1} = \mathrm{Gal}(K/\tau(M)) = \mathrm{Gal}(K/M').$$

5.3.5. 일반성을 잃지 않고 $p_1(u) = 0, p_2(v) = 0$이라 하자. 그러면 u, v는 모두 F 위의 기약 다항식 $\mathrm{irr}(u, F)$의 근이므로 그 분해체 K 안의 자기동형사상 $\sigma \in \mathrm{Gal}(K/F)$, $\sigma(u) = v$가 존재한다. 그뿐 아니라 M은 F 위의 갈루아 확대체이므로 $\sigma(M) = M$이다.

$$\begin{aligned}\mathrm{deg}p_1(x) &= [M(u) : M] = [\sigma(M(u)) : \sigma(M)] \\ &= [M(\sigma(u)) : M] = [M(v) : M] = \mathrm{deg}p_2(x).\end{aligned}$$

5.3.6. $\sigma \in N_{\mathrm{Gal}(K/F)}(\mathrm{Gal}(K/M)) \Leftrightarrow \sigma\mathrm{Gal}(K/M)\sigma^{-1} = \mathrm{Gal}(K/M) \Leftrightarrow \mathrm{Gal}(K/\sigma(M)) = \mathrm{Gal}(K/M) \Leftrightarrow \sigma(M) = M$.

5.3.7. 분리 다항식 $f(x)$의 모든 근의 집합을 $X = \{x_1, x_2, \cdots, x_n\}$이라 하자. 그러면 $\sigma \in \text{Gal}(K/F)$에 대하여 $0 = \sigma(f(x_i)) = f(\sigma(x_i))$이므로 $\sigma(x_i) \in X$의 원소이다. 그리고 σ는 K 위에서 일대일 대응이므로 $\sigma : X \to X$도 일대일 대응 함수이다. 대칭군 $S(X) := S_n$에 대하여 함수 $\Phi : \text{Gal}(K/F) \to S_n$, $\Phi(\sigma) = \sigma|_X$로 정의하자. 그러면 $\Phi(\sigma \circ \tau) = (\sigma \circ \tau)|_X = \sigma|_X \circ \tau|_X = \Phi(\sigma) \circ \Phi(\tau)$이므로 군 준동형사상이다. 만약 $\Phi(\sigma) = \sigma|_X = \text{id}_X$이라 하자. 그러면 임의의 $a \in K = F(x_1, x_2, \cdots, x_n) \Rightarrow a = g(x_1, x_2, \cdots, x_n)$이고 $\sigma(a) = g(\sigma(x_1), \cdots, \sigma(x_n)) = a$이므로 $\sigma = \text{id}_K$이다. 즉 $\ker(\Phi) = \{\text{id}_K\}$이므로 Φ는 매장 사상이다.

5.3.8. $KL = L(u)$, $F(u) = (F(u) \cap L)(u)$이므로

$$\begin{aligned}\text{degirr}(u, L) &= [L(u) : L] = [(F(u) \cap L)(u) : F(u) \cap L] = \text{degirr}(u, F(u) \cap L) \\ &\overset{K\cap L<L}{\Rightarrow} \text{irr}(u, L) = \text{irr}(u, K \cap L).\end{aligned}$$

5.3.9. (1) $x^2 - 2$, $8x^3 - 6x - 1$.

(2) 위수가 p^2인 군은 항상 가환군이다. 따라서 임의의 부분군 $\text{Gal}(K/M)$는 $\text{Gal}(K/\mathbb{Q})$의 정규 부분군이므로 갈루아 제 II 정리에 의해 M은 $\mathbb{Q}$ 위의 갈루아 확대체이다.

(3) 갈루아 대응 정리에 의해 $[\text{Gal}(K/\mathbb{Q}) : H] = p$이므로 실로우 정리에 의해 $H \lhd \text{Gal}(K/\mathbb{Q})$이다. 따라서 K^H는 $\mathbb{Q}$ 위의 갈루아 확대체이다.

5.3.10. $f(x) \in F[x]$의 분해체를 K라 하자. $K \subset C$임을 보인다.

(1) F의 표수가 0이므로 F의 임의의 확대체는 분리 확대체이다. 특히 C는 F 위의 분리 확대체이므로 원시 원소 정리에 의해 $C = F(u)$, $\text{degirr}(u, F) = 2$이고 C는 분리 다항식 $\text{irr}(u, F)$의 분해체 (비에타 공식)이다.

(2) (1)에 의해 C는 F의 갈루아 확대체이므로 $KC = K(u)$는 F 위의 갈루아 확대체이다.

(3) $|\text{Gal}(KC/F)| = 2^k m$, $(2, m) = 1$이라 하자. 실로우 I 정리에 의해 $|P_2| = 2^k$인 부분군 $P_2 < \text{Gal}(KC/F)$이 존재한다. 갈루아 대응 정리에 의해 $[(KC)^{P_2} : F] = m$인 고정체 $F < (KC)^{P_2}$가 존재한다. 만약 $m \geq 3$이면 (a)에 모순이다.

즉 $|\mathrm{Gal}(KC/F)| = 2^k$이다. 그런데 $F < C \Rightarrow \mathrm{Gal}(KC/C) < \mathrm{Gal}(KC/F) \Rightarrow |\mathrm{Gal}(KC/C)| = 2^s,\ s \le k$이다.

(4) $s \ge 1$이라 하자. 다시 한 번 실로우 II 정리를 적용하면 위수가 2^{s-1}인 부분군 $Q < \mathrm{Gal}(KC/C)$가 존재한다. 그러면 갈루아 대응 정리에 의해 $C < (KC)^Q < KC$, $[(KC)^Q : C] = 2$이다. 이는 (b)에 모순이다. 따라서 $|\mathrm{Gal}(KC/C)| = 2^0 = 1 \Rightarrow KC < C \Rightarrow K < KC < C \Rightarrow K < C$이다.

5.4절 연습 문제 풀이

5.4.1. (1) $\mathbb{Q}$ 위의 $x^3 - 10$의 분해체는 $K = \mathbb{Q}(\sqrt[3]{10}, \omega)$이다. $\mathbb{Q}(\omega)$는 $\mathbb{Q}$ 위의 $x^2 + x + 1$의 분해체이고 $(2,3) = 1$이므로 $[K : \mathbb{Q}] = 6$이고 $\mathbb{Q}(\sqrt[3]{10}) \subset \mathbb{R} \Rightarrow \mathbb{Q}(\omega) \cap \mathbb{Q}(\sqrt[3]{10}) = \mathbb{Q}$이다. 그러므로

$$\mathrm{Gal}(K/\mathbb{Q}(\sqrt[3]{10})) = \mathrm{Gal}(\mathbb{Q}(\omega)/\mathbb{Q}) = \mathbb{Z}_2 = \langle \tau \rangle, \tau(\omega) = \omega^2, \tau(\sqrt[3]{10}) = \sqrt[3]{10}$$

이다. 한편 $|\mathrm{Gal}(K/\mathbb{Q}(\omega))| = 3 \Rightarrow \mathrm{Gal}(K/\mathbb{Q}(\omega)) = \mathbb{Z}_3 = \langle \sigma \rangle, \sigma(\sqrt[3]{10}) = \sqrt[3]{10}\omega, \sigma(\omega) = \omega$이다. 따라서

$$\mathrm{Gal}(K/\mathbb{Q}) = \mathrm{Gal}(\mathbb{Q}(\sqrt[3]{10}) \cap \mathbb{Q}(\omega))) = \langle \langle \tau \rangle, \langle \sigma \rangle \rangle$$

이다. 결국! 생성자 사이의 가환성에 따라 $\mathbb{Z}_6$ 또는 S_3가 가능하다. 계산에 의해 갈루아 군은 $\mathrm{Gal}(K/\mathbb{Q}) = S_3$이다.

(2) 대칭군 S_3의 성질에 의해 $[M : \mathbb{Q}] = 2$인 사이체는 오직 $M = \mathbb{Q}(\omega)$이므로 $K \cap \mathbb{Q}(\sqrt{2}) = \mathbb{Q}$이다. 그리고 $\mathbb{Q}(\sqrt{2})$ 위의 다항식 $x^3 - 10$의 분해체는 $K(\sqrt{2})$이다. 따라서

$$\mathrm{Gal}(K(\sqrt{2})/\mathbb{Q}) \cong S_3 \times \mathbb{Z}_2,\ \mathrm{Gal}(K(\sqrt{2})/\mathbb{Q}(\sqrt{2})) \cong \mathrm{Gal}(K/\mathbb{Q}) \cong S_3$$

이다.

(3) $x^3 - 10$의 분해체는 $K = \mathbb{Q}(\sqrt[3]{10}, \omega)$이다. (2)와의 차이는 $\mathbb{Q}(\omega) = \mathbb{Q}(\sqrt{-3})$이다. 그러므로 K는 $\mathbb{Q}(\sqrt{-3})$ 위의 $x^3 - 10$의 분해체이기도 하므로 $\mathrm{Gal}(K/\mathbb{Q}(\sqrt{-3})) = \mathrm{Gal}(K/\mathbb{Q}(\omega)) = \mathbb{Z}_3$이다.

5.4.2. 풀이 1. K는 어떤 분리 다항식 $f(x)$의 분해체이다. 그리고 $[K : \mathbb{Q}] = 5 \Rightarrow \sqrt{2} \notin K$이므로($\sqrt{2} \in K \Rightarrow \mathbb{Q} < \mathbb{Q}(\sqrt{2}) < K \Rightarrow 2 = [\mathbb{Q}(\sqrt{2}) : \mathbb{Q}] \mid [K : \mathbb{Q}] = 5$)

$f(\sqrt{2}) \neq 0$이다. 그러므로 $K(\sqrt{2})$는 다항식 $f(x) \cdot (x^2-2)$의 분해체이다. $K(\sqrt{2})$는 갈루아 확대체 K와 $\mathbb{Q}(\sqrt{2})$를 포함하는 최소의 체이다. 그리고 $K \cap \mathbb{Q}(\sqrt{2}) = \mathbb{Q}$이므로 $[K(\sqrt{2}) : \mathbb{Q}] = 10 = |\mathrm{Gal}(K(\sqrt{2})/\mathbb{Q})|$이다. 그뿐 아니라 두 사이체 K와 $\mathbb{Q}(\sqrt{2})$가 갈루아 확대체이므로 부분군 $\mathrm{Gal}(K(\sqrt{2})/K)$과 $\mathrm{Gal}(K(\sqrt{2})/\mathbb{Q}(\sqrt{2}))$는 모두 $\mathrm{Gal}(K(\sqrt{2})/\mathbb{Q})$의 정규부분군이므로 순환군이 됨을 바로 확인할 수 있다(군 D_5에는 위수가 2인 정규부분군은 존재하지 않음).

풀이 2. $K(\sqrt{2}) = K\mathbb{Q}(\sqrt{2})$이므로 $\mathbb{Q}$ 위의 갈루아 확대체이다(연습 문제 5.1.9.). 그리고 축약 사상

$$\mathrm{Gal}(K(\sqrt{2})/\mathbb{Q}) \to \mathrm{Gal}(K/\mathbb{Q}) \times \mathrm{Gal}(\mathbb{Q}(\sqrt{2})/\mathbb{Q}) = \mathbb{Z}_5 \times \mathbb{Z}_2 \cong \mathbb{Z}_{10}$$

은 일대일 군 준동형사상이다. 그런데 $[K(\sqrt{2}) : \mathbb{Q}] \overset{(5,2)=1}{=} [K : \mathbb{Q}][\mathbb{Q}(\sqrt{2}) : \mathbb{Q}] = 10$이므로 $|\mathrm{Gal}(K(\sqrt{2})/\mathbb{Q})| = 10$이다. 따라서 축약 사상은 위로의 사상이 되어 증명은 끝났다.

5.4.3. 좌변은 갈루아 확대체이고 갈루아 군은 $\mathbb{Z}_2 \oplus \mathbb{Z}_2$이다. $\sqrt{nm} + \sqrt{n}$의 궤도 집합은 $\{\sqrt{nm}+\sqrt{n}, -\sqrt{nm}-\sqrt{n}, -\sqrt{nm}+\sqrt{n}, \sqrt{nm}-\sqrt{n}\}$이다. 따라서 $\mathrm{degirr}(\sqrt{nm}+\sqrt{n}, \mathbb{Q}) = 4$이므로 등호가 성립한다.

5.4.4. $u = \sqrt[4]{2}$, $v = \sqrt[4]{2}i$라 하면 기약 다항식 $x^4 - 2 \in \mathbb{Q}[x]$의 근이다. 하지만, $\mathbb{Q}(u)$의 부분체는 $\mathbb{Q}(\sqrt{2})$가 있고 $v^2 = \sqrt{2}$이므로 $\mathbb{Q}(\sqrt{2})$는 $\mathbb{Q}(v)$의 부분체이기도 하다.

5.4.5. $\langle\sigma\rangle = \{\mathrm{id}, \sigma\}$이므로 $\sigma(\beta) = \sigma(\alpha + \sigma(\alpha)) = \sigma(\alpha) + \sigma(\sigma(\alpha)) = \sigma(\alpha) + \alpha = \beta$이다.

5.4.6. 풀이 1. $\mathrm{irr}(u, \mathbb{Q}) = x^4 + 8$임을 확인하였으므로 궤도-기약 다항식 관계에 의해 성립한다.

풀이 2. K의 $\mathbb{Q}$ 위의 기저가 $\{(\sqrt[4]{2})^m i^n \mid 0 \le m \le 3, 0 \le n \le 1\}$이므로 $\sigma \in D_4$에 대하여

$$u, \sigma(u), \sigma^2(u)$$

가 서로 다르다.

5.4.7. $K^{\mathrm{Gal}(\mathbb{Q}(\omega)/\mathbb{Q})} = \mathbb{Q}$이므로

$$\begin{aligned}\mathrm{irr}(u,\mathbb{Q}) &= (x-(\omega^2+\omega^3))(x-(-\omega-\omega^4))(x-(\omega+\omega^4))(x-(-\omega^3-\omega^2))\\ &= [(x^2-(\omega^2+\omega^3)^2)][x^2-(\omega+\omega^4)^2]\\ &= [(x^2-2)-(\omega^4-\omega)][(x^2-2)-(\omega^2-\omega^3)]\\ &\overset{\omega^4-\omega^3+\omega^2-\omega+1=0}{=} x^4+5x^2+5.\end{aligned}$$

직접 계산한다. $\omega^5+1=0 \Rightarrow \omega^4-\omega^3+\omega^2-\omega+1=0 \Rightarrow \omega^2-\omega+1-\omega^{-1}+\omega^{-2}=0 \Rightarrow (\omega+\omega^{-1})^2-(\omega+\omega^{-1})-1=0 \overset{\omega+\omega^{-1}>0}{\Rightarrow} \omega+\omega^{-1}=\frac{1+\sqrt{5}}{2}$. 한편 $u^2=\omega^4-2+\omega^6=-(\omega+\omega^{-1})-2=\frac{-5-\sqrt{5}}{2} \Rightarrow (u^2-\frac{-5-\sqrt{5}}{2})(u^2-\frac{-5+\sqrt{5}}{2})=0 \Rightarrow u^4+5u^2+5=0$. 아이젠슈타인 판정법에 의해 x^4+5x^2+5는 $\mathbb{Q}$ 위에서 기약이므로 $\mathrm{irr}(u,\mathbb{Q})=x^4+5x^2+5$이다.

5.4.8. (2017) 풀이 0. $\sigma(\alpha)=\alpha^{-1}=\alpha \Rightarrow \alpha=\pm1 \Rightarrow 1=[K:\mathbb{Q}]$이 되므로 $\sigma\neq \mathrm{id}_K, \sigma^2=\mathrm{id}_K$이다. $\langle \mathrm{id}_K,\sigma\rangle := H$, $K=\mathrm{span}_{\mathbb{Q}}\{1,\alpha,\alpha^2,\cdots,\alpha^{99}\}$이라 하면

$$K^H=\mathbb{Q}(1+1,\alpha+\alpha^{-1},\alpha^2+\alpha^{-2},\cdots,\alpha^{99}+\alpha^{-99})=\mathbb{Q}(\alpha+\alpha^{-1})=F.$$

단, $t^n+t^{-n}=(t+t^{-1})(t^{n-1}+t^{-(n-1)})-(t^{n-2}+t^{-(n-2)}), t^2+t^{-2}=(t+t^{-1})^2-2$이므로 마지막 등호가 성립한다. 그러므로 갈루아 대응 정리에 의해 $[K:K^H]=[\mathrm{Gal}(K/\mathbb{Q}):H]=2 \Rightarrow [K^H:\mathbb{Q}]=50$.

풀이 1. $\sigma(\alpha)=\alpha^{-1}=\alpha \Rightarrow \alpha=\pm1 \Rightarrow 1=[K:\mathbb{Q}]$이므로 $\sigma\neq\mathrm{id}_K, \sigma^2=\mathrm{id}_K$이다. $\langle\mathrm{id}_K,\sigma\rangle := H$라 하면

$$\mathrm{irr}(\alpha,K^H)=(x-\alpha)(x-\frac{1}{\alpha}).$$

그리고 $F<K^H<K \Rightarrow \mathrm{irr}(\alpha,K^H)\mid\mathrm{irr}(\alpha,F)$이다. 그리고 $\mathrm{irr}(\alpha,K^H)=x^2-(\alpha+\alpha^{-1})x+1\in F[x]$이고 α가 근이므로 $\mathrm{irr}(\alpha,F)|\mathrm{irr}(\alpha,K^H)$이다. 그러므로 $\mathrm{deg}\mathrm{irr}(\alpha,F)=2 \Rightarrow [K:F]=2 \Rightarrow [F:\mathbb{Q}]=\frac{[K:\mathbb{Q}]}{[K:F]}=50$.

풀이 2. $\mathrm{irr}(\alpha,\mathbb{Q}(\alpha+\alpha^{-1}))\mid x^2-(\alpha+\alpha^{-1})x+1 \Rightarrow [K:F]\leq 2$. 그리고 $\sigma(\alpha)=\alpha^{-1}=\alpha\Rightarrow\alpha=\pm1\Rightarrow 1=[K:\mathbb{Q}]$이 되어 모순이므로 $2\leq\mathrm{ord}(\sigma)$이다. 그뿐 아니라 $\sigma(\alpha+\alpha^{-1})=\sigma(\alpha)+\sigma(\alpha^{-1})=\alpha^{-1}+\alpha\Rightarrow\sigma\in\mathrm{Gal}(K/F)$이므로 $2\leq|\langle\sigma\rangle|\mid|\mathrm{Gal}(K/F)|=[K:F]\leq 2\Rightarrow[F:\mathbb{Q}]=\frac{[K:\mathbb{Q}]}{[K:F]}=50$이다.

풀이 3. $\mathrm{irr}(\alpha,\mathbb{Q}(\alpha+\alpha^{-1}))\mid x^2-(\alpha+\alpha^{-1})x+1\Rightarrow[K:F]\leq 2$이다. $[\mathbb{Q}(\alpha+\alpha^{-1}):\mathbb{Q}]\leq 50$임을 증명하자.

$\mathrm{irr}(\alpha,\mathbb{Q}) = x^{100}+a_{99}x^{99}+\cdots+a_1x+a_0, a_0 \neq 0 \Rightarrow \alpha^{100}+a_{99}\alpha^{99}+\cdots+a_1\alpha+a_0 = 0 \Rightarrow \sigma(\alpha^{100}+a_{99}\alpha^{99}+\cdots+a_1\alpha+a_0) = \sigma(\alpha)^{100}+a_{99}\sigma(\alpha)^{99}+\cdots+a_1\sigma(\alpha)+a_0 = \sigma(0) = 0$이므로 $\sigma(\alpha) = \alpha^{-1}$도 $\mathrm{irr}(\alpha,\mathbb{Q})$의 근이다.

$\alpha^{-100} + a_{99}\alpha^{-99} + \cdots + a_1\alpha^{-1} + a_0 = 0 \Rightarrow 1 + a_{99}\alpha + \cdots + a_1\alpha^{99} + a_0\alpha^{100} = 0$

기약 다항식의 유일성에 의해 $\frac{1}{a_0} = a_0, \frac{a_{99}}{a_0} = a_1, \cdots, \frac{a_1}{a_0} = a_{99}$이다.

$a_0 = 1$이면 $\mathrm{irr}(\alpha,\mathbb{Q})$는 상반 다항식이다. 즉 $a_{100-k} = a_k, 0 \leq k \leq 99$이다.

$$\alpha^{100} + a_{99}\alpha^{99} + \cdots + a_1\alpha + a_0 = 0 \Rightarrow \alpha^{50} + a_{49}\alpha^{49} + \cdots + \frac{a_{49}}{\alpha^{49}} + \frac{1}{\alpha^{50}} = 0.$$

$t^n + t^{-n} = (t+t^{-1})(t^{n-1}+t^{-(n-1)}) - (t^{n-2}+t^{-(n-2)}),\ t^2+t^{-2} = (t+t^{-1})^2 - 2$이므로 t^n+t^{-n}는 $t+t^{-1}$에 대한 n-차 유리 계수 다항식으로 표현 가능하다. 따라서 $\mathrm{degirr}(\alpha+\alpha^{-1},\mathbb{Q}) \leq 50$이다.

$a_0 = -1$이면 $a_{100-k} = -a_k,\ 0 \leq k \leq 99$이다.

$$\alpha^{50} + a_{49}\alpha^{49} + \cdots - \frac{a_{49}}{\alpha^{49}} - \frac{1}{\alpha^{50}} = 0$$

$\frac{t^n - t^{-n}}{t - t^{-1}} = t^{n-1} + \cdots + t^{-n+1}$는 $t+t^{-1}$에 대한 $n-1$차 유리계수 다항식으로 표시 가능하다. $\alpha \neq \alpha^{-1}$임을 이용하여 대입 정리하면 $\mathrm{degirr}(\alpha+\alpha^{-1},\mathbb{Q}) \leq 49$이다. 그러므로 차원 정리에 의해 $100 = [K:\mathbb{Q}] = [K:F][F:\mathbb{Q}] \leq 2\times 50 \Rightarrow [K:F] = 2,\ [F:\mathbb{Q}] = 50$이다.

5.4.9. (2018) $f(x) = (x-u)(x-u_2)\cdots(x-u_n)$으로 K에서 인수분해된다고 하자. 즉, $K = \mathbb{Q}(u,u_1,\cdots,u_n)$이다. 임의의 i에 대하여 $\mathbb{Q}(u_i) = \mathbb{Q}(u)$임을 보이는 것으로 충분하다.

풀이 1. $f(x)$는 기약이므로 $\sigma(u) = u_i$인 $\sigma \in \mathrm{Gal}(K/\mathbb{Q})$가 존재한다. $\mathrm{Gal}(K/\mathbb{Q}(u_i)) = \mathrm{Gal}(K/\sigma(\mathbb{Q}(u))) = \sigma\mathrm{Gal}(K/\mathbb{Q}(u))\sigma^{-1} \overset{\mathrm{Gal}(K/\mathbb{Q}):\text{가환}}{=} \mathrm{Gal}(K/\mathbb{Q}(u)) \Rightarrow \mathbb{Q}(u_1) = \mathbb{Q}(u)$이다.

풀이 2. K는 $\mathbb{Q}(u)$ 위에서 갈루아 확대체이다. 그러므로

$$\mathrm{degirr}(u_i,\mathbb{Q}(u)) = |\{\tau(u_i) \mid \forall\tau \in \mathrm{Gal}(K/\mathbb{Q}(u))\}|$$

이다. 그런데, $f(x)$는 기약이므로 $\sigma(u) = u_i$인 $\sigma \in \mathrm{Gal}(K/\mathbb{Q})$가 존재한다. 따라서 $\tau(u_i) = \tau(\sigma(u)) \overset{\mathrm{Gal}(K/\mathbb{Q}):\text{가환}}{=} \sigma(\tau(u)) \overset{\tau\in\mathrm{Gal}(K/\mathbb{Q}(u))}{=} \sigma(u) = u_i$이므로 우변의 서로 다른 궤도들의 집합은 $\{u_i\}$이다. 즉 $\mathrm{irr}(u_i,\mathbb{Q}(u)) = x - u_i \Rightarrow u_i \in \mathbb{Q}(u)$이다.

$\deg f(x) = 2018 = 2 \times 1009$로 소인수 분해된다. 군의 분류에 의해 가능한 군은 $\mathbb{Z}_2 \times \mathbb{Z}_{1009} = \mathbb{Z}_{2018}$으로 순환군이다 ($D_{1009}$는 비가환). 순환군의 부분체의 개수는 군의 위수의 약수의 개수와 일치하므로 $(1+1) \times (1+1) = 4$개이다.

5.4.10. $\mathrm{Gal}(K/K^{\langle\sigma\rangle}) = \langle\sigma\rangle \lhd \mathrm{Gal}(K/F) \Leftrightarrow \forall\tau \in \mathrm{Gal}(K/F), \{\mathrm{id}_K, \tau^{-1}\sigma\tau\} = \{\mathrm{id}_K, \sigma\}$

$$\overset{\sigma\neq\mathrm{id}_K}{\Leftrightarrow} \tau^{-1}\sigma\tau = \tau.$$

5.4.11. K는 F의 유한 분리 확대체이므로 $K = F(\alpha), \alpha \in K$인 원시 원소가 존재한다. 자기동형사상 $\sigma \in \mathrm{Aut}(\mathbb{C}), \sigma(z) = \overline{z}$라 하면 $F < \mathbb{R} \Rightarrow \sigma|_F = \mathrm{id}_F$이고 $\sigma \circ \sigma = \mathrm{id}_{\mathbb{C}}$이다. 그리고 $\mathrm{irr}(\alpha, F) \in \mathbb{R}[x]$이므로 $\overline{\alpha} \in K$이다(K는 F의 정규확대체). 그러므로 $\sigma \in \mathrm{Gal}(K/F)$이다. 만약, $\sigma = \mathrm{id}_K \Rightarrow \alpha = \overline{\alpha} \Rightarrow \alpha \in \mathbb{R} \Rightarrow K < \mathbb{R}$. $\sigma \neq \mathrm{id}_K$이면

$$[K : K^{\langle\sigma\rangle}] \overset{\mathrm{ord}(\sigma)=2}{=} |\langle\sigma\rangle| = 2.$$

$M = K^{\langle\sigma\rangle}$라 하자. 정의에 의해 $x \in M \Rightarrow \sigma(x) = \overline{x} = x \Rightarrow x \in \mathbb{R}$. 또는

$$K^{\langle\sigma\rangle} = F(2, \alpha + \overline{\alpha}, \alpha^2 + \overline{\alpha}^2, \cdots, \alpha^{n-1} + \overline{\alpha}^{n-1}) = F(\alpha + \overline{\alpha}, \alpha \cdot \overline{\alpha}) < \mathbb{R}.$$

5.4.12. 갈루아 대응 정리에 의해 $[G : H] = [K^H : K^G] = [K^H : F]$, K^H는 F 위의 유한 분리 확대체이므로 원시 원소 정리에 의해 $K^H = F(u), u \in K^H$이다. u의 F 위의 기약 다항식은 $\mathrm{irr}(u, F)$의 분해체를 $K^H < L$이라 하자. 조건으로부터

$$\bigcap_{\forall\sigma\in G} \sigma H\sigma^{-1} \lhd G, \bigcap_{\forall\sigma\in G} \sigma H\sigma^{-1} < H \Rightarrow \bigcap_{\forall\sigma\in G} \sigma H\sigma^{-1} = \{e\}.$$

$$\prod_{\sigma\in G} K^{\sigma H\sigma^{-1}} = K^{\{e\}} = K \Rightarrow \prod_{\sigma\in G} \sigma(K^H) = \prod_{\sigma\in G} F(\sigma(u)) = L = K$$

마지막 등호에서 $\mathrm{irr}(u, F)$의 근이고 임의의 근은 $\exists\sigma \in G, \sigma(u)$로 표시 가능하기 때문에 성립한다.

5.4.13. $f(u) = 0$, $|u| = 1$이라 하자.

$$\mathbb{Q} < \mathbb{Q}(u + \frac{1}{u}) < \mathbb{Q}(u) \Rightarrow [\mathbb{Q}(u + \frac{1}{u}) : \mathbb{Q}(u)] | [\mathbb{Q} : \mathbb{Q}(u)] = \deg f(x)$$

만약 $u \in \mathbb{R}$이면 $u = \pm 1$ 이므로 $f(x)$의 기약성에 위배된다. 따라서 $u \in \mathbb{C} \setminus \mathbb{R}$이고 $\mathrm{irr}(u, \mathbb{Q}(u + \frac{1}{u})) = x^2 - (u + \frac{1}{u})x + 1$이다. 그러므로 $f(x)$의 차수는 짝수이다.

$\mathbb{Q}(u+\frac{1}{u})$ 위에서도 $f(u)=0$이므로 $\mathrm{irr}(u,\mathbb{Q}(u+\frac{1}{u})) \mid f(x)$이다. 그러므로 $\frac{1}{u}$는 $f(x)$의 근이다. (또는 $f(x)\in\mathbb{Q}[x]$이므로 $0=\overline{f(u)}=f(\overline{u}) \Rightarrow \overline{u}=\frac{1}{u}$도 근이다.) 그러면 다항식 $g(x):=x^n f(\frac{1}{x})$도 u를 근으로 갖고 차수가 n이므로 두 기약 다항식 $f(x)$와 $g(x)$는 동반원 관계 $f(x)=cg(x), \exists c\in\mathbb{Q}\setminus\{0\}$이다. 두 다항식의 중간항 x^k의 계수를 양변 비교하면 $a_k=ca_k$이다. 만약 $a_k\neq 0 \Rightarrow c=1$이므로 나머지 계수들을 비교하면 상반 다항식이다. $a_k=0$이라 하면 두 다항식의 최고차항과 최저차항을 비교하면(기약성에 의해 계수는 0이 아님), $a_n=ca_0, a_0=ca_n \Rightarrow c^2=1$이다. 만약 $c=-1$이면 $f(1)=0$이 되어 기약성에 모순이다. 결국 어떤 경우이든 $c=1$이므로 $f(x)$는 상반 다항식이다.

5.4.14. $K=\mathbb{Q}(\sqrt[10]{5},\omega)$이다. 단, $\omega=e^{\frac{2\pi}{10}i}$이다. 그런데 $[\mathbb{Q}(\sqrt[5]{5}):\mathbb{Q}]=5$, $\varphi(10)=4$이므로 $[\mathbb{Q}(\omega):\mathbb{Q}]=4$이므로 $\mathbb{Q}(\sqrt[5]{5},\omega)\subset K$이다. 그런데 $\omega+\omega^{-1}=\frac{1+\sqrt{5}}{2}$이므로 $\sqrt{5}\in\mathbb{Q}(\sqrt[5]{5},\omega) \Rightarrow \sqrt{5}\cdot(\sqrt[5]{5})^{-2}=\sqrt[10]{5}$ (유클리드 호제법)이므로 $\sqrt[10]{5}\in\mathbb{Q}(\sqrt[5]{5},\omega) \Rightarrow \mathbb{Q}(\sqrt[5]{5},\omega)=K$이다. $(5,4)=1$이므로 $[K:\mathbb{Q}]=|\mathrm{Gal}(K/\mathbb{Q})|=20$이다.

참고) $\mathbb{Q}(\sqrt[5]{5})\cap\mathbb{Q}(\omega)=\mathbb{Q}$, $\mathbb{Q}<\mathbb{Q}(\sqrt{5})<\mathbb{Q}(\omega)$이다. 그리고 $\mathbb{Q}(\sqrt[5]{5})$는 갈루아 확대체가 아님에 유의하여 K의 사이체 도표를 유추해볼 수 있다. 답: $\mathrm{Gal}(K/\mathbb{Q})$는 프로베니우스 군 $F_{20}=\langle(12345),(2354)\rangle$과 동형이다.

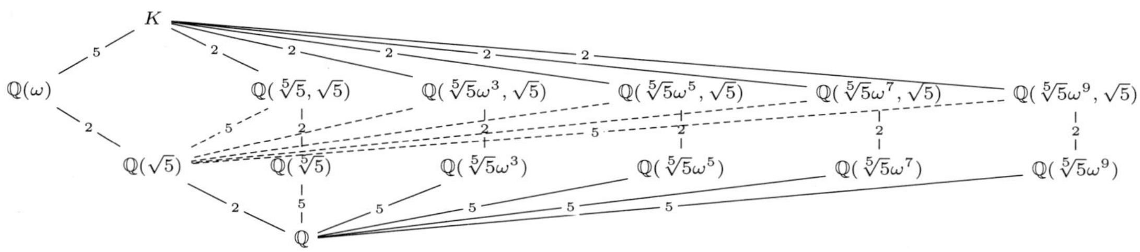

5.4.15. M이 $\mathbb{Q}$ 위의 갈루아 확대체이므로

$$[M:M\cap\mathbb{Q}(u)]=[M(u):\mathbb{Q}(u)] \Leftrightarrow \frac{[M:\mathbb{Q}]}{[M\cap\mathbb{Q}(u):\mathbb{Q}]}=\frac{[M(u):M][M:\mathbb{Q}]}{[\mathbb{Q}(u):\mathbb{Q}]}$$
$$\Leftrightarrow [M(u):M][M\cap\mathbb{Q}(u):\mathbb{Q}]=[\mathbb{Q}(u):\mathbb{Q}]$$
$$\overset{M\cap\mathbb{Q}(u)=\mathbb{Q}}{\Leftrightarrow} [\mathbb{Q}(u):\mathbb{Q}]=[M(u):M]$$
$$\Leftrightarrow \mathbb{Q}<M, \mathrm{irr}(u,\mathbb{Q})=\mathrm{irr}(u,M).$$

5.4.16. (a) $\frac{[K:F]}{[K:E]}$, (b) $\sigma_i(u) = \sigma_j(u), \sigma_i(v) = \sigma_j(v)$, (c) 무한집합(체), (d) =.

5.4.17. M_i을 분리 기약 다항식 $p_i(x)$의 분해체라 하자. 그러면 $K = M_1M_2$이다. 따라서

$$\mathrm{Gal}(K/F) = \mathrm{Gal}(M_1M_2/F) < \mathrm{Gal}(M_1/F) \times \mathrm{Gal}(M_2/F) < S_n \times S_m$$

이다.

5.4.18. Step 1. $\mathbb{Q}(\sqrt{3}, \sqrt[3]{3}) = \mathbb{Q}(\sqrt{3} + \sqrt[3]{3})$은 원시 원소 정리의 증명과정에서 $c = 1$로 선택하여도 조건을 모두 만족시키기 때문이다. 차원 정리에 의해 $[\mathbb{Q}(\sqrt{3}, \sqrt[3]{3}) : \mathbb{Q}] = 6$임에 유의하라.

Step 2. Step 1에 의해 $\mathrm{irr}(\sqrt{3} + \sqrt[3]{3}, \mathbb{Q}) = ((x - \sqrt{3})^3 - 3)((x + \sqrt{3})^3 - 3) = (x-\sqrt{3})^3(x+\sqrt{3})^3 - ((x-\sqrt{3})^3 + (x+\sqrt{3})^3)) \cdot 3 + 9 = (x^2-3)^3 - (8x^3 - 3(x^2 - 3)(2x)) \cdot 3 + 9$.

Step 3. Step 2로부터 $x = \pm\sqrt{3} + \sqrt[3]{3}, \pm\sqrt{3} + \sqrt[3]{3}\omega, \pm\sqrt{3} + \sqrt[3]{3}\omega^2$으로 6개의 단근이 있다. Step 1의 결과에 의해 분해체 $K = \mathbb{Q}(\sqrt{3}, \sqrt[3]{3}, \omega) = \mathbb{Q}(\sqrt{3}, \sqrt[3]{3}, i)$이고 $i \notin \mathbb{Q}(\sqrt{3}, \sqrt[3]{3}) \Rightarrow [K : \mathbb{Q}] = 12$이다.

Step 4. $K = \mathbb{Q}(\sqrt{3})\mathbb{Q}(\sqrt[3]{3}, \omega)$이고 각각은 $x^2 - 3$과 $x^3 - 3$의 분해체이다. 따라서, 갈루아 확대체이다. 제약 사상

$$\mathrm{Gal}(K/\mathbb{Q}) \to \mathrm{Gal}(\mathbb{Q}(\sqrt{3})/\mathbb{Q}) \times \mathrm{Gal}(\mathbb{Q}(\sqrt[3]{3}, \omega)/\mathbb{Q})$$

은 일대일 군 준동형사상이고 Step 3에 의해 $|\mathrm{Gal}(K/\mathbb{Q})| = 12$이므로 위로의 사상이다. 즉, 갈루아 군은 $\mathrm{Gal}(K/\mathbb{Q}) = \mathrm{Gal}(\mathbb{Q}(\sqrt{3})) \times \mathbb{Q}(\sqrt[3]{3}, \omega) \cong \mathbb{Z}_2 \times S_3$이다.

5.4.19. 충분조건은 K가 F의 분해체이고 $f(x)$가 기약이므로 성립하는 사실이다. 역으로, $f(x)$의 임의의 한 근을 α라 하면

$$[F(\alpha) : F] = \mathrm{deg}\,\mathrm{irr}(\alpha, F) \overset{K^{\mathrm{Gal}(K/F)}=F}{=} |\mathrm{Gal}(K/F) \cdot \alpha| = \mathrm{deg} f(x)$$

이므로 $c \cdot \mathrm{irr}(\alpha, F) = f(x)$, $c \in U(F)$으로 기약이다.

5.4.20. $[\mathrm{Gal}(K/F) : \mathrm{Gal}(K/M)] = [M : F] = 2 \Rightarrow |\mathrm{Gal}(K/F)| = 2p$. 군의 분류에 의해 $\mathrm{Gal}(K/F) \cong D_p$이거나 $\mathbb{Z}_2 \oplus \mathbb{Z}_p \cong \mathbb{Z}_{2p}$이다.

5.4.21. (1) $[K:\mathbb{Q}] = 2^5$ 임은 trace의 성질로 얻을 수 있는 결과이다(절대! 자명한 사실이 아님). K는 $\prod_{i=1}^{5}(x^2-p_i)$의 분해체이다. M_i를 x^2-p_i의 분해체라 하면 제약 사상에 의해

$$\mathrm{Gal}(K/F) = \mathrm{Gal}(\prod_{i=1}^{5} M_i/\mathbb{Q}) \cong \prod_{i=1}^{5}\mathrm{Gal}(M_i/\mathbb{Q}) = \mathbb{Z}_2^{\oplus 5}.$$

(2) 갈루아 군이 가환임에 유의하여 $|H| = 2$인 부분군 $|H| = 2^3$인 부분군에 대응하는 고정체 K^H를 찾으면 충분하다.

5.4.22. Step 1. $u \in \mathbb{Q}(\sqrt{2}, \sqrt{3}) = K$임에 유의하라. 그리고 $\mathrm{Gal}(K/\mathbb{Q}) = \mathbb{Z}_2 \oplus \mathbb{Z}_2$이다. 각 원소에 대한 갈루아 궤도는

$$\{\sqrt{2}+\sqrt{3}+\sqrt{6}, -\sqrt{2}+\sqrt{3}-\sqrt{6}, \sqrt{2}-\sqrt{3}-\sqrt{6}, -\sqrt{2}-\sqrt{3}+\sqrt{6}\}$$

이다. 그런데 $K = \mathrm{span}_{\mathbb{Q}}\{1, \sqrt{2}, \sqrt{3}, \sqrt{6}\}$이므로 기저의 성질에 의해 서로 다르다. 즉 $\mathrm{degirr}(u, \mathbb{Q}) = 4$이다.

구체적으로 계산하는 것은 근호를 없애 나가는 대수 방정식을 구성해 나가면 된다. 여기서는 분리 확대체 성질 증명 과정에서 언급된 대칭화 다항식을 생각해본다.

Step 2. 사이체 $\mathbb{Q}(\sqrt{3})$ 위에서 다항식 $x^2 - 2\sqrt{3}x - 8 - 4\sqrt{3}$의 근은 u이다. 그리고 $x^2 - 3$의 근은 $\pm\sqrt{3}$이므로 u를 근으로 갖는 $\mathbb{Q}$ 위의 4차 다항식은

$$(x^2 - 2\sqrt{3}x - 8 - 4\sqrt{3})(x^2 + 2\sqrt{3}x - 8 + 4\sqrt{3}) = (x^2-8)^2 - 3\cdot(2x-4)^2$$

이고 이것이 곧 기약 다항식이다.

5.4.23. (1) $M_1M_2 = \mathbb{Q}(\sqrt[3]{2}, \sqrt[3]{2}\omega) = \mathbb{Q}(\sqrt[3]{2}, \omega)$.

(2) $M_1 \cong M_2$이고 $\mathrm{irr}(\sqrt[3]{2}, \mathbb{Q}) = x^3 - 2$이므로 차원은 모두 3이다.

(3) $\mathbb{Q} < M_1 \cap M_2 < M_1, M_2$이므로 $[M_1 \cap M_2 : \mathbb{Q}]$는 2와 3의 공약수이다. 즉 $M_1 \cap M_2 = \mathbb{Q}$.

5.4.24. (1) $\{e_1\} \times H_2, H_1 \times \{e_2\} \triangleleft H_1 \times H_2$.

(2) $L_1L_2 = K^{(\{e_1\}\times H_2)\cap(H_1\times\{e_2\})} = K^{\{(e_1,e_2)\}} = K$.

(3) $L_1 \cap L_2 = K^{\langle\{e_1\}\times H_2, H_1\times\{e_2\}\rangle} = K^{\mathrm{Gal}(K/F)} = F$.

5.4.25. $\sigma(x) = x^p$는 위로의 사상이므로 $\sigma(x_0) = a$인 어떤 $x_0 \in F$가 존재한다. 따라서 $x^p - a = x^p - x_0^p = (x - x_0)(x^{p-1} + \cdots + x_0^{p-1})$이므로 가약이다.

5.4.26. $M < K$의 부분체라 하면, $1 \in M \Rightarrow \mathbb{Z}_2 < M$이다. 따라서 $\mathrm{Gal}(K/\mathbb{Z}_p) = \mathbb{Z}_8$의 모든 부분군에 대응하는 사이체를 구하면 된다. 즉, 8의 모든 약수 $d = 1, 2, 4, 8$에 대하여 $x^2 - x, x^4 - x, x^{16} - x, x^{256} - x$의 분해체가 원하는 답이다.

$|M| = 2^4$이므로 $p(x) := \mathrm{irr}(u, \mathbb{Z}_2)$는 4차의 기약 다항식이다. 그런데 M은 $x^{16} - x$의 분해체이기도 하므로 u는 $x^{16} - x$의 근이다. 따라서, $p(x) \mid x^{16} - x = x(x^5 - 1)(x^{10} + x^5 + 1) = x(x - 1)(x^4 + x^3 + x^2 + x + 1)(x^{10} + x^5 + 1)$이다. $p(x) = x^4 + x^3 + x^2 + x + 1$가 $\mathbb{Z}_2$ 위에서 가약이라 하면 $p(1) = p(0) \neq 0$이므로 $p(x) = (x^2 + ax + b)(x^2 + cx + d), a, b, c, d \in \mathbb{Z}_2$이어야 한다. $bd = 1 \Rightarrow b = d = 1 \Rightarrow p(x) = (x^2 + 1 + ax)(x^2 + 1 + cx) = x^4 + 1 + (a + c)x(x^2 + 1) + acx^2$에서 $a + c = 1$이므로 일반성을 잃지 않고 $a = 1$, $c = 0$이라 하자. 그러면 $p(x) = x^4 + x^3 + x + 1$이 되어 모순이다. 따라서 $p(x)$는 기약 다항식이다.

참고) $\mathbb{Z}_2$ 위에서 $x^{10} + x^5 + 1 = (x^4 + x + 1)(x^4 + x^3 + 1)(x^2 + x + 1)$로 소인수 분해되어 $p(x)$는 $x^4 + x^3 + 1$, $x^4 + x + 1$도 가능하다.

5.4.27. (2011) (1) 갈루아 군이 순환군이므로 일반적으로 성립하는 성질이다.

(2) $\sigma_p(a) = a^p$에 대하여 $\mathrm{ord}(\sigma_p) = 4$이므로 참이다.

5.4.28. $|E| = 8$이고 유한체는 유일하므로 E는 $x^8 - x$의 분해체로 볼 수 있고 $\mathrm{Gal}(E/\mathbb{Z}_2) = \mathbb{Z}_3$이다. 따라서, K는 $\mathbb{Z}_2$ 위의 정규확대체이므로 기약 다항식 $\mathrm{irr}(u, \mathbb{Z}_2)$의 모든 근은 E 안에 있다. 그뿐 아니라, $\sigma_2^0(a) = a, \sigma_2(a) = a^2, \sigma_2^2(a) = a^4$이다. 그러면 궤도

$$\mathrm{Gal}(K/\mathbb{Z}_2) \cdot u = \{u, u^2, u^4 = u^2 + u + 1\}$$

의 모든 원소가 $x^3 + x^2 + 1$의 근이어야 한다.

5.4.29. 명제 3.2에 의해 $\ker(\phi) = \{f(x) \mid f(u) = 0\} = (\mathrm{irr}(u, \mathbb{Z}_3))$이다. 제 I 동형정리에 의해 $\mathbb{Z}_3[x]/(\mathrm{irr}(u, \mathbb{Z}_3)) \cong \mathrm{im}(\phi) < F$이고 F의 부분체이다. 따라서 $\mathbb{Z}_3[x]/(\mathrm{irr}(u, \mathbb{Z}_3))$는 원소의 개수가 3^d, $d \mid 6$인 유한체이다(따름정리 5.2). 그런데 유한체의 단원

군은 위수가 3^d-1인 순환군이고 $3^d-1|3^6-1$이므로 $(x+(\text{irr}(u,\mathbb{Z}_3)))^{3^6-1}=1+(\text{irr}(u,\mathbb{Z}_3)) \Rightarrow x^{3^6-1}-1 \in (\text{irr}(u,\mathbb{Z}_3)) \Rightarrow \text{irr}(u,\mathbb{Z}_3) \mid x^{3^6-1}-1 \Rightarrow \text{irr}(u,\mathbb{Z}_3) \mid x^{3^6}-x$이다.

5.4.30. (2013) (1) $1 \in K \Rightarrow 1 \in M$이므로 $\mathbb{Z}_5 < M$이다.

60의 각각의 약수를 위수로 갖는 부분군(또는 차원을 갖는 사이체)은 유일하게 존재한다. 그뿐 아니라 갈루아 군이 순환군이므로 포함관계가 있다. $\text{Gal}(K/\mathbb{Z}_5)=\langle\sigma_5\rangle$이라 하자.

(2) $[K:M_1]=5, [K:M_2]=10 \Rightarrow M_1=K^{\langle\sigma_5^{12}\rangle}, M_2=K^{\langle\sigma_5^6\rangle}$이므로 $\langle\sigma_5^{12}\rangle < \langle\sigma_5^6\rangle \Rightarrow M_2 < M_1$이다.

(3) $[K:M_1]=6,\ [K:M_2]=10 \Rightarrow M_1=K^{\langle\sigma_5^{10}\rangle}, M_2=K^{\langle\sigma_5^6\rangle} \Rightarrow M_1\cap M_2 = K^{\langle\sigma_5^{10},\sigma_5^6\rangle}$이다. 그런데, $\langle\sigma_5^{10},\sigma_5^6\rangle \overset{(10,6)=2}{=} \langle\sigma_5^2\rangle \Rightarrow M_1\cap M_2=K^{\langle\sigma_5^2\rangle} \Rightarrow [K:M_1\cap M_2]=30 \Rightarrow [M_1\cap M_2:\mathbb{Z}_5]=2$이다. 그런데 원소의 개수가 5^2인 유한체는 유일하므로 $M_1\cap M_2$는 $x^{25}-x$의 분해체이므로 갈루아 확대체이다.

5.4.31. $x^4-2=(x^2+x+2)(x^2+2x+2)$로 인수분해된다. x^2+x+2의 한 근을 α라 하면, 2α는 x^2+2x+2의 근이다. 따라서 $x^4-2=(x-\alpha)(x-(-1-\alpha)(x-2\alpha)(x-(-2-2\alpha))$이므로 $K=\mathbb{Z}_3(\alpha)$이다. 따라서, $[K:\mathbb{Z}_3]=2$이므로 $\text{Gal}(K/\mathbb{Z}_3)\cong\mathbb{Z}_2$이다.

5.4.32. $x^4-2=(x-2)(x+2)(x^4+4)$이므로 $\text{Gal}(K/\mathbb{Q})\cong\mathbb{Z}_4$이다.

5.4.33. x^4+2는 $\mathbb{Z}_5$ 위에서 기약임을 확인할 수 있다. $\text{Gal}(K/\mathbb{Z}_5)\cong\mathbb{Z}_4$이다. 실제로 α를 x^4+2의 한 근이라 하면, 2α, 4α, $8\alpha=3\alpha$가 나머지 근이다.

6.2절 연습 문제 풀이

6.2.1. (1) $n=7$은 소수이므로 $\Phi_7(x)=\frac{x^6-1}{x-1}$이다.

(2) 정리에 의해 $\text{Gal}(K_{15}/\mathbb{Q})\cong\mathbb{Z}_{15}^*$이다. 그리고 단원군의 성질에 의해 $\mathbb{Z}_{15}^*\cong\mathbb{Z}_3^*\times\mathbb{Z}_5^*=\mathbb{Z}_2\oplus\mathbb{Z}_4$이다. 그러므로 최대의 위수는 4이다. 한편 $\text{Gal}(K_{15}/\mathbb{Q})=\{\sigma \mid \sigma(\omega_{15})=\omega_{15}^i, (i,15)=1\}$임에 유의하라. $\sigma(\omega_{15})=\omega_{15}^2$인 자기동형사상의 위수는

$\mathrm{ord}(\sigma) = 4$이다. 실제로 $\sigma^2(\omega_{15}) = \omega_{15}^4, \sigma^3(\omega_{15}) = \omega_{15}^8, \sigma^4(\omega_{15}) = \omega_{15} \Rightarrow \sigma^4 = \mathrm{id}_{K_{15}}$.

6.2.2. $\varphi(5) = 4$이고 갈루아 군이 $\mathbb{Z}_5^* \cong \mathbb{Z}_4$으로 순환군이다. 따라서 사이체 $\mathbb{Q} < M < K$, $[M : \mathbb{Q}] = 2$가 존재함은 명확하다. 서로 다른 궤도가 두 개인 사이체임에 착안하여 $\mathbb{Q}(\omega + \frac{1}{\omega}) = M = \mathbb{Q}(\sqrt{5})$임을 증명하면 충분하다. 그런데 $\Phi_5(x) = x^4 + x^3 + x^2 + x + 1 \Rightarrow (x + x^{-1})^2 + (x + x^{-1}) - 1 = 0$에서 이차 방정식을 풀면 $\omega + \frac{1}{\omega} = \frac{-1+\sqrt{5}}{2} \in K$이다.

6.2.3. $\deg\Phi_{2n}(x) = \varphi(2n) = \varphi(2)\varphi(n) = \varphi(n)$임에 유의하라. 원시 n 제곱근 ω_n^k, $(k, n) = 1$에 대하여 $\Phi_n(-x)$의 근은 $-\omega_n^k$이다.

$$\begin{aligned}\mathrm{ord}(-\omega_n^k) &= \mathrm{ord}((-1) \cdot \omega_n^k) \\ &\overset{\langle -1\rangle \cap \langle \omega_n^k \rangle = \{1\}}{=} \mathrm{lcm}(\mathrm{ord}(-1), \mathrm{ord}(\omega_n^k)) \\ &= 2n\end{aligned}$$

이므로 $-\omega_n^k \in A_{2n}$이다. 그러므로 $-\omega_n^k$는 다항식 $\Phi_{2n}(x)$의 근이다.

6.2.4. $\mathrm{ord}(\omega_n^d) = \frac{n}{(d,n)} = \frac{n}{d}$이고 $(\omega_n^d)^{\frac{n}{d}} = 1$이므로 ω_n^d는 원시 $\frac{n}{d}$-제곱근이다.

6.2.5. $\mathrm{ord}(\omega_n^s) = \frac{n}{(s,n)}$이고 $(\omega_n^s)^{\frac{n}{(s,n)}} = 1$이므로 ω_n^s는 원시 $\frac{n}{(s,n)}$-제곱근이다.

6.2.6. 풀이 1. 상반 다항식의 곱은 상반 다항식이고 원분 다항식 $\Phi_n(x)$의 근은 $\omega_n^k := \omega^k, (k, n) = 1$이다. 그런데 $(k, n) = 1 \Rightarrow (n - k, n) = 1$이므로

$$x^2 - (\omega^k + \omega^{n-k})x + 1 = (x - \omega^k)(x - \omega^{n-k}) | \Phi_n(x)$$

이므로 상반 다항식이다.

풀이 2. $F = \mathbb{Q}$이면 $\Phi_n(\omega_n^{-1}) = 0$이므로 식을 정리하여 ω_n의 기약 다항식의 유일성을 이용하여 증명할 수 있다 (탐구문제).

6.2.7. 처음 몇 개의 항을 계산해보면 $f_n(x)$의 최고차항을 제외한 나머지 계수는 모두 짝수임을 유추할 수 있다. 실제로 $\mathbb{Z}_2$에서 $\overline{f_{n+1}}(x) = \overline{f_n}(\overline{x^2 - 2}) = \overline{f_n}(x^2)$이고

$\overline{f}_1(x) = x^2$이다. 그리고 $f_{2k+1}(0) = f_{2k}(-2) = f_{2k-1}(2) = f_{2k-2}(2) = f_1(2) = 2$, $f_{2k}(0) = f_{2k-1}(-2) = f_{2k-2}(2) = f_{2k-3}(2) = f_2(2) = 2$이므로 $f_n(0) = \pm 2$. 따라서 $f_n(x)$는 아이젠슈타인 판정법 ($p = 2$)에 의해 기약이다.

6.2.8. (1) $x^n + 1$의 모든 해가 원분 확대체에 포함되는 것을 확인하면 된다. 그런데, $x^{2n} - 1 = (x^n - 1)(x^n + 1)$이므로 원분 확대체 K_{2n}의 부분체이다.

(2) (1)로부터 K는 $x^{16} - 1$의 분해체 $K_{16} = \mathbb{Q}(\omega_{16})$, $\omega_{16} = e^{2\pi/16i}$의 부분체이다. 그런데 $\omega_{16}^8 = -1$이므로 $K = K_{16}$이다. 따라서 $|\mathrm{Gal}(K/\mathbb{Q})| = \varphi(16) = 8$이다.

참고) 특별히 $x^8 + 1$는 $\mathbb{Q}$ 위에서 기약이고 $\Phi_{16}(x) = x^8 + 1$이다.

6.2.9. $f(x)$의 각각의 근은 $e^{\frac{q_k \pi}{p_k} i}$ 꼴이므로 $(e^{\frac{q_k \pi}{p_k} i})^{2p_k} - 1 = 0 \Rightarrow f(x) | x^{2p_k} - 1$이다. $\deg f(x) = m$이라면 $n = 2 \prod_{k=1}^{m} p_k$으로 두면 조건을 만족시킨다.

6.2.10. 갈루아 군의 순환군 생성자를 선택한다. 즉 $\mathrm{Gal}(\mathbb{Q}(\omega)/\mathbb{Q}) \cong \mathbb{Z}_{11}^* = \mathbb{Z}_{10} = \langle \sigma(\omega) = \omega^2 \rangle$. α의 갈루아 궤도를 구하면

$$\sigma(\alpha) = \omega^2 + \omega^6 + \omega^8 + \omega^{10} + \omega^7,$$
$$\sigma^2(\alpha) = \omega^4 + \omega + \omega^5 + \omega^9 + \omega^3$$

으로 서로 다른 두 궤도값을 갖는다. 즉 $[\mathbb{Q}(\alpha) : \mathbb{Q}] = 2$이다. 궤도-기약다항식의 관계에 의해 $\mathrm{irr}(\alpha, \mathbb{Q}) = (x - \sigma(\alpha))(x - \sigma^2(\alpha)) = x^2 + x + 3$이다. $\sigma(u) \cdot \sigma^2(u)$의 **단항식의 개수**는 25이다. 그중 값이 1인 것이 총 5개이다. 나머지 20개 항은 두 번씩의 $\omega, \omega^2, \cdots, \omega^{10}$이 나온다.

6.2.11. 아이젠슈타인 판정법에 의해 $\Phi_7(x) = \mathrm{irr}(\omega, \mathbb{Q}) = x^6 + x^5 + x^4 + x^3 + x^2 + x + 1$이다. 식을 변형하면

$x^3 + x^2 + x + 1 + x^{-1} + x^{-2} + x^{-3} = (x + x^{-1})^3 + (x + x^{-1})^2 - 2(x + x^{-1}) + 1.$

즉 $\mathrm{irr}(\alpha, \mathbb{Q}) = x^3 + x^2 - 2x + 1$ ($[\mathbb{Q}(\cos(\frac{2\pi}{7})) : \mathbb{Q}] = \frac{\varphi(7)}{2} = 3$). 그뿐 아니라 $\mathrm{Gal}(K_7/\mathbb{Q}) \cong \mathbb{Z}_6$의 원소를 표현하여 α의 갈루아 궤도를 구하면 $\mathrm{irr}(\alpha, \mathbb{Q})$의 근이 된다. 즉 $\omega^2 + \omega^{-2}$, $\omega^3 + \omega^{-3}$이 모든 근이다.

6.2.12. (1) 풀이 1 (갈루아 궤도). $\mathrm{Gal}(\mathbb{Q}(\omega)/\mathbb{Q}) = \{\sigma_i \mid \sigma_i(\omega) = \omega^i, 1 \le i \le 6\}$.

$$\sigma_1(\omega^4+\omega^5) = \omega^4+\omega^5, \sigma_2(\omega^4+\omega^5) = \omega+\omega^3, \sigma_3(\omega^4+\omega^5) = \omega^5+\omega,$$
$$\sigma_4(\omega^4+\omega^5) = \omega^2+\omega^6, \sigma_5(\omega^4+\omega^5) = \omega^6+\omega^4, \sigma_6(\omega^4+\omega^5) = \omega^3+\omega^2$$

이므로 $[\mathbb{Q}(\omega^4+\omega^5) : \mathbb{Q}] = 6$이다.

풀이 2 (원시 원소 정리). ω^4와 ω^5는 기약 다항식 $\Phi_7(x)$의 근임을 알고 있다. 따라서 유리수 $c \neq 0$에 대하여 $(\omega^4 - \omega^i) + c(\omega^5 - \omega^j) \neq 0, 0 \le i, j \le 6, j \neq 5$이므로 $\mathbb{Q}(\omega) = \mathbb{Q}(\omega^4, \omega^5) = \mathbb{Q}(\omega^4 + c\omega^5)$이므로 차원은 6이다.

(2) $[\mathbb{Q}(\omega+\omega^{-1}) : \mathbb{Q}] = 3 \Rightarrow \mathrm{Gal}(K/\mathbb{Q}(\omega+\omega^{-1})) = \{\mathrm{id}_K, \tau(\omega) = \omega^{-1}\}$. $\tau(\omega^4 + \omega^5) = \omega^{-4} + \omega^{-5}$로부터

$$\begin{aligned}\mathrm{irr}(\omega^4+\omega^5, \mathbb{Q}(\omega+\omega^{-1})) &= (x - (\omega^4+\omega^5))(x - (\omega^{-4}+\omega^{-5})) \\ &= x^2 + (\omega+\omega^{-1}+1)x + 2 + \omega + \omega^{-1}.\end{aligned}$$

(3) $\mathrm{irr}(\omega+\omega^{-1}, \mathbb{Q}) = x^3 + x^2 - 2x + 1$의 근을 u_1, u_2, u_3이라 하자. 그러면 (식의 대칭성)

$$\begin{aligned}\mathrm{irr}(\omega^4+\omega^5, \mathbb{Q}) &= \prod_{i=1}^{3}(x^2 + (u_i+1)x + u_i + 2) \\ &= (x^2+x+2)^3 + (u_1+u_2+u_3)(x+1)(x^2+x+2)^2 + \\ &\quad (u_1u_2+u_2u_3+u_3u_1)(x+1)^2(x^2+x+2) + u_1u_2u_3(x+1)^3 \\ &= x^6 + 2x^5 + 4x^4 - x^3 - 4x^2 - 9x - 1.\end{aligned}$$

6.2.13. (1) $\Phi_{28}(x) | x^{28} - 1 = (x^{14}-1)(x^{14}+1)$이다. 그런데 $\omega_{28}^{14} = -1$이므로 $\Phi_{28}(x) | x^{14}+1$이다. 한편, $\deg\Phi_{28}(x) = \varphi(28) = 12$이다. 따라서 $x^{14}+1 = (x^2+1)(x^{12} - x^{10} + x^8 - x^6 + x^4 - x^2 + 1)$에서 $\frac{x^{14}+1}{x^2+1}$이 가약이면, x^2+1은 $\mathbb{Q}$ 위에서 기약이므로 $\Phi_{28}(x)$이 기약이라는데 모순이므로 $\Phi_{28}(x) = x^{12} - x^{10} + x^8 - x^6 + x^4 - x^2 + 1$이다.

(2) 앞 문제의 계산에 의해 $\varphi(7)/2 = 3$이다. 갈루아 궤도를 계산하면 기약 다항식은 바로 찾을 수 있다.

(3) 삼각함수의 항등식에 의해 $\sin(\frac{2\pi}{7}) = \cos(\frac{3}{14}\pi)$이다 (고교 과정). 원분 확대체 $K_{28} = \mathbb{Q}(\omega_{28})$에서

$$\cos(\frac{3}{14}\pi) = \frac{1}{2}(\omega_{28}^3 + \omega_{28}^{-3})$$

이므로 구하는 차수는 $\frac{\varphi(28)}{2} = 6$이다. 6차 기약 다항식은 $\mathrm{irr}(\omega_{28} + \omega_{28}^{-1}, \mathbb{Q})$을 계산하여 찾을 수 있음에 유의하자.

(4) $K_{28} = \mathbb{Q}(\omega_{28})$에서 $\cos(\frac{2\pi}{7}) + \sin(\frac{2\pi}{7})$의 표현을 찾은 후 갈루아 궤도를 모두 계산하여 다른 것의 개수를 셈하여 본다.

6.2.14. (1) $\mathbb{Q}$ 위의 원분 확대체 $K_5 = \mathbb{Q}(\omega)$, $\omega = e^{\frac{2\pi}{5}i}$에 대하여 오일러 항등식에 의해

$$u = \omega - \omega^{-1} \Rightarrow u \in K_5.$$

(2) $\mathrm{Gal}(K_5/\mathbb{Q}) = \{\sigma_k \mid \sigma_k(\omega) = \omega^k, (k,5) = 1\}$이므로 u의 갈루아 궤도는

$$\begin{aligned} \mathrm{Gal}(K/\mathbb{Q}) \cdot u &= \{\omega - \omega^{-1}, \omega^2 - \omega^{-2}, \omega^3 - \omega^{-3}, \omega^4 - \omega^{-4}\} \\ &= \{2i\sin(\frac{2\pi}{5}k) \mid 1 \le k \le 4\} \end{aligned}$$

이므로 서로 다른 값이다. 따라서

$$\begin{aligned} \mathrm{irr}(u, \mathbb{Q}) &= (x^2 - (\omega - \omega^{-1})^2)(x^2 - (\omega^2 - \omega^{-2})^2) \\ &= (x^2 + 2 - (\omega^2 + \omega^{-2}))(x^2 + 2 - (\omega + \omega^{-1})) \\ &= (x^2+2)^2 + (x^2+2) - 1 = x^4 + 5x^2 + 5. \end{aligned}$$

마지막 등호는 $\Phi_5(x) = x^4 + x^3 + x^2 + x + 1$로부터 성립한다.

(3) $\mathbb{Q}(cu) = \mathbb{Q}(u)$, $c \in \mathbb{Q}$이므로 구하는 값은 4이다.

6.2.15. (2020) $x^{12} + 1 = (x^4+1)(x^8 - x^4 + 1) \overset{\omega^4 \neq -1}{\Rightarrow} \mathrm{irr}(\omega, \mathbb{Q}) | x^8 - x^4 + 1$이다.

풀이 1. $[K : \mathbb{Q}] = \varphi(24) = 8$이므로 $\mathrm{irr}(\omega, \mathbb{Q}) = x^8 - x^4 + 1$.

풀이 2. K는 $\mathbb{Q}$의 $x^{24} - 1$의 분해체이므로 $\mathrm{Gal}(K/\mathbb{Q}) = \{\sigma_i \mid \sigma_i(\omega) = \omega^i, (24, i) = 1, 1 \le i \le 24\}$이므로 ω의 궤도를 나열하면,

$$\{\pm\omega, \pm\omega^5, \pm\omega^7, \pm\omega^{11}\}$$

이다. 이들은 복소평면에서 단위원 위의 서로 다른 점이므로 명백히 서로 다른 값이다. 즉, $\mathrm{degirr}(\omega, \mathbb{Q}) = 8$이다.

6.2.16. $\omega^d \in A_n \Rightarrow \mathrm{ord}(\omega^d) = \frac{n}{(n,d)} = \frac{n}{d} \Rightarrow \langle \omega^d \rangle = A_{\frac{n}{d}} \Rightarrow [\mathbb{Q}(\omega^d) : \mathbb{Q}] = \varphi(\frac{n}{d})$. 따라서 $|\mathrm{Gal}(\mathbb{Q}(\omega)/\mathbb{Q}(\omega^d))| = \frac{\varphi(n)}{\varphi(\frac{n}{d})}$. $\mathrm{Gal}(\mathbb{Q}(\omega)/\mathbb{Q}) = \{\sigma_k \mid \sigma_k(\omega) = \omega^k, (k,n) = 1\}$이고 $\mathrm{Gal}(\mathbb{Q}(\omega)/\mathbb{Q}) \cdot \omega^d = \{\omega^{kd} \mid 1 \le k \le n-1, (k,n) = 1\}$이다. 그러므로 $|\mathrm{Gal}(\mathbb{Q}(\omega)/\mathbb{Q}) \cdot \omega^d| = [\mathbb{Q}(\omega^d) : \mathbb{Q}] = \varphi(\frac{n}{d})$.

6.2.17. $K_n = \mathbb{Q}(\omega_n)$, $\omega_n = e^{\frac{2\pi}{n}i}$로 두자. $[K_n : \mathbb{Q}] = \varphi(n)$임에 유의하라.

(1) K_n, $K_m \subset K_{mn}$이므로 $K_nK_m \subset K_{nm}$이다. 역으로 $(n, m) = 1$이므로 베주 항등식 $ns + mt = 1$을 만족시키는 정수를 s, t라 하자. $\omega_{nm} = \omega_n^t \omega_m^s \in K_nK_m$이므로 $K_{nm} = K_nK_m$이다.

(2) $[K_nK_m : \mathbb{Q}] = [K_{nm} : \mathbb{Q}] = \varphi(nm) = \varphi(n)\varphi(m) = [K_n : \mathbb{Q}][K_m : \mathbb{Q}] \Rightarrow [K_n \cap K_m : \mathbb{Q}] = 1 \Leftrightarrow K_n \cap K_m = \mathbb{Q}$.

(3) 갈루아 정리 I에 의해 $|\mathrm{Gal}(K_n/\mathbb{Q})| = [K_n : \mathbb{Q}]$이므로 (1)과 (2)에 의해 성립한다.

(4) 임의의 자연수 n에 대하여 $\mathrm{Gal}(K_n/\mathbb{Q}) \cong \mathbb{Z}_n^*$과 (3)으로부터 성립하는 성질이다.

6.2.18. (1) $\omega = e^{\frac{2\pi}{25}i}$라 하면 $\omega^5 \neq 1$이므로 $x^{25} - 1$의 근이다. 그리고 $x^{25} - 1$의 모든 근은 ω^k꼴이므로 $K = \mathbb{Q}(\omega)$이다. 즉, $K = K_{25}$이다.

(2) ω가 $f(x)$의 근이고 $[K : \mathbb{Q}] = \varphi(25) = 20$이므로 $\deg\Phi_{25}(x) = 20$이다. 기약 다항식의 유일성에 의해 $f(x) = \Phi_{25}(x)$이다.

(3) $\mathrm{Gal}(K/\mathbb{Q}) \cong \mathbb{Z}_{25}^*$이다. 단원군의 생성자가 존재함은 정수론의 결과이다 (원시근). 특히 순환군이다.

6.2.19. 풀이 1. $n = 1, 2$이면 $\cos(\frac{2\pi}{n})$의 값은 유리수이다.

$n \geq 3$일 때 $\cos(\frac{2\pi}{n}) \in \mathbb{Q} \Rightarrow 1 = [\mathbb{Q}(\cos(\frac{2\pi}{n})) : \mathbb{Q}] = \frac{\varphi(n)}{2} \Rightarrow \varphi(n) = 2 \Rightarrow n = 3, 4, 6$이다.

풀이 2. $\cos(\frac{2\pi}{n}) \in \mathbb{Q}$이면 $i\sin(\frac{2\pi}{n}) = \sqrt{\cos(\frac{2\pi}{n})^2 - 1}$이므로 $\omega = e^{\frac{2\pi}{n}i}$에 대하여

$$[\mathbb{Q}(\omega) : \mathbb{Q}] = 1, 2$$

따라서 $\varphi(n) = 1$ 또는 2이다. 즉 $n = 1, 2, 3, 4, 6$뿐이다.

6.2.20. (1) $|\mathrm{Gal}(K_9/\mathbb{Q})| = [K_9 : \mathbb{Q}] = \varphi(9) = 6$이고 가환군이므로 순환군이다.

(2) $\mathrm{Gal}(K_9/\mathbb{Q}) = \{\sigma_k \mid \sigma_k(\omega) = \omega^k, (k, 9) = 1, 1 \leq k \leq 8\} \Rightarrow \sigma_k(\omega + \omega^{-1}) = \omega^k + \omega^{-k} = 2\cos(\frac{2k}{9}\pi)$. 그리고 $\Phi_9(x) = x^6 + x^3 + 1 \Rightarrow \mathrm{irr}(\omega + \omega^{-1}, \mathbb{Q}) = x^3 - 3x + 1$. 그러므로, 비에타 공식에 의해 $4S = -3 \Rightarrow S = -\frac{3}{4}$이다.

6.2.21. 일반성을 잃지 않고 양의 기약 분수 $r=\frac{q}{p}$, $(p,q)=1$에 대하여 q의 홀짝성에 따라 나누어 생각한다. 가능한 p의 값만 찾아본다.

경우 1. $q=2q_0$이라 하자. $\cos(r\pi)=\cos(\frac{2q_0\pi}{p})=\frac{1}{2}(\omega_p^{q_0}+\omega_p^{-q_0})=a+b\sqrt{d}$. 양변의 차원을 셈하면

$$\frac{\varphi(p)}{2}=[\mathbb{Q}(\frac{1}{2}(\omega_p^{q_0}+\omega_p^{-q_0})):\mathbb{Q}]=[\mathbb{Q}(a+b\sqrt{d}):\mathbb{Q}]=[\mathbb{Q}(\sqrt{d}):\mathbb{Q}]=2$$
$$\Rightarrow \varphi(p)=4.$$

즉 홀수인 p 중에서 $\varphi(p)=4$이면 $p=5$이다.

경우 2. $(2,q)=1$이라 하자. $\cos(r\pi)=\cos(\frac{2q\pi}{2p})=\frac{1}{2}(\omega_{2p}^{q}+\omega_{2p}^{-q})$으로 변형되어 앞의 경우와 같은 방법으로 생각하면 $\varphi(2p)=4\Rightarrow 2p=8,\ 10,\ 12\Rightarrow p=4,\ 5,\ 6$ 이다.

6.2.22. $\omega_n=e^{2\pi i/n}$, $M=\mathbb{Q}(\cos(\frac{2\pi}{n}),\sin(\frac{2\pi}{n}))$이라 하자.

$$\sin(\frac{2\pi}{n})=\cos(\frac{\pi}{2}-\frac{2\pi}{n})=\cos(\frac{2(n-4)\pi}{4n})$$
$$\Rightarrow 2\cos(\frac{2\pi}{n})=\omega_n+\omega_n^{-1},\ 2\sin(\frac{2\pi}{n})=\omega_{4n}^{n-4}+\omega_{4n}^{-(n-4)}$$

에 의해 $M=\mathbb{Q}(\omega_n+\omega_n^{-1},\omega_{4n}^{n-4}+\omega_{4n}^{-(n-4)})$이다. 그런데 $(4n,n-4)=1\Rightarrow \mathrm{ord}(\omega_{4n}^{n-4})=\mathrm{ord}(\omega_{4n})=4n\Rightarrow \mathbb{Q}(\omega_{4n}^{n-4})=\mathbb{Q}(\omega_{4n})$이다. 그리고 $\mathbb{Q}<\mathbb{Q}(\omega_{4n})$의 사이체는 갈루아 확대체이므로 자기동형사상 $\omega_{4n}=\sigma^{-1}(\omega_{4n}^{n-4})$에 의해 $\mathbb{Q}(\omega_{4n}^{n-4}+\omega_{4n}^{-(n-4)})=\mathbb{Q}(\omega_{4n}+\omega_{4n}^{-1})$이다. $M=\mathbb{Q}(\omega_n+\omega_n^{-1},\omega_{4n}+\omega_{4n}^{-1})$이다. 끝으로 $\omega_n=\omega_{4n}^4$이므로 $\omega_n+\omega_n^{-1}=(\omega_{4n}^2+\omega_{4n}^{-2})^2-2=((\omega_{4n}+\omega_{4n}^{-1})-2)^2-2$이 되어 $M=\mathbb{Q}(\omega_{4n}+\omega_{4n}^{-1})$. 오일러 등식에 의해 $[M:\mathbb{Q}]=\frac{\varphi(4n)}{2}=\varphi(n)$.

6.2.23. (1) $a_1=2\cos(\frac{\pi}{4})$, $a_n=2\cos(\theta_n)\Rightarrow 2\cos(\theta_{n+1})=\sqrt{2+2\cos(\theta_n)}=2\cos(\frac{1}{2}\theta_n)\Rightarrow \theta_n=\frac{\pi}{4}(\frac{1}{2})^{n-1}\Rightarrow a_n=2\cos(\frac{\pi}{2^{n+1}})$. 그러므로 $a_n=\omega+\omega^{-1}$, $\omega=e^{\frac{\pi}{2^{n+1}}i}$ 이다.

(2) (1)에 의해 $\mathbb{Q}<\mathbb{Q}(a_n)<\mathbb{Q}(\omega)$이다. 그런데 $\mathrm{Gal}(\mathbb{Q}(\omega)/\mathbb{Q})\cong\mathbb{Z}_{2^{n+1}}^*$이 순환군이므로 갈루아 대응 정리 II에 의해 성립한다. 순환군의 전사 준동형사상의 상 또한 순환군임에 유의하라.

(3) 내용에 의해 $[\mathbb{Q}(a_n):\mathbb{Q}]=\frac{\varphi(2^{n+2})}{2}=2^n$이다. 그리고 $a_n=a_{n+1}^2-2\in\mathbb{Q}(a_{n+1})$이므로 $\mathbb{Q}(a_n)<\mathbb{Q}(a_{n+1})$이다. 그러므로 차원 정리에 의해 성립한다.

6.2.24. $\omega = e^{\frac{\pi}{2p}i}$이라 하자. $\Delta = \prod_{1\le i<j\le p-1}(\omega^i - \omega^j)^2 = (-1)^{\frac{p-1}{2}}p^{p-2}$이므로 $\sqrt{\Delta} = \sqrt{(-1)^{\frac{p-1}{2}}p^{p-2}} \in \mathbb{Q}(\omega)$이다.

$$\sqrt{p} = \frac{\sqrt{(-1)^{\frac{p-1}{2}}\Delta}}{p^{\frac{p-3}{2}}} \in \mathbb{Q}(i, \omega) = \mathbb{Q}(\sqrt[4]{\omega}).$$

6.2절 연습 문제 풀이

6.2.1. 부분군 $\mathbb{Z}_2 \oplus \{0\} < \mathrm{Gal}(K/F)$에 의해 고정되는 체 $K^{\mathbb{Z}_2\oplus\{0\}}$는 F 위의 갈루아 확대체이다. 그리고 $\pm 1 \in F$이므로 원시 2-제곱근이 포함되어 있다. 그러므로 $K^{\mathbb{Z}_2\oplus\{0\}} = F(u), u^2 \in F$이다. 같은 요령으로 $K^{\{0\}\oplus\mathbb{Z}_2} = F(v), v^2 \in F$이다. 갈루아 대응 방법에 의해

$$F(u,v) = F(u)F(v) = K^{\mathbb{Z}_2\oplus\{0\}\cap\{0\}\oplus\mathbb{Z}_2} = K^{(0,0)} = K$$

이다.

6.2.2. (1) $M_m = \mathbb{Q}(\sqrt[p]{m}, \omega)$이고 $K = \mathbb{Q}(\sqrt[p]{2}, \sqrt[p]{3}, \omega)$이므로 등식이 성립한다. $\mathbb{Q} < \mathbb{Q}(\omega) < M_2 \cap M_3 < M_2$이고 p는 소수이므로 $\mathbb{Q}(\omega) = M_2 \cap M_3$이다.

(2) $[\mathbb{Q}(\sqrt[p]{2}, \sqrt[p]{3}) : \mathbb{Q}] = p^2$ (trace의 성질로 증명), $[\mathbb{Q}(\omega) : \mathbb{Q}] = \varphi(p) = p - 1$ 서로소이므로 $[K : \mathbb{Q}] = p^2 \times (p-1)$이다.

(3) $|\mathrm{Gal}(M_m/\mathbb{Q})| = p(p-1)$이므로 $\mathrm{Gal}(K/\mathbb{Q}) \to \mathrm{Gal}(M_2/\mathbb{Q}) \times \mathrm{Gal}(M_3/\mathbb{Q})$은 일대일 군 준동형사상이다.

(4) $|\mathrm{Gal}(M_m/\mathbb{Q}(\omega))| = p$, $|\mathrm{Gal}(K/\mathbb{Q}(\omega))| = p^2$이므로

$$\mathrm{Gal}(K/\mathbb{Q}(\omega)) \cong \mathrm{Gal}(M_2/\mathbb{Q}(\omega)) \times \mathrm{Gal}(M_3/\mathbb{Q}(\omega)) = \mathbb{Z}_p \times \mathbb{Z}_p$$

이다.

6.2.3. $\mathbb{Q}$ 위의 다항식 $x^n - 1$의 한 근을 $\omega = e^{\frac{2\pi}{n}i}$이라 하면 $\mathrm{irr}(\omega, \mathbb{Q}) = \varphi(n)$임에 유의하자.

(1) $K = \mathbb{Q}(\sqrt[5]{5}, \omega)$이다. 단, $\omega = e^{\frac{2\pi}{5}i}$이다. $\varphi(5) = 4$이므로 $[K : \mathbb{Q}] = [\mathbb{Q}(-\sqrt[5]{5}) : \mathbb{Q}][\mathbb{Q}(\omega) : \mathbb{Q}]= 20$. 따라서, $x^5 + 5$는 $\mathbb{Q}(\omega)$ 위에서도 기약이다. $\mathrm{Gal}(\mathbb{Q}(\omega)/\mathbb{Q}) \cong \mathbb{Z}_4$의 각각의 동형사상 σ에 대하여 동형 확장 사상 $\tilde{\sigma}(\sqrt[5]{-5}) = \sqrt[5]{-5}\omega^i, 0 \le i \le 4$가 존재하고 이것이 $\mathrm{Gal}(K/\mathbb{Q})$의 모든 원소이다.

(2) $K = \mathbb{Q}(\sqrt[6]{-3}, \sqrt[6]{-3}\omega) = \mathbb{Q}(\sqrt[6]{-3}, \omega)$이다. 단, $\omega = e^{\frac{2\pi}{6}i}$이다. 계산에 의해 $\mathbb{Q}(\omega) = \mathbb{Q}(\sqrt{-3})$, $(\sqrt[6]{-3})^3 = \sqrt{-3}$이므로 $K = \mathbb{Q}(\sqrt[6]{-3})$이다. 아이젠슈타인 판정법에 의해 $x^6 + 3$은 $\mathbb{Q}$ 위에서 기약이므로 $6 = [K : \mathbb{Q}] = |\mathrm{Gal}(K/\mathbb{Q})|$이다. 따라서 동형 확장 정리에 의해

$$\mathrm{Gal}(K/\mathbb{Q}) = \{\sigma \mid \sigma_i(\sqrt[6]{-3}) = \sqrt[6]{-3}\omega^i, 0 \le i \le 5\}.$$

6.2.4. (1) 직접 대입하여 확인할 수 있다. $\mathbb{Q}(r)$ 위에서 $f(x) = (x-r)(x^2+(r+1)x-\frac{1}{r}) = (x-r)(x-(r^2-2))(x-(-r^2+r+3))$으로 인수분해하여 확인할 수도 있다.

(2) $\mathbb{Q}(r)$이 $\mathbb{Q}$ 위의 다항식 $f(x)$의 분해체이다. 그리고 $f(x)$는 $\mathbb{Q}$ 위에서 기약이므로 (가약이라면 유리수근이 존재) $\mathrm{Aut}(\mathbb{Q}(r)/\mathbb{Q}) = \mathrm{Gal}(\mathbb{Q}(r)/\mathbb{Q}) \cong \mathbb{Z}_3$.

6.2.5. 1, ω, ω^2, $\omega = e^{\frac{2\pi}{3}i}$을 양변에 대입하여 계수의 합의 규칙성을 찾는다.

6.2.6. $u^3+v^3 = -27q$, $uv = -3p$이다. u^3, v^3에 대한 이차 방정식의 근을 구한 후 조건식에 대입하여 연립 방정식 푼다. 단, $x_1 + x_2 + x_3 = 0$이다.

6.2.7. 이차 곡선 $P_t = 0$은 두 곡선의 네 개의 교점 $P_1 \cap P_2 = \{q_i = (u_i, u_i^2) \mid 1 \le i \le 4\}$을 항상 지난다. 따라서 가능한 두 직선의 곱은

$$\overline{p_1p_2} \cdot \overline{p_3p_4},\ \overline{p_1p_3} \cdot \overline{p_2p_4},\ \overline{p_1p_4} \cdot \overline{p_2p_3}$$

이다. 그런데 직선의 방정식은 $\overline{p_ip_j} : y - (u_i + u_j)x + u_iu_j = 0,\ i \neq j$이다. 그러면 두 직선의 곱은

$$\begin{aligned}&(y-(u_i+u_j)x+u_iu_j)(y-(u_k+u_l)x+u_ku_l)\\&= P_2 - (u_i+u_j)(u_k+u_l)P_1 = 0,\ i \neq j \neq k \neq l\end{aligned}$$

이므로 $t = (u_1+u_2)(u_3+u_4)$, $(u_1+u_3)(u_2+u_4)$, $(u_1+u_4)(u_2+u_3)$이다.

6.2.8. 비에타 공식

6.2.9. $f(x) = \mathrm{irr}(\sqrt{2+\sqrt{2}}, \mathbb{Q}) = x^4 - 4x^2 + 2$이고 나머지 근은 $\pm\sqrt{2\pm\sqrt{2}}$이다. 그리고 $(\sqrt{2+\sqrt{2}})^2 = 2+\sqrt{2}$, $\sqrt{2+\sqrt{2}}\sqrt{2-\sqrt{2}} = \sqrt{2}$이므로 $\sqrt{2-\sqrt{2}} \in \mathbb{Q}(\sqrt{2+\sqrt{2}})$,

$-\sqrt{2\pm\sqrt{2}} \in \mathbb{Q}(\sqrt{2+\sqrt{2}})$이다. 그러므로, $f(x)$의 분해체는 $\mathbb{Q}(\sqrt{2+\sqrt{2}})$이다. 따라서, $\mathrm{Gal}(\mathbb{Q}(\sqrt{2+\sqrt{2}})/\mathbb{Q}) \cong \mathbb{Z}_4$ 또는 $\mathbb{Z}_2 \oplus \mathbb{Z}_2$이다. 위수가 4인 자기동형사상을 찾아 순환군임을 증명하자. 분해체 $\mathbb{Q}(\sqrt{2+\sqrt{2}})$에서 동형사상을 $\sigma(\sqrt{2+\sqrt{2}}) = \sqrt{2-\sqrt{2}} \Leftrightarrow \sigma(u) = \frac{u^2-2}{u}, u = \sqrt{2+\sqrt{2}}$으로 선택하자. $\sigma^2(u)$, $\sigma^3(u)$를 계산해보면 $\mathrm{ord}(\sigma) = 4$임을 알 수 있다.

6.2.10. 가약이라면 삼차식은 일차의 인수를 가지므로 $\mathbb{Q}(\sqrt{2})$에 근이 있다. 즉 $(a+b\sqrt{2})^3 = \sqrt{2}-1$인 유리수 $a, b \in \mathbb{Q}$가 존재한다. 갈루아 군 $\mathrm{Gal}(\mathbb{Q}(\sqrt{2})/\mathbb{Q})$의 원소 $\sigma(a+b\sqrt{2}) = a-b\sqrt{2}$에 의해 $(a-b\sqrt{2})^3 = -\sqrt{2}-1$ 이므로 변끼리 곱하면 $a^2-2b^2 = 1$. 한편 식을 전개하면 $a^3+6ab^2 = -1$, $3a^2b+2b^3 = 1$이다. 연립 방정식을 풀면 유리수 해 a, b가 없다는 것을 확인할 수 있다.

6.2.11. (2019) (1) $[\mathbb{Q}(a)(a+bi) : \mathbb{Q}(a)] = 2$ ($\because$ $\mathrm{irr}(a+bi, \mathbb{Q}(a)) = x^2-2ax+a^2+b^2$)이므로 $2 = [K : \mathbb{Q}(a)] \mid [K : \mathbb{Q}] = |\mathrm{Gal}(K/\mathbb{Q})|$이다.

(2) 갈루아 군의 가환성에 의해 $\mathbb{Q}(a)$는 $\mathbb{Q}$ 위에서 갈루아 확대체이고 (1)에 의해 $|\mathrm{Gal}(K/\mathbb{Q}(a))| = 2 \Rightarrow [\mathbb{Q}(a) : \mathbb{Q}] = m \Rightarrow |\mathrm{Gal}(\mathbb{Q}(a))/\mathbb{Q})| = m$이다. 그런데 유한 가환군의 기본정리에 의해 위수가 $|H| = \frac{m}{d}$인 부분군 $H < \mathrm{Gal}(\mathbb{Q}(a))/\mathbb{Q})$가 존재하고 $[\mathbb{Q}(a)^H : \mathbb{Q}] = [\mathrm{Gal}(\mathbb{Q}(a))/\mathbb{Q}) : H] = d$이다. 그뿐 아니라 $\mathbb{Q}(a)^H$는 $\mathbb{Q}$ 위의 갈루아 확대체이므로 분리 확대체가 되어 원시 원소 정리에 의해 $\mathbb{Q}(a)^H = \mathbb{Q}(u)$가 존재한다. 그러면 $d = [\mathbb{Q}(a)^H : \mathbb{Q}] = \mathrm{degirr}(u, \mathbb{Q})$이고 $\mathbb{Q}(a)^H < \mathbb{Q}(a) < \mathbb{R}$이므로 $\mathrm{irr}(u, \mathbb{Q})$의 모든 근은 실수이다.

참고 1. 문제의 상황을 만족시키는 예는 $a+bi = e^{\frac{\pi}{n}i}$, $\varphi(n) = 2m$이다.

참고 2. (2)의 조건을 만족시키는 기약 다항식의 예는 $5 \cdot \prod_{i=1}^{d}(x-i)+1$이다.

6.2.12. $[\mathbb{Q}(\theta) : \mathbb{Q}] = 4$이고 $\mathrm{Gal}(K/\mathbb{Q}(\theta)) < \mathrm{Gal}(K/\mathbb{Q})$이므로 $\mathrm{Gal}(K/\mathbb{Q}(\theta))$는 위수가 3인 A_4의 정규부분군이어야 한다. 그러나, A_4의 유일한 정규부분군은 위수가 4인 부분군 $\langle(12)(34), (13)(24)\rangle$이므로 불가능하다.

6.2.13. $f(x)$의 차수가 홀수이므로 사잇값 정리에 의해 적어도 하나의 근은 실수이다. $f(x)$의 근 중 하나가 유리수 r라 하면 $f(x) = (x-r)q(x), q(x) \in \mathbb{Q}[x]$이므로 $[K : \mathbb{Q}] \leq 2$이므로 모순이다.

무리수 u가 $f(x)$의 근이라 하면 $2 \leq \text{degirr}(u, \mathbb{Q}) \leq 3$이다. 그러면, $\mathbb{Q}(u)[x]$에서 인수 정리를 적용하면 $f(x) = (x-u)q(x), q(x) \in \mathbb{Q}(u)[x]$이다. 이차 방정식 $q(x)$의 한 근을 $a+bi$, $b \neq 0$이라 하면 $a+bi \notin \mathbb{Q}(u) \Rightarrow \text{irr}(a+bi, \mathbb{Q}(u)) = x^2 - 2ax + a^2 + b^2$이고 $c \cdot \text{irr}(a+bi, \mathbb{Q}(u)) = q(x), c \in \mathbb{Q}(u)$이다. 그러면 $4, 6 \leq [\mathbb{Q}(u)(a+bi) : \mathbb{Q}(u)][\mathbb{Q}(u) : \mathbb{Q}] = [K : \mathbb{Q}]$이므로 이 역시 모순이다.

6.2.14. (1) $[K : F] = \text{degirr}(u, F) = 4$이고 $\text{irr}(u, F) | x^4 - a$이므로 $\text{irr}(u, F) = x^4 - a$이다.

(2) $\text{Gal}(K/F)$의 위수는 4이므로 가환군이 되어 성립한다. 실제로 $\mathbb{Z}_2 \oplus \mathbb{Z}_2$ 또는 $\mathbb{Z}_4$이다.

(3) $\text{Gal}(K/F) \cong \mathbb{Z}_4$이므로 위수가 2인 순환 부분군 및 대응하는 고정체가 유일하게 존재한다. 그런데 $x^4 - (u^2)^2 \in F(u^2)[x]$이고 u를 근으로 갖는다. $u \notin F(u^2)$이므로 $[F(u^2)(u) : F(u^2)] = 2 \Rightarrow F(u^2) = M$이다.

6.2.15. (1) $\pm 1 \in K^H$이고 $[K : K^H] = |\text{Gal}(K/K^H)| = |H| = 2$이므로 정리 6.3에 의해 성립한다.

(2) 갈루아 대응 정리에 의해 가능한 $\mathbb{Q}(u)$의 위치는 $\mathbb{Q}(u) \leq K^H$이거나 $\mathbb{Q}(u) = K$이다. 전자의 경우 $u \in K^H \Rightarrow K = K^H$가 되므로 모순이다.

(3) $\mathbb{C}$의 자기동형사상 $\sigma(z) = \overline{z}$에 대하여 $\sigma(u) = \overline{u}$도 $\text{irr}(u, \mathbb{Q})$의 근이다. 그리고 $\sigma|_{\mathbb{Q}} = \text{id}_{\mathbb{Q}}$이다. 그러므로 $\sigma \in \text{Gal}(K/\mathbb{Q})$의 원소이다. 만약 $\sigma = \text{id}_K$이면 $u = \sigma(u) = \overline{u}$으로 u는 실수이다. 그러므로 $K^H < K = \mathbb{Q}(u) < \mathbb{R}$. $\text{ord}(\sigma) = 2$이면 Q_8의 헤세 도표에 의해 $\langle\sigma\rangle < H \Rightarrow K^H < K^{\langle\sigma\rangle} < \mathbb{C}^{\langle\sigma\rangle} = \mathbb{R}$이다.

(4) $[K^H : \mathbb{Q}] = 4$이다. $H \triangleleft G = Q_8$이므로 K^H는 $\mathbb{Q}$의 갈루아 확대체이다. 그뿐 아니라, 상군은 $Q_8/H \cong \mathbb{Z}_2 \oplus \mathbb{Z}_2$이므로 문제 6.2.1.에 의해 성립한다. 다만 (3)에 의해 K^H가 실수체의 부분체이므로 a, b는 양의 유리수이어야 한다.

6.2.16. 갈루아 궤도의 개수를 셈한다. 조건으로부터 $G = H \cup \tau H$, $\tau \in G \setminus H$로 분할된다. 즉 $\tau H = G \setminus H$이다. 좌잉여류 τH의 원소에 대한 v의 값들의 합 $\sum_{\forall \sigma \in G \setminus H} \sigma(u)$이 v와 다를 수 있는 유일한 궤도 값임을 보인다. 먼저 $\forall h \in H \Rightarrow h(v) = v$이다. 그리고 $\forall \tau \circ h' \in G \setminus H$라 하면 $\tau \circ h'(v) = \sum_{\forall h \in H} \tau \circ h' \circ h(u) = \sum_{\forall h \in H} \tau \circ h(u) = \sum_{\forall \sigma \in G \setminus H} \sigma(u)$이다. 따라서 궤도의 개수는 두 개 이하이다.

참고 문헌

[1] 이시이 도시아키(지음), 조윤동(옮김), 갈루아 이론의 정상을 딛다, ガロア理論の頂を踏む (石井俊全). 승산. 2017.

[2] 김응태 ·박승안, 현대대수학, 제8판, 경문사, 2017.

[3] 한국교육과정평가원, `http://www.kice.re.kr/boardCnts/list.do?boardID=1500212&searchStr=&m=030306&s=kice`, 2017.

[4] Michael Artin, *Algebra*, Second edition, Addison Wesley Publishing Company, 2010.

[5] John B. Fraleigh and Victor J. Katz, *A First Course in Abstract Algebra*, 7th Edition, Addison Wesley Publishing Company, 2002.

[6] Thomas W. Hungerford, *Abstract Algebra, An Introduction*, Third Edition, Brooks Cole, 2012.

[7] J. Nie, P. A. Parrilo and B. Sturmfels, *Semidefinite Representation of the k-Ellipse*, Algorithms in Algebraic Geometry, Volume 146 of the series The IMA Volumes in Mathematics and its Applications, 117-132, 2008.

[8] Keith Conrad, https://kconrad.math.uconn.edu/blurbs/

[9] D. R. Grayson and M. E. Stillman, Macaulay 2, *A software system for research in algebraic geometry*, http://www.math.uiuc.edu/Macaulay2/.

[10] John Jones, https://hobbes.la.asu.edu/groups/groups.html

[11] https://yutsumura.com/

[12] https://mathoverflow.net/

찾아보기

플립러닝을 위한 대수학

환, 체 그리고 갈루아 이론편

지은이 원준영 · 박유진 · 박진형 · 송은정
정기룡 · 최성락 · 홍규식
펴낸이 조경희
펴낸곳 경문사
펴낸날 2021년 10월 29일 1판 1쇄
등 록 1979년 11월 9일 제1979-000023호
주 소 04057, 서울특별시 마포구 와우산로 174
전 화 (02)332-2004 팩스 (02)336-5193
이메일 kyungmoon@kyungmoon.com

값 23,000원

ISBN 979-11-6073-469-0